辛의 한 수

공학수학

신윤기 지음

GS인터비전

머리말

공학을 잘 하기 위해서는 물론 수학을 잘 해야 하지만 어디까지나 수학은 공학의 도구이지 목적은 아니다.

이 책은 수학에 대한 지나친 강박감이 공학의 본질에 대한 접근을 방해하는 일이 없도록 최선을 다하고자 하였다. 이를 위해 가능한 한 순수 수학적인 냄새가 나는 부분, 예를 들면 수학적인 수식 용어라든가 지나치게 현학적이고 지루한 증명들은 과감히 제거하였다. 더불어 이 책을 읽는 사람은 이미 선형 대수나 미분, 적분에 대한 기본적인 이해는 갖추었다고 가정하고 이 책을 썼다.

한 가지 걱정은, 가능한 한 공학에 보편적인 내용이 되도록 노력하였지만 저자가 전자공학을 전공하는 사람이므로 약간은 전자공학 쪽으로 편중된 느낌이 들지 않았을까 하는 점이다. 어쨌든 과하지 않는 내용이면서도 공학에 필요한 중요한 내용들을 수록하고자 나름 노력하였다.

이 책으로 인해 공학을 전공하는 학생들에게 더 이상 수학이 큰 부담이 되지 않았으면 하는 것이 저자의 소박한 바램이다.

이 책의 출간에 애를 쓰신 GS인터비젼 송기수 사장님께 감사드리며 무엇보다도 사랑하는 아내와 딸과 사위에게 이 책을 바치고자 한다.

대진대학교 전자공학과 신 윤기

차 례

1장 기본적인 내용 1

1.1 미분과 적분 2

1.2 수열 합 8

1.3 Taylor 급수 11

1.4 불연속 함수 13

1.5 복소수와 페이저 16

1.6 부분분수 전개 22

1장 연습문제 25

2장 1계 미분방정식 27

2.1 미분방정식의 개념 28

2.2 변수분리형 미분방정식 30

2.3 동차형 미분방정식 32

2.4 완전미분방정식 35

2.5 1계 선형미분방정식 42

2.6 1계 상수계수 선형미분방정식 46

2.7 물리계의 모형 52

2장 연습문제 64

3장 고계 상수계수 선형미분방정식 69
3.1 2계 상수계수 선형미분방정식 70
3.2 2계 시스템 78
3.3 미분연산자법 84
3.4 시스템의 응답 102
3장 연습문제 114

4장 라플라스 변화 117
4.1 라플라스 변환의 정의 118
4.2 라플라스 변환의 성질 124
4.3 라플라스 역변환 136
4.4 라플라스 변환의 응용 143
4장 연습문제 155

5장 푸리에 급수와 푸리에 변환 159
5.1 삼각 푸리에 급수 160
5.2 지수 푸리에 급수 170
5.3 푸리에 변환의 정의 177
5.4 중요한 함수의 푸리에 변환 179
5.5 푸리에 변환의 성질 187
5.6 푸리에 변환의 응용 198
5장 연습문제 203

6장 벡터함수의 미분 ······ 207

6.1 벡터 대수 ······ 208

6.2 내적[스칼라곱]과 외적[벡터곱] ······ 210

6.3 벡터를 이용한 공간 도형의 표현 ······ 219

6.4 벡터함수의 미분 ······ 224

6.5 스칼라장의 구배와 방향도함수 ······ 231

6.6 벡터장의 발산과 회전 ······ 238

6장 연습문제 ······ 246

7장 벡터함수의 적분 ······ 251

7.1 다중적분 ······ 252

7.2 백터함수의 선적분 ······ 259

7.3 백터함수의 면적분 ······ 269

7.4 Gauss의 발산정리, Stokes 정리 ······ 282

7장 연습문제 ······ 299

8장 특수한 미분방정식 ······ 303

8.1 계수내림법과 매개변수 변환법 ······ 304

8.2 오일러-코시 방정식 ······ 308

8.3 르장드르 방정식과 베셀 방정식 ······ 313

8장 연습문제 ······ 319

9장 편미분방정식 ···· 321
9.1 기본 개념 ···· 322
9.2 열전도방정식 ···· 325
9.3 파동방정식 ···· 335
9장 연습문제 ···· 348

부록 ···· 351

연습 문제의 답 ···· 353

찾아보기 ···· 369

1 기본적인 내용

1장은 공학수학을 배우는데 기초가 되는 내용들이며 이들은 뒷장에서 지속적으로 언급되는 내용들이 있으므로 아는 내용일지라도 한번쯤 훑어보고 지나가는 것이 좋다. 1장의 내용은 다음과 같다.

- ♣ **1.1 미분과 적분**
- ♣ **1.2 계승과 계승함수**
- ♣ **1.3 Taylor 급수**
- ♣ **1.4 불연속함수**
- ♣ **1.5 복소수와 페이저**
- ♣ **1.6 부분분수 전개**

1.1 미분과 적분

미분과 적분 및 상수-곱하기의 세 연산은 선형 시스템을 묘사하는데 기본이 된다. 이 책에서 주가 되는 미분 방정식도 이 세 연산의 조합이다. 이 절에서는 미분과 적분의 기본에 대해 알아본다.

미분

독립 변수의 함수를 종속변수라 한다. 예를 들어 변수 y가 독립변수 x의 함수인 $y=y(x)$이면 y는 종속변수이다. 독립변수 x의 변화에 대한 종속변수 y의 변화율인 미분은

$$y' = \frac{dy}{dx} = \lim_{\Delta t \to 0} \frac{\Delta y}{\Delta x} = \lim_{\Delta t \to 0} \frac{y(x+\Delta x) - y(x)}{\Delta x} \tag{1}$$

이며 y'를 도함수라 한다. 변수 u가 독립변수 x의 종속변수이며 또한 y가 u의 변수이면 $y=y(x)=y(x(u))$의 u에 대한 미분은 다음과 같다.

$$y' = \frac{dy}{dx} = \frac{dy}{du} \cdot \frac{du}{dx} \tag{2}$$

두 함수의 곱인 $f(x)g(x)$의 미분은

$$(f \cdot g)' = f' \cdot g + f \cdot g' \tag{3}$$

이며 $f(x)/g(x)$의 미분은 다음과 같다.

$$\left(\frac{f}{g}\right)' = \frac{f' \cdot g - f \cdot g'}{g^2} \tag{4}$$

함수 $y=f(x)$를 $x=g(y)$로 표현할 수 있으면 $f(y)$와 $g(y)$는 서로 역함수이다. 역함수 관계를 이용하여 미분을 쉽게 구할 수 있는 경우가 있다. 즉 $y'=df/dx$를 구하기 어려울 때 $x=g(y)$의 양변을 x에 대해 미분한

$$1 = g'(y)\frac{dy}{dx} = g'(y)y' \tag{5}$$

로부터 y'를 다음과 같이 구할 수 있다.

$$y' = \frac{1}{g'(y)} = \frac{1}{g'(f(x))} \tag{6}$$

한 예로 $y=\tan^{-1}x$의 미분은 $x=\tan y$를 이용해 구한다. 즉 $x=\tan y$의 양변을 x에 대해 미분하면

$$1=(\sec^2 y)y' \quad \rightarrow \quad y'=\frac{1}{\sec^2 y} \tag{7}$$

이다. 다음으로 $\sec^2 y=1+\tan^2 y=1+x^2$을 이용하면 위의 식은

$$y'=\frac{d}{dx}\tan^{-1}x=\frac{1}{1+x^2} \tag{8}$$

와 같이 x에 관한 함수로 나타낼 수 있다.

예제 1-1 다음을 증명하라.

$$\frac{d}{dx}\ln|x|=\frac{1}{x} \quad (x\neq 0)$$

☞ $y=\ln|x|$로 하면 이에 대한 역함수는 $|x|=e^y$이다.

(1) $x>0$인 경우:

$$x=e^y$$

이며 양변을 x로 미분하면

$$1=e^y y'$$

$$\therefore y'=\frac{1}{e^y}=\frac{1}{x}$$

(1) $x<0$인 경우:

$$-x=e^y$$

이며 양변을 x로 미분하면

$$-1=e^y y'$$

$$\therefore y'=-\frac{1}{e^y}=-\frac{1}{-x}=\frac{1}{x}$$

이상으로

$$\boxed{\frac{d}{dx}\ln|x|=\frac{1}{x}, \quad \int\frac{1}{x}=\ln|x|+c} \tag{9}$$

편미분 종속변수가 두 개 이상의 독립변수의 함수일 때 다변수함수라 한다. 다변수함수의 임의의 독립변수에 대한 편미분은 해당 독립변수를 제외하고는 모두 상수처럼 생각하고 미분하는 것이다. 예를 들어 함수 $f(x,y)$의 x에 대한 편미분은

$$\frac{\partial f}{\partial x} = \lim_{\Delta x \to 0} \frac{f(x+\Delta x, y) - f(x, y)}{\Delta x} \tag{10}$$

이고 y에 대한 편미분은

$$\frac{\partial f}{\partial y} = \lim_{\Delta y \to 0} \frac{f(x, y+\Delta y) - f(x, y)}{\Delta y} \tag{11}$$

이다. 예를 들어

$$f(x, y) = x^2 + xy + y^2$$

에서

$$\frac{\partial f}{\partial x} = 2x + y, \quad \frac{\partial f}{\partial y} = x + 2y$$

이다. 편도함수는 흔히 아래 첨자를 이용하여 다음과 같이 간단히 나타내기도 한다.

$$f_x \equiv \frac{\partial f}{\partial x}, \quad f_y \equiv \frac{\partial f}{\partial y} \tag{12}$$

한편 고계 편도함수는

$$f_{xy} = \frac{\partial^2 f}{\partial y \partial x} = \frac{\partial}{\partial y}\frac{\partial f}{\partial x} \tag{13}$$

와 같이 구한다. 그리고 이 책에서는 특별한 언급이 없으면 편도함수가 연속적인 것으로 생각하여 고계도함수는 미분의 순서와 무관하도록 정의한다. 즉

$$\frac{\partial^2 f}{\partial y \partial x} = \frac{\partial^2 f}{\partial x \partial y}, \quad f_{xyy} = f_{yxy} = f_{yyx} = \frac{\partial^3 f}{\partial x \partial^2 y}$$

어떤 함수 f가 독립 변수가 2개 이상인 다변수함수일 때 f의 미소증분 df에 대해 알아보자. 간단히 $f(x, y)$에 대해서 알아보면

$$df = f(x+dx, y+dy) - f(x, y) \tag{14}$$

이며 이는 같은 항을 더하고 뺌으로써 다음과 같이 표현할 수 있다.

$$df = f(x+dx, y+dy) - f(x, y+dy) + f(x,y+dy) - f(x,y) \tag{15}$$

편도함수의 정의로부터

$$f(x+dx, y+dy) - f(x, y+dy) = \left.\frac{\partial f}{\partial x}\right|_{x,y+dy} dx \tag{16a}$$

및

$$f(x, y+dy) - f(x, y) = \left.\frac{\partial f}{\partial y}\right|_{x,y} dy \tag{16b}$$

이다. 여기서 $dx \to 0, dy \to 0$으로 하면 식 (10)은

$$df = \frac{\partial f}{\partial x} dx + \frac{\partial f}{\partial y} dy \tag{17}$$

와 같이 쓸 수 있으며 이를 사슬법칙(chain rule)이라 한다. 이를 연장하면 독립변수가 3개인 함수 $f(x, y, z)$에 대해서는

$$df = \frac{\partial f}{\partial x} dx + \frac{\partial f}{\partial y} dy + \frac{\partial f}{\partial z} dz \tag{18}$$

와 같이 된다.

부분적분

미분의 역산이 적분이지만 간단한 형태의 적분도 어려운 경우가 상당히 많다. 부분적분을 이용하면 적분을 쉽게 구할 수 있는 경우가 많으며 이 책에서 가장 많이 사용되는 방법이다. 부분적분은 다음과 같이 미분의 위치를 교환하여 적분하는 것이다.

$$\int uv' = uv - \int u'v \tag{19}$$

위 식 우변의 적분 역시 부분적분을 적용하면 연속적으로 부분적분을 반복할 수 있으며 예를 들면 다음과 같다.

$$
\begin{aligned}
\int uv'''' &= uv''' - \int u'v''' \\
&= uv''' - u'v'' + \int u''v'' \\
&= uv''' - u'v'' + u''v' - \int u'''v' \\
&= uv''' - u'v'' + u''v' - u'''v + \int u''''v
\end{aligned}
\tag{20}
$$

식 (20)의 연속적인 부분적분 과정을 기억하기 쉽도록 나타내면 다음과 같다.

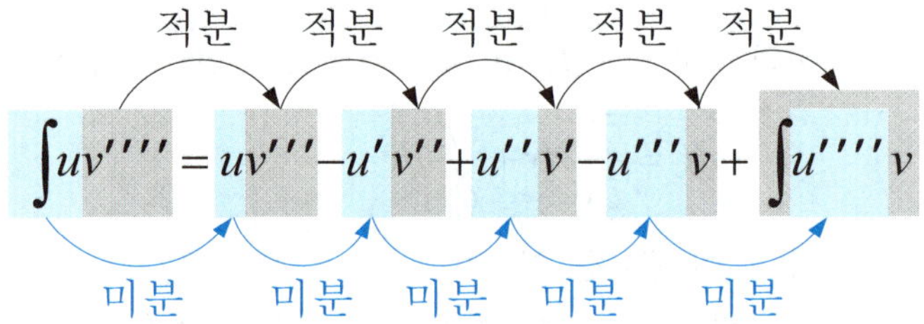

(1) +와 −의 부호는 교대로 나타난다.
(2) 한번 미분된 함수는 계속 미분된다(처음 미분은 적분 기호 제거)
(3) 한번 적분된 함수는 계속 적분된다(마지막 적분은 적분 기호로 대치)

부분적분에서 미분할수록 차수가 줄어드는 x^n 형태나 미분하면 형태가 반복되는 사인 함수 등을 종속변수 u로 하는 것이 유리하며 종속변수 v는 적분해도 형태가 변하지 않는 e^{ax} 등이 유리하다. 이 책에서 가장 자주 접하는 적분의 형태는 함수 $f(x)$에 지수함수 e^{ax}를 곱한 것의 적분인 $\int f(x)e^{ax}dx$이다. $f(x)=x$, x^2에 대한 $\int f(x)e^{ax}dx$는 각각 다음과 같다. 단 차후로는 부정적분에는 적분상수를 모두 생략하기로 한다.

$$
\int xe^{ax}dx = x\left(\frac{e^{ax}}{a}\right) - 1\left(\frac{e^{ax}}{a^2}\right) + \int 0\left(\frac{e^{ax}}{a^2}\right)dx = \left(\frac{x}{a} - \frac{1}{a^2}\right)e^{ax} \tag{21}
$$

$$\begin{aligned}\int x^2 e^{ax} dx &= x^2\left(\frac{e^{ax}}{a}\right) - 2x\left(\frac{e^{ax}}{a^2}\right) + 2\left(\frac{e^{ax}}{a^3}\right) + \int 0\left(\frac{e^{ax}}{a^3}\right)dx \\ &= \left(\frac{x^2}{a} - \frac{2x}{a^2} + \frac{2}{a^3}\right)e^{ax}\end{aligned} \tag{22}$$

마찬가지 방법으로 $\int x^3 e^{ax} dx$는 다음과 같음을 알 수 있다.

$$\int x^3 e^{ax} dx = \left(\frac{x^3}{a} - \frac{3x^2}{a^2} + \frac{6x}{a^3} - \frac{6}{a^4}\right)e^{ax} \tag{23}$$

다음으로 $\int e^{ax} \cos bx dx$는 다음과 같이 구한다.

$$\begin{aligned}\int e^{ax} \cos bx\, dx &= e^{ax}\left(\frac{\sin bx}{b}\right) - ae^{ax}\left(\frac{-\cos bx}{b^2}\right) \\ &\quad + \int a^2 e^{ax}\left(\frac{-\cos bx}{b^2}\right)dx\end{aligned} \tag{24}$$

우변의 적분항은 좌변의 적분항과 형태가 같으므로 이항하여 정리하면

$$\int e^{ax} \cos bx\, dx = \frac{e^{ax}(a\cos bx + b\sin bx)}{a^2 + b^2} \tag{25}$$

임을 알 수 있다. 마찬가지 방법으로 $\int e^{ax} \sin bx dx$를 구하면 다음과 같다.

$$\int e^{ax} \sin bx\, dx = \frac{e^{ax}(a\sin bx - b\cos bx)}{a^2 + b^2} \tag{26}$$

식 (25)와 (26)은 각기 다음과 같이 기억하기 좋도록 표현할 수 있다.

$$\int e^{ax} \cos bx\, dx = \frac{(e^{ax})' \cos bx - e^{ax}(\cos bx)'}{a^2 + b^2} \tag{27}$$

$$\int e^{ax} \sin bx\, dx = \frac{(e^{ax})' \sin bx - e^{ax}(\sin bx)'}{a^2 + b^2} \tag{28}$$

위의 두 식은 식 (4)를 연상하면 기억하기 쉽다. 이상의 $\int f(x) e^{ax} dx$ 적분 형태들을 모아서 정리한 것이 식 (29)이며 이는 이 책에서 자주 언급되는 중요한 내용들이다.

$$\left.\begin{aligned}
&\int xe^{ax}dx=\left(\frac{x}{a}-\frac{1}{a^2}\right)e^{ax}\\
&\int x^2e^{ax}dx=\left(\frac{x^2}{a}-\frac{2x}{a^2}+\frac{2}{a^3}\right)e^{ax}\\
&\int x^3e^{ax}dx=\left(\frac{x^3}{a}-\frac{3x^2}{a^2}+\frac{6x}{a^3}-\frac{6}{a^4}\right)e^{ax}\\
&\int e^{ax}\cos bx\,dx=\frac{(e^{ax})'\cos bx-e^{ax}(\cos bx)'}{a^2+b^2}\\
&\int e^{ax}\sin bx\,dx=\frac{(e^{ax})'\sin bx-e^{ax}(\sin bx)'}{a^2+b^2}
\end{aligned}\right\} \tag{29}$$

예제 1-2 부정 적분 $\int x^3\cos ax dx$를 구하라.

☞ 부분 적분을 이용하며 다음과 같이 구한다.

$$\int x^3\cos ax\,dx=x^3\left(\frac{\sin ax}{a}\right)-3x^2\left(\frac{-\cos ax}{a^2}\right)+6x\left(\frac{-\sin ax}{a^3}\right)-6\left(\frac{\cos ax}{a^4}\right)$$

1.2 계승과 계승함수

계승과 겹계승

다음과 같은 연산을 계승(階乘, factorial)이라 한다.

$$n!=n(n-1)(n-2)\times\cdots\times 2\times 1 \tag{30}$$

계승을 응용하여 하나씩 건너 뛰어 곱해나가는 연산을 겹계승이라 하고 계승 기호 두 개를 붙여 다음과 같이 정의한다.

$$n!!=n(n-2)(n-4)(n-6)\cdots \tag{31}$$

편의상 $-1, 0, 1$에 대한 겹계승은 다음과 같이 모두 1로 약속한다.

$$(-1)!! = 0!! = 1!! = 1 \tag{32}$$

계승과 겹계승의 관계들 중 하나가 다음과 같다.

$$n! = n!!(n-1)!! \tag{33}$$

계승함수와 감마함수

계승을 실수에 대한 연산으로 확장한 $x!$을 계승함수라 하며

$$x! \equiv \int_0^\infty t^x e^{-t} dt \tag{34}$$

로 정의한다. 위의 식을 부분 적분하면 다음과 같다.

$$\begin{aligned} x! &= \int_0^\infty t^x e^{-t} dt \\ &= t^x(-e^{-t})\Big|_0^\infty - \int_0^\infty x t^{x-1}(-e^{-t}) dt \\ &= x\int_0^\infty t^{x-1} e^{-t} dt \\ &= x(x-1)! \end{aligned} \tag{35}$$

그 결과 식 (34)의 적분은 계승과 같은 성질이 있으므로 계승함수라 하는 것이다. 계승함수로부터 감마함수(Gamma) $\Gamma(x)$를

$$\Gamma(x+1) = x! = \int_0^\infty t^x e^{-t} dt \tag{36}$$

로 정의한다. 즉

$$\Gamma(x) = (x-1)! \tag{37}$$

이며 x가 양의 정수일 때는 $\Gamma(n+1)=n!$로 계승으로 환원된다. 감마함수의 성질은 다음과 같다.

감마함수 성질 1

$$\Gamma(x+1) = x\Gamma(x) \tag{38}$$

감마함수 성질 2

$$\Gamma(x+1)\Gamma(-x-1)=\frac{\pi x}{\sin \pi x} \tag{39}$$

또는

$$x!(-x)!=\frac{\pi x}{\sin \pi x} \tag{40}$$

위의 식에서 $x=n$의 정수일 때는

$$n!(-n)!=\frac{n\pi}{\sin n\pi}=\infty \tag{41}$$

이며 $n!\neq\infty$이므로

$$(-n)!=\infty \tag{42}$$

예제 1-3 다음을 증명하라.

$$\Gamma\left(\frac{1}{2}\right)=\left(-\frac{1}{2}\right)!=\sqrt{\pi}$$

☞ 식 (40)에 $x=1/2$를 대입하면

$$\left(\frac{1}{2}\right)!\left(-\frac{1}{2}\right)!=\frac{\pi/2}{\sin(\pi/2)}=\frac{\pi}{2}$$

계승함수의 정의에 의해

$$\left(\frac{1}{2}\right)!=\frac{1}{2}\left(\frac{1}{2}-1\right)!=\frac{1}{2}\left(-\frac{1}{2}\right)!$$

따라서

$$\left(\frac{1}{2}\right)!\left(-\frac{1}{2}\right)!=\frac{1}{2}\left(-\frac{1}{2}\right)!\left(-\frac{1}{2}\right)!=\frac{\pi}{2}$$

로부터

$$\Gamma\left(\frac{1}{2}\right)=\left(-\frac{1}{2}\right)!=\sqrt{\pi}$$

예제 1-4 다음을 증명하라.

(a) $\Gamma\left(-\frac{1}{2}\right)=-2\sqrt{\pi}$ (b) $\Gamma\left(-\frac{3}{2}\right)=-\frac{4}{3}\sqrt{\pi}$ (b) $\Gamma\left(-\frac{5}{2}\right)=-\frac{8}{15}\sqrt{\pi}$

☞ 식 (38)의

$$\Gamma(x)=\frac{1}{x}\Gamma(x+1)$$

와 예제 1-3의 결과를 이용하여 다음과 같이 구한다.

(a) $\Gamma\left(-\frac{1}{2}\right)=-2\Gamma\left(-\frac{1}{2}+1\right)=-2\Gamma\left(\frac{1}{2}\right)=-2\sqrt{\pi}$

(b) $\Gamma\left(-\frac{3}{2}\right)=-\frac{2}{3}\Gamma\left(-\frac{3}{2}+1\right)=-\frac{2}{3}\Gamma\left(-\frac{1}{2}\right)=\frac{4}{3}\sqrt{\pi}$

(c) $\Gamma\left(-\frac{5}{2}\right)=-\frac{2}{5}\Gamma\left(-\frac{5}{2}+1\right)=-\frac{2}{5}\Gamma\left(-\frac{3}{2}\right)=-\frac{8}{15}\sqrt{\pi}$

1.3 Taylor 급수

Taylor 급수 함수 $f(x)$가 점 $x=a$에서 무한 번 미분 가능하면 이 점에서는 다음과 같은 거듭제곱 급수로 전개할 수 있으며 이를 테일러 급수라 한다.

$$\begin{aligned} f(x) &= \sum_{n=0}^{\infty}\frac{f^{(n)}(a)}{n!}(x-a)^n \\ &= f(a)+f'(a)(x-a)+\frac{f''(a)}{2!}(x-a)^2+\frac{f'''(a)}{3!}(x-a)^3 \end{aligned} \tag{43}$$

테일러 전개 공식을 유도하기 위해

$$f(x)=A_0+A_1(x-a)+A_2(x-a)^2+A_2(x-a)^2+\cdots \tag{44}$$

로 두고 $x=a$를 대입하면 $A_0=f(a)$가 된다. 다음으로 식 (44)의 양변을 미분하여 $x=a$를 대입하면 $A_1=f'(a)$를 얻을 수 있다. 이러한 과정을 계속 반복하면 다음과 같은 순환식에 도달할 수 있다.

$$A_n = \frac{f^{(n)}(a)}{n!}(x-a)^n \tag{45}$$

식 (43)의 테일러 급수에서 $a=0$으로 한 것을 맥로린(Maclaurin) 급수라 하며 그 중 잘 알려진 급수들은 다음과 같다.

$$\left.\begin{aligned} \frac{1}{1-x} &= 1+x+x^2+x^3+\cdots = \sum_{n=0}^{\infty} x^n \\ e^x &= 1+x+\frac{x^2}{2!}+\frac{x^3}{3!}+\cdots = \sum_{n=0}^{\infty}\frac{x^n}{n!} \\ \cos x &= 1-\frac{x^2}{2!}+\frac{x^4}{4!}-\frac{x^6}{6!}+\cdots = \sum_{n=0}^{\infty}\frac{(-1)^n x^{2n}}{(2n)!} \\ \sin x &= x-\frac{x^3}{3!}+\frac{x^5}{5!}-\frac{x^7}{7!}+\cdots = \sum_{n=0}^{\infty}\frac{(-1)^n x^{2n+1}}{(2n+1)!} \end{aligned}\right\} \tag{46}$$

근사적인 선형화

식 (46)의 각 급수는 $|x| << 1$일 경우 다음과 같이 근사적으로 선형화할 수 있다.

$$\left.\begin{aligned} (1+x)^n &\approx 1+nx \\ e^x &\approx 1+x \\ \cos x &\approx 1 \\ \sin x &\approx x \end{aligned}\right\} \tag{47}$$

위의 근사식은 시스템을 선형화하는데 자주 사용되는 내용들이다.

1.4 불연속 함수

불연속 함수는 불연속점에서 미분이 무한대가 되므로 취급하기 불편한 점이 있다. 이 절에서는 공학에서 빈번히 접하게 되는 불연속 함수들에 대해 설명한다.

계단함수

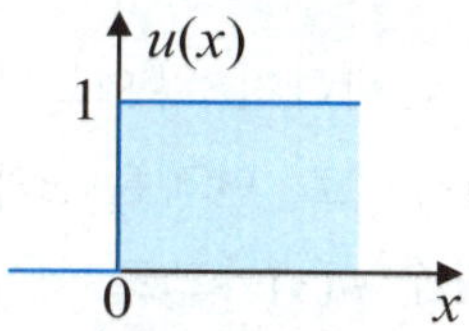

그림 1-1

그림 1-1의 계단함수 $u(x)$는 다음과 같이 정의된다.

$$u(x) = \begin{cases} 0, & x < 0 \\ 1, & x \ge 0 \end{cases} \tag{48}$$

계단함수는 어떤 순간부터의 동작 시작을 나타내는데 매우 요긴하게 사용된다. 예를 들어 $f(t)$를 전원이라 할 때 $f(t)u(t)$는 $t=0$부터 전원이 들어오는 것을 나타낸다.

충격함수

그림 1-2에서 함수 $\delta_\Delta(x)$는

$$\delta_\Delta(x) = \begin{cases} \dfrac{1}{\Delta}, & |x| \le \dfrac{\Delta}{2} \\ 0, & |x| > \dfrac{\Delta}{2} \end{cases} \tag{49}$$

로 정의되며 면적은 1이다. 함수 $\delta_\Delta(x)$에서 $\Delta \to 0$으로 극한을 취하면

$$\delta(x) = \begin{cases} \infty, & x = 0 \\ 0, & x \ne 0 \end{cases} \tag{50a}$$

가 되며 이를 충격함수 또는 디락 델타(Dirac delta) 함수라 한다. 충격함수는 크기가 0이나 무한대로 극한적이지만 면적은 여전히 1이다. 즉

$$\int_{-\infty}^{\infty} \delta(x)dx = 1 \tag{50b}$$

위의 식을 응용하면

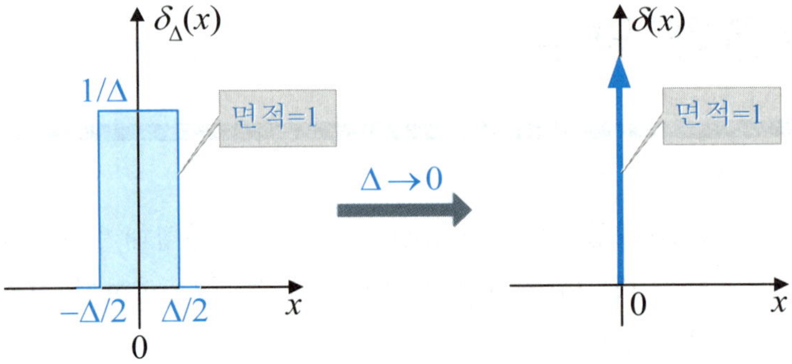

그림 1-2
충격함수의 정의

$$\int_{-\infty}^{x} \delta(\lambda)d\lambda = \begin{cases} 0, & x<0 \\ 1, & x \geq 0 \end{cases} \tag{51}$$

이다. 그 이유는 $x<0$이면 적분 구간 내에 충격함수가 존재하지 않으므로 면적은 1이며 $x\geq0$이면 적분 구간에 충격함수가 존재하므로 면적은 x와 무관하게 1이다. 그 결과 식 (51)의 우변은 바로 계단함수 $u(x)$이므로

$$\int_{-\infty}^{x} \delta(\lambda)d\lambda = u(x) \tag{52}$$

이다. 이로부터 다음의 중요한 두 관계를 얻을 수 있다.

$$\delta(x) = \frac{du(x)}{dx}, \quad \int \delta(x)dx = u(x) \tag{53}$$

단 부정적분에서 적분상수는 제외하기로 하였다. 함수 $\delta(x)$의 성질은 다음과 같다.

$$f(x)\delta(x) = f(0)\delta(x) \tag{54}$$

그리고 위의 성질을 이용하면

$$\int f(x)\delta(x)dx = f(0)\int \delta(x)dx = f(0)u(x) \tag{55}$$

따라서 $\int\delta(x)e^{ax}dx$는

$$\int \delta(x)e^{ax}dx = e^{0}\int \delta(x)dx = u(x) \tag{56}$$

다음으로 $\int u(x)e^{ax}dx$를 부분적분으로 구하면 다음과 같다.

$$\int u(x)e^{ax}dx = u(x)\left(\frac{e^{ax}}{a}\right) - \int \delta(x)\left(\frac{e^{ax}}{a}\right)dx$$
$$= \frac{1}{a}e^{ax}u(x) - \frac{1}{a}u(x) \tag{57}$$
$$= \frac{1}{a}[e^{ax} - 1]u(x)$$

예제 1-5 적분 $\int xu(x)e^{ax}dx$ 를 구하라.

☞ 부분적분을 이용하면

$$\int xu(x)e^{ax}dx = xu(x)\left(\frac{e^{ax}}{a}\right) - \int [u(x) + x\delta(x)]\left(\frac{e^{ax}}{a}\right)dx$$
$$= \frac{1}{a}xe^{ax}u(x) - \frac{1}{a}\int u(x)e^{ax}dx - \frac{1}{a}\int xe^{ax}\delta(x)dx$$
$$= \frac{1}{a}xe^{ax}u(x) - \frac{1}{a}\int u(x)e^{ax}dx$$

위의 식에서 두 번째 등식의 두 번째 적분이 0인 이유는 식 (55)이다. 따라서 식 (57)의 결과를 이용하면 위의 식은

$$\int xu(x)e^{ax}dx = \frac{1}{a}xe^{ax}u(x) - \frac{1}{a^2}[e^{ax} - 1]u(x)$$
$$= \left[\frac{xe^{ax}}{a} - \frac{e^{ax}}{a^2} + \frac{1}{a^2}\right]u(x) \tag{58}$$

이상으로 $\int f(x)e^{ax}dx$에서 $f(x)=\delta(x), u(x), xu(x)$일 때를 정리하면 다음과 같다.

$$\int \delta(x)e^{ax}dx = e^0\int \delta(x)dx = u(x)$$
$$\int u(x)e^{ax}dx = \frac{1}{a}[e^{ax} - 1]u(x) \tag{59}$$
$$\int xu(x)e^{ax}dx = \left[\frac{xe^{ax}}{a} - \frac{e^{ax}}{a^2} + \frac{1}{a^2}\right]u(x)$$

함수 $xu(x)$는 램프(ramp) 함수라 부른다. 충격함수 $\delta(x)$, 계단함수 $u(x)$, 및 램프함수 $xu(x)$는 선형 시스템의 특성을 해석하는데 필수적인 함수들이다(이에 대해서는 2장에서 설명한다).

1.5 복소수와 페이저

직교좌표 복소수는 $x^2=-1$을 만족하는 허수의 기본 단위인

$$i=\sqrt{-1} \tag{60}$$

와 임의의 실수 x, y를 이용하여 다음과 같이 정의한다.

$$\mathbf{z}=x+iy \tag{61}$$

그 결과 복소수 $\mathbf{z}$는 실수부 x와 허수부 y로 구성되어 있다고 말하며 이를 다음과 같이 나타낸다.

$$x=\mathrm{Re}(\mathbf{z}), \quad y=\mathrm{Im}(\mathbf{z}) \tag{62}$$

그리고 복소수 $\mathbf{z}$의 크기는 다음과 같이 정의된다.

$$|\mathbf{z}|=|x+iy|=\sqrt{x^2+y^2} \tag{63}$$

복소수 $\mathbf{z}$의 공액복소수는

$$\mathbf{z}^*=x-iy \tag{64}$$

이다. 공액을 취하는 것도 하나의 연산과 같으며 그 성질은 다음과 같다.

$$(\mathbf{z}_1 \pm \mathbf{z}_2)^*=\mathbf{z}_1^* \pm \mathbf{z}_2^* \tag{65a}$$

$$(\mathbf{z}_1\mathbf{z}_2)^*=\mathbf{z}_1^*\mathbf{z}_2^* \tag{65b}$$

$$(\mathbf{z}_1/\mathbf{z}_2)^*=\mathbf{z}_1^*/\mathbf{z}_2^* \tag{65c}$$

$$\mathrm{Re}(\mathbf{z}) = \frac{\mathbf{z}+\mathbf{z}^*}{2}, \quad \mathrm{Im}(\mathbf{z}) = \frac{\mathbf{z}-\mathbf{z}^*}{2i} \tag{65d}$$

$$\mathbf{z}\mathbf{z}^* = (x+iy)(x-iy) = x^2 + y^2 = |\mathbf{z}|^2 \tag{65e}$$

오일러 공식

지수함수의 지수가 복소수이면 복소지수 함수라 하고 특히 지수가 허수일 때는 다음과 같이

$$e^{ix} = \cos x + i\sin x \tag{66}$$

를 만족하며 이를 오일러(Euler) 공식이라 한다. 위의 식은 지수함수 및 사인 함수와 코사인 함수, 그리고 복소수가 모두 포함된 환상적인 함수이다. 함수 e^{ix}를 테일러 급수로 전개하면(식 (46) 참조)

$$\begin{aligned} e^{ix} &= 1 + (ix) + \frac{(ix)^2}{2!} + \frac{(ix)^3}{3!} + \frac{(ix)^4}{4!} + \frac{(ix)^5}{5!} + \cdots \\ &= \left[1 - \frac{x^2}{2!} + \frac{x^4}{4!} - \cdots\right] + i\left[x - \frac{x^3}{3!} + \frac{x^5}{5!} - \cdots\right] \end{aligned} \tag{67}$$

위의 식에서 우변 첫 번째 대괄호인 실수부는 바로 $\cos x$의 테일러 급수이며 두 번째 대괄호인 허수부는 $\sin x$의 테일러 급수이다(식 (46) 참조). 따라서 식 (66)이 증명된다.

극좌표

복소수는 그림 1-3과 같이 x축을 실수축으로, y축을 허수축으로 하여 직교좌표상에서 표현할 수 있으며 이를 극좌표 형식으로 나타내면

$$\mathbf{z} = x + iy = z\cos\theta + iz\sin\theta \tag{68}$$

이다. 여기서 z는 원점으로부터의 거리로서 복소수의 크기이며 θ는 x축의

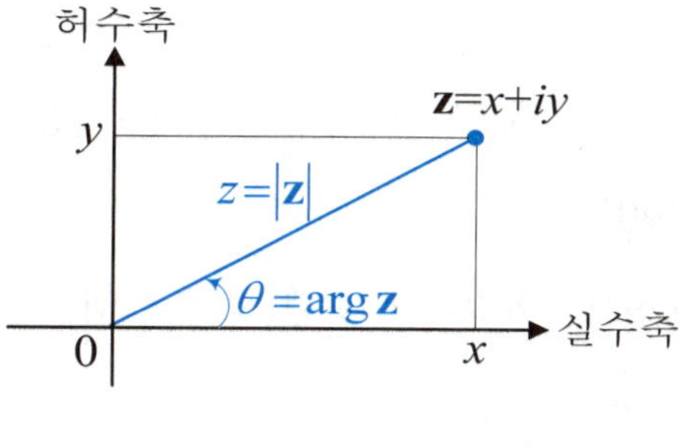

그림 1-3 극좌표 표현

양의 방향에서 잰 각도로서 편각(偏角, argument)이라 한다. 즉

$$z = |\mathbf{z}|, \quad \theta = \arg \mathbf{z} = \tan^{-1}(y/x) \tag{69}$$

그림 1-3에서 복소수의 극좌표 표현은 간단한 기호를 이용해

$$\mathbf{z} = z\angle\theta \tag{70}$$

로 표현하기도 한다. 그리고 식 (68)은 오일러 공식에 의해

$$\mathbf{z} = z\cos\theta + iz\sin\theta = ze^{i\theta} \tag{71}$$

이므로 위의 두 식으로부터

$$z\angle\theta \equiv ze^{i\theta} \tag{72}$$

이다. 극좌표 형식은 복소수를 곱할 때와 나눌 때 매우 편리하다. 즉

$$\mathbf{z}_1 = z_1\angle\theta_1, \quad \mathbf{z}_1 = z_2\angle\theta_2 \tag{73}$$

일 때 두 복소수의 곱은

$$\mathbf{z}_1\mathbf{z}_2 = (z_1\angle\theta_1)(z_2\angle\theta_2) = z_1e^{i\theta_1} \cdot z_2e^{i\theta_2} = z_1z_2e^{i(\theta_1+\theta_2)} \tag{74}$$

따라서 식 (72)를 이용하면

$$\mathbf{z}_1\mathbf{z}_2 = z_1z_2\angle(\theta_1+\theta_2) \tag{75}$$

그리고 나누기는

$$\frac{\mathbf{z}_1}{\mathbf{z}_2} = \frac{z_1\angle\theta_1}{z_2\angle\theta_2} = \frac{z_1e^{i\theta_1}}{z_2e^{i\theta_2}} = \frac{z_1}{z_2}e^{i(\theta_1-\theta_2)} \tag{76}$$

이므로 역시 식 (72)로부터 다음과 같이 간단히 표현된다.

$$\frac{\mathbf{z}_1}{\mathbf{z}_2} = \frac{z_1}{z_2}\angle(\theta_1-\theta_2) \tag{77}$$

90° 회전자

복소수 연산에서 허수 i는 단순한 허수 외에도 연산자와 같은 기능이 있으며 그림 1-4(a)가 이를 보여준다. 즉 실수 $1=1\angle 0°$에 허수 i를 곱하면

$$1 \cdot i = i = 1\angle 90° \tag{78}$$

가 되어 복소수가 90도 회전하게 된다(길이는 변함 없다). 위의 식에 i를

그림 1-4 허수 i의 90° 회전자 기능

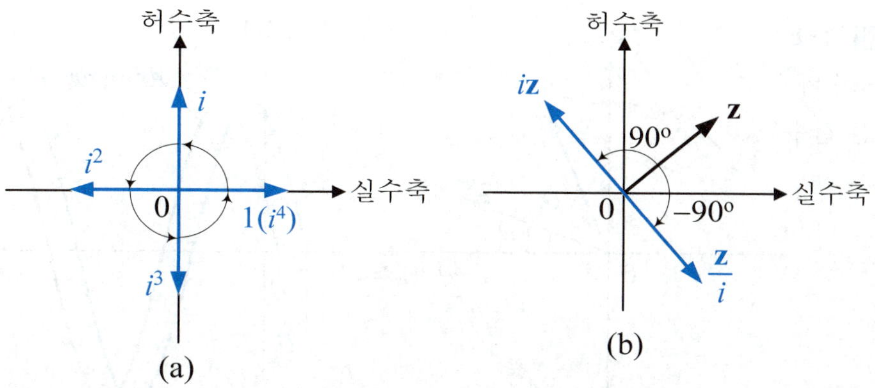

한번 더 곱하면

$$1 \cdot i \cdot i = i^2 = -1 = 1\angle 180° \tag{79}$$

이므로 90도 더 회전하여 180도가 된다. 이를 반복하면

$$1 \cdot i \cdot i \cdot i = i^3 = -i = 1\angle 270° \tag{80}$$

및

$$1 \cdot i \cdot i \cdot i \cdot i = i^4 = 1 = 1\angle 360° \tag{81}$$

이다. 이를 확장하면 임의의 복소수에 $\mathbf{z}=z\angle\theta$에 i를 곱하면

$$i\mathbf{z} = (1\angle 90°)(z\angle\theta) = z\angle(\theta + 90°) \tag{82}$$

로 +90도 회전하고 i로 나누면

$$\frac{\mathbf{z}}{i} = \frac{z\angle\theta}{1\angle 90°} = z\angle(\theta - 90°) \tag{83}$$

로 −90도 회전하며 그림 1-4(b)가 이를 보여준다. 이상의 성질로 인해 i를 '90° 회전자'라 부르기도 한다. 허수 i의 90° 회전 기능을 이용하면 사인 및 코사인 연산에 대단히 유리하다. 만일 복소수 $\mathbf{z}$에 iA를 곱하면(A는 상수) 각은 90도 회전하고 크기는 A배가 됨을 알 수 있다.

페이저

주파수가 동일한 여러 개의 사인 및 코사인 함수들을 미분, 적분하거나 또는 상수를 곱한 것을 서로 더하거나 뺄 경우, 허수 i의 90도 회전 기능을 응용하면 연산이 대단히 편리해진다. 그림 1-5는 주파수와 진폭은 서로 같고 위상만 다른 두 사인함수를 복소 평면에 표현하는 방법을 보여

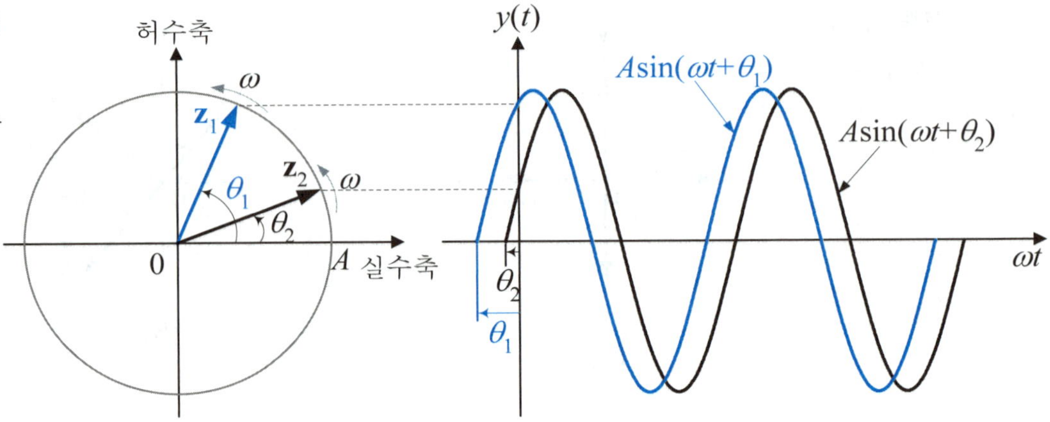

그림 1-5 복소수와 사인 함수

준다. 복소 평면상에서 표시된 두 복소수 $\mathbf{z}_1$, $\mathbf{z}_2$가 동일한 각주파수 ω로 회전하며 $t=0$에서 $\mathbf{z}_1$과 $\mathbf{z}_2$의 편각은 각각 θ_1과 θ_2이다. 그 결과 두 복소수의 시간에 따른 허수부 즉 y축 성분이 각각 $y(t)=A\sin(\omega t+\theta_1)$ 및 $y(t)=A\sin(\omega t+\theta_2)$의 두 사인함수가 된다. 따라서 주파수가 동일한 두 사인함수의 관계는 복소 평면상에서 두 복소수의 관계로 표현할 수 있음을 알 수 있다. 먼저 오일러 공식을 이용하면

$$y(t) = A\sin(\omega t + \theta) = \mathrm{Im}[Ae^{i(\omega t+\theta)}] \tag{84}$$

이다. 여기서

$$Ae^{i(\omega t+\theta)} = Ae^{i\theta}e^{i\omega t} = \mathbf{Y}e^{i\omega t} \tag{85}$$

이며 복소수 $\mathbf{Y}$는

$$\mathbf{Y} \equiv Ae^{i\theta} = A\angle\theta \tag{86}$$

로서 $y(t)$의 페이저(phasor)라 부른다. 이제 사인함수를 미분 및 적분할 때 페이저의 변화를 보자. 먼저 미분의 경우는

$$y'(t) = \omega A\cos(\omega t + \theta) = \omega A\sin(\omega t + \theta + 90°) \tag{87}$$

이며 y'의 페이저를 $\mathbf{Y}_D$라 하면

$$\mathbf{Y}_D = \omega A\angle(\theta + 90°) = (\omega\angle 90°)(A\angle\theta) \tag{88}$$

이므로 90° 회전자 i를 이용하면 다음과 같이 표현할 수 있다.

$$\mathbf{Y}_D = i\omega\mathbf{Y} \tag{89}$$

즉 사인함수에 대한 미분 연산은 페이저 영역상에서는 단순히 $i\omega$의 곱으로 나타난다. 다음으로 적분의 경우는

$$\int y(t)dt = -\frac{A}{\omega}\cos(\omega t+\theta) = \frac{A}{\omega}\sin(\omega t+\theta-90°) \tag{90}$$

이므로 $\int y(t)dt$에서 페이저를 $\mathbf{Y}_I$라 하면

$$\mathbf{Y}_I = \frac{A}{\omega}\angle(\theta-90°) = \left(\frac{1}{\omega}\angle-90°\right)(A\angle\theta) \tag{91}$$

이 역시 90° 회전자 i를 이용하면 다음과 같이 간단히 표현된다.

$$\mathbf{Y}_I = \frac{\mathbf{Y}}{i\omega} \tag{92}$$

즉 사인함수에 대한 적분 연산은 페이저 영역상에서는 단순히 $i\omega$의 나누기로 나타난다. 이상으로 페이저의 편리함에 대해 설명하였으며 다만 이 방법은 주파수가 동일한 사인(코사인) 함수 경우에만 적용된다.

예제 1-7 $x(t)=\sin(3t+30°)$일 때 다음을 계산하라.

$$y(t) = 2x(t) + \frac{1}{3}\frac{dx(t)}{dt} + 9\int x(t)dt$$

☞ $x(t)$의 페이저는 $\mathbf{X}=1\angle 30°$이며 각주파수는 ω=3이다. 따라서 주어진 식을 페이저 영역상에서 표현하면 다음과 같다.

$$\mathbf{Y} = 2\mathbf{X} + \frac{1}{3}(i3)\mathbf{X} + 9\frac{\mathbf{X}}{i3} = (2+i-3i)\mathbf{X} = (2-2i)(1\angle 30°)$$

위의 식에서 복소수 $2-2i$를 극좌표 형식으로 나타내면

$$2-2i = 2\sqrt{2}\angle-45°$$

이므로

$$\mathbf{Y} = (2\sqrt{2}\angle-45°)(1\angle 30°) = 2\sqrt{2}\angle-15°$$

이로부터 $y(t)$는 다음과 같다(각주파수는 동일하다).

$$y(t) = 2\sqrt{2}\sin(3t-15°)$$

이상으로 $x(t)\leftrightarrow\mathbf{X}$일 때 페이저 성질을 종합하면 다음과 같다.

$$\left.\begin{aligned} &Ax(t) \leftrightarrow A\mathbf{X} \\ &\frac{dx(t)}{dt} \leftrightarrow i\omega\mathbf{X} \\ &\int x(t)dt \leftrightarrow \frac{\mathbf{X}}{i\omega} \end{aligned}\right\} \quad (93)$$

위의 정리는 입력이 정현파인 시스템을 해석할 때 매우 중요하게 취급되며 이에 대해서는 2장에서 설명한다.

1.6 부분분수 전개

시스템을 해석할 경우 다음과 같이 분모 분자가 특정 변수의 다항식인 분수를 필히 접하게 된다(계수는 모두 실수).

$$C(x) = \frac{B(x)}{A(x)} = \frac{b_m x^m + b_{m-1}x^{m-1} + \cdots + b_1 x + b_0}{x^n + a_{n-1}x^{n-1} + \cdots + a_1 x + a_0} \quad (94)$$

단 위의 식과 같이 분모 최고차 항의 계수는 1로 하는 것이 보통이며 대부분의 경우 $n>m$으로 분모의 차수가 분자의 차수보다 하나 이상 높다. 식 (94)와 같은 분수식을 보다 차수가 낮은 분수들로 분해하는 부분분수 전개를 Heaviside 급수라 한다. 예를 들면 다음과 같다.

$$\frac{2x+3}{x^2+3x+2} = \frac{2x+3}{(x+1)(x+2)} = \frac{1}{x+1} + \frac{1}{x+2}$$

부분분수 전개를 위해서는 분모 다항식의 인수를 구하는 것이 첫 번째 작업임을 알 수 있다. 그러나 분모의 인수가 서로 다른 실근일 때는 부분분수 전개가 간단하지만 중근일 경우는 약간 복잡해 진다(부분분수 전개는 이 책을 통해 여러 번 등장하므로 잘 알아두는 것이 좋다).

서로 다른 실근 분모 다항식이

$$A(x) = (x - r_1)(x - r_2)\cdots(x - r_n), \qquad (r_i \neq r_j, i \neq j) \tag{95}$$

와 같이 모두 다른 인수로 분해되면 식 (94)는 다음과 같이 부분 분수로 전개할 수 있다(단 $n>m$).

$$\left.\begin{aligned} C(x) &= \frac{k_1}{x - r_1} + \frac{k_2}{x - r_2} + \cdots + \frac{k_n}{x - r_n} \\ k_i &= C(x)(x - r_i)\big|_{x = r_i} \end{aligned}\right\} \tag{96}$$

위의 식에서 k_i를 유수(residue)라 한다. 위의 식을 증명하기 위해 $C(x)$에 $x-r_i$를 곱하면

$$C(x)(x - r_i) = \frac{k_1(x - r_i)}{x - r_1} + \frac{k_2(x - r_i)}{x - r_2} + \cdots + k_i + \cdots + \frac{k_n(x - r_i)}{x - r_n} \tag{97}$$

이므로 구하고자 하는 k_i 항만 상수로 남고 나머지 항들은 분자에 모두 $x-r_i$를 포함하게 된다. 따라서 식 (97)의 양변에 $x=r_i$를 대입하면 우변에는 k_i만 남게 되는 것이다.

공액근 $A(x)$의 인수가 공액 복소수일 경우 즉

$$A(x) = (x - \mathbf{r})(x - \mathbf{r}^*) \tag{98}$$

인 형태에 대해서는

$$\left.\begin{aligned} C(x) &= \frac{\mathbf{k}}{x - \mathbf{r}} + \frac{\mathbf{k}^*}{x - \mathbf{r}^*} \\ \mathbf{k} &= C(x)(x - \mathbf{r})\big|_{x = \mathbf{r}} \end{aligned}\right\} \tag{99}$$

여기서 유의할 점은 공액 관계인 인수에 대한 유수도 서로 공액 관계라는 점이며 그 이유는 $C(x)$의 계수가 모두 실수여야 하기 때문이다.

중근 $A(x)$의 인수가

$$A(x) = (x - r)^n \tag{100}$$

와 같이 실수의 중근일 경우의 부분분수 전개는 다음과 같다.

$$\left.\begin{aligned} C(x) &= \frac{k_0}{(x-r)^n} + \frac{k_1}{(x-r)^{n-1}} + \cdots + \frac{k_i}{(x-r)^{n-i}} + \cdots + \frac{k_{n-1}}{x-r} \\ k_i &= \begin{cases} C(x)(x-r)^n\Big|_{x=r} & (i=0) \\ \dfrac{1}{i!}\dfrac{d^iC(x)(x-r)^n}{dx^i}\bigg|_{x=r} & (i \geq 1) \end{cases} \end{aligned}\right\} \quad \textbf{(101)}$$

먼저 $C(x)$에 $(x-r)^n$을 곱하면 다음과 같다.

$$C(x)(x-r)^n = k_0 + k_1(x-r) + k_2(x-r)^2 + \cdots + k_{n-1}(x-r)^{n-1} \quad \textbf{(102)}$$

위 식 우변은 유수 k_0가 있는 첫 번째 항만 상수 k_0로 남고 나머지 항들은 최소한 $x-r$을 포함하게 된다. 따라서 $C(x)(x-r)^n$에 $x=r$을 대입하게 되면 우변에는 k_0만 남는다. 다음으로 $C(x)(x-r)^n$을 x에 대해 일차 미분하면

$$\frac{C(x)(x-r)^n}{dx} = k_1 + 2k_2(x-r) + \cdots + (n-1)k_{n-1}(x-r)^{n-2} \quad \textbf{(103)}$$

이므로 위의 식에 $x=r$을 대입하면 우변에는 k_1만 남게 된다. 이와 같은 과정을 반복하면 식 (101)에서 k_i를 구하는 공식을 증명할 수 있다.

예제 1-8 다음 각 분수를 부분 분수로 전개하라.

(a) $\dfrac{1}{x^2+3x+2}$ (b) $\dfrac{1}{(x+1)(x^2+4x+4)}$

☞ (a) $\dfrac{1}{x^2+3x+2} = \dfrac{k_1}{x+1} + \dfrac{k_2}{x+2}$

로 인수가 서로 다른 실근이므로

$$k_1 = \frac{(x+1)}{(x+1)(x+2)}\bigg|_{x=-1} = \frac{1}{x+2}\bigg|_{x=-1} = 1$$

$$k_2 = \frac{(x+2)}{(x+2)(x+2)}\bigg|_{x=-2} = \frac{1}{x+1}\bigg|_{x=-2} = -1$$

$$\therefore \frac{1}{x^2+3x+2} = \frac{1}{x+1} - \frac{1}{x+2}$$

(b) $$\frac{1}{(x+1)(x^2+4x+4)} = \frac{1}{(x+1)(x+2)^2} = \frac{k}{x+1} + \frac{k_0}{(x+2)^2} + \frac{k_1}{x+2}$$

$$k = \left.\frac{(x+1)}{(x+1)(x+2)^2}\right|_{x=-1} = \left.\frac{1}{(x+2)^2}\right|_{x=-1} = 1$$

$$k_0 = \left.\frac{(x+2)^2}{(x+1)(x+2)^2}\right|_{x=-2} = \left.\frac{1}{x+1}\right|_{x=-2} = -1$$

$$k_1 = \left.\frac{d}{dx}\left(\frac{1}{x+1}\right)\right|_{x=-2} = -\left.\frac{1}{(x+1)^2}\right|_{x=-2} = -1$$

$$\therefore \frac{1}{(x+1)(x^2+4x+4)} = \frac{1}{x+1} - \frac{1}{(x+2)^2} - \frac{1}{x+2}$$

연습 문제

§ 1.1 미분과 적분

다음 함수의 도함수를 구하라.

1. $y = \sin^{-1} x$ **2.** $y = \cos^{-1} x$ **3.** $y = \sec^{-1} x$ **4.** $y = \csc^{-1} x$

5. $y = \cot^{-1} x$ **6.** $y = \sinh^{-1} x$ **7.** $y = \cosh^{-1} x$ **8.** $y = \tanh^{-1} x$

다음 적분을 구하라.

9. $\int x \ln x \, dx$ **10.** $\int xe^x \cos x \, dx$ **11.** $\int xe^x \sin x \, dx$

12. $\int (x-a)(x-b)^2 \, dx$

§1.2 계승과 계승함수

다음을 증명하라.

13. $2^n n! = (2n)!!$ **14.** $z!(z+\frac{1}{2})! = \sqrt{\pi}\,\dfrac{(2z+1)!}{2^{2z+1}}$ **15.** $z!(z-\frac{1}{2})! = \sqrt{\pi}\,\dfrac{(2z)!}{2^{2z}}$

16. $\displaystyle\int_0^1 (1-x^2)^n = \int_0^{\pi/2} \cos^{2n+1}\theta\, d\theta = \frac{(2n)!!}{(2n+1)!!} = \frac{2^{2n}(n!)}{(2n+1)!}$ (x=sinθ로 둘 것)

17. $\displaystyle\int_0^{\pi} (1-\cos\theta)^4\, d\theta = \frac{35}{8}\pi$ (문제 16의 결과를 이용할 것)

§1.4 불연속 함수

다음을 구하라.

18. $\displaystyle\int_{-\infty}^{\infty} x^n e^{ax}\delta(x-T)\,dx$ **19.** $\displaystyle\int x^2 u(x) e^x\, dx$

§1.5 복소수와 페이저

20. 다음에서 $x = 2\cos(2t-45°)$일 때 y를 구하라.

$$y = \frac{d^2x}{dt^2} + 3\frac{dx}{dt} + 2x + \int x\, dt$$

§1.5 부분분수 전개

다음을 부분분수로 전개하라.

21. $\dfrac{7x-2}{x^2-x-2}$ **22.** $\dfrac{5x+1}{x^3-x}$ **23.** $\dfrac{10x^2}{(x+1)(x+5)}$ **24.** $\dfrac{x+3}{x(x+1)(x+2)}$

25. $\dfrac{x^2+x+1}{x(x+1)(x+2)}$ **26.** $\dfrac{12x}{(2x+3)^2}$ **27.** $\dfrac{x+4}{(x+5)^2}$ **28.** $\dfrac{x}{(x-2)^3}$

29. $\dfrac{7x^2}{x^3+3x^2+3x+1}$ **30.** $\dfrac{x^3+6x^2+14x}{(x+2)^4}$

2 1계 미분방정식

2장에서는 미분방정식의 기초가 되는 1계 미분방정식과 그 해법에 대해 설명한다. 1계 미분방정식은 고계 미분방정식에 비해 해를 구할 수 있을 가능성이 많기 때문에 해법이 다양하다. 먼저 계수가 상수가 아닌 선형미분방정식 해법에 대해 설명한 다음 풀기 쉬운 상수계수 선형미분방정식에 대해 설명한다. 그리고 물리계를 대표하여 전기계와 기계계에서 미분방정식의 역할에 대해 설명하여 미분방정식의 중요성에 대해 인식하도록 하였다. 2장의 내용은 다음과 같다.

- ♣ **2.1 미분방정식의 개념**
- ♣ **2.2 변수분리형 미분방정식**
- ♣ **2.3 동차형 미분방정식**
- ♣ **2.4 완전미분방정식**
- ♣ **2.5 1계 선형미분방정식**
- ♣ **2.6 1계 상수계수 선형미분방정식**
- ♣ **2.7 물리계의 모형**

2.1 미분방정식의 개념

미분방정식의 종류

미분방정식은 독립변수를 포함하여 종속변수 및 그 도함수들로 구성된 방정식을 일컫는다. 예를 들어 독립변수 x와 그 종속변수 y에 의해

$$\frac{dy}{dx} = f(x) \tag{1}$$

와 같이 구성되면 y의 도함수가 포함되므로 미분방정식이다. 그리고 위의 미분방정식을 푼다는 것은 미분하여 $f(x)$가 되는 x의 함수 y를 구하는 것이며 이를 해(解, solution)라 한다. 식 (1)과 같이 독립변수가 한 개인 미분방정식은 상미분방정식(ordinary differential equation)이라 하며 일반적인 형태는

$$F(x, y, y', y'', \cdots, c) = 0 \tag{2}$$

과 같다. 이에 비해 종속변수가 두 개 이상의 독립변수의 함수인

$$y = y(x_1, x_2, \cdots) \tag{3}$$

에 대해

$$F\left(x_1, x_2, \cdots, \frac{\partial y}{\partial x_1}, \frac{\partial y}{\partial x_2}, \cdots, \frac{\partial^2 y}{\partial x_1 \partial x_2}, \cdots\right) = 0 \tag{4}$$

와 같이 편미분을 포함하는 미분방정식을 편미분방정식(partial differential equation)이라 한다. 다음이 편미분방정식에 대한 한 예이다.

$$\frac{\partial^2 V}{\partial x^2} + \frac{\partial^2 V}{\partial y^2} + \frac{\partial^2 V}{\partial z^2} = 0 \tag{5}$$

다음의 방정식

$$F(x, y, z, c) = 0 \tag{6}$$

와 같이 독립변수와 종속변수를 구분할 수 없는 상태에서 도함수들로 이루어진 방정식을 전미분(total differential) 방정식이라 한다.

미분방정식 계수와 차수

식 (2)로 표현되는 미분방정식의 각 항이 종속변수 y 및 그 도함수 $y^{(n)}$ 들에 관하여 모두 1차이면 이 방정식을 선형(linear)이라 하고 그렇지 않으면 비선형(nonlinear)이라 한다. 미분방정식에서 독립변수 x에 관한 식을 계수함수 또는 계수(係數)라 하며 이들은 방정식의 선형, 비선형과는 무관하다. 예를 들어

$$\cos x \frac{dy}{dx} + x^2 y = 0, \quad \frac{d^2 y}{dx^2} + x^2 y = 0$$

등은 모두 y, y', y''에 대해 1차이므로 선형 미분방정식이다. 반면에

$$y\frac{dy}{dx} = x, \quad \frac{dy}{dx} + \cos y = 0, \quad \frac{d^2 y}{dx^2} + \left(\frac{dy}{dx}\right)^2 = 1$$

등은 모두 비선형 미분방정식에 해당한다(첫 번째에서는 y와 dy/dx의 곱, 두 번째는 $\cos y$, 세 번째는 $(dy/dx)^2$에 의해 각각 비선형적이다).

미분방정식에 나타나는 가장 높은 도함수를 계수(階數, order)라 하고 가장 높은 도함수가 몇 차인지를 나타내는 것이 차수(次數, degree)이다. 예를 들어 방정식

$$y' + 2y = 0$$

는 1계 1차이며

$$y'' + 2y' + y = 0$$

는 2계 1차이며

$$y'^2 - x^2 y' + y = 0$$

는 1계 2차이다. 일반적인 n계 선형미분방정식은

$$a_n(x)\frac{d^n y}{dx^n} + a_{n-1}(x)\frac{d^{n-1} y}{dx^{n-1}} + \cdots + a_1(x)\frac{dy}{dx} + a_0(x)y = f(x) \tag{7}$$

와 같이 독립변수 x에 관한 식을 계수로 하는 형태로 나타내고 특히 최고계의 계수가 $a_n(x)=1$이면 표준형이라 한다. 또한 식 (7)에서 $f(x)=0$이면 제차(齊次, homogeneous) 방정식이라 하고 $f(x)$를 비제차함수(또는 비제차항, 강제함수)라 한다. 그리고 $f(x) \neq 0$이면 비제차(nonhomogeneous) 방정식이라 한다.

2.2 변수분리형 미분방정식

1계 미분방정식이

$$g(y)\frac{dy}{dx}=f(x) \tag{8}$$

의 형태일 때는 양변에 dx를 곱하여

$$g(y)dy=f(x)dx \tag{9}$$

와 같이 변수를 분리하여 표현할 수 있으므로 변수분리형이라 한다. 변수분리형 미분방정식은 공학 문제에서 자주 접하는 가장 기초적인 미분방정식이다. 식 (9)의 양변을 적분하면 해는 다음과 같이 주어진다.

$$\int g(y)dy=\int f(x)dx+c \tag{10}$$

식 (9)에서 구한 y는 미지의 적분상수 c에 의해 정해지지 않은 상수가 포함되므로 일반해라 한다. 만일 임의의 $x=x_o$에서의 $y(x_o)$가 주어지면 이로부터 y에 포함된 미지수를 정할 수 있으며 이 때의 y를 특수해라 한다. 그리고 $y(x_o)$를 초기조건이라 하는데 그 이유는 대부분의 시스템 해석에서는 실제로 $y(0)$가 초기치로 주어지기 때문이다.

예제 2-1 다음과 같은 미분방정식이 있다.

$$\frac{dy}{dx}+y=0$$

(a) 일반해를 구하라. (b) 초기조건이 $y(0)=5$일 때 특수해를 구하라.

☞ (a) 주어진 미분방정식의 양변을 y로 나누면

$$\frac{1}{y}\frac{dy}{dx}=-1$$

이므로 식 (8)과 같은 형태이다. 따라서 양변에 dx를 곱하면

$$\frac{1}{y}dy = -dx$$

의 변수분리형이 되며 양변을 적분하면

$$\int \frac{1}{y}dy = -\int dx + c$$

위의 부정적분은 예제 1-1의 결과로부터

$$\ln|y| = -x + c$$

따라서 일반해는

$$y = Ke^{-x}, \quad (K = e^c)$$

(b) 위의 일반해에 초기조건 $y(0)=5$를 대입하면

$$y(0) = K = 5$$

따라서 특수해는

$$y = 5e^{-x}$$

예제 2-2 다음 미분방정식에 대한 일반해를 구하라. 단 a, b는 상수이다.

$$a^2 y\frac{dy}{dx} + b^2 x = 0$$

☞ 주어진 미분방정식을 변수 분리하면

$$a^2 y\,dy = -b^2 x\,dx$$

이므로 양변을 적분하면 다음과 같이 일반해를 구할 수 있다.

$$a^2 \int y\,dy = -b^2 \int x\,dx + c$$

$$\frac{a^2}{2}y^2 = -\frac{b^2}{2}x^2 + c$$

$$\therefore \frac{x^2}{a^2} + \frac{y^2}{b^2} = K \quad \left(K = \frac{2}{a^2b^2}\right)$$

2.3 동차형 미분방정식

1계 미분방정식 중에는 변수를 직접 분리하기 곤란하지만 간단한 변수 치환을 이용하면 변수분리형 미분방정식으로 표현할 수 있는 것들이 있다. 그 전형적인 예가 다음의 형태이다.

$$\frac{dy}{dx} = g\left(\frac{y}{x}\right) \tag{11}$$

위의 식에서 $y/x=u$로 치환하면서 $y=xu$의 관계로부터 다음 연립방정식을 얻을 수 있다.

$$\begin{cases} \dfrac{dy}{dx} = g(u) \\ \dfrac{dy}{dx} = u + x\dfrac{du}{dx} \end{cases} \tag{12}$$

위의 두 식으로부터

$$u + x\frac{du}{dx} = g(u) \tag{13}$$

이며 이는 다음과 같이 변수분리형으로 표현할 수 있음을 알 수 있다.

$$\frac{1}{x}dx = \frac{1}{g(u)-u}du \tag{14}$$

따라서 양변을 적분한

$$\int \frac{1}{x}dx = \int \frac{1}{g(u)-u}du + c \tag{15}$$

로부터

$$x = f(u) + K \tag{16}$$

의 형태로 구할 수 있게 되며 다시 $u=y/x$로 치환하면

$$x = f(y/x) + K \tag{17}$$

로부터 y를 x의 함수로 구할 수 있다.

예제 2-3 다음의 각 미분방정식에 대한 일반해를 구하라.

(a) $yy'-2y+x=0$

(b) $xy'-y-\sqrt{x^2+y^2}=0$

(c) $2xyy'-y^2+x^2=0$

☞ (a) 미분방정식의 양변을 x로 나누면

$$\frac{y}{x}y'-2\frac{y}{x}+1=0$$

이므로 다음과 같은 형태로 만들 수 있다.

$$y'=\frac{2(y/x)-1}{y/x}=g(y/x)$$

따라서 $y/x=u$로 치환하면

$$g(u)=\frac{2u-1}{u}$$

이므로 식 (15)로부터

$$\begin{aligned}\int\frac{1}{x}dx &= \int\frac{1}{g(u)-u}du+c=\int\frac{1}{(2u-1)/u-u}du+c \\ &= -\int\frac{u}{(u-1)^2}du+c\end{aligned} \qquad \text{........……(i)}$$

위 식의 마지막 적분에서 부분분수 전개를 적용하면

$$\frac{u}{(u-1)^2}=\frac{1}{u-1}+\frac{1}{(u-1)^2}$$

이므로

$$\int\frac{u}{(u-1)^2}du=\int\frac{1}{u-1}du+\int\frac{1}{(u-1)^2}du=\ln(u-1)-\frac{1}{u-1} \qquad \text{……(ii)}$$

따라서 식 (i), (ii)로부터

$$\ln(u-1)-\frac{1}{u-1}+\ln x=c$$

위의 식에 다시 $u=y/x$를 대입하여 정리하면 다음과 같다.

$$\ln(y-x)-\frac{x}{y-x}=c$$

$$y-x=Ke^{\frac{x}{y-x}} \quad (K=e^c)$$

$$\therefore \boxed{y=x+Ke^{\frac{x}{y-x}}}$$

(b) 미분방정식의 양변을 x로 나누어 정리하면

$$y'=\frac{y}{x}+\sqrt{1+\left(\frac{y}{x}\right)^2}=g(y/x)$$

따라서 $y/x=u$로 치환하면

$$g(u)=u+\sqrt{1+u^2}$$

이므로 식 (15)로부터

$$\int\frac{1}{x}dx=\int\frac{1}{g(u)-u}du+c=\int\frac{1}{\sqrt{1+u^2}}du+c$$

$$\ln|x|=\ln\left(u+\sqrt{1+u^2}\right)+c$$

$$u+\sqrt{1+u^2}=Kx \quad (K=e^{-c})$$

위의 식에 다시 $u=y/x$를 대입하여 정리하면 다음과 같다.

$$y+\sqrt{x^2+y^2}=Kx^2$$

$$\therefore \boxed{x^2+y^2=K(x^2-y)^2}$$

(c) 미분방정식의 양변을 x^2으로 나누어 정리하면

$$2\frac{y}{x}y'-\left(\frac{y}{x}\right)^2+1=0$$

$$y'=\frac{(y/x)^2-1}{2(y/x)}=g(y/x)$$

따라서 $y/x=u$로 치환하면

$$g(u)=\frac{u^2-1}{2u}$$

이므로 식 (15)로부터

$$\int\frac{1}{x}dx=\int\frac{1}{g(u)-u}du+c=-\int\frac{2u}{u^2+1}du+c$$

$$\ln|x|=-\ln(u^2+1)+c$$

$$u^2+1=\frac{K}{x}\quad(K=e^c)$$

위의 식에 다시 $u=y/x$를 대입하여 정리하면 다음과 같다.

$$\boxed{x^2+y^2=Kx\ \rightarrow\ \left(x-\frac{K}{2}\right)^2+y^2=\frac{K^2}{4}}$$

2.4 완전미분방정식

완전성 1계 선형미분방정식이

$$\frac{dy}{dx}+\frac{P(x,y)}{Q(x,y)}=0 \tag{18}$$

또는

$$P(x,y)dx+Q(x,y)dy=0 \tag{19}$$

의 형태일 때 다음의 조건을 만족하면 이를 완전미분방정식이라 한다.

$$\frac{\partial P}{\partial y}=\frac{\partial Q}{\partial x} \tag{20}$$

완전미분방정식의 일반해를 $u(x,\ y)$라 하면 1장의 식 (17)의 사슬법칙에

의해

$$du = \frac{\partial u}{\partial x}dx + \frac{\partial u}{\partial y}dy \tag{21}$$

이므로 여기서

$$P(x, y) = \frac{\partial u}{\partial x}, \quad Q(x, y) = \frac{\partial u}{\partial y} \tag{22}$$

로 하면 식 (21)은 다음과 같다.

$$du = P(x, y)dx + Q(x, y)dy \tag{23}$$

따라서 위의 식은 식 (19)에 의해 $du=0$이 되므로 완전미분방정식의 일반해는 다음과 같은 형태가 된다.

$$u(x, y) = c \tag{24}$$

물론 식 (22)로부터

$$\frac{\partial P}{\partial y} = \frac{\partial^2 u}{\partial x \partial y}, \quad \frac{\partial Q}{\partial x} = \frac{\partial^2 u}{\partial x \partial y} \tag{25}$$

이므로 식 (24)는 식 (20)을 만족하게 된다. 식 (24)의 일반해를 구하기 위해 먼저 $\partial u/\partial x=P$로부터

$$u = \int P(x, y)dx + f(y) \tag{26}$$

로 표현할 수 있으며 다음으로 이 식을 $\partial u/\partial y=Q$에 대입하면

$$\frac{\partial u}{\partial y} = \frac{\partial}{\partial y}\left[\int P dx + f(y)\right] = Q \tag{27}$$

또는

$$\left[\frac{\partial}{\partial y}\int P dx\right] + f'(y) = Q \tag{28}$$

위의 식에서 좌변 대괄호 안을 우변으로 이항시켜 양변을 적분하면

$$f(y) = \int Q dy - \int\left[\frac{\partial}{\partial y}\int P dx\right] = \int\left[Q - \left(\frac{\partial}{\partial y}\int P dx\right)\right]dy \tag{29}$$

위의 식을 식 (26)에 대입하여 정리하면 완전미분방정식의 일반해는 다음과 같은 형태로 주어진다.

$$u = \int P dx + \int \left[Q - \left(\frac{\partial}{\partial y} \int P dx \right) \right] dy = c \tag{30}$$

위의 식은 매우 번잡스러워 보이며 실제로는 다음과 같은 절차로 구하면 편리하다.

단계 1: 주어진 미분방정식이 식 (20)을 만족하는 완전미분방정식인가를 먼저 확인한 다음 $P(x, y)$와 $Q(x, y)$로부터 다음과 같이 구한다(적분상수는 제외한다).

$$u_1 = \int P dx, \quad u_2 = \int Q dy \tag{31}$$

단계 2: 함수 u_1과 u_2를 더하되 마치 u_1과 u_2에서 "최소 공배수를 구하는 것처럼" 하여 항을 택하여

$$u = u_1 + u_2 = c \tag{32}$$

로 구한다.

예를 들어

$$u_1 = x^2 y + 2x, \quad u_2 = 2x^2 y + x + y^2$$

이라 가정하면 u_1과 u_2에서 "최소 공배수를 구하는 것처럼" 하여 항을 택하여 더하면

$$u = 2x^2 y + 2x + y^2 = c$$

가 되는 것이지 $u=3x^2y+3x+y^2$이 아닌 것이다.

예제 2-4 다음의 각 미분방정식의 일반해를 구하라.

(a) $(2xy+1)dx + (x^2 - 6y)dy = 0$

(b) $(x^3 + 2xy + y)dx + (y^3 + x^2 + x)dy = 0$

(c) $2xy\,dx + (x^2 + \sin y)dy = 0$

☞ (a) $P = 2xy + 1,\quad Q = x^2 - 6y$로 하면

$$\frac{\partial P}{\partial y} = 2x,\quad \frac{\partial Q}{\partial x} = 2x$$

이므로 완전미분방정식이며

$$u_1 = \int P dx = \int (2xy + 1) dx = x^2 y + x$$

$$u_2 = \int Q dy = \int (x^2 - 6y) dy = x^2 y - 3y^2$$

$$\therefore \boxed{u = x^2 y + x - 3y^2 = c}$$

(b) $P = x^3 + 2xy + y,\quad Q = y^3 + x^2 + x$로 하면

$$\frac{\partial P}{\partial y} = 2x + 1,\quad \frac{\partial Q}{\partial x} = 2x + 1$$

이므로 완전미분방정식이며

$$u_1 = \int P dx = \int (x^3 + 2xy + y) dx = \frac{1}{4}x^4 + x^2 y + xy$$

$$u_2 = \int Q dy = \int (y^3 + x^2 + x) dy = \frac{1}{4}y^4 + x^2 y + xy$$

$$\therefore \boxed{u = \frac{1}{4}x^4 + x^2 y + xy + \frac{1}{4}y^4 = c}$$

(c) $P = 2xy,\quad Q = x^2 + \sin y$로 하면

$$\frac{\partial P}{\partial y} = 2x,\quad \frac{\partial Q}{\partial x} = 2x$$

이므로 완전미분방정식이며

$$u_1 = \int P dx = \int 2xy\, dx = x^2 y$$

$$u_2 = \int Q dy = \int (x^2 + \sin y) dy = x^2 y - \cos y$$

$$\therefore \boxed{u = x^2 y - \cos y = c}$$

적분인자 미분방정식

$$P(x,y)dx + Q(x,y)dy = 0 \tag{33}$$

가 완전성을 만족하지 않을 경우 양변에 적절한 함수 $F(x,y)$를 곱하여

$$FPdx + FQdy = 0 \tag{34}$$

가 완전미분 방정식이 되도록 할 수 있으며 이 때의 함수 $F(x,y)$를 적분인자(integrating factor)라 한다. 이를 위해 F는

$$\frac{\partial(FP)}{\partial y} = \frac{\partial(FQ)}{\partial x} \tag{35}$$

를 만족하여야 하므로 이를 계산하면 다음과 같다.

$$F_y P + FP_y = F_x Q + FQ_x \tag{36}$$

위의 식은 대부분의 경우 복잡하고 쓸모가 없다. 다행스럽게도 많은 실제적인 경우에서는 F가 x 또는 y 중 단 하나의 변수에 의존한다. 먼저 F가 $F(x)$인 경우는 $F_y=0$가 되고 편미분은 $F_x=dF(x)/dx$가 되므로 식 (35)는

$$\frac{1}{F(x)}\frac{dF(x)}{dx} = \frac{1}{Q}\left(\frac{\partial P}{\partial y} - \frac{\partial Q}{\partial x}\right) = R(x) \tag{37}$$

단

$$R(x) \equiv \frac{1}{Q}\left(\frac{\partial P}{\partial y} - \frac{\partial Q}{\partial x}\right) \tag{38}$$

이다. 따라서 식 (37)로부터 적분인자 $F(x)$는 다음과 같이 구해진다.

$$\left.\begin{aligned} F(x) &= e^{\int R(x)dx} \\ R(x) &= \frac{1}{Q}\left(\frac{\partial P}{\partial y} - \frac{\partial Q}{\partial x}\right) \end{aligned}\right\} \tag{39}$$

다음으로 F가 $F(y)$인 경우는 $F_x=0$가 되고 편미분은 $F_y=dF(y)/dy$가 되므로 식 (35)는

$$\frac{1}{F(y)}\frac{dF(y)}{dy} = \frac{1}{P}\left(\frac{\partial Q}{\partial x} - \frac{\partial P}{\partial y}\right) = \widetilde{R}(y) \tag{40}$$

및

$$\tilde{R}(y) \equiv \frac{1}{P}\left(\frac{\partial Q}{\partial x} - \frac{\partial P}{\partial y}\right) \qquad \textbf{(41)}$$

이다. 따라서 식 (40)으로부터 적분인자 $F(y)$는 다음과 같이 구해진다.

$$\left.\begin{aligned} &F(y) = e^{\int \tilde{R}(y)dy} \\ &\tilde{R}(y) = \frac{1}{P}\left(\frac{\partial Q}{\partial x} - \frac{\partial P}{\partial y}\right) \end{aligned}\right\} \qquad \textbf{(42)}$$

이상으로 식 (39)의 $F(x)$나 식 (42)의 $F(y)$를 식 (34)에 대입하면 완전미분방정식이 되며 이에 대한 풀이는 앞서 행한 방법과 같다.

예제 2-5 다음 각 미분방정식의 완전성을 조사하고 완전미분이 아닐 경우 적분인자를 구하여 완전하게 한 다음 일반해를 구하라.

(a) $(x^2 + xy + 4x + 3y)dx + x\,dy = 0$

(b) $(y^3 + y)dx + (xy^2 - x)dy = 0$

☞ (a) $P = x^2 + xy + 4x + 3y, \quad Q = x$로 하여 완전성을 조사해 보면

$$\frac{\partial P}{\partial y} = x + 3, \quad \frac{\partial Q}{\partial x} = 1$$

따라서 완전미분방정식이 아니다. 적분인자를 $F(x)$로 하면 식 (39)로부터 다음과 같다.

$$R(x) = \frac{1}{Q}\left(\frac{\partial P}{\partial y} - \frac{\partial Q}{\partial x}\right) = \frac{1}{x}(x + 3 - 1) = 1 + \frac{2}{x}$$

$$F(x) = e^{\int R(x)dx} = e^{x + \ln x^2} = x^2 e^x$$

따라서 주어진 미분방정식에 $F(x)$를 곱하면 새로운 완전미분방정식은

$$e^x(x^4 + x^3 y + 4x^3 + 3x^2 y)dx + x^3 e^x\,dy = 0$$

이며 이로부터

$$P = e^x(x^4 + x^3 y + 4x^3 + 3x^2 y), \quad Q = x^3 e^x$$

따라서 식 (31)로부터

$$u_1 = \int e^x (x^4 + x^3 y + 4x^3 + 3x^2 y) dx = e^x (x^4 + x^3 y)$$

$$u_2 = \int x^3 e^x dy = e^x x^3 y$$

$$\therefore \boxed{u = e^x (x^4 + x^3 y) = c \;\rightarrow\; y = -x + cx^{-3} e^{-x}}$$

(b) $P = y^3 + y, \quad Q = xy^2 - x$ 이므로

$$\frac{\partial P}{\partial y} = 3y^2 + 1, \quad \frac{\partial Q}{\partial x} = y^2 - 1$$

따라서 완전미분방정식이 아니다. 적분인자를 $F(x)$로 가정하면 식 (39)로부터

$$R(x) = \frac{1}{Q}\left(\frac{\partial P}{\partial y} - \frac{\partial Q}{\partial x}\right) = \frac{1}{xy^2 - x}(2y^2 + 2)$$

이므로 R은 x만의 함수가 아니다. 따라서 적분인자는 $F(y)$이어야 하며 식 (42)로부터 다음과 같다.

$$\widetilde{R}(y) = \frac{1}{P}\left(\frac{\partial Q}{\partial x} - \frac{\partial P}{\partial y}\right) = -\frac{1}{y^3 + y}(2y^2 + 2) = -\frac{2}{y}$$

$$F(y) = e^{\int \widetilde{R}(y) dy} = e^{-\ln y^2} = \frac{1}{y^2}$$

주어진 미분방정식에 $F(y)$를 곱한 새로운 완전미분방정식은

$$\left(y + \frac{1}{y}\right) dx + \left(x - \frac{x}{y^2}\right) dy = 0$$

이므로 식 (31)로부터

$$u_1 = \int \left(y + \frac{1}{y}\right) dx = xy + \frac{x}{y}, \qquad u_2 = \int \left(x - \frac{x}{y^2}\right) dy = x + \frac{x}{y}$$

$$\therefore \boxed{u = xy + x + \frac{x}{y} = c \;\rightarrow\; xy^2 + (x - c)y + x = 0}$$

2.5 1계 선형미분방정식

1계 선형미분방정식의 표준 꼴은

$$y' + a(x)y = f(x) \tag{43}$$

이며 $f(x)$는 비제차함수(비제차항)이다. 식 (43)에서 $f(x)=0$이면 제차방정식이며 그렇지 않으면 비제차방정식이다.

보조해

식 (43)에서 $f(x)=0$이면 다음과 같은 변수분리형으로 된다.

$$\frac{1}{y}dy = -a(x)dx \tag{44}$$

위 식의 양변을 적분하면

$$\int \frac{1}{y}dy = -\int a(x)dx \tag{45}$$

이로부터

$$\ln|y| = -\int a(x)dx + c \tag{46}$$

제차방정식의 해를 보조해라 부르고 y_c로 표시한다. 따라서 식 (44)의 보조해는 식 (46) 양변에 지수함수를 취하면 다음과 같다.

$$y_c = Ke^{-\int a(x)dx}, \quad (K = \pm e^c) \tag{47}$$

위의 식에서 편의상

$$A(x) \equiv \int a(x)dx \tag{48}$$

로 정의하면 보조해는 다음과 같다.

$$y_c = Ke^{-A(x)} \quad \left(A(x) = \int a(x)dx\right) \tag{49}$$

특수해 식 (43)에서 $f(x) \neq 0$인 비제차방정식은 적분인자를 이용하여 완전미분방정식으로 고친 다음 풀 수 있다. 먼저 식 (43)을 고쳐 쓰면

$$[a(x)y - f(x)]dx + dy = 0 \tag{50}$$

이며 이로부터

$$P = a(x)y - f(x), \quad Q = 1 \tag{51}$$

로 할 수 있다. 식 (50)을 완전미분형태로 만드는 적분인자를 x의 함수 $F(x)$로 하면 식 (39)로부터

$$R(x) = \frac{1}{Q}\left(\frac{\partial P}{\partial y} - \frac{\partial Q}{\partial x}\right) = a(x) \tag{52}$$

이므로

$$F(x) = e^{\int R(x)dx} = e^{\int a(x)dx} \tag{53}$$

따라서 완전미분방정식은 식 (43)의 양변에 식 (53)의 $F(x)$를 곱하면

$$\frac{dy}{dx}e^{\int a(x)dx} + ya(x)e^{\int a(x)dx} = f(x)e^{\int a(x)dx} \tag{54}$$

이며 이는 다음과 같이 표현할 수 있다.

$$\frac{d}{dx}\left(ye^{\int a(x)dx}\right) = f(x)e^{\int a(x)dx} \tag{55}$$

위의 식을 적분하여 식 (48)의 $A(x) = \int a(x)dx$를 이용하면 다음과 같다.

$$ye^{A(x)} = \int f(x)e^{A(x)}dx + c \tag{56}$$

따라서 비제차방정식인 식 (43)의 해는 다음과 같다.

$$y = e^{-A(x)}\int f(x)e^{A(x)}dx + ce^{-A(x)}, \quad \left(A(x) = \int a(x)dx\right) \tag{57}$$

식 (57)에서 우변의 두 번째 항은 식 (49)로 주어지는 보조해이다. 한편 우변 첫 번째 항은 제차함수 $f(x)$에 의해 생성되는 해로서 특수해라 하고 (앞서 설명한 특수해와는 다르다) y_p로 표시한다. 따라서 식 (57)의 y는 특수해와 보조해의 합으로 표시되며 이를 일반해라 한다. 그리고 초기조건에 의해 보조해의 미지수 c가 정해지면 식 (57)의 y를 완전해라 한다. 이상으로 식 (43)의 1계 비제차방정식 및 그 해를 정리하면 다음과 같다.

$$y' + a(x)y = f(x) \quad \begin{cases} A(x) = \int a(x)dx \\ y = \underbrace{Ke^{-A(x)}}_{y_c} + \underbrace{e^{-A(x)} \int f(x)e^{A(x)}dx}_{y_p} \end{cases} \tag{58}$$

식 (58)에서 완전해를 구하는 절차는 다음과 같다.

1. 보조해 y_c를 구한다.
2. 특수해 y_p를 구한다.
3. 일반해 $y=y_c+y_p$를 구한다(y_c에 미지수 K 포함).
4. 초기조건을 이용하여 y_c의 미지수 K를 구하여 완전해를 구한다.

식 (58) 선형 미분방정식의 계수가 $a(x)=a$로 상수이면 상수계수(constant coefficient) 선형미분방정식이라 한다. 이 경우는

$$A(x) = \int a\,dx = ax \tag{59}$$

이므로 보조해와 특수해는 각각 다음과 같다.

$$\begin{cases} y_c = Ke^{-ax} \\ y_p = e^{-ax} \int f(x)e^{ax}dx \end{cases} \tag{60}$$

적분 $\int f(x)e^{ax}dx$는 1.1 절의 부분적분에서 자세히 설명한 바 있다. 1계 상수계수 선형미분방정식에 대해서는 다음 절에서 자세히 설명한다.

예제 2-6 다음 미분방정식을 풀어라.

(a) $\begin{cases} y'+3y = e^{-2x} \\ y(0) = 0 \end{cases}$ (b) $\begin{cases} y'+y = e^{-x} \\ y(0) = 1 \end{cases}$ (c) $\begin{cases} y'+\dfrac{1}{x}y = x \\ y(1) = 1 \end{cases}$

☞ (a) 계수가 $a(x)=3$의 상수이므로

$$A(x) = \int 3\,dx = 3x$$

보조해는

$$y_c = Ke^{-3x}$$

비제차함수가 $f(x)=e^{-2x}$이므로 특수해는

$$y_p = e^{-3x}\int e^{-2x}e^{3x}dx = e^{-3x}\int e^{x}dx = e^{-2x}$$

일반해는

$$y = y_c + y_p = Ke^{-3x} + e^{-2x}$$

초기 조건 $y(0)=0$으로부터 미지수 K를 구하면

$$y(0) = K + 1 = 0 \quad \rightarrow \quad K = -1$$

완전해는

$$\boxed{y = -e^{-3x} + e^{-2x}}$$

(b) 계수가 $a(x)=1$의 상수이므로

$$A(x) = \int 1\,dx = x$$

보조해는

$$y_c = Ke^{-x}$$

비제차함수가 $f(x)=e^{-x}$이므로 특수해는

$$y_p = e^{-x}\int e^{-x}e^{x}dx = e^{-x}\int 1\,dx = xe^{-x}$$

일반해는

$$y = y_c + y_p = Ke^{-x} + xe^{-x}$$

초기 조건 $y(0)=1$로부터 미지수 K를 구하면

$$y(0) = K = 1 \quad \rightarrow \quad K = 1$$

완전해는

$$\boxed{y = e^{-x} + xe^{-x}}$$

(c) 계수가 $a(x)=1/x$이므로

$$\begin{cases} A(x) = \int \frac{1}{x} dx = \ln|x| \\ e^{A(x)} = e^{\ln|x|} = x \end{cases}$$

보조해는

$$y_c = Ke^{-A(x)} = \frac{K}{x}$$

비제차함수가 $f(x)=x$이므로 특수해는

$$y_p = e^{-A(x)} \int xe^{A(x)} dx = \frac{1}{x} \int x^2 \, dx = \frac{1}{3} x^2$$

일반해는

$$y = y_c + y_p = \frac{K}{x} + \frac{1}{3} x^3$$

초기조건 $y(1)=1$로부터 미지수 K를 구하면

$$y(1) = K + 1/3 = 1 \quad \rightarrow \quad K = 2/3$$

완전해는

$$\boxed{y = \frac{2/3}{x} + \frac{1}{3} x^2}$$

2.6 1계 상수계수 선형미분방정식

공학에서 취급되는 대부분의 시스템들은 상수계수 선형미분방정식으로 표현되는 시스템에 국한된다. 내용이 전개됨에 따라 알겠지만 고계 상수계수 선형미분방정식은 1계 미분방정식의 조합으로 분해할 수 있다. 따라서 1계 상수계수 선형미분방정식은 고계 상수계수 선형미분방정식 풀이의 바탕이 되므로 중요하게 취급된다. 그리고 미리 부연할 것은 상수계수 선형미분방정식의 풀이는 앞에서 설명한 복잡한 미분방정식 해법보다 매우 단순하다. 1계 상수계수 선형미분방정식 및 그 해는 다음과 같다(식 (60) 참조).

$$y' + ay = f(x) \quad \begin{cases} y_c = Ke^{-ax} \\ y_p = e^{-ax} \int f(x)e^{ax}dx \end{cases} \tag{61}$$

보조해 제차방정식

$$y'(x) + ay(x) = 0 \tag{62}$$

의 해, 즉 보조해는 $y=Ke^{-ax}$이다. 2장에서 설명하겠지만 고계 상수계수 선형미분방정식의 보조해 역시 지수함수가 기본이 된다. 그러면 왜 보조해는 지수함수 형태가 되어야 하는가를 다른 각도에서 설명해보기로 한다. 서로 다른 임의의 두 함수에 각각 상수를 곱하여 더한 그 결과가

$$a_1 f_1(x) + a_2 f_2(x) = 0$$

와 같이 모든 x에 대해 항상 0이 되기 위한 필요조건은 함수 $f_1(x)$와 $f_2(x)$의 형태가 같아야 한다는 것이다. 그 다음의 충분조건은 더한 결과 함수의 계수가 0이 되면 모든 x에 대해 항상 0이 되는 것이다. 따라서 식 (62)에서 함수 y와 도함수 y'의 함수 형태가 같아야 하므로 y는 지수 함수 형태이어야 한다. 여기서 '형태'란 용어를 사용한 것은 상황에 따라 지수함수에 특별한 함수가 곱해질 수 있기 때문이다. 식 (62)의 해를 $y=Ke^{sx}$로 가정하면(s는 아직 미정이다)

$$y' = sKe^{sx} = sy \tag{63}$$

이므로 식 (62)는 다음과 같다.

$$y'(x) + ay(x) = (s + a)y(x) = 0 \tag{64}$$

이로부터

$$s + a = 0 \tag{65}$$

을 만족하여야 하므로 $s=-a$가 되어 $y=Ke^{-ax}$가 된다. 식 (65)를 특성방정식 (또는 보조방정식)이라 하며 그 근인 $s=-a$를 특성근이라 한다. 특성방정식 개념은 고계 상수계수 선형미분방정식에도 그대로 적용되므로 매우 중요하다. 예를 들어 2계 상수계수 선형미분방정식인

$$y'' + a_1 y' + a_2 y = 0 \tag{66}$$

의 특성방정식은

$$s^2 + a_1 s + a_2 = 0 \tag{67}$$

이며 특성근이 $s=s_1, s_2$ $(s_1 \neq s_2)$라면 보조해는

$$y = K_1 e^{s_1 t} + K_2 e^{s_2 t} \tag{68}$$

로 주어지는 것이다.

특수해

식 (61)의 특수해 y_p에서의 적분 계산은 부분적분이 유용하다. 그 중 자주 사용되는 것을 1.1 절의 식 (29)에서 소개한 바 있으며 이를 다시 옮겨 보면 다음과 같다.

$$\left.\begin{aligned}
\int xe^{ax}dx &= \left(\frac{x}{a} - \frac{1}{a^2}\right)e^{ax} \\
\int x^2 e^{ax}dx &= \left(\frac{x^2}{a} - \frac{2x}{a^2} + \frac{2}{a^3}\right)e^{ax} \\
\int x^3 e^{ax}dx &= \left(\frac{x^3}{a} - \frac{3x^2}{a^2} + \frac{6x}{a^3} - \frac{6}{a^4}\right)e^{ax} \\
\int e^{ax}\cos bx\, dx &= \frac{(e^{ax})'\cos bx - e^{ax}(\cos bx)'}{a^2 + b^2} \\
\int e^{ax}\sin bx\, dx &= \frac{(e^{ax})'\sin bx - e^{ax}(\sin bx)'}{a^2 + b^2}
\end{aligned}\right\} \tag{69}$$

예제 2-7 다음 미분방정식에서 $a=b$일 때와 $a\neq b$일 때의 일반해를 구하라.

$$y'+ay=e^{-bx}$$

☞ 보조해는 b와 상관 없으므로

$$y_c=Ke^{-ax}$$

특수해는

$$y_p=e^{-ax}\int e^{-bx}e^{ax}dx=e^{-ax}\int e^{(a-b)x}dx$$

이며 적분은 다음과 같다.

$$\int e^{(a-b)x}dx=\begin{cases}x, & (a=b)\\ \dfrac{e^{(a-b)x}}{a-b}, & (a\neq b)\end{cases}$$

$$\therefore y_p=e^{-ax}\int e^{(a-b)x}dx=\begin{cases}xe^{-ax}, & (a=b)\\ \dfrac{e^{-bx}}{a-b}, & (a\neq b)\end{cases}$$

이상으로 일반해는 다음과 같다.

$$\boxed{y=\begin{cases}Ke^{-ax}+xe^{-ax}, & (a=b)\\ Ke^{-ax}+\dfrac{e^{-bx}}{a-b}, & (a\neq b)\end{cases}}$$

미정계수법 식 (61)의 특수해는 적분을 통하지 않고 구할 수 있다. 이 방법은 비제차 함수 $f(x)$의 형태에 따라 미리 특수해 y_p의 형태를 가정하고 이것을 미분 방정식의 y에 대입하여 미지의 계수를 구하는 법이다. 이 때 특수해의 형태는 "제차 함수의 가능한 모든 도함수들의 선형합"으로 주어진다. 예를 들어 비제차함수가 $f(x)=x^3$인 경우

$$f=x^3,\ f'=3x^2,\ f''=6x,\ f'''=6,\ f^{(4)}=0$$

이며 4차 도함수 이상부터는 0이다. 따라서 가능한 함수의 종류는 x^3, x^2, x

및 상수이므로 특수해의 형태는 이들의 선형합인

$$y_p = c_1x^3 + c_2x^2 + c_3x + c_4$$

로 정해지는 것이다. 또 한 예로 비제차함수가 $f(x)=\sin ax$인 경우는

$$f = \sin ax,\ f' = a\cos ax,\ f'' = -a^2 \sin ax,\ f''' = -a^3 \cos ax$$

로 끊임없이 반복된다. 따라서 가능한 함수의 종류는 $\sin ax$와 $\cos ax$ 두 종류뿐이므로 특수해 형태는 이 두 함수의 선형합인

$$y_p = c_1 \sin ax + c_2 \cos ax$$

이다. 특히 비제차함수가 $f(x)=C$로 상수일 경우는 도함수가 0이므로 특수해 역시 단순히 상수가 된다. 따라서

$$y' + ay = ay = C \tag{70}$$

이므로 특수해는 다음과 같이 간단히 구할 수 있다.

$$y_p = \frac{C}{a} \tag{71}$$

비제차함수가 함수 x^n과 같이 계속 미분하면 0이 되거나 사인, 코사인함수와 같이 미분하면 자신이 반복적으로 나타나는 경우에 미정계수법이 유리하다. 몇 가지 비제차함수에 대한 y_p의 선택은 표 2-1과 같다.

표 2-1
미정계수법

비제차함수 $f(x)$	특수해 y_p의 선택
ke^{sx}	ce^{sx}
kx^n	$c_1x^n + c_2x^{n-1} + \cdots + c_nx + + c_{n+1}$
$k\cos\omega x$	$c_1 \cos\omega x + c_2 \sin\omega x$
$k\sin\omega x$	$c_1 \cos\omega x + c_2 \sin\omega x$
$ke^{sx}\cos\omega x$	$e^{sx}(c_1\cos\omega x + c_2\sin\omega x)$
$ke^{sx}\sin\omega x$	$e^{sx}(c_1\cos\omega x + c_2\sin\omega x)$

예제 2-8 다음 각 미분방정식의 특수해를 구하라.

(a) $y'+3y=9$ (b) $y'+y=x^2$ (c) $y'+2y=\cos x$

☞ (a) 비제차함수가 상수이므로 특수해는 식 (71)로부터

$$y_p=\frac{9}{3}=3$$

(b) $y_p=c_1x^2+c_2x+c_3$

이 함수를 주어진 미분방정식에 대입하면

$$\begin{cases} c_1=1 \\ c_1+c_2=0 \\ c_2+c_3=0 \end{cases} \rightarrow \ c_1=1,\ c_2=-1,\ c_3=1$$

$$\therefore \ \boxed{y_p=x^2-x+1}$$

(b) $y_p=c_1\cos x+c_2\sin x$

이 함수를 주어진 미분방정식에 대입하면

$$(c_1\cos x+c_2\sin x)'+2(c_1\cos x+c_2\sin x)=\cos x$$

$$(-c_1+2c_2)\sin x+(2c_1+c_2)\cos x=\cos x$$

양변의 계수를 비교하면

$$\begin{cases} -c_1+2c_2=0 \\ 2c_1+c_2=1 \end{cases} \rightarrow \ c_1=\frac{2}{5},\ c_2=\frac{1}{5}$$

$$\therefore \ \boxed{y_p=\frac{2}{5}\cos x+\frac{1}{5}\sin x}$$

x-곱하기 지수함수는 미분에 의해 형태가 변하지 않는다. 따라서 비제차함수가 지수함수일 때는 특수해는 동일한 형태의 지수함수일 것이다. 그러나 이 경

우 미정계수법을 사용함에 있어서 특히 조심해야 할 것은 특수해 형태가 보조해와 같을 때이다. 즉

$$y' + ay = e^{-ax} \tag{70}$$

에서 특수해를 $y_p = ce^{-ax}$로 가정하면 이는 보조해 $y_c = Ke^{-ax}$와 같은 형태가 된다. 그 결과 $y_p = ce^{-ax}$를 식 (70)에 대입하면 좌변이

$$(ce^{-ax})' + a(ce^{-ax}) = -cae^{-ax} + cae^{-ax} = 0 \tag{71}$$

이므로 우변과 같아질 수 없다. 이를 해결하기 위해 특수해에 x를 곱한

$$y_p = cxe^{-ax} \tag{72}$$

를 특수해로 정정한다. 이에 대한 증명은 식 (72)를 식 (70)에 직접 대입해 보면 알 수 있지만 예제 2-7이 이미 증명하고 있다. 이와 같이, 가정한 특수해가 보조해와 같은 형태일 때 특수해에 x를 곱하여 수정하는 것을 'x-곱하기'라 하면 기억하기 쉬울 것이다. 물론 독립변수가 t이면 't-곱하기'로, 독립변수가 s이면 's-곱하기'로 부를 것이다. 'x-곱하기'로 고계 상수계수 선형미분방정식에서도 그대로 적용되므로 잘 기억해야 한다.

2.7 물리계의 모형

자연계에는 무수한 시스템들이 존재하면서 각기 고유한 기능을 수행하고 있다. 그림 2-1은 시스템의 블록선도이며 $w(x)$를 입력(input) 또는 지시(command)라 하고 $y(x)$를 출력(output) 또는 응답(response)이라 한다. 공학에서는 독립변수 x가 시간인 경우가 대부분이며 이 경우 변수 t를 사용한다. 여기서는 공학 분야에서 비교적 잘 알려진 전기계와 기계계를 위주로 하여 미분방정식이 왜 필요한가를 느낄 수 있도록 한다.

그림 2-1
시스템 블록선도

전기계

시스템은 몇 가지 기본이 되는 요소들이 다양하게 결합되어 이루어진다. 전기계에서는 이러한 기본 요소들을 소자라 하며 소자는 크게 능동소자와 수동소자로 분류된다. 능동소자는 에너지를 제공할 수 있는 소자로서 전원이 가장 대표적이며 여기에는 전압원과 전류원이 있다. 수동소자는 그림 2-2와 같이 세 종류이며 (a)는 에너지를 소비하는 저항(resistor)이고 그림 (b)의 인덕터(inductor)와 그림 (c)의 커패시터(capacitor)는 에너지를 소비하지 않고 저장한다.

그림 2-2
수동 전기소자

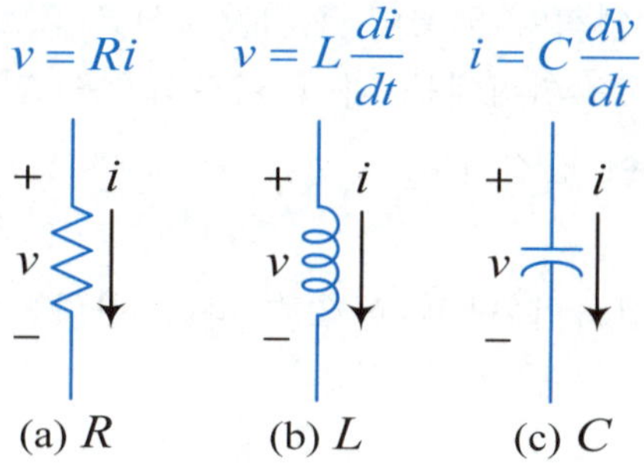

저항 전기계에서는 변수가 전압 v, 전류 i 두 가지이며 그 관계가 소자마다 다르다. 먼저 그림 2-2(a) 저항의 경우는 v와 i의 관계가

$$v = Ri \tag{73}$$

로 비례적이며 비례상수 R을 저항(resistance)이라 하고 단위는 옴(ohm), 기호는 Ω이다.

인덕터 그림 2-2(b) 인덕터의 경우는 v와 i의 관계가

$$v = L\frac{di}{dt} \quad \text{또는} \quad i = \frac{1}{L}\int_{-\infty}^{t} v\,d\tau \tag{74}$$

로 미적분 관계이다. 비례상수 L을 인덕턴스(inductance)라 하고 단위는 헨리(henry), 기호는 H이다.

커패시터 그림 2-2(c) 커패시터의 경우는 v와 i의 관계가 인덕터와 정 반대로

$$i = C\frac{dv}{dt} \quad \text{또는} \quad v = \frac{1}{C}\int_{-\infty}^{t} i\,d\tau \tag{75}$$

이며 비례상수 C를 커패시턴스(capacitance) 또는 용량이라 하고 단위는 패럿(farad), 기호는 F이다.

이상의 세 소자를 연산자에 비유하면(전류를 기준으로) 저항은 비례기, 인덕터는 미분 연산자, 커패시터는 적분 연산자와 같다. 따라서 전기계의 입력과 출력 관계를 수식적으로 묘사하면 미적분방정식이 될 것을 예상할 수 있다(미적분방정식을 적당히 미분하면 미분방정식 형태가 된다). 각 유형의 시스템에는 그 시스템을 지배하는 고유한 법칙이 있다. 기계계에서는 뉴톤(Newton) 법칙이 있듯이 전기계에서는 키르히호프(Kirchhoff) 법칙이 있다. 키르히호프 법칙에는 다시 키르히호프 전압 법칙과 전류 법칙이 있으며 다음과 같이 간결하다.

전압 법칙 임의의 닫힌 회로를 따라 만나는 모든 전압의 대수적인 합은 0이다. 즉

$$\sum_k v_k = 0 \tag{76}$$

전류 법칙 임의의 한 점에 흘러 들어오고 나가는 모든 전류의 대수적인 합은 0이다. 즉

$$\sum_k i_k = 0 \tag{77}$$

여기서 대수적인 합이란 전압의 경우는 극성을, 전류의 경우는 방향을 고려한다는 뜻이다. 만일 전압상승을 +로 하면 하강은 −이며(반대도 무관하다), 흘러 들어오는 전류를 +로 하면 흘러 나가는 전류는 −이다(반대도 무관하다).

그림 2-3(a)는 저항과 인덕터가 직렬로 연결된 소위 RL 회로이며 v는 전압원이다. 전류 i의 방향을 따라 일주하면 v에 의한 전압상승(+), v_R과 v_L에 의한 전압하강(−)을 만나게 되므로 전압의 대수적 합은 다음과 같다.

$$v - v_R - v_L = 0 \tag{78}$$

그리고 소자의 전류와 전압 관계를 이용하면

$$v_R + v_L = Ri + L\frac{di}{dt} = v \tag{79}$$

이며 정리하면 i에 관한 일차 미분방정식을 다음과 같이 얻을 수 있다.

$$i' + \frac{R}{L}i = \frac{1}{L}v \tag{80}$$

위의 방정식에서 비제차함수는 전압원 v에 비례하므로 i의 특수해는 전압원에 의해 결정된다. 그림 2-3(b)는 저항과 커패시터가 직렬로 연결된 소위 RC 회로이다. 이 역시 전류 i의 방향을 따라 일주하면 전압 법칙에 의해 $v-v_R-v_C=0$이다. 따라서 소자의 전류와 전압 관계를 이용하면

$$v_R + v_C = Ri + \frac{1}{C}\int_{\infty}^{t} i\,d\tau = v \tag{81}$$

이며 적분을 없애기 위해 양변을 t로 미분하면

$$R\frac{di}{dt} + \frac{1}{C}i = \frac{dv}{dt} \tag{82}$$

또는

$$i' + \frac{1}{RC}i = \frac{1}{R}v' \tag{83}$$

식 (83)에서는 비제차함수가 전압원 v의 도함수에 비례하므로 전압원이 직류(상수)이면 제차방정식이 된다. 식 (80)과 (83)에서 전압원 v의 함수와 i의 초기조건 $i(0)$가 주어지면 i에 대한 완전해를 구할 수 있다.

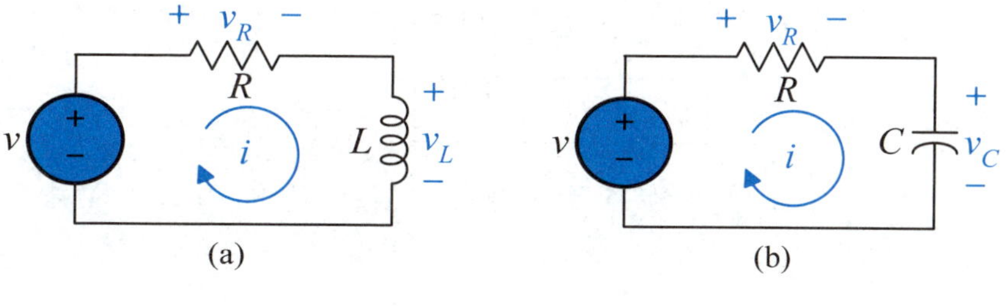

그림 2-3
(a) RL 회로
(b) RC 회로

예제 2-9 그림 2-3(b)에서 $v=V_s$로 상수(직류 전압)이고 v_C의 초기조건은 $v_C(0)=V_0$이다.

(a) 전압 v_C에 관한 미분방정식을 세우고 완전해를 구하라.

(b) $V_s=0$일 때 v_C의 대체적인 파형을 그려라.

(c) $V_0=0$일 때 v_C의 대체적인 파형을 그려라.

☞ (a) 전류 i에 관한 미분방정식인 식 (83)에서 $i=Cv_C'$를 대입하면

$$(Cv_C')'+\frac{1}{RC}(Cv_C')=\frac{1}{R}v'$$

양변을 적분하여 정리하면 v_C에 관한 미분방정식은 다음과 같다.

$$v_C'+\frac{1}{RC}v_C=\frac{1}{RC}v$$

비제차함수가 $v=V_s$로 상수이므로 보조해 v_{Cc}, 특수해 v_{Cp}는 다음과 같다.

$$v_{Cp}=V_s,\quad v_{Cc}=Ke^{-t/RC}$$

따라서 일반해는

$$v_C=v_{Cc}+v_{Cp}=Ke^{-t/RC}+V_s$$

초기조건이 $v_C(0)=V_0$이므로

$$v_C(0)=K+V_s=V_0 \quad\rightarrow\quad K=V_0-V_s$$

이상으로 완전해는 다음과 같다.

$$\boxed{v_C=V_0e^{-t/RC}+V_s(1-e^{-t/RC})}$$

(b) 전압원이 $V_s=0$이므로

$$\boxed{v_C=V_0e^{-t/RC}}$$

위의 식에 대한 파형은 그림 2-4(a)와 같으며 이를 방전(放電)이라 한다.

(c) 초기조건이 $V_0=0$이므로

$$\boxed{v_C=V_s(1-e^{-t/RC})}$$

위의 식에 대한 파형은 그림 2-4(b)와 같으며 이를 충전(充電)이라 한다.

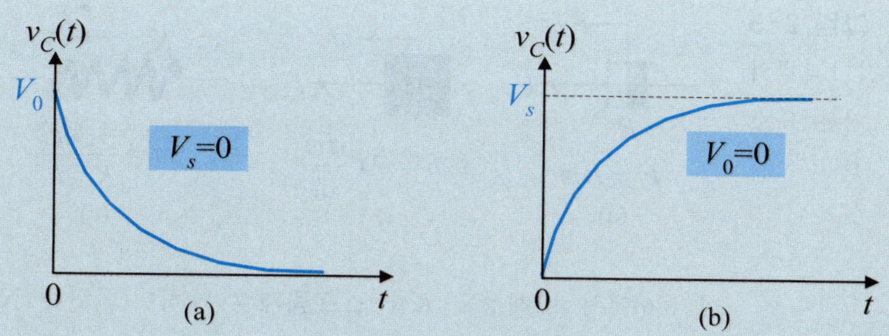

그림 2-4

기계계

기계계에는 직선운동을 담당하는 병진기계계와 회전운동을 담당하는 회전기계계가 있다. 그림 2-5는 병진기계계의 세 가지 기본 요소를 보여주며 (a)의 　　은 에너지를 소비하고 (b)의 질량과 (c)의 용수철(스프링)은 에너지를 소비하지 않고 저장한다.

마찰 병진기계계에서는 힘 F [N], 속도 ϖ [m/s]의 두 가지 변수가 기본이며 그 관계는 소자마다 다르다. 그림 2-5(a) 마찰의 경우는 F와 ϖ의 관계가

$$F = B\varpi \tag{84}$$

이며 비례상수 B를 마찰이라 한다(단위는 N-m/s). 단 ϖ는 마찰 요소의 양단 속도의 차이다.

질량 그림 2-5(b) 질량의 경우는 F와 ϖ의 관계가

$$F = M\frac{d\varpi}{dt} \quad \text{또는} \quad \varpi = \frac{1}{M}\int_{-\infty}^{t} F\,d\tau \tag{85}$$

이며 비례상수 M은 질량이다(단위는 kg).

용수철 그림 2-5(c) 용수철에서는 F가 $F=Ky$로 변위 y에 비례하며 y는 속도 ϖ를 적분한 것이므로 F와 ϖ의 관계가 다음과 같다.

$$\varpi = \frac{1}{K}\frac{dF}{dt} \quad \text{또는} \quad F = K\int_{-\infty}^{t} \varpi\,d\tau \tag{86}$$

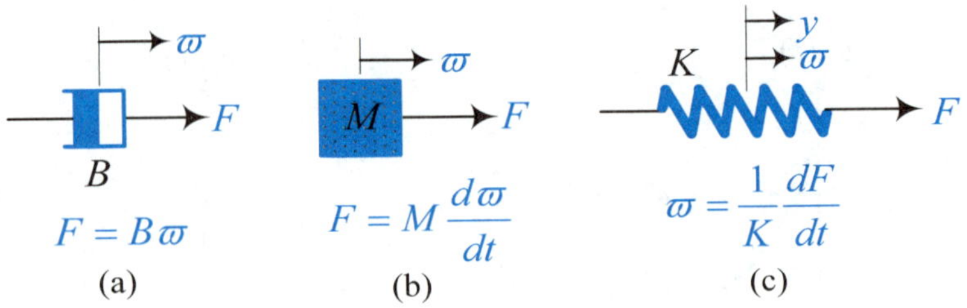

그림 2-5 병진기계계의 기본 요소

식 (86)에서 비례상수 K를 스프링계수라 하며(단위는 N/m) ϖ는 용수철 양단 속도의 차이다.

그림 2-6은 회전기계계의 세 가지 기본 요소이다. 회전기계계에서는 힘 F와 속도 ϖ 대신 각각 토크(torque) T [N-m]와 각속도 ω [rad/s]를 사용한다. 그림 2-6(a)의 마찰은 병진기계계의 B와 구별하기 위해 D로 표현하고 그림 (b)의 관성 J [kg-m^2]는 질량 M에 대응된다. 그리고 그림 (c)는 비틀림 스프링이라 하며 비틀림 스프링계수(단위는 N-m/rad)는 여전히 K로 표시한다. 이상으로 병진기계계에서 $F \to T$, $\varpi \to \omega$, $B \to D$, $M \to J$로 대체하면 그림 2-6과 같이 회전기계계 요소의 관계식이 된다.

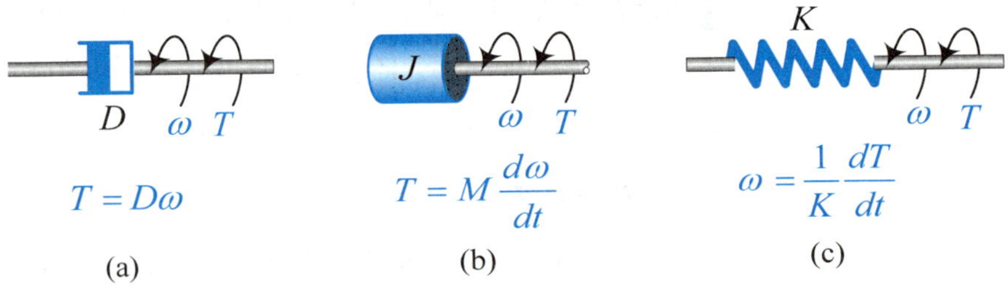

그림 2-6 회전기계계의 기본 요소

이제 그림 2-2의 전기계와 그림 2-5의 병진기계계 및 그림 2-6의 회전기계계를 비교해 보면 상호간에 유사성을 발견할 수 있다. 즉 기계계의 힘 F와 토크 T를 전기계의 전압 v에 비유하고, 속도 ϖ와 각속도 ω를 전류 i에 비유하면 기계계는 전기계와 같은 식으로 표현할 수 있으며 그림 2-7이 이를 보여준다. 즉 마찰은 저항으로, 질량(관성)은 인덕터로, 용수철은 커패시터로 표현되며 이를 상사(相似, analogy)라 한다. 이상의 원리로 기계계를 전기계로 환산할 수 있으며 이를 상사회로라 한다. 이와 같이 자연계의 시스템들은 비록 서로 유형이 다를지라도 수식상으로는 동일하게 표현될 수 있다는 것은 중요한 개념이다. 전기계에서 소자들의 결합 방식

그림 2-7
기계계와 전기계의 상사 관계

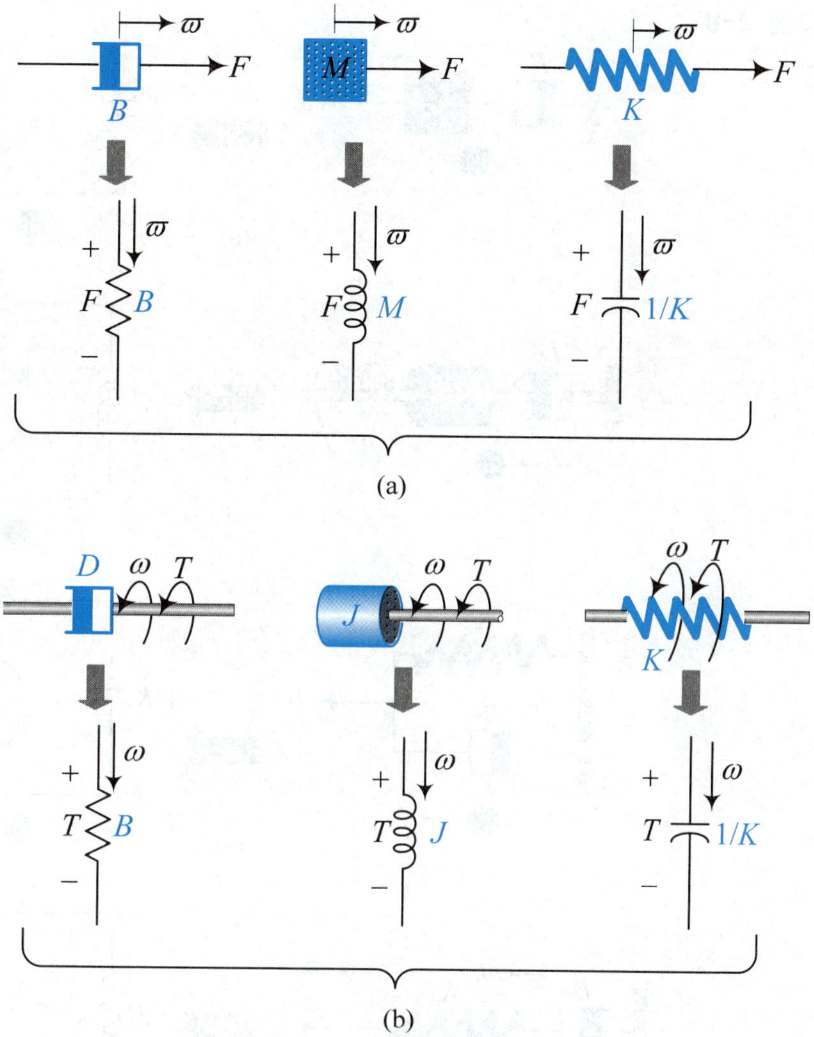

은 직렬 및 병렬이다. 직렬 결합된 소자들은 전류가 동일하며 병렬 결합된 소자들은 양단 전압이 동일하다. 이를 이용하면 기계계로부터 상사회로를 구하는 법은 다음과 같이 매우 간단하다: 먼저, 주어진 기계계에서 가능한 속도(각속도)를 모두 표시한다. 다음으로 속도(각속도)가 같도록 결합된 요소들은 상사회로상에서는 직렬 결합으로 표현되며(속도는 전류에 비유되므로) 그렇지 않으면 병렬 결합으로 표현된다. 그림 2-8은 상사회로에 대한 몇 가지 예를 보여준다.

그림 2-8
상사회로의 예

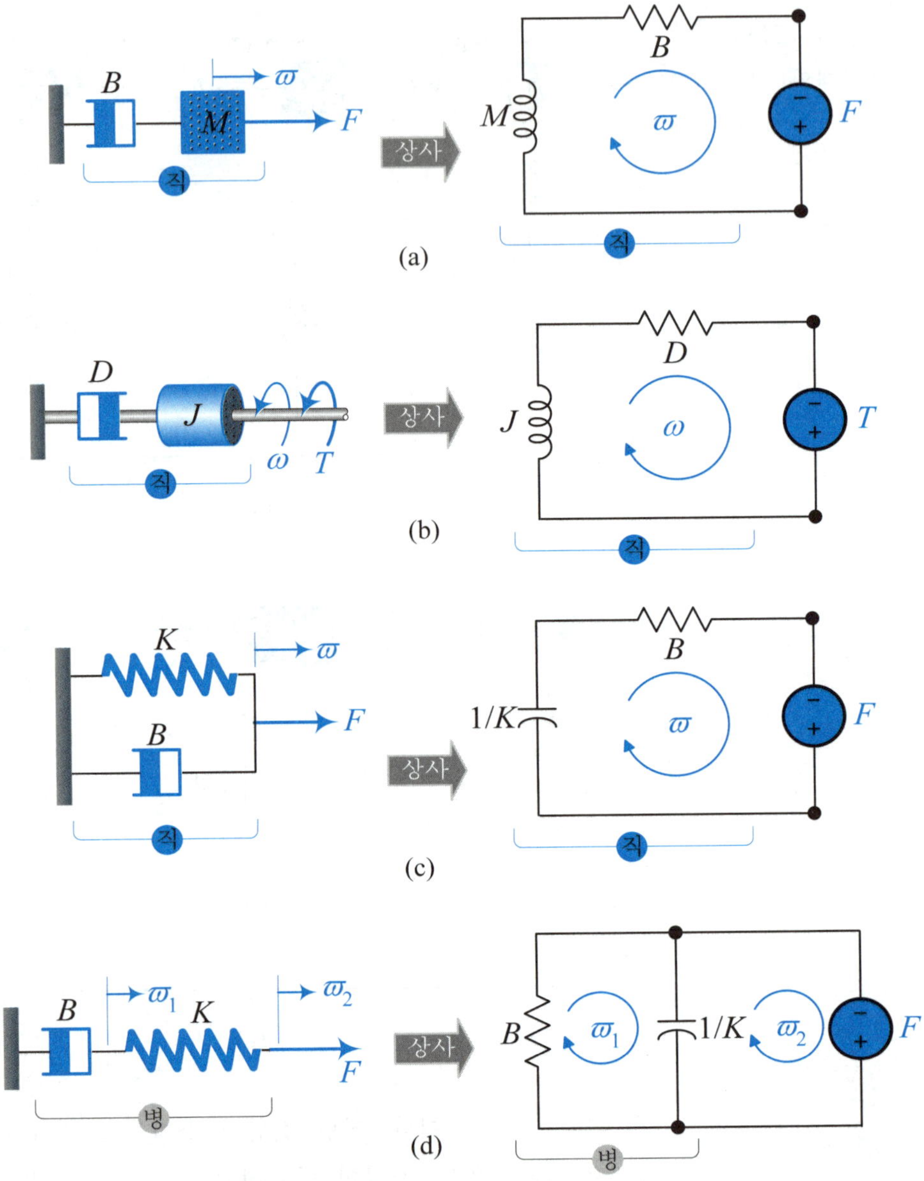

그림 2-8(a)의 병진기계계에서 B와 M의 속도가 ϖ로 같으므로 상사회로상에서는 그림과 같이 직렬로 결합되며 힘 F는 전압원으로 표현된다. 따라서 직렬 RL 회로와 같다. 그림 (b)의 회전기계계에서도 D와 J의 속도가 ω로 같으므로 역시 직렬 RL 회로가 되며 토크 T는 전압원으로 표현된다. 그림 (c)의 경우는 용수철 속도와 마찰에 대한 속도가 같으므로 역

시 회로상에서는 직렬로 결합되어 직렬 RL 회로와 같다. 그림 (d)에서는 마찰 B에 대한 속도가 ϖ_1이고 용수철에 대한 속도는 $\varpi_2-\varpi_1$이다. 따라서 두 요소의 속도가 다르므로 상사회로상에서는 병렬 결합되어 병렬 RC 회로와 같다. 이상과 같이 간단한 원리로써 비교적 복잡한 기계계도 상사회로로 쉽게 변환시킬 수 있으며 그 이점은 다음과 같다: 전기회로에서는 해석 도구가 매우 다양하며 반도체 공학의 발달로 집적회로(integrated circuit)라는 강력하고 다양한 능동소자가 제공되고 있다. 따라서 시스템의 해석과 구현에 유리하며 전자공학의 특징은 작고 가볍고 정밀하다는 점이다. 특히 근자에 많이 대두되고 있는 메카트로닉스(mechatronics) 분야의 경우는 기계계와 전기계가 혼합되어 있으므로 상사회로를 이용하면 회로 일색으로 변환시킬 수 있어 해석하기에 유리하다.

유체계 물과 같은 액체나 열, 가스 등과 같은 유체를 취급하는 유체계도 상사회로로 표현할 수 있다. 그림 2-9의 (a)와 같이 밑면적이 C인 용기에 초당 흘러 들어오는 물의 부피를 i라 하고 물의 높이를 v라 하면

$$v=\frac{1}{C}\int_{-\infty}^{t} i\,d\tau \tag{87}$$

임을 쉽게 일 수 있다. 따라서 그림 2-9(a)에서 i를 전류에 비유하고 v를 전압에 비유하면 그림 (b)의 커패시터와 상사임을 알 수 있다. 즉 용기의 밑면적은 커패시터의 용량과 같다. 이제 그림 2-10(a)와 같이 배수구를 통해 물이 흘러나가는 경우 v와 i의 관계식을 구해보자. 초당 흘러 나가는 물의 부피 i_R이 수위 v에 비례한다고 가정하고(엄밀하게는 토리첼리 정리에 의해 수위의 제곱근에 비례한다) $i_R=v/R$로 한다(R은 상수). 그러면

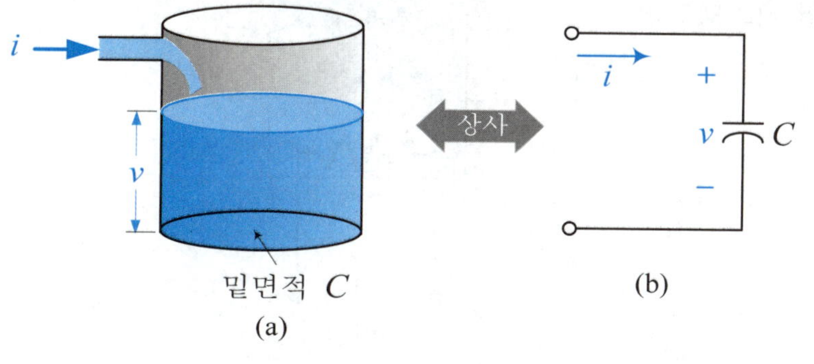

그림 2-9 용기와 커패시터

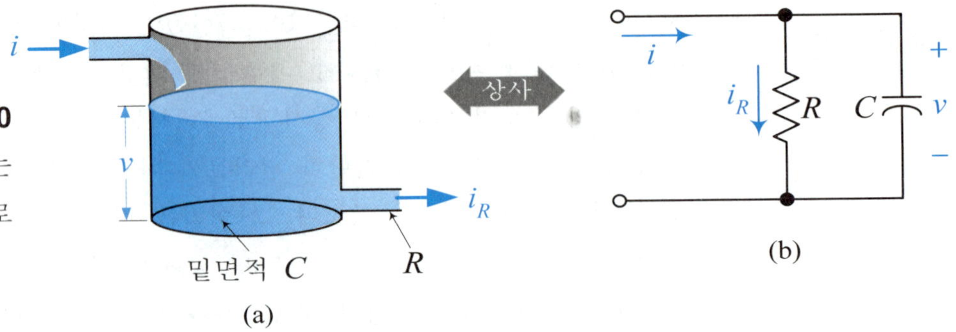

그림 2-10
배수구가 있는 용기와 상사회로

$$v = \frac{1}{C}\int_{-\infty}^{t}(i - i_R)d\tau = \frac{1}{C}\int_{-\infty}^{t}\left(i - \frac{v}{R}\right)d\tau \tag{88}$$

이므로 양변을 t로 미분하면 다음과 같다.

$$v' = \frac{1}{C}\left(i - \frac{v}{R}\right) \tag{89}$$

따라서 v와 i의 관계식은 다음과 같은 1계 미분방정식으로 표현된다.

$$v' + \frac{1}{RC}v = \frac{1}{C}i \tag{90}$$

그림 2-10(b) 회로에서 R과 C가 병렬 결합이므로 전압이 v로 서로 같다. 따라서 저항 R에 흐르는 전류가 $i_R=v/R$이며 전류 법칙에 의해 C에 흐르는 전류가 $i-i_R=i-v/R$이므로 v는 식 (88)과 같다. 이상으로 그림 2-10(a)에 대한 상사회로는 그림 (b)와 같다. 유체계의 또 다른 예로 그림 2-11을 들 수 있다. 가열기를 통해 초당 단위 체적을 i도씩 올릴 수 있는 열이 유입되고 있다. 또한 뉴톤의 냉각법칙에 의해 내부 온도 v_i와 외부 온도 v_o의

그림 2-11
열 시스템

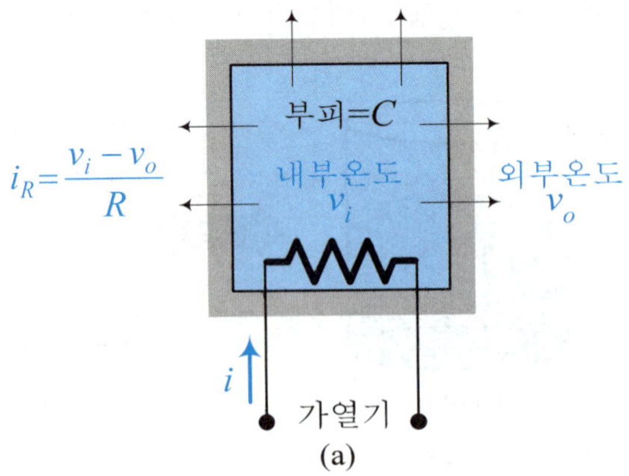

차 $v_i - v_o$에 비례하여 내부 열이 초당 빠져 i_R만큼씩 빠져 나간다. 즉 $i_R = (v_i - v_o)/R$이다(R은 상수). 따라서

$$v_i = \frac{1}{C}\int_{-\infty}^{t}(i - i_R)d\tau = \frac{1}{C}\int_{-\infty}^{t}\left(i - \frac{v_i - v_o}{R}\right)d\tau \tag{91}$$

이므로 양변을 t로 미분하면 다음과 같다.

$$v_i' = \frac{1}{C}\left(i - \frac{v_i - v_o}{R}\right) \tag{92}$$

여기서 $v = v_i - v_o$로 하면 $v' = v_i'$이므로(외부 온도 v_o는 일정하다고 가정) 식 (92)로부터 다음과 같은 1계 미분방정식을 얻을 수 있다.

$$v' + \frac{1}{RC}v = \frac{1}{C}i \tag{93}$$

위의 식은 식 (90)과 같으므로 그림 2-11의 열 시스템도 그림 2-10(b)의 상사회로로 표현된다.

예제 2-10 그림 2-11에서 $i=0$이고 v_i의 초기조건은 $v_i(0)=18°$이며 $v_o=-10°$이다. v_i에 관한 식을 구하라.

☞ 식 (93)에서 $i=0$으로 하여 풀면

$$v = Ke^{-t/RC}$$

이며 $v_i = v - 10$이므로

$$v_i = Ke^{-t/RC} - 10$$

초기조건이 $v_i(0)=18°$이므로

$$v_i(0) = K - 10 = 18$$

$$\therefore v_i = 28e^{-t/RC} - 10$$

연습 문제

§ 2.2 변수분리형 미분방정식

다음 미분방정식의 일반해를 구하라.

1. $y'+2xy=0$
2. $3yy'+2x=0$
3. $x^2y'+y=0$
4. $y'+4x^3y^2=0$
5. $xy'-y=0$
6. $y'+(x+1)y^2=0$
7. $y'-(y+1)=0$
8. $y'-(x+1)(y^2+1)=0$
9. $y'-\sin x\tan y=0$
10. $y'-e^x\sin^2 y=0$
11. $y'-y^2\cos x=0$
12. $y'=e^x\cos^2 y$
13. $\dfrac{y^2-1}{x^2-1}+y'=0$
14. $\sqrt{x+1}y'=\sqrt{y+1}$
15. $(1-x^2)(1-y)y'=y^2-1$
16. $yy'=xe^{-y}\cos x$
17. $(y^2+1)e^xy'+xy^4=0$
18. $(e^x+e^{-x})y'+y^2=0$

다음 미분방정식의 완전해를 구하라.

19. $y'=x^2e^y,\quad y(0)=1$
20. $y'=\cos x\sqrt{y^2+1},\quad y(0)=1$
21. $y'=e^{-x}(x+2)y^2,\quad y(0)=-1$
22. $\sqrt{x^2+1}y'=xy^2,\quad y(0)=-1$
23. $(1+\cos x)y'=\sin x(e^{-y}+1),\quad y(0)=0$
24. $yy'=x\sqrt{y^2+1},\quad y(0)=1$

§ 2.3 동차형 미분방정식

다음 미분방정식의 일반해를 구하라.

25. $(y-x)y'=y+x$
26. $xy'=x-2y$
27. $x^2y'=y^2+xy$
28. $(y+x)y'=y-x$
29. $xyy'=4x^2+2y^2$
30. $xy'=2(x+y)$
31. $x\sin(y/x)y'=y\sin(y/x)-x$
32. $x\cos(2y/x)y'=y\cos(2y/x)-x^2/y$
33. $xy'=x\sec(y/x)+y$
34. $(x^2-xy)y'=-x^2-y^2$

35. [변수치환] 미분방정식 $y'=g(x/y)$ 의 형식은 $v=x/y$로 치환하면 다음과 같이 변수분리형으로 변형시킬 수 있음을 보여라.

$$\frac{1}{y}dy = \frac{g(v)}{1-vg(v)}dv$$

식 (35)의 원리를 이용하여 다음 방정식의 일반해를 구하라.

36. $(y-x)y' = y+x$ **37.** $(y+x)y' = y-x$

38. **[변수치환]** 미분방정식 $y' = g(ay+bx+c)$ 의 형식은 $u=ay+bx+c$로 치환하면 다음과 같이 변수분리형으로 변형시킬 수 있음을 보여라.

$$\frac{1}{ag(u)+b}du = dx$$

식 (38)의 원리를 이용하여 다음 방정식의 일반해를 구하라.

39. $y' = (x+y)^2$ **40.** $y' = \tan(x+y)-1$ **41.** $y' = \dfrac{x-y+1}{x-y+2}$

42. $y' = \dfrac{1-2x-4y}{1+x+2y}$ **43.** $y' = \sqrt{6y-y^2-8}$ **44.** $y' = (x-y)^2$

다음 방정식에서 지시한대로 변수를 치환하여 일반해를 구하라.

45. $2x^2yy' = \tan(x^2y^2)-2xy^2 \quad (x^2y^2 = z)$ **46.** $y' = (x+e^y-1)e^{-y} \quad (x+e^y = w)$

47. $2xyy'+2y^2 = 0 \quad (y^2 = t)$ **48.** $y'' = 2x(y')^2 \quad (y' = v)$

§ 2.4 완전미분방정식

다음 미분방정식이 완전미분방정식임을 보이고 일반해를 구하라.

49. $y\,dx + x\,dy = 0$ **50.** $x\,dx + y\,dy = 0$

51. $(1-y)\,dx + (1-x)\,dy = 0$ **52.** $(x^2-ay)\,dx + (y^2-ax)\,dy = 0$

53. $ye^x\,dx + [e^x + (y+1)e^y]\,dy = 0$ **54.** $(y^2 + e^x\sin y)\,dx + (2xy + e^x\cos y)\,dy = 0$

55. $(2y^2x-3)\,dx + (2yx^2+4)\,dy = 0$ **56.** $\cos 2x \sin 2y\,dx + \sin 2x \cos 2y\,dy = 0$

57. $(y^3 + y^2\cos x - x)\,dx + (3xy^2 + 2y\sin x)\,dy = 0$

58. $(\tan x - \sin x\cos y)\,dx - \cos x \sin y\,dy = 0$

59. $(y^2 \sin x - 2xy - x)\,dx + (-2y\cos x - x^2 + \ln y)\,dy = 0$

60. $\cosh x \cos y\,dx = \sinh x \sin y\,dy$

다음 미분방정식이 완전미분방정식이 되도록 k의 값을 정하라.

61. $(y^3 + kxy^4 - x)\,dx + (3xy^2 + 20x^2y^3)\,dy$

62. $(2xy^2 + ye^x)\,dx + (2x^2y + ke^x)\,dy$

다음 각 방정식에 대한 적분인자를 구하여 방정식을 풀어라.

63. $2y\,dx + x\,dy = 0$

64. $(1 + xy)\,dx + x^2\,dy = 0$

65. $y^2\,dx + x\,dy = 0$

66. $(x^2 + y^2)\,dx - 2xy\,dy = 0$

67. $(2xe^x - y^2)\,dx + 2y\,dy = 0$

68. $\sin \pi y\,dx + \pi \cos \pi y\,dy = 0$

69. $y\cos x\,dx + 3\sin x\,dy = 0$

70. $(y + xy)\,dx + x\,dy = 0$

71. $5\,dx + e^{x-y}\,dy = 0$

72. $\sinh x\,dx + y^{-1}\cosh x\,dy = 0$

73. $ay\,dx + bx\,dy = 0$

74. $(2x + ye^{-y})\,dx + (x^2 + xe^{-y})\,dy = 0$

다음 방정식의 일반해를 구하라.

75. $(xy + 1)\,dx + x(x + 4y - 2)\,dy = 0$

76. $y^2\,dx + (2xy + y^2 - 1)\,dy = 0$

77. $(x^2 + \frac{1}{2}y^2 - 1)\,dx + x(x - y)\,dy = 0$

78. $(x^2 + y^2 + x)\,dx + 2xy\,dy = 0$

79. $y(4x + y)\,dx + 2x(x + y)\,dy = 0$

80. $2y(x^2 - y + x)\,dx + (x^2 - 2y)\,dy = 0$

§2.5 1계 선형미분방정식

다음 미분방정식의 일반해를 구하라.

81. $y' + 2xy = 0$

82. $(\tan x)y' - y = 0$

83. $xy' + 2y = 9x$

84. $y' - (\cot x)y = \cot x$

85. $xy' + 2y = 2e^{x^2}$

86. $(x^2 - 1)y' - xy = 0$

87. $xy' - 2y = x^3e^x$

88. $x^2y' + 2xy = \sinh x$

89. $y' - xy = x$

90. $y' + (\cot x)y = 5e^{\cos x}$

91. $y' + (\cos x)y = e^{-\sin x}$

92. $y' - 2y = 4x$

93. $y' + \dfrac{2 - 3x^2}{x^3}y = 1$

94. $y' - \dfrac{1}{x}y = x^2 + 3x - 2$

95. $(x - 2)y' - y = (x - 2)^2$

다음 미분방정식의 완전해를 구하라.

96. $y'+x^3y = 4x^3,\quad y(0)=0$ **97.** $y'+2xy = 2x,\quad y(0)=3$

98. $xy'-(x+1)y = 0,\quad y(1)=3e$ **99.** $y'+3x^2y = xe^{-x^3},\quad y(0)=\frac{1}{2}$

100. [베르누이(Bernoulli) 방정식] 베르누이 미분방정식의 형태는

$$y'+P(x)y = Q(x)y^n \quad (n>1)$$

이며 n=0, 1이면 선형방정식이고 n>1이면 비선형방정식이다. 이 방정식의 해법은 양변을 y^n으로 나누어

$$\frac{1}{y^n}y'+\frac{P(x)}{y^{n-1}}y = Q(x) \;\ldots\ldots\ldots\ldots\text{(i)}$$

로 변형한 다음 $z=y^{-(n-1)}$로 치환하면 다음과 같다.

$$z=\frac{1}{y^{n-1}} \quad\rightarrow\quad z'=-(n-1)\frac{1}{y^n}y' \;\ldots\ldots\ldots\ldots\text{(ii)}$$

따라서 위의 두 식을 결합하여 정리하면 z에 관해

$$z'-(n-1)P(x)z = -(n-1)Q(x)$$

의 선형 미분방정식을 얻을 수 있으며 z의 해를 구한 다음 $z=y^{-(n-1)}$로 바꿔주면 된다.

식 (100)의 방법을 이용하여 다음 베르누이 방정식을 풀어라.

101. $y'-y = xy^5$ **102.** $xy'+y = (\log x)y^2$ **103.** $y'+2xy = xy^4$

104. $y'+\frac{1}{3}y = \frac{1}{3}(1-2x)y^4$ **105.** $xy'+y = y^2$ **106.** $x^2y'+y^2 = xy$

107. $y'+y = y^2(\sin x-\cos x)$ **108.** $y'+y = xy^4$ **109.** $2xy'-y = 10x^3y^5$

110. [리카티(Riccati) 방정식] 리카티 미분방정식은 제어이론, 관찰과 예측 등의 응용분야에서 번번히 나타나는 방정식이며 그 형태는 다음과 같다.

$$y' = P(x)+Q(x)y+R(x)y^2$$

만일 $R(x)$=0이면 선형방정식이며 그렇지 않으면 비선형이다. 이 방정식은 몇 개의 특수해가 알려져 있으면 적분에 의해 일반해를 구할 수 있다. 예를 들어 이 방정식의 특수해 중 하나인 $y_1(x)$를 알고 있다면 다음과 같은 치환

$$y = y_1+\frac{1}{\upsilon}$$

을 실시하면 리카티 방정식은 다음과 같이 υ에 대한 선형방정식 형태로 변환된다.

$$\upsilon'+[Q(x)+2R(x)y_1]\upsilon=-R(x)$$

위의 선형방정식으로부터 υ를 구하면 일반해는 $y=y_1+1/\upsilon$로 구할 수 있다.

식 (110)의 방법을 이용하여 다음 리카티 방정식을 풀어라(괄호 속의 함수 y_1은 알려진 특수해이다).

111. $y'=-2-y+y^2 \quad (y_1=2)$

112. $y'=-\dfrac{4}{x^2}-\dfrac{1}{x}y+y^2 \quad \left(y_1=\dfrac{2}{x}\right)$

113. $xy'=x^4+2y-y^2 \quad (y_1=-x^2)$

114. $y'=e^{2x}+(1+2e^x)y+y^2 \quad (y_1=-e^x)$

§2.6 1계 상수계수 선형미분방정식

다음 미분방정식의 완전해를 구하라.

115. $y'+y=1, \quad y(0)=0$

116. $y'+2y=e^{-x}, \quad y(0)=2$

117. $y'+3y=e^{-3x}, \quad y(0)=-1$

118. $y'-4y=x-x^2, \quad y(0)=1$

§2.7 물리계의 모형

119. 본문의 그림 2-3(a)에서 $t=0$에서부터 전압원 $v=10$ V가 인가되며 $R=10$ kΩ, $L=10$ mH이다(1 mH=10^{-3}H). 회로의 전류 i를 구하라. 단 $i(0)=0$ A이다.

120. 본문의 그림 2-3(b)에서 $t=0$에서부터 전압원 $v=10$ V가 인가되며 $R=10$ kΩ, $C=20$ μF이다(1 μF =10^{-6}F). 회로의 전류 i를 구하라. 단 $i(0)=10$ A이다.

121. 본문의 그림 2-8(b)에서 $T=0$이며 $t=0$에서의 초기 각속도는 $\omega(0)=W$(W는 상수)이다. $t\ge0$에 대한 $\omega(t)$의 완전해를 구하라.

122. 본문의 그림 2-8(c)에서 $F=0$이며 $t=0$에서의 초기속도는 $\varpi(0)=V$(V는 상수)이다. $t\ge0$에 대한 $\varpi(t)$의 완전해를 구하라.

3 고계 상수계수 선형미분방정식

3장에서는 고계 선형미분방정식에 대해 설명한다. 고계 선형미분방정식의 기본이 되는 것이 2계 선형미분방정식이므로 이에 대한 해법을 깊이 있게 설명하였다. 그리고 실제 시스템은 거의가 상수계수 선형미분방정식으로 표현되므로 고계 미분방정식에서는 상수계수 미분방정식만 다루고 있으며 좀 더 복잡한 미분방정식들과 그 해법은 8장에서 따로 설명하고 있다. 상수계수 선형미분방정식 풀이에 미분연산자법이 매우 편리하므로 이에 대해 집중적으로 설명하고 나아가 시스템 해석에서 가장 중요한 개념인 전달함수에 익숙해지도록 하였다. 3장의 내용은 다음과 같다.

- ♣ **3.1 2계 상수계수 선형미분방정식**
- ♣ **3.2 2계 시스템**
- ♣ **3.3 미분연산자법**
- ♣ **3.4 시스템의 응답**

3.1 2계 상수계수 선형미분방정식

특성방정식

선형시스템 해석에서 필히 등장하는 것이 상수계수 선형미분방정식이다. n계 상수계수 선형미분방정식의 형태는 다음과 같다.

$$y^{(n)} + a_{n-1}y^{(n-1)} + \cdots + a_2 y^{(2)} + a_1 y^{(1)} + a_0 y = f(x) \tag{1}$$

여기서

$$y^{(n)} = \frac{d^n y}{dx^n}$$

이며 계수 a_i, (i=0~n−1)은 상수이다. 고계 상수계수 선형미분방정식에서 가장 중요한 것은 2계 미분방정식이다. 그 이유는 2계 이상의 미분방정식은 1계와 2계 미분방정식의 성질을 조합한 것과 같기 때문이다. 지금부터는 상수계수 선형미분방정식에만 국한하며 2계 제차방정식의 일반 형태는 다음과 같다.

$$y'' + a_1 y' + a_0 y = 0 \tag{2}$$

위의 식에 대한 보조해를 지수함수 형태인 $y_c = Ke^{sx}$로 '가정하면' (가정이라 한 이유는 나중에 'x-곱하기'에 의해 수정될 수 있기 때문이다)

$$y' = sy, \quad y'' = s^2 y$$

이므로

$$(s^2 + a_1 s + a_0)y = 0 \tag{3}$$

따라서 특성방정식은 다음과 같다.

$$s^2 + a_1 s + a_0 = 0 \tag{4}$$

위의 식을 만족하는 특성근을 s_1, s_2라 하면 판별식

$$D = a_1^2 - 4a_0 \tag{5}$$

의 부호에 따라 다음과 같은 세 가지 경우가 생긴다.

$D>0$: 서로 다른 실근$(s_1 \neq s_2)$
$D=0$: 중근$(s_1 = s_2)$
$D<0$: 공액복소근$(s_2=s_1^*)$

위의 세 경우 모두 보조해는 두 가지이며 이를 y_1, y_2라 하자. 두 해 y_1과 y_2가 서로 비례 관계이면, 즉 임의의 상수 k에 대해 $y_2=ky_1$이면 서로 1차 종속적이라 하고 그렇지 않으면 1차 독립적이라 한다. 그리고 1차 독립적인 두 해를 해의 기본계라 한다. y_1과 y_2가 해의 기본계이면 이 둘의 선형합인 $y=k_1y_1+k_2y_2$ 역시 해가 되며(k_1, k_2는 임의의 상수) 이를 중첩원리라 한다. 이제 위의 세 가지 경우에 대한 보조해를 살펴보자.

서로 다른 실근

특성 방정식 (4)의 근이 서로 다른 실근일 경우 두 해

$$y_1 = e^{s_1 x}, \quad y_2 = e^{s_2 x} \tag{6}$$

는 서로 1차 독립적이므로 해의 기본계를 이룬다. 따라서 보조해는 이들의 선형합인

$$y_c = K_1 e^{s_1 x} + K_2 e^{s_2 x} \quad (s_1 \neq s_2) \tag{7}$$

로 주어진다.

예제 3-1 다음 미분방정식의 해를 구하라.

$$y'' + 3y' + 2y = 0$$

☞ 특성방정식 및 특성근이

$$s^2 + 3s + 2 = (s+1)(s+2) = 0 \quad \rightarrow \quad s = -1, -2$$

서로 다른 실근이므로

$$y_c = K_1 e^{-x} + K_2 e^{-2x}$$

중근 특성근이 중근일 경우는 식 (6)의 두 해가 서로 종속적이다. 이러한 경우를 대비하여 식 (6)의 기본계를 재구성하여 다음과 같은 새로운 기본계를 생각해 보자(단 $s_1 \neq s_2$).

$$y_1 = e^{s_1 x}, \quad y_2 = \frac{e^{s_1 x} - e^{s_2 x}}{s_1 - s_2} \tag{8}$$

위의 식에서 $s_1 \to s_2$로 극한을 취하면 중근의 경우($s_1 = s_2$)에 대한 해를 얻을 수 있는 것이다. 즉

$$\lim_{s_1 \to s_2} y_2 = \lim_{s_1 \to s_2} \frac{e^{s_1 x} - e^{s_2 x}}{s_1 - s_2} = \left. \frac{\partial e^{sx}}{\partial s} \right|_{s_1 = s_2 = s} = xe^{sx} \tag{9}$$

따라서 y_1과 y_2는 1차 독립적으로 해의 기본계가 되므로 보조해는

$$y_c = K_1 e^{sx} + K_2 xe^{sx} \quad (s_1 = s_2 = s) \tag{10}$$

이며 그 결과 우변 두 번째 항은 바로 'x-곱하기'를 이용한 것과 같다. 3계 이상의 미분방정식에서는 x-곱하기를 실행하여도 함수 형태가 같은 경우가 있으며 이런 경우는 형태가 다를 때까지 x-곱하기를 계속 적용하기만 하면 된다. 예를 들어 3계 미분방정식의 특성 방정식이

$$(s+1)^2 (s+2) = 0 \tag{11}$$

인 경우는 $s=-1$에서 중근이므로

$$y_c = \underbrace{K_1 e^{-x} + K_2 xe^{-x}}_{x-\text{곱하기}} + K_3 e^{-2x} \tag{12}$$

또 한 예로

$$(s+1)^3 = 0 \tag{13}$$

는 $s=-1$에서 3중근이므로 다음과 같이 x-곱하기를 두 번 실행한다.

$$y_c = \underbrace{K_1 e^{-x} + K_2 xe^{-x} + K_3 x^2 e^{-x}}_{x\text{-곱하기}} \tag{14}$$

2-6절에서는 특수해가 보조해와 같을 때 특수해에 x-곱하기를 적용한다는 것을 보였다. 따라서 x-곱하기는 방정식의 계수와 상관없이 특수해와 보

조해 사이, 보조해와 보조해 사이에 모두 적용된다.

예제 3-2 다음 미분방정식의 해를 구하라.

$$y'' + 4y' + 4y = 0$$

☞ 특성방정식 및 특성근이

$$s^2 + 4s + 4 = (s+2)^2 = 0 \quad \rightarrow \quad s = -2, -2$$

중근이므로

$$y_c = K_1 e^{-2x} + K_2 x e^{-2x} = e^{-2x}(K_1 + K_2 x)$$

공액복소근 특성근이 공액복소근 $s=\alpha \pm i\omega$일 때는 오일러 공식(1장의 식 (66) 참조)에 의해 보조해는 다음과 같이 표현할 수 있다(계수 **c**는 복소수).

$$\begin{aligned} y_c &= \mathbf{c}e^{(\alpha+i\omega)x} + \mathbf{c}^* e^{(\alpha-i\omega)x} \\ &= e^{\alpha x}(\mathbf{c}e^{i\omega x} + \mathbf{c}^* e^{-i\omega x}) \\ &= e^{\alpha x}[(\mathbf{c}+\mathbf{c}^*)\cos\omega x + i(\mathbf{c}-\mathbf{c}^*)\sin\omega x] \end{aligned} \tag{15}$$

위의 식에서 $K_1=\mathbf{c}+\mathbf{c}^*$, $K_2=i(\mathbf{c}-\mathbf{c}^*)$로 하면 다음과 같다.

$$y_c = e^{\alpha x}(K_1 \cos\omega x + K_2 \sin\omega x) \quad (s = \alpha \pm i\omega) \tag{16}$$

예제 3-3 다음 미분방정식의 해를 구하라.

$$y'' + 2y' + 5y = 0$$

☞ 특성방정식 및 특성근이

$$s^2 + 2s + 5 = (s+1)^2 + 4 = 0 \quad \rightarrow \quad s = -1 \pm i2$$

공액복소근이므로

$$y_c = e^{-x}(K_1 \cos 2x + K_2 \sin 2x)$$

미정계수법

다음의 2계 비제차방정식

$$y'' + a_1 y' + a_0 y = f(x) \tag{17}$$

에서 비제차함수 f에 의한 해가 특수해이다. 비제차함수 f가 연속적일 경우 2.6 절에서 설명한 바와 같이 특수해는 미정계수법으로 풀 수 있으며 이 때 특수해는 비제차함수의 모든 도함수들의 선형합 형태로 주어진다(표 2-1 참조). 단 특수해가 보조해들 중 하나 이상과 함수 형태가 같을 때는 형태가 다를 때까지 x-곱하기를 계속 적용시킨다.

예제 3-4 다음 각 미분방정식의 일반해를 구하라.

(a) $y'' + y = x + e^{2x}$ (b) $y'' + 2y' + y = \sin(x + 45°)$

(c) $y'' + 5y' + 6y = e^{-x}$ (d) $y'' + 4y' + 3y = e^{-x}$

(e) $y'' + 6y' + 9y = e^{-3x}$

☞ (a) 특성방정식과 특성근이

$$s^2 + 1 = 0 \quad \rightarrow \quad s = \pm i$$

공액 허근이므로 보조해는

$$y_c = K_1 \cos x + K_2 \sin x$$

비제차함수가 $f = x + e^{2x}$이므로 특수해는

$$y_p = c_1 x + c_2 + c_3 e^{2x}$$

위의 식을 주어진 미분방정식에 대입하면

$$(c_1 x + c_2 + c_3 e^{2x})'' + (c_1 x + c_2 + c_3 e^{2x}) = x + e^{2x}$$

$$c_1 x + c_2 + 5c_3 e^{2x} = x + e^{2x}$$

계수 비교법에 의해

$$c_1 = 1, \quad c_2 = 0, \quad c_3 = 0.2$$

$$\therefore \; y_p = x + 0.2e^{2x}$$

이상으로 일반해는

$$\boxed{y = K_1 \cos x + K_2 \sin x + x + 0.2e^{2x}}$$

(b) 특성방정식과 특성근이

$$s^2 + 2s + 1 = 0 \quad \rightarrow \quad s = -1, -1$$

중근이므로 보조해는 x-곱하기를 적용하여

$$y_c = K_1 e^{-x} + K_2 x e^{-x}$$

비제차함수가

$$f = \sin(x + 45°) = \cos 45° \sin x + \sin 45° \cos x$$
$$= \frac{\sqrt{2}}{2} \sin x + \frac{\sqrt{2}}{2} \cos x$$

이므로 특수해는

$$y_p = c_1 \sin x + c_2 \cos x$$

위의 식을 주어진 미분방정식에 대입하면

$$(c_1 \sin x + c_2 \cos x)'' + 2(c_1 \sin x + c_2 \cos x)' + c_1 \sin x + c_2 \cos x$$
$$= \frac{\sqrt{2}}{2} \sin x + \frac{\sqrt{2}}{2} \cos x$$

또는

$$-2c_2 \sin x + 2c_1 \cos x = \frac{\sqrt{2}}{2} \sin x + \frac{\sqrt{2}}{2} \cos x$$

$$c_1 = \sqrt{2}/4, \quad c_2 = -\sqrt{2}/4$$

$$\therefore \ y_p = \frac{\sqrt{2}}{4} \sin x - \frac{\sqrt{2}}{4} \cos x$$

이상으로 일반해는

$$\boxed{y = K_1 e^{-x} + K_2 x e^{-x} + \frac{\sqrt{2}}{4} \sin x - \frac{\sqrt{2}}{4} \cos x}$$

(c) 특성방정식과 특성근이

$$s^2+5s+6=0 \quad \rightarrow \quad s=-2,-3$$

서로 다른 실근이므로

$$y_c = K_1e^{-2x}+K_2e^{-3x}$$

비제차함수가 $f=e^{-x}$이므로 특수해는

$$y_p = ce^{-x}$$

위의 식을 주어진 미분방정식에 대입하면

$$ce^{-x}-5ce^{-x}+6ce^{-x}=e^{-x}$$

$$c=0.5$$

$$\therefore \; y_p = 0.5e^{-x}$$

이상으로 일반해는

$$\boxed{y = K_1e^{-2x}+K_2e^{-3x}+0.5e^{-x}}$$

(d) 특성방정식과 특성근이

$$s^2+4s+3=0 \quad \rightarrow \quad s=-1,-3$$

서로 다른 실근이므로

$$y_c = K_1e^{-x}+K_2e^{-3x}$$

비제차 함수가 $f=e^{-x}$이므로 특수해는 $y_p=ce^{-x}$로 가정하면 보조해와 겹치게 된다. 따라서 x-곱하기를 적용하면

$$y_p = cxe^{-x}$$

주어진 미분방정식에 대입하여 정리하면

$$(cxe^{-x})''+4(cxe^{-x})'+3(cxe^{-x})=e^{-x}$$

$$2ce^{-x} = e^{-x} \quad \rightarrow \quad c = 0.5$$

$$\therefore \quad y_p = 0.5xe^{-x}$$

이상으로 일반해는

$$\boxed{y = K_1 e^{-x} + K_2 e^{-3x} + 0.5xe^{-x}}$$

(e) 특성방정식과 특성근이

$$s^2 + 6s + 9 = 0 \quad \rightarrow \quad s = -3, -3$$

중근이므로 x-곱하기를 적용하여

$$y_c = K_1 e^{-3x} + K_2 xe^{-3x}$$

비제차함수가 $f=e^{-3x}$이므로 특수해는 $y_p=ce^{-3x}$로 하면 보조해와 겹치게 된다. 따라서 x-곱하기를 적용하면 $y_p=cxe^{-3x}$이지만 이 역시 보조해와 겹친다. 따라서 다시 x-곱하기를 적용하여

$$y_p = cx^2 e^{-x}$$

로 한다. 이를 미분방정식에 대입하여 정리하면

$$(cx^2e^{-3x})'' + 6(cx^2e^{-3x})' + 9(cx^2e^{-3x}) = e^{-3x}$$
$$2ce^{-3x} = e^{-3x} \quad \rightarrow \quad c = 0.5$$

$$\therefore \quad y_p = 0.5x^2e^{-x}$$

이상으로 일반해는

$$\boxed{y = K_1 e^{-3x} + K_2 xe^{-3x} + 0.5x^2 e^{-3x}}$$

2계 미분방정식의 일반해에는 미지수가 두 개이므로 완전해를 구하기 위해서는 두 종류의 초기조건 $y(0)$ 및 $y'(0)$가 필요하다.

3.2 2계 시스템

제동 형태

시스템의 입력과 출력 관계가 n계 미분방정식으로 표현되면 n계 시스템이라 하며 시스템 해석에서 가장 핵심을 이루는 것이 2계 시스템이다. 시스템 해석을 위해 상수계수 2계 선형미분방정식을 종종 다음과 같은 표준형으로 표현한다.

$$y'' + 2\zeta\omega_n y' + \omega_n^2 = f(x) \tag{18}$$

일반적으로 ζ를 제동비(damping ratio)라 하고 ω_n을 고유주파수라 부른다. 식 (18)의 특성 방정식이

$$s^2 + 2\zeta\omega_n s + \omega_n^2 = 0 \tag{19}$$

이므로 판별식은 $D=4(\zeta^2-1)\omega_n^2$이다. 따라서 ζ의 크기에 따라 특성근은 다음과 같다.

$$s = \begin{cases} (-\zeta \pm \sqrt{\zeta^2 - 1})\omega_n, & (\zeta > 1) \\ -\omega_n(\text{중근}), & (\zeta = 1) \\ -\zeta\omega_n \pm i\sqrt{1-\zeta^2}\,\omega_n, & (\zeta < 1) \end{cases} \tag{20}$$

여기서 새로운 변수를

$$\omega \equiv \omega_n \sqrt{|1-\zeta^2|} \tag{21}$$

와 같이 정의하고 감쇄고유주파수라 부른다. 이상으로 보조해의 형태는 ζ의 크기에 따라 다음과 같이 분류된다.

$$y_c = \begin{cases} e^{-\zeta\omega_n x}(K_1 e^{\omega x} + K_2 e^{-\omega x}) & (\zeta > 1) \\ e^{-\omega_n x}(K_1 + K_2 x) & (\zeta = 1) \\ e^{-\zeta\omega_n x}(K_1 \cos\omega x + K_2 \sin\omega x) & (\zeta < 1) \end{cases} \tag{22}$$

ζ에 따른 y_c의 파형은 대체로 그림 3-1과 같다. 먼저 그림 (a)의 $\zeta>1$인 경

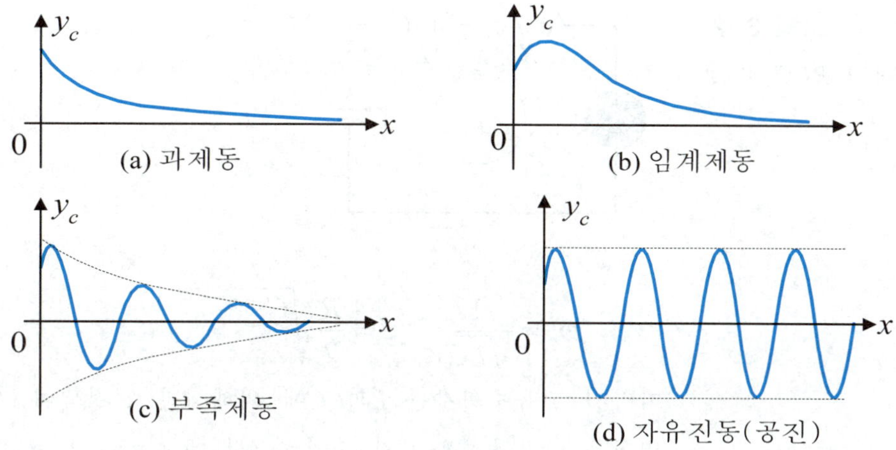

그림 3-1
제동 형태

우는 y_c가 단조 감소하므로 과제동(overdamped)이라 하며 그림 (c)의 $\zeta<1$ 인 경우는 y_c가 진동하면서 감소하므로 부족제동(underdamped)이라 한다. 특히 $\zeta=0$인 그림 (d)의 경우는 감쇄 없이 무한히 진동하므로 공진, 또는 자유진동이라 한다. 그리고 그림 (b)의 $\zeta=1$인 경우는 과제동과 부족제동의 경계에 해당하므로 임계제동(critically damped)이라 한다. 다음 절에서 설명하겠지만 2계 이상의 고계 상수계수 선형미분방정식의 보조해는 2계 미분방정식 해의 조합이다. 따라서 모든 고차 선형시스템의 응답은 식 (22)로 주어지는 세 가지 제동 형태의 다양한 조합으로 표현되므로 식 (22)가 중요하게 취급되는 것이다. 일반적으로 실제 시스템은 모두 시간에 종속되므로 독립변수는 거의 시간 t이다.

전기계

그림 3-2는 직렬 RLC 회로이며 각 소자들은 전류가 i로 서로 같다. 따라서 전압 법칙에 의해 세 소자의 전압의 합이 전압원 v와 같으므로 회로 방정식은 다음과 같다.

$$v = Ri + L\frac{di}{dt} + \frac{1}{C}\int_{-\infty}^{t} i\,d\tau \tag{23}$$

양변을 t로 미분하여 적분을 없앤 다음 정리하면 i에 대한 미분방정식은

$$i'' + \frac{R}{L}i' + \frac{1}{LC}i = \frac{1}{L}v' \tag{24}$$

이다. 이 식을 식 (18)의 표준형과 대조해 보면 다음과 같음을 알 수 있다.

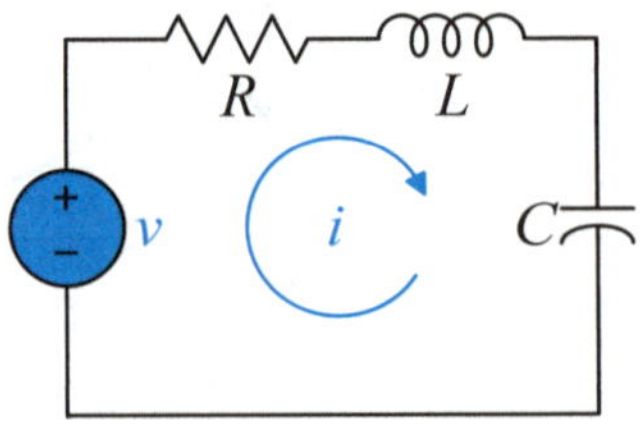

그림 3-2
직렬 *RLC* 회로

$$\omega_n = \frac{1}{\sqrt{LC}}, \quad \zeta = \frac{R}{2}\sqrt{\frac{C}{L}} \tag{25}$$

따라서 고유주파수는 L과 C에 의해서만 결정되며 저항 R은 제동비에만 영향을 미친다. L과 C가 주어진 상태에서 $\zeta=1$일 조건은(임계제동)

$$R = 2\sqrt{\frac{L}{C}} \tag{26}$$

이다. 따라서 직렬 *RLC* 회로에서 저항이 식 (26)보다 크면 과제동이고 작으면 부족제동이다.

예제 3-5 그림 3-2에서 $R=2\ \Omega$, $L=1$ H, $C=1/11$ F, $v=10$ V이며 초기 조건은 $i(0)=0$, $i'(0)=10$이다. 전류 i의 완전해를 구하라.

☞ v가 상수이므로 식 (24)에서 $v'=0$이다. 따라서

$$i'' + 2i' + 11i = 0$$

인 제차방정식이며 특성방정식 및 특성근은

$$s^2 + 2s + 11 = 0 \quad \rightarrow \quad s = -1 \pm i\sqrt{10}$$

따라서 일반해는

$$i = e^{-t}(K_1 \cos\sqrt{10}t + K_2 \sin\sqrt{10}t)$$

이며 그 도함수는 다음과 같다.

$$\begin{aligned} i' &= -e^{-t}(K_1 \cos\sqrt{10}t + K_2 \sin\sqrt{10}t) \\ &\quad + e^{-t}(-\sqrt{10}K_1 \sin t + \sqrt{10}K_2 \cos\sqrt{10}t) \end{aligned}$$

마지막으로 초기조건을 이용하여 미지수를 구하면

$$\begin{cases} i(0) = K_1 = 0 \\ i'(0) = -K_1 + \sqrt{10}K_2 = 10 \end{cases} \rightarrow \quad K_1 = 0, \quad K_2 = \sqrt{10}$$

따라서 완전해는 다음과 같다.

$$i = \sqrt{10}e^{-t}\sin\sqrt{10}t$$

기계계 그림 3-3의 (a)는 질량과 용수철 및 마찰로 이루어진 기계계이며 세 요소 모두 속도가 ϖ로 동일하므로 그림 (b)와 같이 상사회로상에서는 직렬로 결합된다. 그림 3-3(b)는 그림 3-2에서 $R \rightarrow B$, $L \rightarrow M$, $C \rightarrow 1/K$ 및 $i \rightarrow \varpi$, $v \rightarrow F$로 한 것과 같으므로 ϖ와 F의 관계는 식 (24)로부터 다음과 같음을 알 수 있다.

$$\varpi'' + \frac{B}{M}\varpi' + \frac{K}{M}\varpi = \frac{1}{M}F' \tag{27}$$

따라서 고유주파수 및 제동비는 식 (25)를 이용하면 다음과 같다.

$$\omega_n = \sqrt{\frac{K}{M}}, \quad \zeta = \frac{B}{2}\frac{1}{\sqrt{MK}} \tag{28}$$

그리고 주어진 질량과 용수철에 대한 임계제동 조건은

$$B = 2\sqrt{MK} \tag{29}$$

이다.

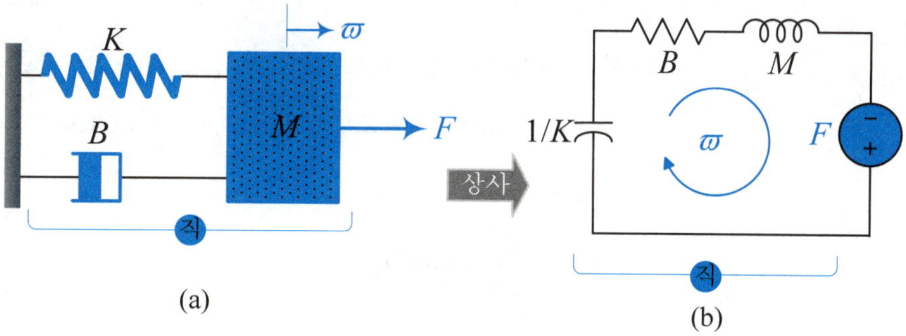

(a) (b)

그림 3-3 질량, 용수철 및 마찰로 된 기계계

예제 3-6 그림 3-3에서 B=0, M=1 kg, K=400 N/m일 때 자유 진동의 주파수를 구하라.

☞ 식 (28)로부터

$$\omega_n = \sqrt{\frac{K}{M}} = \sqrt{\frac{400}{1000}} = 0.6325 \text{ rad/sec}$$

또는

$$f_n = \frac{\omega_n}{2\pi} = 0.1 \text{ Hz}$$

공명/맥놀이

감쇄가 없는(ζ=0) 시스템

$$y'' + \omega_n^2 y = f(t) \tag{30}$$

에서 외부 입력인 $f(t)$가 고유주파수와 같거나 또는 매우 가까울 경우 공명(共鳴)이나 맥놀이(beat)와 같은 독특한 형상이 일어난다. 먼저

$$y'' + \omega_n^2 y = F\cos\omega_n t \tag{31}$$

로 입력 주파수가 고유주파수와 같을 때 일어나는 공명 현상을 살펴보자. 보조해가

$$y_c = K_1\cos\omega_n t + K_2\sin\omega_n t \tag{32}$$

이며 가정할 수 있는 특수해도 위와 같은 형태이다. 따라서 t-곱하기를 적용하여 수정한 특수해는 다음과 같다.

$$y_p = c_1 t\cos\omega_n t + c_2 t\sin\omega_n t \tag{33}$$

따라서 식 (33)을 식 (30)에 대입하여 정리하면

$$-2c_1\omega_n\sin\omega_n t + 2c_2\omega_n\cos\omega_n t = F\cos\omega_n t \tag{34}$$

이므로 c_1=0, c_2=0.5F/ω_n이다. 즉 특수해가

$$y_p = \frac{F}{2\omega_n} t\cos\omega t \tag{35}$$

와 같이 시간이 지남에 따라 그림 3-4(a)와 같이 직선적으로 무한히 증가한다. 실제로 높은 빌딩의 진동주파수(고유주파수)와 바람의 주파수가 일치한다면 비록 바람의 세기(F)가 유한할지라도 빌딩은 허물어지고 말 것이다. 이제 식 (30)에서 입력 $f(t)$의 주파수가 고유주파수와 약간의 차이가 나는 다음의 경우를 보자.

$$y'' + \omega_n^2 y = F\cos\omega_o t \quad (\omega_o \neq \omega_n) \tag{36}$$

이 미분 방정식의 보조해는

$$y_c = K_1\cos\omega_n t + K_2\sin\omega_n t$$

이며 특수해는

$$y_p = c_1\cos\omega_o t + c_2\sin\omega_o t \tag{37}$$

따라서 위의 식을 식 (36)에 대입하여 정리하면

$$c_1(\omega_n^2 - \omega_o^2)\cos\omega_o t + c_2(\omega_n^2 - \omega_o^2)\sin\omega_o t = F\cos\omega_o t \tag{38}$$

이로부터

$$c_1 = \frac{F}{\omega_n^2 - \omega_o^2}, \quad c_2 = 0 \tag{39}$$

이므로 일반해는 다음과 같다.

$$y = K_1\cos\omega_n t + K_2\sin\omega_n t + \frac{F}{\omega_n^2 - \omega_o^2}\cos\omega_o t \tag{40}$$

그림 3-4
(a) 공명
(b) 맥놀이

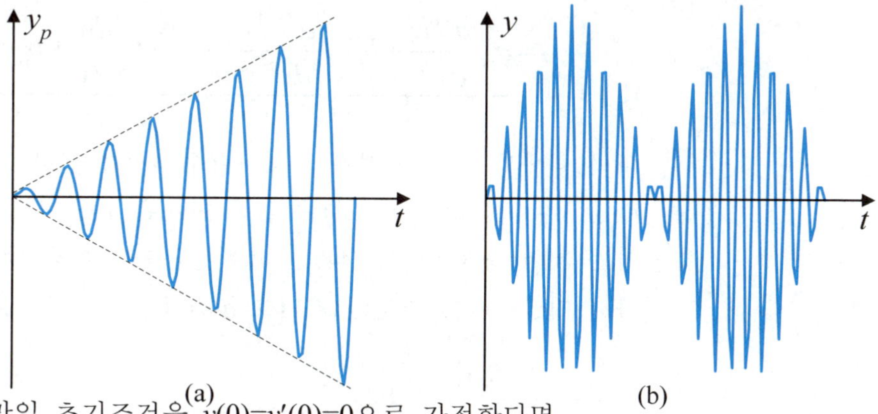

만일 초기조건을 $y(0)=y'(0)=0$으로 가정한다면

$$\begin{cases} y(0) = K_1 + \dfrac{F}{\omega_n^2 - \omega_o^2} = 0 \\ y'(0) = K_2\omega_n = 0 \end{cases} \tag{41}$$

이므로 완전해는 다음과 같다.

$$y = \frac{F}{\omega_n^2 - \omega_o^2}(\cos\omega_o t - \cos\omega_n t) \tag{42}$$

여기서 ω_o와 ω_n이 충분히 가까울 경우를 생각해 보자. 삼각 함수 정리를 이용하면 식 (42)는 다음과 같이 표현할 수 있다.

$$y = \frac{F}{\omega_n^2 - \omega_o^2}\sin\left(\frac{\omega_o - \omega_n}{2}t\right)\sin\left(\frac{\omega_o + \omega_n}{2}t\right) \tag{43}$$

여기서 $\omega_o - \omega_n$은 매우 작은 값이므로 식 (43)의 파형은 그림 3-4(b)와 같은 진동 형태이며 이러한 현상을 맥놀이라 한다.

3.3 미분연산자법

전달함수 입력이 w이고 출력이 y인 n계 선형시스템의 입력과 출력간의 관계는 다음과 같은 일반적인 형태로 표현된다.

$$\begin{aligned} &a_n \frac{d^n y}{dx^n} + a_{n-1}\frac{d^{n-1}y}{dx^{n-1}} + \cdots + a_1\frac{dy}{dx} + a_0 y \\ &= \underbrace{b_m \frac{d^m w}{dx^m} + b_{m-1}\frac{d^{m-1}w}{dx^{m-1}} + \cdots + b_1\frac{dw}{dx} + b_0 w}_{f(x)} \end{aligned} \tag{44}$$

위의 식에서 우변 전체가 비제차함수 $f(x)$가 된다. 대부분의 시스템에서는 $n>m$이며 y의 최고차 도함수의 계수 a_n은 1이 되도록 양변의 계수를 정리하는 것이 편하다. 식 (44)는 고계일수록 표현하기가 매우 거북스럽다. 따라서 지금부터는 미분연산 기호 d/dx를

$$p \equiv \frac{d}{dx} \tag{45}$$

로 표현하고 이를 미분연산자라 부른다. 즉

$$pf = \frac{df}{dx} \tag{46}$$

이다. 미분연산자는 명백히 변수가 아니지만 지금부터 미분연산자 p에 변수 기능을 부과하기로 한다. 즉

$$p(pf) = p \cdot pf = p^2 f \tag{47}$$

이에 따라 적분은

$$\int f\,dx = p^{-1} f = \frac{1}{p} f \tag{48}$$

로 표현할 수 있으며 그 이유는 다음과 같다.

$$\frac{d}{dx}\left(\int f\,dx\right) = p(p^{-1} f) = pp^{-1} f = f \tag{49}$$

이상의 성질을 일반화하면 다음과 같다.

$$p^m p^n = p^{m+n}, \quad (p^m)^n = p^{mn} \tag{50}$$

그리고 변수 기능에 의해

$$\frac{df}{dx} + af = pf + af = (p+a)f \tag{51}$$

로 표현하기로 한다. 이제 미분연산자의 변수 기능을 이용하여 식 (44)를 다음과 같이 p의 다항식으로 표현할 수 있다(a_n=1).

$$(p^n + a_{n-1}p^{n-1} + \cdots + a_1 p + a_0)y = (b_m p^m + b_{m-1}p^{m-1} + \cdots + b_1 p + b_0)w \tag{52}$$

위의 식은 더욱 간단히

$$y = \frac{b_m p^m + b_{m-1}p^{m-1} + \cdots + b_1 p + b_0}{p^n + a_{n-1}p^{n-1} + \cdots + a_1 p + a_0} w = H(p)w \tag{53}$$

로 다항식 형태로 표현할 수 있으며

$$H(p)=\frac{b_m p^m + b_{m-1}p^{m-1}+\cdots+b_1 p+b_0}{p^n+a_{n-1}p^{n-1}+\cdots+a_1 p+a_0} \tag{54}$$

를 시스템의 전달함수(transfer function)라 부른다. 전달함수는 식 (44)와 같은 표현을 식 (54)와 같이 간결하게 표현할 수 있다는 장점이 있지만 무엇보다도 전달함수로부터 미분방정식의 특수해를 바로 구할 수 있다는 이점이 있다.

예제 3-7 다음에서 전달함수는 미분방정식 형태로, 미분방정식은 전달함수 형태로 표현하라.

(a) $y=\dfrac{p+1}{p^2+3p+4}w$ (b) $y'''+3y''+2y'+y=w''+5w'+2w$

☞ (a) $y''+3y'+4y=w'+w$

(b) $y=\dfrac{p^2+5p+2}{p^3+3p^2+2p+1}w$

미분연산자법

이제 전달함수로부터 해당 미분방정식의 특수해를 직접 구하는 법을 알아보자. 1계 비제차미분방정식인

$$y'+ay=f(x) \tag{55}$$

를 전달함수 형태로 표현하면

$$y=\frac{1}{p+a}f(x) \tag{56}$$

식 (55)의 특수해 및 그 미분연산자 표현은 다음과 같다(2장 식(60)).

$$y=e^{-ax}\int f(x)e^{ax}dx=e^{-ax}\frac{1}{p}[f(x)e^{ax}] \tag{57}$$

위의 두 식 (56), (57)로부터 다음과 같은 중요한 관계식을 얻을 수 있다.

$$\frac{1}{p+a}f(x)=e^{-ax}\frac{1}{p}[f(x)e^{ax}] \tag{58}$$

우리는 1장의 1.4절을 통해 임의의 차수의 분수 다항식을 부분분수로 전개하는 법을 알았다. 따라서 임의 전달함수 $H(p)$가 주어지면 이를 부분분수로 전개한 다음 각 부분분수에 식 (58)을 적용하면 쉽게 특수해를 구할 수 있다. 간단한 예를 들어 미분 방정식

$$y''+3y'+2y=f(x)$$

의 특수해는 다음과 같이 구할 수 있다.

$$\begin{aligned} y &= \frac{1}{p^2+3p+2}f(x)=\left(\frac{1}{p+2}-\frac{1}{p+3}\right)f(x) \\ &= \frac{1}{p+2}f(x)-\frac{1}{p+3}f(x) \\ &= e^{-2x}\int f(x)e^{2x}dx-e^{-3x}\int f(x)e^{3x}dx \end{aligned}$$

특히 적분 $\int f(x)e^{ax}dx=p^{-1}[f(x)e^{ax}]$는 부분적분을 통해 쉽게 구할 수 있는 경우가 많으며 이에 대해서는 1.1 절에서 설명한 바 있다. 편의를 위해 1.1 절의 식 (29)를 다시 옮겨 적어보면 다음과 같다.

$$\left.\begin{aligned} p^{-1}[xe^{ax}] &= \left(\frac{x}{a}-\frac{1}{a^2}\right)e^{ax} \\ p^{-1}[x^2e^{ax}] &= \left(\frac{x^2}{a}-\frac{2x}{a^2}+\frac{2}{a^3}\right)e^{ax} \\ p^{-1}[x^3e^{ax}] &= \left(\frac{x^3}{a}-\frac{3x^2}{a^2}+\frac{6x}{a^3}-\frac{6}{a^4}\right)e^{ax} \\ p^{-1}[e^{ax}\cos bx] &= \frac{(e^{ax})'\cos bx-e^{ax}(\cos bx)'}{a^2+b^2} \\ p^{-1}[e^{ax}\sin bx] &= \frac{(e^{ax})'\sin bx-e^{ax}(\sin bx)'}{a^2+b^2} \end{aligned}\right\} \quad (59)$$

부분분수 전개 결과 인수가 중근일 경우는

$$y=\frac{1}{(p+a)^2}f(x) \quad (60)$$

의 형태가 되며 위의 식 우변은 식 (58)을 이용하면 다음과 같다.

$$\begin{aligned}\frac{1}{(p+a)^2}f(x) &= \frac{1}{p+a}\left(\frac{1}{p+a}f(x)\right)\\ &= \frac{1}{p+a}\left(e^{-ax}\frac{1}{p}[f(x)e^{ax}]\right)\\ &= e^{-ax}\frac{1}{p}\left(e^{ax}e^{-ax}\frac{1}{p}[f(x)e^{ax}]\right)\\ &= e^{-ax}\frac{1}{p}\left(\frac{1}{p}[f(x)e^{ax}]\right)\end{aligned} \tag{61}$$

따라서 다음과 같은 관계식을 얻을 수 있다.

$$\frac{1}{(p+a)^2}f(x) = e^{-ax}\frac{1}{p^2}[f(x)e^{ax}] \tag{62}$$

이상으로 위의 식을 일반화하면

$$\frac{1}{(p+a)^n}f(x) = e^{-ax}\frac{1}{p^n}[f(x)e^{ax}] \tag{63}$$

와 같은 중요한 관계식을 얻을 수 있다. 다만 미분연산자법으로 해를 구할 경우 특수해 보다는, 특수해에 보조해 일부가 포함된 영상태 응답이 구해지는 경우가 있다. 따라서 해를 구한 다음 보조해 성분의 일부가 포함되어 있는지 살펴보고 만일 있다면 그 성분을 빼 주어 마무리 하면 된다(보조해 구하기는 매우 쉽다).

예제 3-8 다음 각 미분방정식의 특수해를 미분연산자법으로 구하라.

(a) $y''+3y'+2y=3w'+5w \quad (w=x^2)$

(b) $y''+5y'+6y=w'-w \quad (w=e^{-x})$

(c) $y''+4y'+3y=2w \quad (w=e^{-3x})$

(d) $y''+6y'+9y=w'+2w \quad (w=e^{-3x})$

(e) $y'''+6y''+11y'+6y=w''+4w'+5w \quad (w=\sin x)$

☞ (a) 전달함수 및 그 부분분수 전개는 다음과 같다.

$$H(p)=\frac{3p+5}{p^2+3p+2}=\frac{3p+5}{(p+1)(p+2)}=\frac{k_1}{p+1}+\frac{k_2}{p+2}$$

$$k_1=\left.\frac{3p+5}{p+2}\right|_{p=-1}=2,\qquad k_2=\left.\frac{3p+5}{p+1}\right|_{p=-2}=1$$

특수해는 다음과 같다.

$$\begin{aligned}y_p&=\frac{2}{p+1}x^2+\frac{1}{p+2}x^2\\&=2e^{-x}p^{-1}[x^2e^x]+e^{-2x}p^{-1}[x^2e^{2x}]\\&=2(x^2-2x+2)+\left(\frac{x^2}{2}-\frac{x}{2}+\frac{1}{4}\right)\\&=2.5x^2-4.5x+4.25\end{aligned}$$

(b) 전달함수 및 그 부분분수 전개는 다음과 같다.

$$H(p)=\frac{p-1}{p^2+5p+6}=\frac{p-1}{(p+2)(p+3)}=\frac{k_1}{p+2}+\frac{k_2}{p+3}$$

$$k_1=\left.\frac{p-1}{p+3}\right|_{p=-2}=-3,\qquad k_2=\left.\frac{p-1}{p+2}\right|_{p=-3}=4$$

특수해는 다음과 같다.

$$\begin{aligned}y_p&=-\frac{3}{p+2}e^{-x}+\frac{4}{p+3}e^{-x}\\&=-3e^{-2x}p^{-1}[e^{-x}e^{2x}]+4e^{-3x}p^{-1}[e^{-x}e^{3x}]\\&=-3e^{-x}+2e^{-x}\\&=-e^{-x}\end{aligned}$$

여기에는 보조해 $y_c=K_1e^{-3x}+K_2e^{-2x}$의 성분이 포함되어 있지 않다

(c) 전달함수 및 그 부분분수 전개는 다음과 같다.

$$H(p)=\frac{2}{p^2+4p+3}=\frac{2}{(p+1)(p+3)}=\frac{1}{p+1}-\frac{1}{p+3}$$

$$\therefore y_p = \frac{1}{p+1}e^{-3x} - \frac{1}{p+3}e^{-3x}$$
$$= e^{-x}p^{-1}[e^{-3x}e^{x}] - e^{-3x}p^{-1}[e^{-3x}e^{3x}]$$
$$= e^{-x}p^{-1}[e^{-2x}] - e^{-3x}p^{-1}[1]$$
$$= \underbrace{-0.5e^{-3x}}_{\text{보조해 일부}} - xe^{-3x}$$

따라서 엄밀한 특수해는

$$y_p = -xe^{-3x}$$

(d) 전달함수 및 그 부분분수 전개는 다음과 같다.

$$H(p) = \frac{p+2}{p^2+6p+9} = \frac{p+2}{(p+3)^2} = \frac{k_0}{(p+3)^2} + \frac{k_1}{p+3}$$

$$k_0 = p+2\Big|_{p=-3} = -1, \qquad k_1 = \frac{d}{dp}(p+2)\Big|_{p=-3} = 1$$

$$\therefore y_p = \frac{1}{p+3}e^{-3x} - \frac{1}{(p+3)^2}e^{-3x}$$
$$= e^{-3x}p^{-1}[e^{-3x}e^{3x}] - e^{-3x}p^{-2}[e^{-3x}e^{3x}]$$
$$= e^{-3x}p^{-1}[1] - e^{-3x}p^{-2}[1]$$
$$= \underbrace{-xe^{-3x}}_{\text{보조해 일부}} - 0.5x^2e^{-3x}$$

따라서 엄밀한 특수해는

$$y_p = -0.5x^2e^{-3x}$$

(e) 전달함수 및 그 부분분수 전개는 다음과 같다.

$$H(p) = \frac{p^2+4p+5}{p^3+6p^2+11p+6} = \frac{p^2+4p+5}{(p+1)(p+2)(p+3)}$$
$$\frac{p^2+4p+5}{(p+1)(p+2)(p+3)} = \frac{1}{p+1} - \frac{1}{p+2} + \frac{1}{p+3}$$

특수해는 다음과 같다.

$$y_p = \frac{1}{p+1}\sin x - \frac{1}{p+2}\sin x + \frac{1}{p+3}\sin x$$
$$= e^{-x}p^{-1}[\sin xe^{x}] - e^{-2x}p^{-1}[\sin xe^{2x}] + e^{-3x}p^{-1}[\sin xe^{3x}]$$

여기서

$$e^{-ax}p^{-1}[\sin xe^{ax}] = e^{-ax}\frac{ae^{ax}\sin x - e^{ax}\cos x}{a^2+1} = \frac{a\sin x - \cos x}{a^2+1}$$

이므로 특수해는

$$y_p = \frac{\sin x - \cos x}{1^2+1} - \frac{2\sin x - \cos x}{2^2+1} + \frac{3\sin x - \cos x}{3^2+1}$$
$$= 0.4\sin x - 0.4\cos x$$

부분분수 전개에서 인수가 공액복소수인 경우는

$$H(p) = \frac{N(p)}{(p+\mathbf{a})(p+\mathbf{a}^*)} = \frac{\mathbf{k}}{p+\mathbf{a}} + \frac{\mathbf{k}^*}{p+\mathbf{a}^*} \tag{64}$$

로 전개되며 **a**와 **r**은 임의의 복소수이다. 따라서 공액복소수의 합은 실수부의 두 배임을 이용하면 $H(p)w$는 다음과 같이 구해진다(w는 실함수).

$$\begin{aligned} H(p)w &= \frac{\mathbf{k}}{p+\mathbf{a}}w + \frac{\mathbf{k}^*}{p+\mathbf{a}^*}w = \frac{\mathbf{k}}{p+\mathbf{a}}w + \left(\frac{\mathbf{k}}{p+\mathbf{a}}w\right)^* \\ &= 2\,\mathrm{Re}\left[\frac{\mathbf{k}}{p+\mathbf{a}}w\right] \end{aligned} \tag{65}$$

예제 3-9 다음 미분방정식의 특수해를 구하라.

$$y'' + 2y' + 2y = 2x^2$$

☞ (a) 전달함수 및 그 부분분수 전개는 다음과 같다.

$$H(p) = \frac{2}{p^2+2p+2} = \frac{2}{(p+1+i)(p+1-i)} = \frac{\mathbf{k}}{p+1+i} + \frac{\mathbf{k}^*}{p+1-i}$$

이므로

$$\mathbf{a} = 1+i = \sqrt{2}\angle 45^\circ, \qquad \mathbf{k} = \left.\frac{2}{p+1-i}\right|_{p=-1-i} = i$$

여기서

$$\begin{aligned}\frac{i}{p+\mathbf{a}}x^2 &= ie^{-\mathbf{a}x}p^{-1}[x^2e^{\mathbf{a}x}]\\ &= i\left(\frac{x^2}{\mathbf{a}}-\frac{2x}{\mathbf{a}^2}+\frac{2}{\mathbf{a}^3}\right)\\ &= 1\angle 90^\circ\left(\frac{x^2}{\sqrt{2}}\angle -45^\circ-\frac{2x}{2}\angle -90^\circ+\frac{2}{2\sqrt{2}}\angle -135^\circ\right)\\ &= \left(\frac{x^2}{2}-x+\frac{1}{2}\right)+i\left(\frac{x^2}{2}-\frac{1}{2}\right)\end{aligned}$$

따라서 특수해는 다음과 같다.

$$y_p = 2\,\mathrm{Re}\left[\left(\frac{x^2}{2}-x+\frac{1}{2}\right)+i\left(\frac{x^2}{2}-\frac{1}{2}\right)\right] = x^2-2x+1$$

미분연산자의 성질

미분연산자법은 이 외에도 유용한 성질이 몇 가지 있으며 이를 활용하면 더욱 빠르게 해를 구할 수 있다. 미분연산자는 몇몇 중요 함수에 대해 다음과 같은 편리한 성격이 있다(단 $H(p)=N(p)/D(p)$).

$$\left.\begin{array}{lr}\text{(i)}\ \ H(p)e^{ax}=H(a)e^{ax} & (D(a)\neq 0)\\ \text{(ii)}\ \ H(p^2)\cos(ax+b)=H(-a^2)\cos(ax+b) & (D(-a^2)\neq 0)\\ \text{(iii)}\ H(p^2)\sin(ax+b)=H(-a^2)\sin(ax+b) & (D(-a^2)\neq 0)\\ \text{(iv)}\ H(p)[e^{ax}f(x)]=e^{ax}H(p+a)f(x) & \end{array}\right\} \tag{66}$$

먼저 (i)의 경우는

$$pe^{ax}=ae^{ax} \tag{67}$$

로부터 p대신 a를 대입하면 된다. 따라서 $y=[N(p)/D(p)]e^{ax}$로부터

$$D(p)y=N(p)e^{ax}=N(a)e^{ax} \tag{68}$$

이며 y 역시 ce^{ax} 형태이므로

$$D(p)y = D(a)y = N(a)e^{ax} \tag{69}$$

따라서

$$y = \frac{N(a)}{D(a)}e^{ax} = H(a)e^{ax} \tag{70}$$

단 $D(a)=0$이면 y가 무한대가 되므로 이 방법을 적용할 수 없다. 그리고 상수 A에 대해서는 $pA=0=0 \cdot A$이므로 p대신 0를 대입하면 된다. 즉

$$H(p)A = H(0)A \quad (\text{단 } D(0) \neq 0) \tag{71}$$

그리고 (ii)와 (iii)의 경우는

$$\left.\begin{aligned} p^2\cos(ax+b) &= p[-a\sin(ax+b)] = -a^2\cos(ax+b) \\ p^2\sin(ax+b) &= p[a\cos(ax+b)] = -a^2\sin(ax+b) \end{aligned}\right\} \tag{72}$$

로부터 p^2에 $-a^2$을 대입하면 됨을 알 수 있다. 식 (iv)의 경우는 다음과 같이 증명할 수 있다. 먼저

$$p[e^{ax}f(x)] = ae^{ax}f(x) + e^{ax}[pf(x)] = e^{ax}(p+a)f(x) \tag{73}$$

로 표현할 수 있으므로 양변을 한번 더 미분하면 다음과 같다.

$$\begin{aligned} p^2[e^{ax}f(x)] &= p[e^{ax}(p+a)f(x)] \\ &= ae^{ax}[(p+a)f(x)] + e^{ax}[p(p+a)f(x)] \\ &= e^{ax}[a(p+a) + p(p+a)]f(x) \\ &= e^{ax}[p^2 + 2ap + a^2]f(x) \\ &= e^{ax}(p+a)^2 f(x) \end{aligned} \tag{74}$$

이상을 확장하면

$$p^n[e^{ax}f(x)] = e^{ax}(p+a)^n f(x) \tag{75}$$

이상을 바탕으로 (iv)를 증명할 수 있다. 그리고 $y=[N(p)/D(p)]w$의 제차방정식이 $D(p)y=0$이므로 특성방정식은 바로

$$D(s) = 0 \tag{76}$$

이다. 따라서 전달함수로부터 특수해와 보조해를 모두 구할 수 있다.

예제 3-10 다음 미분방정식의 특수해를 구하라.

(a) $y'' + 2y' + 2y = w' + w \quad (w = 10)$

(b) $y'' + 5y' + 6y = 2w' + w \quad (w = e^{-x})$

(c) $y'' + 4y' + 3y = 2w \quad (w = \sin 3x)$

(d) $y'' + 3y' + 2y = w \quad (w = e^{-x}\sin x)$

(e) $y''' + 4y'' + 5y' + 2y = w \quad (w = e^{-2x})$

☞ (a) $y_p = \dfrac{p+1}{p^2+2p+2}10 = \left.\dfrac{p+1}{p^2+2p+2}\right|_{p=0} \times 10 = 5$

(b) $y_p = \dfrac{2p+1}{p^2+5p+6}e^{-x} = \left.\dfrac{2p+1}{p^2+5p+6}\right|_{p=-1} e^{-x} = -0.5e^{-x}$

(c) $y_p = \dfrac{2}{p^2+4p+3}\sin 3x = \dfrac{2}{(-3^2)+4p+3}\sin 3x = \dfrac{1}{2p-3}\sin 3x$

마지막 등식의 분모에 p^2항을 만들기 위해 분자 분모에 $(2p+3)$을 곱하면

$$\frac{2p+3}{4p^2-9}\sin 3x = \frac{2p+3}{4(-3^2)-9}\sin 3x = -\frac{1}{45}(2p+3)\sin 3x$$

$$= -\frac{1}{15}(2\cos 3x + \sin 3x)$$

(d) 식 (66)의 (iv)를 이용하면

$$y_p = \frac{1}{p^2+3p+2}e^{-x}\sin x = e^{-x}\left[\frac{1}{(p-1)^2+3(p-1)+2}\sin x\right]$$

대괄호 안을 식 (66)의 (iii)을 이용해 구하면 다음과 같다.

$$\frac{1}{p^2+p}\sin x = \frac{1}{-1+p}\sin x = \frac{p+1}{p^2-1}\sin x = -\frac{1}{2}(\cos x + \sin x)$$

$$\therefore y_p = -0.5e^{-x}(\cos x + \sin x)$$

(e) $H(p)=\dfrac{1}{p^3+4p^2+5p+2}=\dfrac{1}{(p+1)^2(p+2)}$

이므로 $H(-2)=0$이다. 따라서 부분분수를 이용하여 따로 구하면

$$
\begin{aligned}
y_p &= \frac{1}{(p+1)^2(p+2)}e^{-2x} = \left[\frac{1}{(p+1)^2}-\frac{1}{p+1}+\frac{1}{p+2}\right]e^{-2x} \\
&= \frac{1}{(p+1)^2}e^{-2x}-\frac{1}{p+1}e^{-2x}+\frac{1}{p+2}e^{-2x} \\
&= e^{-2x}+e^{-2x}+\frac{1}{p+2}e^{-2x} \\
&= 2e^{-2x}+xe^{-2x}
\end{aligned}
$$

그러나 $2e^{-2x}$는 보조해 성분이므로 엄밀한 특수해는

$$y_p = xe^{-2x}$$

선형 연립 미분방정식

하나의 독립변수에 종속변수가 두 개 이상인 미분방정식의 경우, 해를 구하기 위해 자연히 종속변수의 수효만큼의 미분방정식이 필요하다. 이와 같은 미분방정식의 쌍을 연립미분방정식이라 하며 미분연산자를 이용하면 쉽게 풀 수 있다. 다음의 연립 미분방정식을 예로 들어보자.

$$\begin{cases} y_1'+ay_1+by_2=f(x) \\ y_2'+cy_1+dy_2=g(x) \end{cases} \tag{77}$$

여기서 독립변수는 x이고 종속변수는 y_1, y_2이며 a, b, c, d는 상수이다. 각 미분방정식을 미분연산자로 표현하여 정리하면

$$\begin{cases} (p+a)y_1+by_2=f(x) \\ cy_1+(p+d)y_2=g(x) \end{cases} \tag{78}$$

이므로 위의 연립방정식을 행렬-벡터 형태로 표현하면 다음과 같다.

$$\begin{bmatrix} p+a & b \\ c & p+d \end{bmatrix}\begin{bmatrix} y_1 \\ y_2 \end{bmatrix}=\begin{bmatrix} f(x) \\ g(x) \end{bmatrix} \tag{79}$$

위의 식에서 행렬의 행렬식을 $\Delta(p)$라 하면

$$\Delta(p) = (p+a)(p+d) - bc = p^2 + (a+d)p + ad - bc \quad \textbf{(80)}$$

이므로 크래머 공식을 이용해 y_1과 y_2에 관한 식을 구할 수 있다. 즉

$$y_1 = \frac{\begin{vmatrix} f(x) & b \\ g(x) & p+d \end{vmatrix}}{\Delta(p)} = \frac{p+d}{\Delta(p)} f(x) - \frac{b}{\Delta(p)} g(x) \quad \textbf{(81)}$$

$$y_2 = \frac{\begin{vmatrix} p+a & f(x) \\ c & g(x) \end{vmatrix}}{\Delta(p)} = \frac{p+a}{\Delta(p)} g(x) - \frac{c}{\Delta(p)} f(x) \quad \textbf{(82)}$$

식 (81), (82)에서 비제차함수 $f(x)$와 $g(x)$가 주어지면 앞에서 설명한 미분연산자법으로 y_1과 y_2의 특수해를 구할 수 있다. 그리고 y_1과 y_2에 대한 모든 전달함수는 분모가 공통적이다. 따라서 y_1과 y_2에 관한 제차방정식이

$$\Delta(p)y_1 = 0, \quad \Delta(p)y_2 = 0 \quad \textbf{(83)}$$

이므로 y_1과 y_2의 보조해는 모두

$$\Delta(s) = 0 \quad \textbf{(84)}$$

로부터 구할 수 있다. 즉 보조해는 같은 형태이다. 선형 연립미분방정식도 미분연산자법을 이용하면 특수해와 보조해 모두를 쉽게 구할 수 있다.

예제 3-11 다음 미분방정식의 일반해를 구하라.

(a) $\begin{cases} y_1' + 3y_1 + y_2 = x \\ y_2' - 2y_1 = -3x \end{cases}$ (b) $\begin{cases} y_1'' - 4y_2 = e^x \\ y_2'' - 4y_1 = -e^x \end{cases}$ (c) $\begin{cases} y_1' - 2y_1 + y_2 = 0 \\ y_2' - y_1 = 0 \end{cases}$

☞ (a) $\begin{cases} (p+3)y_1 + y_2 = x \\ -2y_1 + py_2 = -3x \end{cases} \rightarrow \begin{bmatrix} p+3 & 1 \\ -2 & p \end{bmatrix} \begin{bmatrix} y_1 \\ y_2 \end{bmatrix} = \begin{bmatrix} x \\ -3x \end{bmatrix}$

행렬식이 $\Delta(p) = p^2 + 3p + 2$ 이므로

$$y_1 = \frac{\begin{vmatrix} x & 1 \\ -3x & p \end{vmatrix}}{p^2 + 3p + 2} = \frac{p+3}{p^2 + 3p + 2} x$$

$$y_2=\frac{\begin{vmatrix} p+3 & x \\ -2 & -3x \end{vmatrix}}{p^2+3p+2}=-\frac{3p+7}{p^2+3p+2}x$$

특수해는

$$\begin{aligned} y_{1p} &=\frac{p+3}{p^2+3p+2}x=\frac{2}{p+1}x-\frac{1}{p+2}x=2(x-1)-(0.5x-0.25) \\ &=1.5x-1.75 \end{aligned}$$

$$\begin{aligned} y_{2p} &=-\frac{3p+7}{p^2+3p+2}x=-\frac{4}{p+1}x+\frac{1}{p+2}x \\ &=-4(x-1)+(0.5x-0.25) \\ &=-3.5x+3.75 \end{aligned}$$

특성 방정식과 특성근은 행렬식으로부터 보조해는

$$\Delta(s)=s^2+3s+2=0 \quad \rightarrow \quad s=-1,-2$$

$$\therefore y_{1c}=K_1e^{-x}+K_2e^{-2x}, \quad y_{2c}=K_3e^{-x}+K_4e^{-2x}$$

이상으로 일반해는 다음과 같다.

$$\boxed{\begin{aligned} y_1 &=1.5x-1.75+K_1e^{-x}+K_2e^{-2x} \\ y_2 &=-3.5x+3.75+K_3e^{-x}+K_4e^{-2x} \end{aligned}}$$

(b) $\begin{cases} p^2y_1-4y_2=e^x \\ -4y_1+p^2y_2=-e^x \end{cases} \rightarrow \begin{bmatrix} p^2 & -4 \\ -4 & p^2 \end{bmatrix}\begin{bmatrix} y_1 \\ y_2 \end{bmatrix}=\begin{bmatrix} e^x \\ -e^x \end{bmatrix}$

행렬식이 $\Delta(p)=p^4-16$ 이므로

$$y_1=\frac{\begin{vmatrix} e^x & -4 \\ -e^x & p^2 \end{vmatrix}}{p^4-16}=\frac{p^2-4}{p^4-16}e^x,$$

$$y_2=\frac{\begin{vmatrix} p^2 & e^x \\ -4 & -e^x \end{vmatrix}}{p^4-16}=-\frac{p^2-4}{p^4-16}e^x$$

따라서 특수해는

$$y_{1p} = \frac{p^2-4}{p^4-16}e^x = \frac{1-4}{1-16}e^x = 0.2e^x$$

$$y_{2p} = -0.2e^x$$

특성방정식과 특성근은 행렬식으로부터

$$\Delta(s) = s^4 - 16 = 0 \quad \rightarrow \quad s = -2, 2, -i2, i2$$

따라서 보조해는

$$y_{1c} = K_1e^{-2x} + K_2e^{2x} + K_3\cos 2x + K_4\sin 2x$$

$$y_{2c} = K_5e^{-2x} + K_6e^{2x} + K_7\cos 2x + K_8\sin 2x$$

이상으로 일반해는 다음과 같다.

$$\boxed{\begin{aligned} y_1 &= 0.2e^x + K_1e^{-2x} + K_2e^{2x} + K_3\cos 2x + K_4\sin 2x \\ y_2 &= -0.2e^x + K_5e^{-2x} + K_6e^{2x} + K_7\cos 2x + K_8\sin 2x \end{aligned}}$$

(c) $\begin{cases}(p-2)y_1 + y_2 = 0 \\ -y_1 + py_2 = 0\end{cases} \quad \rightarrow \quad \begin{bmatrix} p-2 & 1 \\ -1 & p \end{bmatrix}\begin{bmatrix} y_1 \\ y_2 \end{bmatrix} = \begin{bmatrix} 0 \\ 0 \end{bmatrix}$

제차방정식이므로 보조해 뿐이다. 행렬식이

$$\Delta(p) = (p-2)p + 1 = (p-1)^2$$

이므로 특성방정식과 근은

$$\Delta(s) = (s-1)^2 = 0 \quad \rightarrow \quad s = 1, 1$$

따라서 보조해, 즉 일반해는 다음과 같다.

$$\boxed{\begin{aligned} y_1 &= (K_1 + K_2x)e^x \\ y_2 &= (K_3 + K_4x)e^x \end{aligned}}$$

예제 3-12 그림 3-5의 전기회로에서

(a) 전류 i_1과 i_2에 대한 식을 전달함수 형태로 구하라.

(b) 전압원이 v=12 V일 때 i_1과 i_2의 완전해를 구하라. 단 초기조건은 다음과 같다: $i_1(0)=0,\quad i_1'(0)=1,\quad i_2(0)=0,\quad i_2'(0)=4$

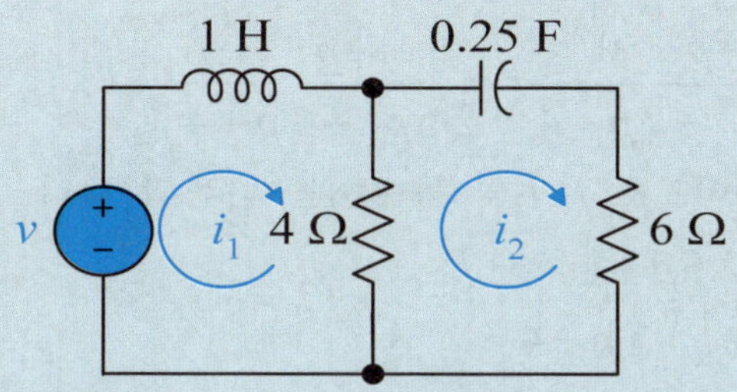

그림 3-5

☞ (a) 회로에는 두 개의 닫힌 경로(이를 **폐로**라 한다)가 있으며 각 폐로의 폐로 전류가 i_1, i_2이다. 단 두 폐로의 경계에 있는 4Ω 저항에는 두 폐로 전류의 차가 흐른다. 즉 i_1의 방향으로는 $i_1 - i_2$가 흐르며 i_2의 방향으로는 $i_2 - i_1$이 흐름을 유의하면 된다. 먼저 첫 번째 폐로의 전압 법칙을 적용하면 다음과 같다.

$$\frac{di_1}{dt} + 4(i_1 - i_2) = v \quad \text{..........................(i)}$$

두 번째 폐로에는 전압원이 없으므로

$$4(i_2 - i_1) + 4\int_{-\infty}^{t} i_2\, d\tau + 6i_2 = 0$$

위의 식 양변을 미분하여 정리하면

$$-\frac{di_1}{dt} + 2.5\frac{di_2}{dt} + i_2 = 0 \quad \text{..............(ii)}$$

식 (i), (ii)를 미분연산자로 표현하면 다음 연립 방정식을 얻을 수 있다.

$$\begin{cases} (p+4)i_1 - 4i_2 = v \\ -pi_1 + (2.5p+1)i_2 = 0 \end{cases} \rightarrow \begin{bmatrix} p+4 & -4 \\ -p & 2.5p+1 \end{bmatrix} \begin{bmatrix} i_1 \\ i_2 \end{bmatrix} = \begin{bmatrix} v \\ 0 \end{bmatrix}$$

행렬의 행렬식은 구하면 다음과 같다.

$$\Delta(p) = (p+4)(2.5p+1) - 4p = 2.5p^2 + 7p + 4$$

따라서 i_1, i_2에 대한 식은 다음과 같다.

$$i_1 = \frac{\begin{vmatrix} v & -4 \\ 0 & 2.5p+1 \end{vmatrix}}{2.5p^2+7p+4} = \frac{2.5p+1}{2.5p^2+7p+4}v$$

$$i_2 = \frac{\begin{vmatrix} p+4 & v \\ -p & 0 \end{vmatrix}}{2.5p^2+7p+4} = \frac{p}{2.5p^2+7p+4}v$$

(b) v=12인 상수이므로 i_1, i_2의 특수해는 다음과 같다.

$$i_{1p} = \frac{2.5p+1}{2.5p^2+7p+4}12 = \frac{1}{4}\times 12 = 3$$

$$i_{2p} = \frac{p}{2.5p^2+7p+4}12 = 0\times 12 = 0$$

특성방정식과 근은 행렬식으로부터 다음과 같다.

$$\Delta(s) = 2.5s^2+7s+4=0 \quad \rightarrow \quad s=-0.8, -2$$

따라서 i_1과 i_2의 보조해가

$$i_{1c} = K_1e^{-0.8t} + K_2e^{-2t}, \quad i_{2c} = K_3e^{-0.8t} + K_4e^{-2t}$$

이므로 일반해는

$$i_1 = 3 + K_1e^{-0.8t} + K_2e^{-2t}, \quad i_2 = K_3e^{-0.8t} + K_4e^{-2t}$$

초기조건을 이용하여 미지수를 구하면 다음과 같다.

$$\begin{cases} i_1(0) = 3+K_1+K_2 = 0 \\ i_1'(0) = -0.8K_1 - 2K_2 = 1 \\ i_2(0) = K_3+K_4 = 0 \\ i_2'(0) = -0.8K_3 - 2K_4 = 4 \end{cases} \quad \rightarrow \quad \begin{cases} K_1 = -4.17 \\ K_2 = 1.17 \\ K_3 = 3.33 \\ K_4 = -3.33 \end{cases}$$

따라서 완전해는 다음과 같다.

$$\boxed{\begin{aligned} i_1 &= 3 - 4.17e^{-0.8t} + 1.17e^{-2t} \\ i_2 &= 3.33e^{-0.8t} - 3.33e^{-2t} \end{aligned}}$$

예제 3-13 그림 3-6에서

(a) 그림 (a)의 기계계가 그림 (b)와 상사임을 보여라.

(b) 그림 (b)로부터 ϖ_1과 F의 관계를 전달함수 형태로 표현하라.

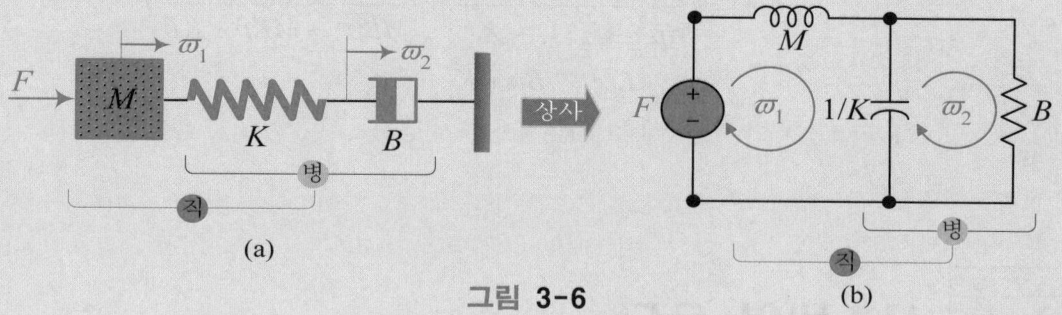

그림 3-6

☞ (a) 그림 (a)에서 K의 속도는 $\varpi_1-\varpi_2$이며 B의 속도는 ϖ_2로 서로 다르므로 K와 B는 회로상에서 서로 병렬로 결합된다. 다음으로 K와 B의 결합을 다시 하나의 요소로 보면 속도가 ϖ_1이므로 M과 속도가 같다. 따라서 회로상에서 K와 B의 병렬 결합은 M과 다시 직렬로 결합된다.

(b) 그림 (b)에서 첫 번째 폐로에 전압 법칙을 적용하면

$$M\frac{d\varpi_1}{dt}+K\int_{-\infty}^{t}(\varpi_1-\varpi_2)d\tau=F$$

이므로 식 양변을 미분하여 정리하면 다음과 같다.

$$M\frac{d^2\varpi_1}{dt^2}+K\varpi_1-K\varpi_2=\frac{dF}{dt} \quad \text{....................(i)}$$

두 번째 폐로에는 전압원이 없으므로

$$K\int_{-\infty}^{t}(\varpi_2-\varpi_1)d\tau+B\varpi_2=0$$

이며 양변을 미분하여 정리하면 다음과 같다.

$$-K\varpi_1+B\frac{d\varpi_2}{dt}+K\varpi_2=0 \quad \text{......................(ii)}$$

위의 두 식으로부터 다음 연립방정식을 얻을 수 있다.

$$\begin{cases}(Mp^2+K)\varpi_1-K\varpi_2=pF\\ -K\varpi_1+(Bp+K)\varpi_2=0\end{cases} \rightarrow \begin{bmatrix}Mp^2+K & -K\\ -K & Bp+K\end{bmatrix}\begin{bmatrix}\varpi_1\\ \varpi_2\end{bmatrix}=\begin{bmatrix}pF\\ 0\end{bmatrix}$$

따라서 크래머 공식으로 ϖ_1을 구하면 다음과 같다.

$$\varpi_1 = \frac{\begin{vmatrix} pF & -K \\ 0 & Bp+K \end{vmatrix}}{\begin{vmatrix} Mp^2+K & -K \\ -K & Bp+K \end{vmatrix}} = \frac{Bp+K}{MBp^2+MKp+KB}F$$

3.4 시스템의 응답

시간응답 시스템의 시간상의 특성을 알아보기 위해 특정 시험신호를 입력시킨 다음 출력에 나타나는 응답을 살펴보며 이를 시간응답(time response)이라 한다. 시험 신호로 사용되는 가장 대표적인 함수가 충격함수 $\delta(t)$와 계단함수 $u(t)$이며 그림 3-7이 이를 보여준다. 충격 입력에 대한 응답을 충격응답이라 하여 $h(t)$로 나타내고 계단 입력에 대한 응답을 계단응답이라 하여 $s(t)$로 나타낸다. 단 충격응답과 계단응답을 구할 때는 시스템 내부의 모든 초기조건을 0으로 한다. 충격응답과 계단응답은 선형시스템의 시간상 특성을 해석하는데 중추적인 역할을 한다. 충격함수와 계단함수는 모두 불연속 함수이므로 미정계수법으로 방정식의 해를 구하기 어렵지만 미분연산자법은 이용하기 편하다. 부분분수 전개를 통한 미분연산자법을 이용하기 위해 $f(t)=\delta(t)$, $u(t)$일 때 $p^{-1}[f(t)e^{at}]$를 구해보면 다음과 같다(1장의 식 (97) 참조).

$$\left.\begin{aligned} p^{-1}[\delta(t)e^{at}] &= u(t) \\ p^{-1}[u(t)e^{at}] &= \frac{1}{a}[e^{at}-1]u(t) \end{aligned}\right\} \qquad (85)$$

위의 관계를 이용하면 전달함수가

그림 3-7
시스템의
시간응답

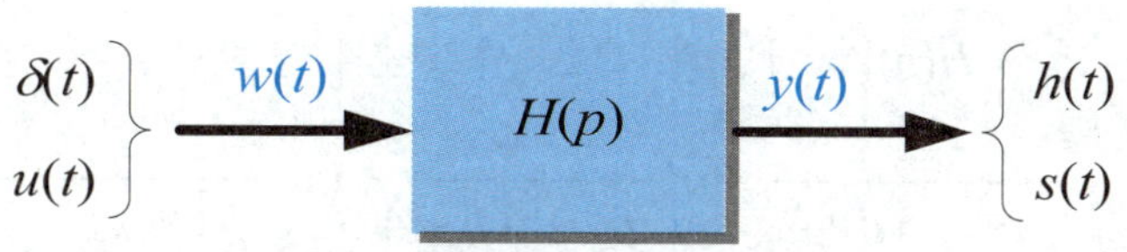

$$H(p)=\frac{1}{p+a} \tag{86}$$

인 일차 시스템의 충격응답 $h(t)$와 계단응답 $s(t)$는 각각 다음과 같이 간단히 구할 수 있다.

$$\left.\begin{aligned} h(t)&=\frac{1}{p+a}\delta(t)=e^{-at}u(t) \\ s(t)&=\frac{1}{p+a}u(t)=\frac{1}{a}[1-e^{-at}]u(t) \end{aligned}\right\} \tag{87}$$

그림 3-8은 위의 식을 그림으로 나타낸 것이다. 충격응답 $h(t)$가 초기치의 e^{-1}=0.37배에 이르는 시간을 시정수(時定數, time constant)라 하며 일차 시스템에서 매우 중요하게 취급된다. 식 (87)의 $h(t)$에서 시정수는

$$\tau=\frac{1}{a} \tag{88}$$

로 결정된다. 따라서 계단응답 $s(t)$는 $t=\tau$에서 최종치$(1/a)$의 0.63배에 도달하게 된다. 참고로 식 (85)의 두 번째 식에서 a=0일 때, 즉 $p^{-1}[u(t)]$는 로피탈(L'hopital) 정리를 이용하면 다음과 같다.

$$p^{-1}[u(t)]=\lim_{a\to 0}\left[\frac{e^{at}-1}{a}u(t)\right]=\left.\frac{te^{at}}{1}u(t)\right|_{a=0}=tu(t) \tag{89}$$

그림 3-8
일차 시스템의
(a) 충격응답
(b) 계단응답

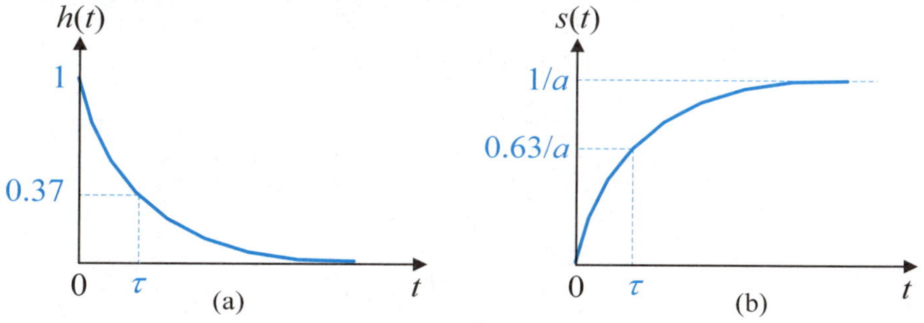

예제 3-14 전달 함수 $H(p)$가 다음과 같은 시스템의 충격응답과 계단응답을 구하라.

(a) $\dfrac{2}{p^2+3p+2}$ (b) $\dfrac{4}{p^2+4p+4}$ (c) $\dfrac{2}{p^2+2p+2}$

☞ (a) $\dfrac{2}{p^3+3p+2}=\dfrac{2}{p+1}-\dfrac{2}{p+2}$

서로 다른 실근의 경우이다. 식 (87)로부터 충격응답은

$$h(t)=\frac{2}{p+1}\delta(t)-\frac{2}{p+2}\delta(t)=2[e^{-t}-e^{-2t}]u(t)$$

그리고 계단응답은

$$s(t)=\frac{2}{p+1}u(t)-\frac{2}{p+2}u(t)=2[1-e^{-t}]u(t)-[1-e^{-2t}]u(t)$$
$$=[1-2e^{-t}+e^{-2t}]u(t)$$

(b) $\dfrac{4}{p^2+4p+4}=\dfrac{4}{(p+2)^2}$

중근인 경우이다. 충격응답은

$$h(t)=\frac{4}{(p+2)^2}\delta(t)=4e^{-2t}\frac{1}{p^2}[e^{2t}\delta(t)]$$

$$\frac{1}{p^2}[e^{2t}\delta(t)]=\frac{1}{p^2}[\delta(t)]=\frac{1}{p}u(t)=tu(t)$$

$$\therefore h(t)=4te^{-2t}u(t)$$

다음으로 계단응답은

$$s(t)=\frac{4}{(p+2)^2}u(t)=4e^{-2t}\frac{1}{p^2}[e^{2t}u(t)]$$

$$\frac{1}{p^2}[e^{2t}u(t)]=\frac{1}{2}\cdot\frac{1}{p}[e^{2t}-1]u(t)=\frac{1}{2}\left[\frac{1}{2}(e^{2t}-1)u(t)-tu(t)\right]$$

$$\therefore s(t)=[1-e^{-2t}-2te^{-2t}]u(t)$$

(c) $\dfrac{2}{p^2+2p+2}=\dfrac{\mathbf{k}}{p+1+i}+\dfrac{\mathbf{k}^*}{p+1-i}$로 공액복소근인 경우이며

$$\mathbf{k}=\left.\frac{2}{p+1-i}\right|_{p=-1-i}=i$$

충격응답은

$$\frac{i}{p+(1+i)}\delta(t) = ie^{-(1+i)t}u(t) = e^{-t}e^{-i(t-\pi/2)}u(t)$$

$$\therefore h(t) = 2\,\mathrm{Re}[e^{-t}e^{-i(t-\pi/2)}u(t)] = 2e^{-t}\cos(t-\pi/2)u(t)$$
$$= 2e^{-t}\sin t\,u(t)$$

계단응답은

$$\frac{i}{p+(1+i)}u(t) = \frac{i}{1+i}[1-e^{-(1+i)t}]u(t)$$

$$\frac{i}{1+i} = \frac{1+i}{2} = \frac{1}{\sqrt{2}}\angle\pi/4$$

이로부터

$$\frac{i}{p+(1+i)}u(t) = \left[\frac{i+1}{2} - \frac{1}{\sqrt{2}}e^{-t}e^{-i(t-\pi/4)}\right]u(t)$$

$$\therefore s(t) = 2\,\mathrm{Re}\left[\frac{i+1}{2} - \frac{1}{\sqrt{2}}e^{-t}e^{-i(t-\pi/4)}\right]u(t)$$
$$= [1-\sqrt{2}e^{-t}\cos(t-\pi/4)]u(t)$$

2계 시스템의 전형적인 계단응답 형태는 그림 3-9와 같다.

그림 3-9 2계 시스템의 계단응답

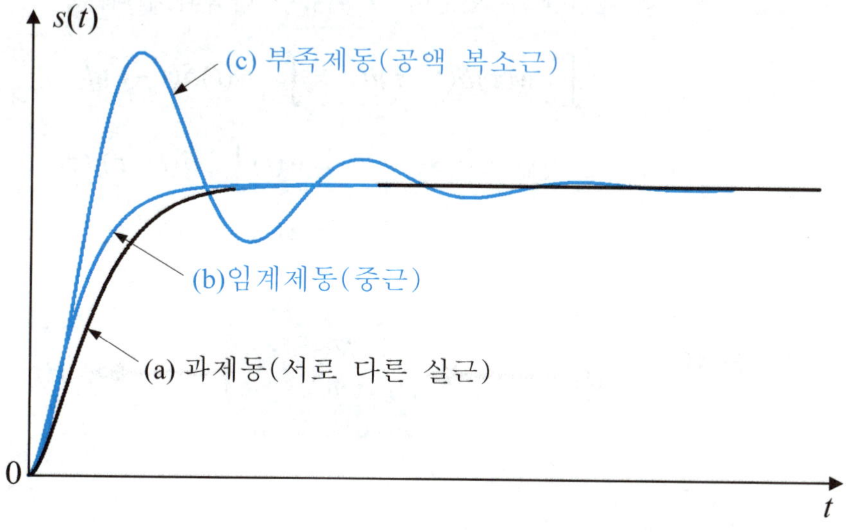

컨벌류션 그림 3-10은 전달함수가 $H(p)$이고 충격응답이 $h(t)$인 임의의 선형시스템을 도식적으로 표현한 것이다. 시스템은 하나의 연산자로 볼 수 있으며 이를 T라 하면

$$y(t) = T[w(t)] \tag{90}$$

로 표현할 수 있다. 즉 연산자 T는 독립변수 t의 함수에만 작용하여 입력 $w(t)$를 출력 $y(t)$로 변환시키는 것이다. 시스템의 특성이 시간에 따라 변하지 않는 시불변시스템은 연산자 T의 특성이 시간에 따라 변하지 않으므로 임의의 상수 τ에 대해 다음을 만족한다.

$$y(t-\tau) = T[w(t-\tau)] \tag{91}$$

따라서 충격응답 $h(t)=T[\delta(t)]$에 대해서도

$$h(t-\tau) = T[\delta(t-\tau)] \tag{92}$$

가 성립된다. 또한 선형시스템에서는 다음과 같은 중첩원리가 성립된다.

$$T[a_1 w_1(t) + a_2 w_2(t) + \cdots] = a_1 T[w_1(t)] + a_2 T[w_2(t)] + \cdots \tag{93}$$

단 a_1, a_2,...는 임의의 상수이거나 독립변수 t외의 변수들이다. 이제 그림 3-10에 대한 시스템 연산자 T를 충격함수 $h(t)$로 표현해 보기로 한다. 먼저 1장의 식 (54)와 (55)를 확장하면 입력 $w(t)$는

$$w(t) = \int_{-\infty}^{\infty} w(\tau)\delta(t-\tau)d\tau \tag{94}$$

로 표현할 수 있으며 그 이유는 다음과 같다.

$$\begin{aligned}\int_{-\infty}^{\infty} w(\tau)\delta(t-\tau)d\tau &= \int_{-\infty}^{\infty} w(t)\delta(t-\tau)d\tau \\ &= w(t)\int_{-\infty}^{\infty} \delta(t-\tau)d\tau \\ &= w(t)\end{aligned} \tag{95}$$

그림 3-10

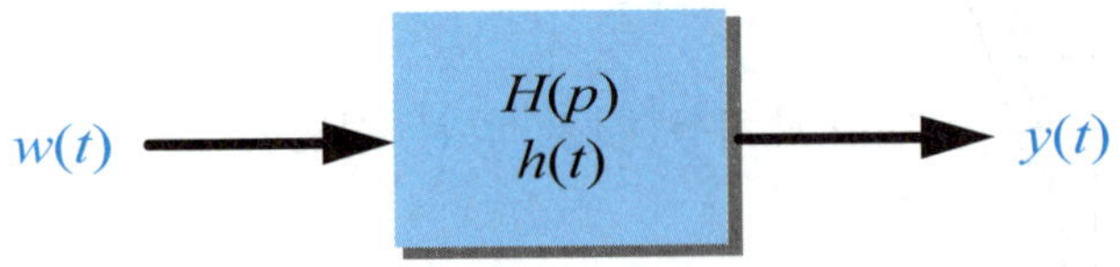

따라서 식 (90)과 (95)로부터 출력 $y(t)$는

$$y(t) = T\left[\int_{-\infty}^{\infty} w(\tau)\delta(t-\tau)d\tau\right] \tag{96}$$

이며 연산자 T는 변수 t의 함수에만 작용한다. 따라서 위의 식에서 연산자 T에 대해 τ는 상수로 취급되므로 식 (93)의 중첩 원리에 의해

$$y(t) = \int_{-\infty}^{\infty} w(\tau)T[\delta(t-\tau)]d\tau \tag{97}$$

로 표현할 수 있다(적분은 근본적으로 합과 같다). 그 결과 위의 식은 식 (92)에 의해 최종적으로 다음과 같이 표현된다.

$$y(t) = \int_{-\infty}^{\infty} w(\tau)h(t-\tau)d\tau \tag{98}$$

위의 식이 의미하는 바는 대단히 중요하다. 즉 시스템의 충격응답이 알려져 있으면 임의의 입력에 대한 출력은 식 (98)의 적분 형태로 구할 수 있다는 것이며 이를 컨벌류션(convolution) 적분이라 한다. 컨벌류션 적분은 간단히 컨벌류션이라 하며 연산 기호는 '*'로 한다. 즉 식 (98)은

$$y(t) = w(t) * h(t) = \int_{-\infty}^{\infty} w(\tau)h(t-\tau)d\tau \tag{99}$$

로 표현한다. 컨벌류션 적분은 그림을 그려가면서 적분을 수행하는 것이 안전하며 그렇지 않으면 틀리기 십상이다. 특히 컨벌류션하고자 하는 두 함수가 시간 구간이 유한하면 더욱 그러하다.

예제 3-15 그림 3-10에서 입력 $w(t)$와 충격응답 $h(t)$가 그림 3-11과 같을 때 출력 $y(t)$를 구하라.

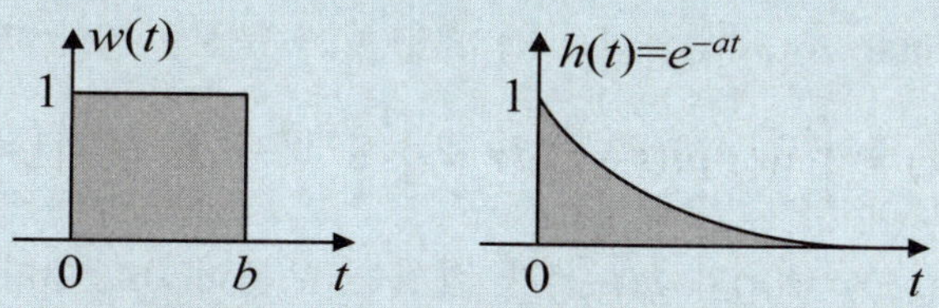

그림 3-11

☞ 그림 3-12의 (a)와 (b)는 각각 $w(\tau)$, $h(-\tau)$이며 (c), (d), (e)는 $h(t-\tau)$이다.

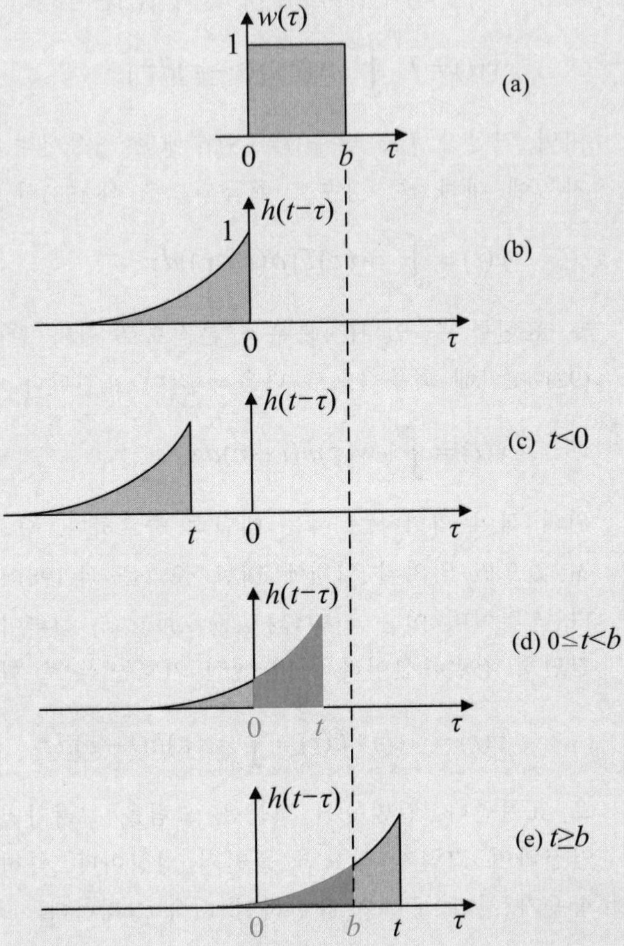

그림 3-12

그림 **(c) ($t<0$)**: $w(\tau)$와 $h(t-\tau)$가 겹치는 부분이 없으므로

$$y(t)=\int_{-\infty}^{\infty}w(\tau)h(t-\tau)d\tau=0$$

그림 **(d) ($0\le t<b$)**: $w(\tau)$와 $h(t-\tau)$가 겹치는 부분이 $0\le\tau<t$이므로

$$y(t)=\int_{0}^{t}w(\tau)h(t-\tau)d\tau=\int_{0}^{t}e^{-a(t-\tau)}d\tau=\frac{1}{a}[1-e^{-at}]$$

그림 **(e) ($t\ge b$)**: $w(\tau)$와 $h(t-\tau)$가 겹치는 부분이 $0\le\tau<b$이므로

$$y(t)=\int_{0}^{b}w(\tau)h(t-\tau)d\tau=\int_{0}^{b}e^{-a(t-\tau)}d\tau=\frac{1-e^{-ab}}{a}e^{-a(t-b)}$$

이상을 종합하면 출력 $y(t)$는 다음과 같다.

$$y(t) = \begin{cases} 0 & (t < 0) \\ \dfrac{1}{a}[1 - e^{-at}] & (0 \le t < b) \\ \dfrac{1 - e^{-ab}}{a} e^{-a(t-b)} & (t \ge b) \end{cases}$$

그리고 출력 $y(t)$의 파형은 그림 3-13과 같다.

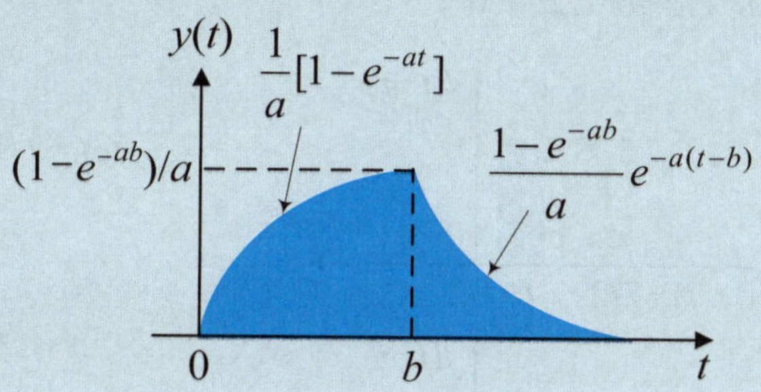

그림 3-13

예제 3-16 함수 $f(t)$가 그림 3-14(a)와 같을 때 $f(t)*f(t)$가 그림 (b)와 같음을 보여라.

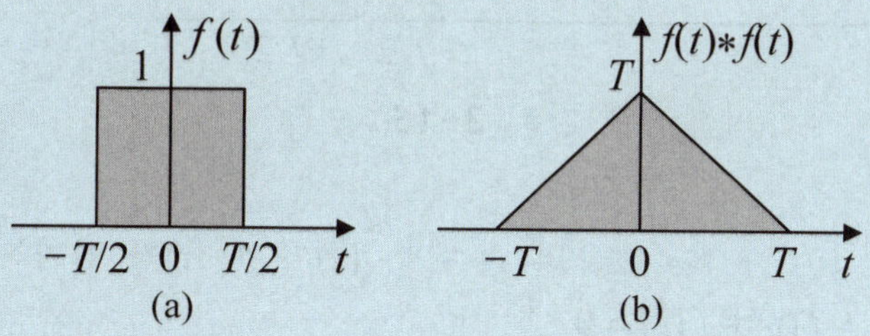

그림 3-14

☞ 그림 3-15의 (a)는 $f(\tau)$이며 (b)~(e)는 t의 범위에 따른 $f(t-\tau)$이다. 각각의 경우에 따른 컨벌류션은 다음과 같다.

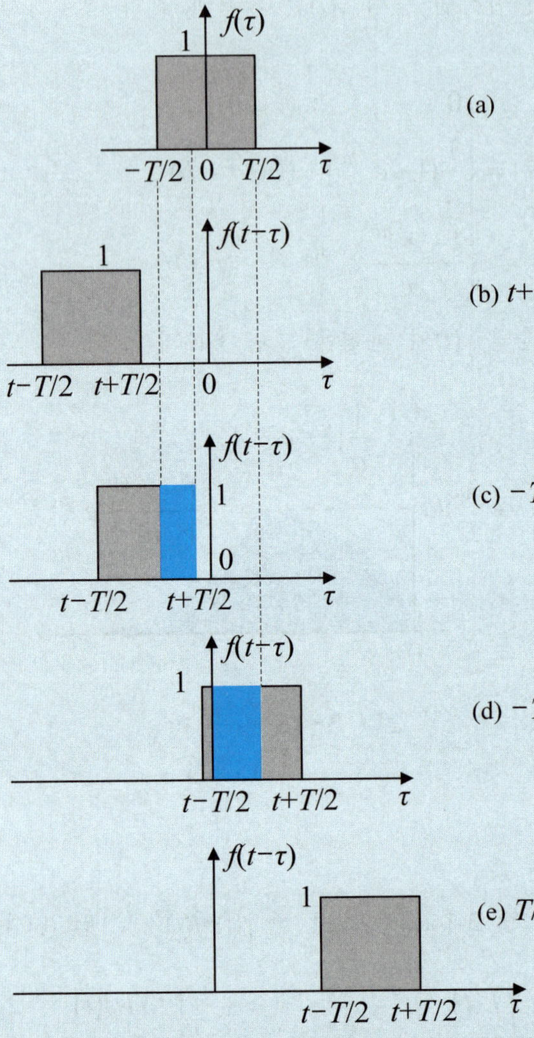

그림 3-15

그림 (b) $(t+T/2<-T/2) \to (t<-T)$: $f(\tau)$와 $f(t-\tau)$가 겹치는 부분이 없으므로

$$f(t) * f(t) = 0$$

그림 (c) $(-T/2\le t+T/2<T/2) \to (-T\le t<0)$:

$f(\tau)$와 $f(t-\tau)$가 겹치는 부분이 $-T/2<\tau<t+T/2$이므로

$$f(t) * f(t) = \int_{-T/2}^{t+T/2} 1\,d\tau = t+T$$

그림 (d) $(-T/2 \le t-T/2 < T/2) \to (0 \le t < T)$:

$f(\tau)$와 $f(t-\tau)$가 겹치는 부분이 $t-T/2<\tau<T/2$이므로

$$f(t)*f(t)=\int_{t-T/2}^{T/2} 1\,d\tau = T-t$$

그림 (e) $(T/2 \le t-T/2) \to (T \le t)$: $f(\tau)$와 $f(t-\tau)$가 겹치는 부분이 없으므로

$$f(t)*f(t)=0$$

이상으로 $f(t)*f(t)$는 그림 3-14(b)와 같다.

주파수응답

공학에서는 사인 및 코사인함수를 흔히 교류(交流) 또는 정현파(正弦波)로 부른다. 상수계수 선형미분정식에서 비제차함수가 교류일 때 페이저를 이용하면 특수해를 매우 간단히 구할 수 있다(페이저에 대해서는 1.5 절의 식 (93) 참조). 즉 $x(t)=A\sin(\omega t+\theta)$에 대한 페이저를 $\mathbf{X}$라 하면

$$x = A\sin(\omega t+\theta) \quad \leftrightarrow \quad \mathbf{X} = A\angle\theta \tag{100}$$

이며 x의 미분과 그 페이저는

$$px \quad \leftrightarrow \quad i\omega\mathbf{X} \tag{101}$$

이고 x의 적분과 그 페이저는

$$\frac{x}{p} \quad \leftrightarrow \quad \frac{\mathbf{X}}{i\omega} \tag{102}$$

이다. 즉 페이저상에서는 미분 연산자 p가 단순히 변수 $i\omega$로 치환되므로 완전한 대수방정식이 된다. 따라서 전달함수 형태인

$$y = H(p)w \tag{103}$$

에서 w가 교류일 때 w와 y의 페이저를 각각 $\mathbf{W}$, $\mathbf{Y}$라 하면

$$\mathbf{Y} = \mathbf{H}(i\omega)\mathbf{W} \tag{104}$$

의 관계로 주어진다. 여기서 H를 $\mathbf{H}$로 표현한 이유는 그 값이 복소수이기 때문이다. 식 (104)로부터 $\mathbf{Y}$를 구하면 이로부터 교류 y를 바로 알 수 있으며 이는 특수해이다. 다음의 예제를 통해 알아보자.

예제 3-17 다음 미분방정식의 특수해를 구하라.

(a) $y''+2y'+y=2\sin(3t+10°)$

(b) $y''+5y'+6y=\cos(2t+30°)$

(c) $y'''+6y''+11y'+6y=10\cos t$

☞ (a) 주어진 미분방정식을 전달함수 형태로 표현하면

$$y=\frac{2}{p^2+2p+1}\sin(3t+10°)$$

교류 $w=\sin(3t+10°)$의 페이저는 $\mathbf{W}=1\angle 10°$이고 주파수는 $\omega=3$이므로

$$\mathbf{H}(i3)=\left.\frac{2}{p^2+2p+1}\right|_{p=i3}=\frac{2}{-8+i6}=0.2\angle-143°$$

$$\mathbf{Y}=\mathbf{H}(i3)\mathbf{W}=(0.2\angle-143°)(1\angle 10°)=0.2\angle-133°$$

$$\therefore y_p=0.2\sin(3t-133°)$$

(b) 주어진 미분방정식을 전달함수 형태로 표현하면

$$y=\frac{1}{p^2+5p+6}\cos(2t+30°)$$

교류 $w=\cos(2t+30°)$의 페이저는 $\mathbf{W}=1\angle 30°$이고 주파수는 $\omega=2$이므로

$$\mathbf{H}(i2)=\left.\frac{1}{p^2+5p+6}\right|_{p=i2}=\frac{1}{2+i10}=0.098\angle-78.7°$$

$$\mathbf{Y}=\mathbf{H}(i2)\mathbf{W}=(0.098\angle-78.7°)(1\angle 30°)=0.098\angle-48.7°$$

$$\therefore y_p=0.098\cos(2t-48.7°)$$

(c) 주어진 미분방정식을 전달함수 형태로 표현하면

$$y=\frac{10}{p^3+6p^2+11p+6}\cos t$$

교류 $w=\cos t$의 페이저는 $\mathbf{W}=1\angle 0°$이고 주파수는 $\omega=1$이므로

$$\mathbf{H}(i) = \left.\frac{10}{p^3+6p^2+11p+6}\right|_{p=i} = \frac{10}{i10} = 1\angle -90°$$

$$\mathbf{Y} = \mathbf{H}(i)\mathbf{W} = (1\angle -90°)(1\angle 0°) = 1\angle -90°$$

$$\therefore\ y_p = \cos(t-90°) = \sin t$$

식 (104)에서 $\mathbf{H}(i\omega)$는 복소수이므로

$$\mathbf{H}(i\omega) = |\mathbf{H}(i\omega)| \angle \arg(\mathbf{H}(i\omega)) \tag{105}$$

로 표현하고

$$w = A\sin(\omega t+\theta), \quad \mathbf{W} = A\angle\theta \tag{106}$$

로 하면

$$\begin{aligned}\mathbf{Y} &= |\mathbf{H}(i\omega)|\angle \arg(\mathbf{H}(i\omega)) \times A\angle\theta \\ &= A|\mathbf{H}(i\omega)|\angle(\theta + \arg(\mathbf{H}(i\omega)))\end{aligned} \tag{107}$$

따라서 구하고자 하는 교류 y는 다음과 같이 표현된다.

$$y = A|\mathbf{H}(i\omega)|\sin[\omega t + \theta + \arg(\mathbf{H}(i\omega))] \tag{108}$$

이상의 내용을 그림으로 나타내면 그림 3-16이며, 출력의 진폭은 입력에 비해 $|\mathbf{H}(i\omega)|$ 배로 증가하고 출력 위상은 입력에 비해 $\arg(\mathbf{H}(i\omega))$만큼 앞선다. 따라서 $|\mathbf{H}(i\omega)|$, $\arg(\mathbf{H}(i\omega))$를 각각 시스템의 크기응답 및 위상응답이라 하며 $\mathbf{H}(i\omega)$를 주파수응답이라 한다. 주파수응답은 시간응답과 함께 신호 및 시스템 해석에서 양대 줄기를 이루는 매우 중요한 내용이다. 주파수응답에 대해서는 5장에서 보다 자세히 설명한다.

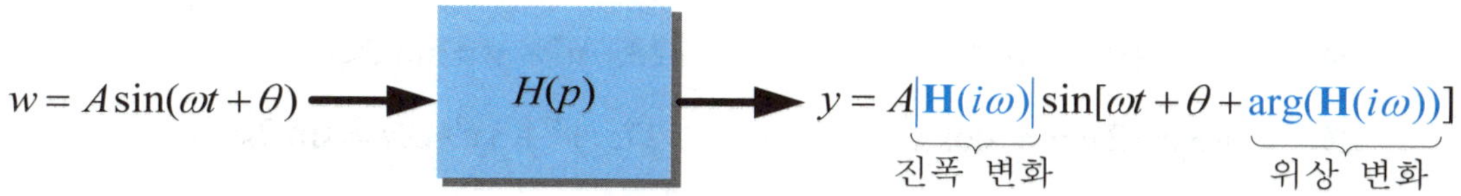

그림 3-16 시스템의 주파수응답

연습 문제

§ 3.1 2계 상수계수 선형미분방정식

다음 미분방정식의 일반해를 구하라.

1. $y'' + 10y' + 25y = 0$
2. $y'' + 4y' = 0$
3. $y'' - 2y' + 0.75y = 0$
4. $y''' - y' = 0$
5. $y^{(4)} - 4y = 0$
6. $y^{(4)} - 5y'' + 4y = 0$
7. $y'' + y = 3x^2$
8. $y'' - y' - 2y = e^x + x$
9. $y'' + 4y' + 4y = \cosh x$

다음 미분방정식의 완전해를 구하라.

10. $\begin{cases} y'' - y' - 2y = 3e^{2x}, \\ y(0) = y'(0) = 2 \end{cases}$
11. $\begin{cases} y'' + 2y' + y = 4\cos x, \\ y(0) = 1,\ y'(0) = 0 \end{cases}$
12. $\begin{cases} y'' + 5y' + 6y = x + x^2, \\ y(0) = y'(0) = 0 \end{cases}$
13. $\begin{cases} y'' + 3y' + 2y = 1, \\ y(0) = y'(0) = 0 \end{cases}$
14. $\begin{cases} y'' + 7y' + 12y = e^{-2x}, \\ y(0) = 1,\ y'(0) = -4.5 \end{cases}$
15. $\begin{cases} y'' - 9y = 0, \\ y(0) = 0,\ y'(0) = \frac{-1}{16} \end{cases}$
16. $\begin{cases} y'' + 2y' + 2y = e^{-x}, \\ y(0) = 0,\ y'(0) = 1 \end{cases}$
17. $\begin{cases} y'' + 2y' + y = e^{-x}, \\ y(0) = 1,\ y'(0) = 0 \end{cases}$
18. $\begin{cases} y'' + 3y' + 2y = \sin 2x, \\ y(0) = 0,\ y'(0) = -0.1 \end{cases}$
19. $\begin{cases} y'' + 6y' + 9y = x^2 - 2x, \\ y(0) = y'(0) = 0 \end{cases}$
20. $\begin{cases} y'' + 2y' + 5y = \cos x, \\ y(0) = y'(0) = 0 \end{cases}$
21. $\begin{cases} y'' - 4y' + 4y = e^{2x}, \\ y(0) = y'(0) = 0 \end{cases}$

§ 3.3 미분연산자법

다음 미분방정식의 특수해를 구하라.

22. $y'' - 2y' = e^x \sin x$
23. $y'' + 4y' + 3y = 2(x^3 + \sin x)$
24. $y'' - 6y' + 9y = xe^{3x}$
25. $y'' + y = \sin 2x$
26. $y'' + 3y' + 2y = e^x \cos x$
27. $y'' + 3y' - 5y = \sin 2x$
28. $y'' - 4y = x^2 e^{2x}$
29. $y'' + 2y' + 4y = e^x \sin 2x$

30. $y''' + y' = \csc x$

31. $y''' + 2y'' - y' - 2y = e^{2x} + x$

32. $y''' + y' = \tan x$

33. $y''' - 2y'' - 5y' + 6y = e^{3x}$

34. $y''' - 4y'' + 3y' = x^3$

35. $y''' - 2y' + 4y = e^{-2x}$

36. $y''' + 4y'' + 5y' + 2y = e^{-3x}$

37. $y''' + 3y'' + 2y' = e^{-x} + e^{-2x}$

38. $y''' + 9y'' + 27y' + 27y = x$

39. $y''' + 3y'' + 3y' + y = e^{-x}$

40. $y''' - 4y'' + y' + 6y = e^{x}\sin x$

41. $y^{(4)} + 10y'' + 9y = \cos 2x$

다음 연립미분방정식의 해를 구하라.

42. $\begin{cases} y_1' + y_1 + 2y_2 = 0 \\ 2y_1 + y_2' = 0 \end{cases}$

43. $\begin{cases} y_1' + 2y_1 - y_2 = x \\ -y_1 + y_2' + 2y_2 = 1 \end{cases}$

44. $\begin{cases} y_1'' + 5y_1' - 2y_2 = 0 \\ -2y_1 + y_2'' + 2y_2' - 2y_2 = 0 \end{cases}$

45. $\begin{cases} y_1'' - y_1' - y_2 = 0 \\ y_1' - y_1 + y_2' = 0 \end{cases}$

46. $\begin{cases} y_1'' - y_2 = 0 \\ 3y_1' + y_2' + 3y_2 = 0 \end{cases}$

47. $\begin{cases} y_1' + y_2'' = e^{3x} \\ y_1' + y_1 + y_2' - y_2 = 4e^{3x} \end{cases}$

§3.4 시스템의 응답

전달함수 $H(p)$가 다음과 같은 시스템의 충격 및 계단응답을 구하라.

48. $\dfrac{1}{p^2 + 3p + 2}$

49. $\dfrac{1}{p^2 + 10p + 25}$

50. $\dfrac{6}{p^2 + 4p + 13}$

페이저를 이용하여 다음 미분방정식의 특수해를 구하라.

51. $y'' + 10y = \cos 3x$

52. $3y'' + 10y' + 3y = 10\sin x$

53. $y'' + 3y' - 4y = \sin 2x$

54. $y'' - 2y' + 3y = \sin(x + 45°)$

55. $y'' + 4y' + 5y = 4\cos x + 3\sin x$

56. $y'' + y' + 2y = -6\sin 2x$

57. $y''' - 4y'' + y' + 6y = \cos x$

58. $y^{(4)} + 10y'' + 9y = 30\cos(2x + 30°)$

4 라플라스 변환

4장에서는 미분방정식을 대수방정식 형태로 변환시켜주는 라플라스 변환에 대해 설명한다. 미분방정식은 대수방정식에 비해 풀이가 복잡하다. 다행히 라플라스 변환을 통해 미분방정식을 대수방정식 형태로 바꿀 수 있으므로 라플라스 변환은 공업수학에서는 필수적인 내용이다. 특히 라플라스 변환은 시스템 해석에서 매우 유용한 여러 가지 성질들이 있으며 이들을 잘 활용하는 것이 관건이다. 이 장에서는 라플라스 변환의 원리와 유용한 성질 및 그 다양한 응용에 대해 설명하며 내용은 다음과 같다.

- **4.1 라플라스 변환의 정의**
- **4.2 라플라스 변환의 성질**
- **4.3 라플라스 역변환**
- **4.4 라플라스 변환의 응용**

4.1 라플라스 변환의 정의

함수들의 연산에는 더하기, 빼기, 곱하기, 나누기 등의 대수 연산과 미분 연산, 적분 연산 등이 기본이 된다. 미분과 적분이 포함된 미적분방정식이 대수방정식 보다 어렵다는 것은 앞에서 경험한 바와 같다. 만일 주어진 함수공간(예를 들면 시간)이 어떤 특수한 변환에 의해 다른 공간으로 사상(寫像)되었을 때(이를 사상공간이라 한다) 함수공간에서의 미분 및 적분 연산이 사상공간에서 곱하기와 나누기 등의 대수연산으로 변환될 수 있다면 대단히 편리할 것이다. 사상공간으로의 변환 중의 대표적인 것이 라플라스(Laplace) 변환이며 라플라스 변환은 불연속적인 함수를 포함하는 미분방정식의 해를 구하는데 매우 유용하다.

정의 함수 $f(t)$가 $t\geq0$에서 정의된 함수라 할 때 이 함수의 라플라스 변환은 다음과 같이 정의된다.

$$\mathcal{L}[f(t)] = F(s) \equiv \int_0^\infty f(t)e^{-st}\,dt \qquad (1)$$

여기서 s는 사상공간에서의 독립변수이며 Re[s]<0이다. 시간함수는 $f(t)$와 같이 소문자로 나타내고 라플라스 변환은 $F(s)$와 같이 대문자로 표기한다. $F(s)$는 $f(t)$의 라플라스 변환이고 $f(t)$는 $F(s)$의 라플라스 역변환이며

$$f(t) = \mathcal{L}^{-1}[F(s)] \qquad (2)$$

로 나타낸다. 역라플라스 변환은 간단히 역변환이라 하며 $f(t)$와 $F(s)$의 관계는 다음과 같이 표시하기도 한다.

$$f(t) \xleftrightarrow{\mathcal{L}} F(s) \qquad (3)$$

앞으로 함수 $f(t)$가 정의되는 구간을 t-영역이라 하고 $F(s)$가 정의되는 구간을 s-영역이라 하여 구별하기로 한다. 라플라스 변환에서 유의할 점은 시간함수 $f(t)$는 $t\geq0$에서 정의되므로 엄밀히 하자면 $f(t)u(t)$의 라플라스 변환인 것이다. 특히 $f(t)u(t)$가 $t=0$에서 불연속일 경우는 라플라스 변환의

적분 하한을 0 대신 0^-로 한다. 여기서 0^-는

$$0^- = \lim_{\varepsilon \to 0}(0-\varepsilon)$$

를 의미한다. 그리고 $f(t)u(t)$는 쓰기 번거롭기 때문에 그냥 $f(t)$로 한다.

라플라스 변환 부정적분 $\int f(t)e^{st}dt$의 형태는 대부분 부분적분으로 구할 수 있음을 1장에서 설명한 바 있으며(1장의 식 (29), (59)) 라플라스 변환도 이와 같다. 앞으로의 참조를 위해 이들을 옮겨 적어보면 다음과 같다.

$$\text{(4a)}\quad \int \delta(t)e^{-st}dt = u(t)$$

$$\text{(4b)}\quad \int u(t)e^{-st}dt = -\frac{1}{s}[e^{-st}-1]u(t)$$

$$\text{(4c)}\quad \int te^{-st}dt = -\left(\frac{t}{s}+\frac{1}{s^2}\right)e^{-st}$$

$$\text{(4d)}\quad \int t^2e^{-st}dt = -\frac{t^2}{s}e^{-st}+\frac{2}{s}\int te^{-st}dt$$

$$\text{(4e)}\quad \int t^3e^{-st}dt = -\frac{t^3}{s}e^{-st}+\frac{3}{s}\int t^2e^{-st}dt$$

$$\text{(4f)}\quad \int \cos\omega t e^{-st}dt = \frac{(e^{-st})'\cos\omega t - e^{-st}(\cos\omega t)'}{s^2+\omega^2}$$

$$\text{(4g)}\quad \int \sin\omega t e^{-st}dt = \frac{(e^{-st})'\sin\omega t - e^{-st}(\sin\omega t)'}{s^2+\omega^2}$$

이제 식 (4)를 이용하여 몇 가지 중요한 함수들에 대한 라플라스 변환을 구해본다.

충격함수 $\delta(t)$

$$\delta(t) \xleftrightarrow{\mathfrak{L}} 1 \tag{5}$$

[증명] $\delta(t)$는 $t=0$에서 불연속이며 1장의 식 (50), (54)를 이용하면

$$\mathfrak{L}[\delta(t)] = \int_{0^-}^{\infty}\delta(t)e^{-st}dt = \int_{0^-}^{\infty}\delta(t)dt = 1 \tag{6}$$

또는 식 (4a)로부터

$$\mathcal{L}[\delta(t)] = \int_{0^-}^{\infty} \delta(t)e^{-st}dt = u(\infty) - u(0^-) = 1 \tag{7}$$

계단함수 $u(t)$

$$u(t) \overset{\mathcal{L}}{\longleftrightarrow} \frac{1}{s} \tag{8}$$

[증명] $u(t)$는 t=0에서 불연속이므로

$$\mathcal{L}[u(t)] = \int_{0^-}^{\infty} u(t)e^{-st}dt = \int_{0^-}^{\infty} e^{-st}dt = -\frac{1}{s}e^{-st}\bigg|_{0^-}^{\infty} = \frac{1}{s} \tag{9}$$

또는 식 (4b)로부터

$$\mathcal{L}[u(t)] = \int_{0^-}^{\infty} u(t)e^{-st}dt = -\frac{1}{s}[e^{-st} - 1]u(t)\bigg|_{0^-}^{\infty} = \frac{1}{s} \tag{10}$$

지수함수 $e^{\pm at}$

$$e^{\pm at} \overset{\mathcal{L}}{\longleftrightarrow} \frac{1}{s \mp a} \tag{11}$$

[증명]

$$\begin{aligned}\mathcal{L}[e^{\pm at}] &= \int_{0}^{\infty} e^{\pm at}e^{-st}dt = \int_{0}^{\infty} e^{-(s\mp a)t}dt = -\frac{1}{s\mp a}e^{-(s\mp a)t}\bigg|_{0}^{\infty} \\ &= \frac{1}{s\mp a}\end{aligned} \tag{12}$$

거듭제곱 함수 t^n

$$t^n \overset{\mathcal{L}}{\longleftrightarrow} \frac{n!}{s^{n+1}} \tag{13}$$

[증명] 귀납법적으로 증명한다. 먼저 t의 라플라스 변환은 식 (4c)로부터

$$\mathcal{L}[t] = \int_{0}^{\infty} te^{-st}dt = -\left(\frac{t}{s} + \frac{1}{s^2}\right)e^{-st}\bigg|_{0}^{\infty} = \frac{1}{s^2} \tag{14}$$

다음으로 t^2의 라플라스 변환은 식 (4d)로부터

$$\mathfrak{L}[t^2] = \int_0^\infty t^2 e^{-st} dt = -\frac{t^2}{s} e^{-st} \Big|_0^\infty + \frac{2}{s} \underbrace{\int_0^\infty t e^{-st} dt}_{\mathfrak{L}[t]} = \frac{2}{s} \mathfrak{L}[t] = \frac{2}{s^3} \quad \textbf{(15)}$$

다음으로 t^3의 라플라스 변환은 식 (4e)로부터

$$\begin{aligned} \mathfrak{L}[t^3] &= \int_0^\infty t^3 e^{-st} dt = -\frac{t^3}{s} e^{-st} \Big|_0^\infty + \frac{3}{s} \underbrace{\int_0^\infty t^2 e^{-st} dt}_{\mathfrak{L}[t^2]} \\ &= \frac{3}{s} \mathfrak{L}[t^2] = \frac{3!}{s^4} \end{aligned} \quad \textbf{(16)}$$

이와 방법으로 계속 전개해 나가면 식 (13)의 결과를 얻을 수 있다.

삼각함수 sinωt, cosωt

$$\begin{cases} \sin \omega t \overset{\mathfrak{L}}{\longleftrightarrow} \dfrac{\omega}{s^2 + \omega^2} \\ \cos \omega t \overset{\mathfrak{L}}{\longleftrightarrow} \dfrac{s}{s^2 + \omega^2} \end{cases} \quad \textbf{(17)}$$

[증명] 먼저 식 (4g)로부터

$$\begin{aligned} \mathfrak{L}[\sin \omega t] &= \int_0^\infty \sin \omega t e^{-st} dt = \frac{-s \sin \omega t - \omega \cos \omega t}{s^2 + \omega^2} e^{-st} \Big|_0^\infty \\ &= \frac{\omega}{s^2 + \omega^2} \end{aligned} \quad \textbf{(18)}$$

그리고 식 (4f)로부터

$$\begin{aligned} \mathfrak{L}[\cos \omega t] &= \int_0^\infty \cos \omega t e^{-st} dt = \frac{-s \cos \omega t + \omega \sin \omega t}{s^2 + \omega^2} e^{-st} \Big|_0^\infty \\ &= \frac{s}{s^2 + \omega^2} \end{aligned} \quad \textbf{(19)}$$

함수 t^a (a>−1)

$$t^a \overset{\mathfrak{L}}{\longleftrightarrow} \frac{\Gamma(a+1)}{s^{a+1}} \quad (a > -1) \quad \textbf{(20)}$$

[증명] 정의에 의해

$$\mathcal{L}[t^a] = \int_0^\infty t^a e^{-st} dt \tag{21}$$

이며 $st=u$로 변수를 치환하면 $dt=du/s$이므로 위의 식은

$$\int_0^\infty t^a e^{-st} dt = \frac{1}{s}\int_0^\infty \left(\frac{u}{s}\right)^a e^{-u} du = \frac{1}{s^{a+1}} \underbrace{\int_0^\infty u^a e^{-u} du}_{\Gamma(a+1)} \tag{22}$$

이며 우변 적분항은 감마함수이다(1장의 식 (36) 참조). 따라서

$$\mathcal{L}[t^a] = \frac{\Gamma(a+1)}{s^{a+1}} \tag{23}$$

여기서 $a=n$, $n=0,1,2,3,\ldots$인 정수이면 1장의 식 (36)으로부터

$$\Gamma(n+1) = n! \tag{24}$$

이므로 식 (13)이 다음과 같이 또 다르게 증명된다.

$$\mathcal{L}[t^n] = \frac{n!}{s^{n+1}} \tag{25}$$

예제 4-1 다음 함수들의 라플라스 변환을 구하라.

(a) $t^{1.5}$ (b) $t^{1/2}$ (c) $t^{-1/2}$

☞ 감마함수의 성질(1장의 식 (38), (39))을 이용한다.

(a) $\mathcal{L}[t^{1.5}] = \dfrac{\Gamma(2.5)}{s^{2.5}}$ 에서

$$\Gamma(2.5) = 1.5 \times \Gamma(1.5) = 1.5 \times 0.5 \times \Gamma(0.5) = \frac{3}{4}\sqrt{\pi}$$

$$\therefore \boxed{\mathcal{L}[t^{1.5}] = \frac{3}{4}\frac{\sqrt{\pi}}{s^{2.5}}}$$

(b) $\mathcal{L}[t^{1/2}] = \dfrac{\Gamma(1.5)}{s^{1.5}}$ 에서

$$\Gamma(1.5) = 0.5 \times \Gamma(0.5) = \frac{\sqrt{\pi}}{2}$$

$$\therefore \boxed{\mathcal{L}[t^{1/2}] = \frac{1}{2}\frac{\sqrt{\pi}}{s^{1.5}} = \frac{1}{2s}\sqrt{\frac{\pi}{s}}}$$

(c) $\mathcal{L}[t^{-1/2}] = \dfrac{\Gamma(0.5)}{s^{1/2}} = \dfrac{\sqrt{\pi}}{s^{1/2}}$

$$\therefore \boxed{\mathcal{L}[t^{-1/2}] = \sqrt{\frac{\pi}{s}}}$$

이상으로 중요 함수들의 라플라스 변환을 정리하면 표 4-1과 같다.

표 4-1
중요 함수들의 라플라스 변환

	$f(t)$	$F(s)$
1	$\delta(t)$	1
2	1 (엄밀히 말해 $u(t)$)	$\dfrac{1}{s}$
3	$e^{\pm at}$	$\dfrac{1}{s \mp a}$
4	t^n	$\dfrac{n!}{s^{n+1}}$
5	$t^a \quad (a > -1)$	$\dfrac{\Gamma(a+1)}{s^{a+1}}$
6	$\sin \omega t$	$\dfrac{\omega}{s^2+\omega^2}$
7	$\cos \omega t$	$\dfrac{s}{s^2+\omega^2}$

4.2 라플라스 변환의 성질

중요 성질 라플라스 변환은 여러 가지 편리한 성질들이 있으며 이들을 잘 이해하면 보다 복잡한 함수에 대한 라플라스 변환을 쉽게 구할 수 있다. 앞으로는 시간 함수 $f(t), g(t), x(t), y(t)$ 등의 라플라스 변환은 별도의 정의 없이 각각 $F(s), G(s), X(s), Y(s)$ 등으로 사용하기로 하며 a, b, c 등은 상수이다.

정리 1 선형성(linearity)

$$af(t)+bg(t) \overset{\mathscr{L}}{\longleftrightarrow} aF(s)+bG(s) \tag{26}$$

[증명] 적분은 선형 연산자이다. 즉 두 함수의 선형합에 대한 적분은 각각의 적분을 선형합한 것과 같다. 따라서

$$\begin{aligned}\mathscr{L}[af(t)+bg(t)] &= \int_0^\infty [af(t)+bg(t)]e^{-st}dt \\ &= a\int_0^\infty f(t)e^{-st}dt + b\int_0^\infty g(t)e^{-st}dt \\ &= aF(s)+bG(s)\end{aligned} \tag{27}$$

삼각함수의 라플라스 변환은 선형성을 이용해 증명할 수 있다. 먼저 오일러 공식에 의해

$$\sin\omega t = \frac{1}{i2}[e^{i\omega t} - e^{-i\omega t}], \quad \cos\omega t = \frac{1}{2}[e^{i\omega t} + e^{-i\omega t}] \tag{28}$$

이므로 사인함수의 라플라스 변환은 다음과 같다.

$$\begin{aligned}\mathscr{L}[\sin\omega t] &= \frac{1}{i2}\Big[\mathscr{L}[e^{i\omega t}] - \mathscr{L}[e^{-i\omega t}]\Big] \\ &= \frac{1}{i2}\left(\frac{1}{s-i\omega} - \frac{1}{s+i\omega}\right) \\ &= \frac{\omega}{s^2+\omega^2}\end{aligned} \tag{29}$$

다음으로 코사인함수의 라플라스 변환은 다음과 같다.

$$\mathfrak{L}[\cos\omega t] = \frac{1}{2}\left[\mathfrak{L}[e^{i\omega t}] + \mathfrak{L}[e^{-i\omega t}]\right] = \frac{1}{2}\left(\frac{1}{s-i\omega} + \frac{1}{s+i\omega}\right) = \frac{s}{s^2+\omega^2} \tag{30}$$

이와 같은 방법으로 쌍곡선함수의 라플라스 변환을 구하면 다음과 같다.

$$\begin{cases} \sinh\omega t \overset{\mathfrak{L}}{\longleftrightarrow} \dfrac{\omega}{s^2-\omega^2} \\ \cosh\omega t \overset{\mathfrak{L}}{\longleftrightarrow} \dfrac{s}{s^2-\omega^2} \end{cases} \tag{31}$$

위의 관계는

$$\sinh\omega t = \frac{1}{2}[e^{\omega t} - e^{-\omega t}], \quad \cosh\omega t = \frac{1}{2}[e^{\omega t} + e^{-\omega t}] \tag{32}$$

를 이용하면 쉽게 증명할 수 있다.

정리 2 이동(shift) 정리

$$e^{\pm at}f(t) \overset{\mathfrak{L}}{\longleftrightarrow} F(s\mp a) \tag{33}$$

[증명]

$$\int_0^\infty [e^{\pm at}f(t)]e^{-st}dt = \int_0^\infty f(t)e^{-(s\mp a)t}dt = F(s\mp a) \tag{34}$$

즉 "t-영역에서 지수함수가 곱해지면 s-영역에서는 이동된다". 이동 정리를 이용하면 다음의 관계를 구할 수 있다.

$$\left.\begin{aligned} e^{-at}t^n &\overset{\mathfrak{L}}{\longleftrightarrow} \frac{n!}{(s+a)^{n+1}} \\ e^{-at}\sin\omega t &\overset{\mathfrak{L}}{\longleftrightarrow} \frac{\omega}{(s+a)^2+\omega^2} \\ e^{-at}\cos\omega t &\overset{\mathfrak{L}}{\longleftrightarrow} \frac{s+a}{(s+a)^2+\omega^2} \end{aligned}\right\} \tag{35}$$

정리 3 **시간척도 변화(time scaling)**

$$f(at) \overset{\mathcal{L}}{\longleftrightarrow} \frac{1}{a}F\left(\frac{s}{a}\right) \tag{36}$$

[증명] $at=\tau$로 치환하면 $dt=d\tau/a$이므로

$$\int_0^\infty f(at)e^{-st}dt = \frac{1}{a}\int_0^\infty f(\tau)e^{-(s/a)\tau}d\tau = \frac{1}{a}F\left(\frac{s}{a}\right) \tag{37}$$

정리 4 **미분**

$$f^{(n)}(t) \overset{\mathcal{L}}{\longleftrightarrow} s^n F(s) - s^{n-1}f(0) - s^{n-2}f'(0) - \cdots - f^{(n-1)}(0) \tag{38}$$

[증명] 귀납법적으로 증명한다. 먼저 1계 도함수의 라플라스 변환은

$$\mathcal{L}[f'(t)] = \int_0^\infty f'(t)e^{-st}dt \tag{39}$$

에서 $u=e^{-st}$, $v'=f'$로 하여 부분 적분하면

$$\int_0^\infty f'(t)e^{-st}dt = e^{-st}f(t)\Big|_0^\infty + s\underbrace{\int_0^\infty f(t)e^{-st}dt}_{F(s)} = sF(s) - f(0) \tag{40}$$

따라서

$$\mathcal{L}[f'(t)] = sF(s) - f(0) \tag{41}$$

다음으로 2계 도함수의 라플라스 변환에서 $u=e^{-st}$, $v''=f'$로 하여 부분 적분하면 다음과 같다.

$$\begin{aligned}\mathcal{L}[f''(t)] &= \int_0^\infty f''(t)e^{-st}dt = e^{-st}f'(t)\Big|_0^\infty + s\underbrace{\int_0^\infty f'(t)e^{-st}dt}_{\mathcal{L}[f'(t)]} \\ &= s\mathcal{L}[f'(t)] - f'(0)\end{aligned} \tag{42}$$

따라서

$$\mathcal{L}[f''(t)] = s[sF(s) - f(0)] - f'(0) = s^2F(s) - sf(0) - f'(0) \tag{43}$$

이러한 방법을 n계 도함수까지 확장해 가면 식 (38)을 증명할 수 있다.

만일 $f(t)$의 모든 도함수의 초기조건들이 0일 경우는 다음과 같다.

$$f^{(n)}(t) \overset{\mathcal{L}}{\longleftrightarrow} s^n F(s) \tag{44}$$

위의 식이 의미하는 바는 t-영역의 미분 연산은 s-영역에서는 's-곱하기' 연산이 된다는 것이다.

정리 5 적분

$$\int_0^t f(\tau)d\tau \overset{\mathcal{L}}{\longleftrightarrow} \frac{1}{s}F(s) \tag{45}$$

[증명] 정의에 의해

$$\mathcal{L}\left[\int_0^t f(\tau)d\tau\right] = \int_0^\infty \left[\int_0^t f(\tau)d\tau\right] e^{-st}dt \tag{46}$$

이며 $u=\int f(\tau)d\tau$, $v'=e^{-st}$로 하여 부분적분하면

$$\begin{aligned}\int_0^\infty \left[\int_0^t f(\tau)d\tau\right] e^{-st}dt &= -\frac{1}{s}e^{-st}\int_0^t f(\tau)d\tau\Big|_0^\infty \\ &\quad + \frac{1}{s}\underbrace{\int_0^\infty f(t)e^{-st}dt}_{\mathcal{L}[f(t)]} \\ &= \frac{1}{s}F(s)\end{aligned} \tag{47}$$

위의 식이 의미하는 바는 t-영역의 적분 연산은 s-영역에서는 's-나누기' 연산이 된다는 것이다. 즉 t-영역의 미분과 적분은 s-영역에서는 각각 's-곱하기'와 's-나누기'가 되므로 시간상의 미적분방정식이 s-영역에서는 대수방정식이 된다. 이 점이 라플라스 변환의 가장 큰 매력이며 모든 공학에서 라플라스 변환이 중요하게 취급되는 이유이다.

정리 6 컨벌류션(convolution) 정리

$$f(t)*g(t) \overset{\mathcal{L}}{\longleftrightarrow} F(s)\cdot G(s) \tag{48}$$

[증명] 컨벌류션에 대해서는 3.4 절에서 설명한 바 있으며(식 (99) 참조) 일반적으로 컨벌류션을 수행하기는 매우 번거롭다. 그러나 복잡한 컨벌류션 연산이 라플라스 변환을 이용하면 단순한 곱하기가 되므로 이 점 역시

라플라스 변환의 가장 큰 매력 중 하나이다. 컨벌류션의 정의에 의해

$$f(t)*g(t)=\int_{-\infty}^{\infty}f(\tau)g(t-\tau)d\tau \tag{49}$$

위의 식에서 $f(t)$와 $g(t)$는 라플라스 변환의 정의상 $[0, \infty]$에서만 정의된다. 따라서 식 (49)에서 $f(\tau)$는 $[0, \infty]$로 제한되므로

$$f(t)*g(t)=\int_{0}^{\infty}f(\tau)g(t-\tau)d\tau \tag{50}$$

이며 우변에 라플라스 변환을 취하면 다음과 같다.

$$\int_0^{\infty}\left[\int_0^{\infty}f(\tau)g(t-\tau)d\tau\right]e^{-st}dt=\int_0^{\infty}f(\tau)\left[\int_0^{\infty}g(t-\tau)e^{-st}dt\right]d\tau \tag{51}$$

위의 식 우변은 적분 순서를 바꾼 결과이다. 여기서 $\lambda=t-\tau$로 변수 치환하면서 $g(\lambda)$도 $[0, \infty]$로 제한됨을 이용하면

$$\begin{aligned}\int_0^{\infty}f(\tau)e^{-s\tau}\left[\int_0^{\infty}g(\lambda)e^{-s\lambda}d\lambda\right]d\tau &= \int_0^{\infty}f(\tau)e^{-s\tau}G(s)d\tau\\ &=G(s)\int_0^{\infty}f(\tau)e^{-s\tau}d\tau\\ &=F(s)G(s)\end{aligned} \tag{52}$$

컨벌류션 정리는 시스템 해석에서 핵심적인 역할을 한다.

정리 7 초기치 및 최종치 정리

$$f(0)=\lim_{s\to\infty}sF(s) \tag{53a}$$

$$f(\infty)=\lim_{s\to 0}sF(s) \tag{53b}$$

식 (53a)를 초기치 정리라 하고 식 (53b)를 최종치 정리라 한다.

[증명] 초기치 정리는 $f(t)$의 1계 도함수의 라플라스 변환인

$$\mathcal{L}[f'(t)]=\int_0^{\infty}\frac{df(t)}{dt}e^{-st}dt=sF(s)-f(0) \tag{54}$$

에서 s를 무한대로 수렴시키면 우변 적분은 0이 된다. 따라서 식 (53a)가 증명된다. 최종치 정리는 식 (54)에서 s를 0으로 수렴시키면

$$\lim_{s\to 0}\int_0^{\infty}\frac{df(t)}{dt}e^{-st}dt = \lim_{s\to 0} sF(s) - f(0) \tag{55}$$

이며 좌변의 적분은 다음과 같다.

$$\lim_{s\to 0}\int_0^{\infty}\frac{df(t)}{dt}e^{-st}dt = \int_0^{\infty}\frac{df(t)}{dt}dt = \int_0^{\infty}df = f(\infty) - f(0) \tag{56}$$

따라서 위의 두 식으로부터 식 (53b)를 증명할 수 있다. 초기치 및 최종치 정리는 라플라스 변환이 주어질 때 역변환하여 원래 시간 함수를 구한 다음 초기치나 최종치를 구하지 않고 라플라스 변환으로부터 직접 구할 수 있음을 보여준다. 특히 최종치 정리는 제어 공학에서 많이 활용된다.

쌍대성

라플라스 변환의 또 하나의 특징은 쌍대성(雙對性, duality)이다. 쌍대성이란 "t-영역과 s-영역에서 일어나는 현상을 맞바꾸어도 성립한다"는 것이다.

쌍대성 1 이동 정리

$$\left.\begin{aligned} &\text{(a)} \quad e^{\pm at}f(t) \xleftrightarrow{\mathfrak{L}} F(s\mp a) \\ &\text{(b)} \quad f(t\pm a)u(t\pm a) \xleftrightarrow{\mathfrak{L}} e^{\pm as}F(s) \end{aligned}\right\} \tag{57}$$

식 (57)의 (a)는 식 (33)이며 t-영역에서의 지수 함수 곱하기는 s-영역에서의 이동을 유발한다(지수함수-곱↔이동). 이에 대한 쌍대인 식 (57)(b)는 s-영역에서의 지수 함수 곱하기는 t-영역에서의 이동을 유발함을 의미한다(이동↔지수함수-곱). 식 (57)(b) 증명은 다음과 같다. 우선 $f(t-a)u(t-a)$의 라플라스 변환은 정의에 의해 다음과 같다.

$$\mathfrak{L}[f(t-a)u(t-a)] = \int_0^{\infty} f(t-a)u(t-a)e^{-st}dt \tag{58}$$

여기서 $t-a=\tau$로 변수 치환하면

$$\begin{aligned} \int_0^{\infty} f(t-a)u(t-a)e^{-st}dt &= \int_{-a}^{\infty} f(\tau)u(\tau)e^{-s(\tau+a)}d\tau \\ &= e^{-as}\int_{-a}^{\infty} f(\tau)u(\tau)e^{-s\tau}d\tau \end{aligned} \tag{59}$$

식 (59)의 우변 두 번째 등식에서 $f(\tau)u(\tau)$는 $[0, \infty]$에서만 함수 값이 존재

하므로

$$e^{-as}\int_{-a}^{\infty} f(\tau)u(\tau)e^{-s\tau}d\tau = e^{-as}\int_{0}^{\infty} f(\tau)e^{-s\tau}d\tau = e^{-as}F(s) \qquad \textbf{(60)}$$

따라서 식 (58)이 증명된다. 물론 $f(t+a)u(t+a)$의 라플라스 변환도 같은 방법으로 증명된다. 식 (57)의 (b)에서 유의할 점은 $f(t\pm a)u(t\pm a)\neq f(t\pm a)$라는 것이다. 즉 $f(t)$의 라플라스 변환은 엄밀히 말해 $f(t)u(t)$의 라플라스 변환이므로 이를 $\pm a$만큼 이동한 것은 $f(t\pm a)u(t\pm a)$이기 때문이다.

쌍대성 2 척도변화(scaling)

$$\left.\begin{aligned} &\text{(a)} \quad f(at) \overset{\mathcal{L}}{\longleftrightarrow} \frac{1}{a}F\left(\frac{s}{a}\right) \\ &\text{(b)} \quad \frac{1}{a}f\left(\frac{t}{a}\right) \overset{\mathcal{L}}{\longleftrightarrow} F(as) \end{aligned}\right\} \qquad \textbf{(61)}$$

식 (61)의 (a)는 식 (36)이며 이에 대한 쌍대가 (b)이다. 이에 대한 증명은 식 (37)과 같은 원리로 쉽게 증명할 수 있으므로 독자들에게 맡긴다.

쌍대성 3 미분

$$\left.\begin{aligned} &\text{(a)} \quad \frac{d^n f(t)}{dt^n} \overset{\mathcal{L}}{\longleftrightarrow} s^n F(s) \underline{- s^{n-1}f(0) - \cdots - f^{(n-1)}(0)} \\ &\text{(b)} \quad \underline{(-1)^n} t^n f(t) \overset{\mathcal{L}}{\longleftrightarrow} \frac{d^n F(s)}{ds^n} \end{aligned}\right\} \qquad \textbf{(62)}$$

식 (62)의 (a)는 식 (38)이며 이에 대한 쌍대는 (b)이다. 즉 t-영역의 미분은 s-영역에서 s-곱하기로 변환되며(미분↔s-곱하기) s-영역의 미분은 t-영역에서 t-곱하기로 변환된다(t-곱하기↔미분). 식 (62)의 (b)는 다음과 같이 증명된다.

$$\frac{d^n}{ds^n}F(s) = \frac{d^n}{ds^n}\left[\int_0^\infty f(t)e^{-st}dt\right] = \int_0^\infty f(t)\frac{d^n}{ds^n}[e^{-st}]dt$$
$$= \int_0^\infty [(-1)^n t^n f(t)]e^{-st}dt \quad \textbf{(63)}$$
$$= \mathfrak{L}[(-1)^n t^n f(t)]$$

쌍대성 4 적분

$$\left.\begin{aligned} &\text{(a)} \quad \int_0^t f(\tau)d\tau \overset{\mathfrak{L}}{\longleftrightarrow} \frac{F(s)}{s} \\ &\text{(b)} \quad \frac{f(t)}{t} \overset{\mathfrak{L}}{\longleftrightarrow} \int_s^\infty F(\lambda)d\lambda \end{aligned}\right\} \quad \textbf{(64)}$$

식 (64)의 (a)는 식 (45)이며 이에 대한 쌍대가 (b)이다. 즉 *t*-영역의 적분은 *s*-영역에서 *s*-나누기가 되며(적분↔*s*-나누기) *s*-영역의 적분은 *t*-영역에서 *t*-나누기로 된다(*t*-나누기↔적분). 식 (64)의 (b)는 다음과 같이 증명된다. 라플라스 변환

$$F(s) = \int_0^\infty f(t)e^{-st}dt \quad \textbf{(65)}$$

에서 $F(\lambda)$를 $s\sim\infty$까지 적분하면 다음과 같다.

$$\int_s^\infty F(\lambda)d\lambda = \int_s^\infty\left[\int_0^\infty f(t)e^{-\lambda t}dt\right]d\lambda = \int_0^\infty f(t)\left[\int_s^\infty e^{-\lambda t}d\lambda\right]dt$$
$$= \int_0^\infty f(t)\left[\left.\frac{e^{-\lambda t}}{-t}\right|_s^\infty\right]dt \quad \textbf{(66)}$$
$$= \int_0^\infty \frac{f(t)}{t}e^{-st}dt$$

즉 우변은 $f(t)/t$의 라플라스 변환이다. 이상의 쌍대성 1~4는 라플라스 변환에서 가장 핵심적인 내용들이며 이들을 잘 활용하면 다양하고 복잡한 함수들의 라플라스 변환을 손쉽게 구할 수 있다. 아래의 표 4-2는 가장 핵심적인 라플라스 변환쌍과 성질을 요약한 것이다.

표 4-2 중요 변환쌍 및 성질

중요 변환쌍
$\delta(t) \leftrightarrow 1$
$1 \leftrightarrow \dfrac{1}{s}$
$e^{\pm at} \leftrightarrow \dfrac{1}{s \mp a}$
$t^n \leftrightarrow \dfrac{n!}{s^{n+1}}$
$\sin \omega t \leftrightarrow \dfrac{\omega}{s^2+\omega^2}$ $\cos \omega t \leftrightarrow \dfrac{s}{s^2+\omega^2}$

	중요한 성질
이동	$e^{\pm at} f(t) \stackrel{\mathcal{L}}{\longleftrightarrow} F(s \mp a)$ $f(t \pm a)u(t \pm a) \stackrel{\mathcal{L}}{\longleftrightarrow} e^{\pm as} F(s)$
미분	$\dfrac{d^n f(t)}{dt^n} \stackrel{\mathcal{L}}{\longleftrightarrow} s^n F(s) \underline{- s^{n-1} f(0) - \cdots - f^{(n-1)}(0)}$ $\underline{(-1)^n} t^n f(t) \stackrel{\mathcal{L}}{\longleftrightarrow} \dfrac{d^n F(s)}{ds^n}$
적분	$\int_0^t f(\tau) d\tau \stackrel{\mathcal{L}}{\longleftrightarrow} \dfrac{F(s)}{s}$ $\dfrac{f(t)}{t} \stackrel{\mathcal{L}}{\longleftrightarrow} \int_s^\infty F(\lambda) d\lambda$

예제 4-2 다음 함수들의 라플라스 변환을 구하라.

(a) $e^{-2t}\cos 3t$ (b) $tu(t-2)$ (c) $t\sin t$ (d) $\dfrac{1}{t}(1-\cos at)$

☞ (a) '지수함수-곱↔이동'을 이용한다.

$$\mathscr{L}[e^{-2t}\cos 3t] = \mathscr{L}[\cos 3t]\big|_{s\to s+2} = \frac{s+2}{(s+2)^2+9} = \frac{s+2}{s^2+4s+13}$$

(b) $tu(t-2) = (t-2)u(t-2) + 2u(t-2)$

이므로 '이동↔지수함수-곱'을 이용하면

$$u(t-2) \xleftrightarrow{\mathscr{L}} \frac{1}{s}e^{-2s}, \qquad (t-2)u(t-2) \xleftrightarrow{\mathscr{L}} \frac{1}{s^2}e^{-2s}$$

$$\therefore \mathscr{L}[tu(t-2)] = \left(\frac{2}{s}+\frac{1}{s^2}\right)e^{-2t}$$

(c) 't-곱하기↔미분'을 이용하면

$$\mathscr{L}[t\sin t] = -\frac{d}{ds}\mathscr{L}[\sin t] = -\frac{d}{ds}\left(\frac{1}{s^2+1}\right) = \frac{2s}{(s^2+1)^2}$$

(d) $1-\cos at \xleftrightarrow{\mathscr{L}} \dfrac{1}{s} - \dfrac{s}{s^2+a^2}$

로부터 't-나누기↔적분'을 이용하면

$$\mathscr{L}\left[\frac{1}{t}(1-\cos at)\right] = \int_s^\infty \left(\frac{1}{\lambda} - \frac{\lambda}{\lambda^2+a^2}\right)d\lambda = \left[\ln\lambda - \frac{1}{2}\ln(\lambda^2+a^2)\right]_s^\infty$$

$$= \left[\frac{1}{2}\ln\frac{\lambda^2+a^2}{\lambda^2}\right]_s^\infty$$

$$= \frac{1}{2}\ln\left(1+\frac{a^2}{s^2}\right)$$

예제 4-3 다음에서 y의 라플라스 변환을 구하라.

(a) $y'+2y=1,\quad y(0)=1$

(b) $y''+3y'+2y=e^{-t},\quad y(0)=1,\quad y'(0)=0$

(c) $y=\sin^2 t$ (d) $y=\int_0^t e^{a\tau}d\tau$ (e) $y=e^{-at}*t^2$

☞ (a) 양변에 라플라스 변환을 취하여 '미분↔s-곱하기'를 이용한다.

$$\mathcal{L}[y'+2y]=\mathcal{L}[1]=\frac{1}{s}$$

$$\mathcal{L}[y'+2y]=\mathcal{L}[y']+2\mathcal{L}[y]=sY(s)-1+2Y(s)=(s+2)Y(s)-1$$

위의 두 식으로부터

$$Y(s)=\frac{1}{s+2}\left(\frac{1}{s}+1\right)=\frac{s+1}{s(s+2)}$$

(b) 양변에 라플라스 변환을 취하여 '미분↔s-곱하기'를 이용한다.

$$\mathcal{L}[y''+3y'+2y]=\mathcal{L}[e^{-t}]=\frac{1}{s+1}$$

$$\begin{aligned}\mathcal{L}[y''+3y'+2y]&=s^2Y(s)-sy(0)-y'(0)+3sY(s)-3y(0)+2Y(s)\\&=(s^2+3s+2)Y(s)-(s+3)\end{aligned}$$

위의 두 식으로부터

$$Y(s)=\frac{1}{s^2+3s+2}\times\left(\frac{1}{s+1}+s+3\right)=\frac{s+2}{(s+1)^2}$$

(c) '미분↔s-곱하기'를 이용한다.

$$\begin{cases}y'=2\sin t\cos t=\sin 2t\\y(0)=0\end{cases}$$

로부터

$$\mathcal{L}[y']=sY(s)-y(0)=\frac{2}{s^2+4}$$

$$\therefore Y(s)=\frac{2}{s(s^2+4)}$$

(d) '적분↔s-나누기'를 이용한다.

$$\mathcal{L}\left[\int_0^t e^{a\tau} d\tau\right] = \frac{1}{s}\mathcal{L}[e^{at}] = \frac{1}{s(s-a)}$$

(e) $Y(s) = \mathcal{L}[e^{-at} * t^2] = \mathcal{L}[e^{-at}] \cdot \mathcal{L}[t^2] = \dfrac{2}{s^3(s+a)}$

예제 4-4 그림 4-1의 각 함수에 대한 라플라스 변환을 구하라.

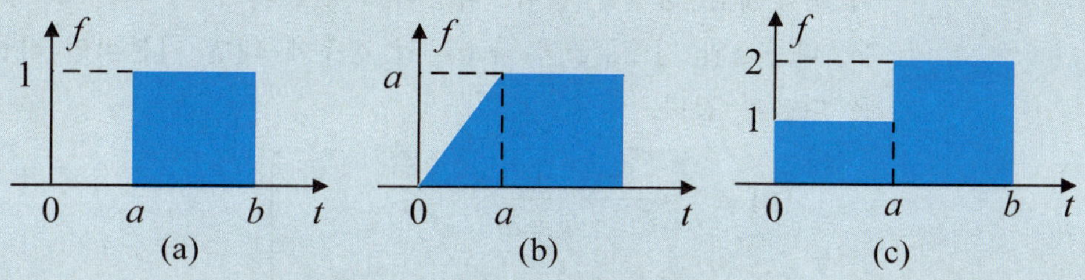

그림 4-1

☞ (a) $f = u(t-a) - u(t-b)$ 이므로

$$F(s) = \mathcal{L}[u(t-a)] - \mathcal{L}[u(t-b)] = \frac{e^{-as} - e^{-bs}}{s}$$

(b) $f = tu(t) - (t-a)u(t-a)$ 이므로

$$F(s) = \mathcal{L}[tu(t)] - \mathcal{L}[(t-a)u(t-a)] = \frac{1-e^{-as}}{s^2}$$

(c) $f = u(t) - u(t-a) + 2[u(t-a) - u(t-b)]$
$= u(t) + u(t-a) - 2u(t-b)$

이므로

$$F(s) = \mathcal{L}[u(t)] + \mathcal{L}[u(t-a)] - 2\mathcal{L}[u(t-b)] = \frac{1 + e^{-as} - 2e^{-bs}}{s}$$

위의 예제 4-4에서와 같이 계단함수 $u(t)$는 구간별로 변하는 함수를 표현하는데 유용하다. 특히 그림 4-1(a)의 구형(矩形, rectangular) 펄스는 디지털 신호를 표현하는데 기본이 된다.

4.3 라플라스 역변환

라플라스 역변환(간단히 역변환)은 부분 분수 전개를 이용하여 구한다(부분 분수 전개에 대해서는 1.6 절 참조). 주어진 라플라스 변환 $F(s)$의 분모 다항식의 근을 극점(pole)이라 하며 분자 다항식의 근을 영점(zero)이라 한다. 부분분수 전개에서 극점의 역할이 중요하며 영점은 부분분수의 유수에만 영향을 준다. 라플라스 변환의 극점이 서로 다른 실근인 경우, 다중근일 경우, 공액 복소근일 경우에 대한 기본적인 라플라스 변환쌍은 다음과 같다.

$$\left.\begin{aligned}
&\text{(a)}\ \ e^{-at} \overset{\mathfrak{L}}{\longleftrightarrow} \frac{1}{s+a} \\
&\text{(b)}\ \ t^n e^{-at} \overset{\mathfrak{L}}{\longleftrightarrow} \frac{n!}{(s+a)^{n+1}} \\
&\text{(c)}\ \ e^{-at}\sin\omega t \overset{\mathfrak{L}}{\longleftrightarrow} \frac{\omega}{(s+a)^2+\omega^2} \\
&\text{(d)}\ \ e^{-at}\cos\omega t \overset{\mathfrak{L}}{\longleftrightarrow} \frac{s+a}{(s+a)^2+\omega^2}
\end{aligned}\right\} \tag{67}$$

식 (67)의 (a)는 극점이 서로 다른 실근인 경우에 사용하며 (b)는 다중근일 경우, (c)와 (d)는 공액 복소근일 경우에 사용된다. 특히 (c)와 (d)의 경우는 다시 부분분수로 전개하면

$$\frac{cs+d}{(s+a)^2+\omega^2} = \frac{\mathbf{k}}{s+a+i\omega} + \frac{\mathbf{k}^*}{s+a-i\omega} \tag{68}$$

의 형태로 할 수 있지만 번잡스러운 복소수 계산이 요구된다. 이런 경우는 분모 다항식을 식 (68)의 우변과 같이 부분분수로 전개하지 않고 좌변과 같이 완전 제곱 꼴로 고친 다음 (c)와 (d)의 변환쌍 관계를 이용하면 편리하다.

예제 4-5 함수 $f(t)$의 라플라스 변환이 각각 다음과 같다. 초기치 $f(0)$, 최종치 $f(\infty)$ 및 $f(t)$를 구하라.

(a) $\dfrac{s+6}{s(s+1)(s+2)}$ (b) $\dfrac{2s^3+6}{(s+2)^4}$ (c) $\dfrac{4s+6}{(s+1)(s+2)^2}$

(d) $\dfrac{2s-1}{s^2+2s+5}$ (e) $\dfrac{s^2+13}{s(s^2+4s+13)}$ (f) $\dfrac{4s^2+9s+19}{(s+1)(s^2+4s+10)}$

☞ (a) 초기치 및 최종치는 다음과 같다.

$$f(0)=\lim_{s\to\infty} s\left(\frac{s+6}{s(s+1)(s+2)}\right)=\lim_{s\to\infty}\frac{s}{s^2}=0$$

$$f(\infty)=\lim_{s\to 0} s\left(\frac{s+6}{s(s+1)(s+2)}\right)=3$$

부분분수로 전개하면 다음과 같다.

$$\frac{s+6}{s(s+1)(s+2)}=\frac{k_1}{s}+\frac{k_2}{s+1}+\frac{k_3}{s+2}$$

$$\begin{cases} k_1=\left.\dfrac{s+6}{(s+1)(s+2)}\right|_{s=0}=3 \\ k_2=\left.\dfrac{s+6}{s(s+2)}\right|_{s=-1}=-5 \\ k_3=\left.\dfrac{s+6}{s(s+1)}\right|_{s=-2}=2 \end{cases}$$

$$\therefore f(t)=\mathcal{L}^{-1}\left[\frac{3}{s}-\frac{5}{s+1}+\frac{2}{s+2}\right]=3-5e^{-t}+2e^{-2t}$$

(b) 초기치 및 최종치는 다음과 같다.

$$f(0)=\lim_{s\to\infty} s\left(\frac{2s^3+6}{(s+2)^4}\right)=\lim_{s\to\infty}\frac{2s^4}{s^4}=2$$

$$f(\infty)=\lim_{s\to 0} s\left(\frac{2s^3+6}{(s+2)^4}\right)=0$$

$s=-2$에서 4중근을 가지므로 부분분수 전개는 다음과 같다.

$$\frac{2s^3+6}{(s+2)^4}=\frac{k_0}{(s+2)^4}+\frac{k_1}{(s+2)^3}+\frac{k_2}{(s+2)^2}+\frac{k_3}{s+2}$$

$$\begin{cases} k_0 = 2s^3+6\Big|_{s=-2} = -10 \\ k_1 = \dfrac{d}{ds}(2s^3+6)\Big|_{s=-2} = 6s^2\Big|_{s=-2} = 24 \\ k_2 = \dfrac{1}{2!}\dfrac{d^2}{ds^2}(2s^3+6)\Big|_{s=-2} = \dfrac{1}{2}\times 12s\Big|_{s=-2} = -12 \\ k_3 = \dfrac{1}{3!}\dfrac{d^3}{ds^3}(2s^3+6)\Big|_{s=-2} = \dfrac{1}{6}\times 12\Big|_{s=-2} = 2 \end{cases}$$

$$\therefore f(t)=\mathcal{L}^{-1}\left[-\frac{10}{(s+2)^4}+\frac{24}{(s+2)^3}-\frac{12}{(s+2)^2}+\frac{2}{s+2}\right]$$

$$=e^{-2t}\left[-\frac{10}{6}t^3+12t^2-12t+2\right]$$

(c) 초기치 및 최종치는 다음과 같다.

$$f(0)=\lim_{s\to\infty}s\left(\frac{4s+6}{(s+1)(s+2)^2}\right)=\lim_{s\to\infty}\frac{4s^2}{s^3}=0$$

$$f(\infty)=\lim_{s\to 0}s\left(\frac{4s+6}{(s+1)(s+2)^2}\right)=0$$

$s=-2$에서 중근을 가지므로 부분분수 전개는 다음과 같다.

$$\frac{4s+6}{(s+1)(s+2)^2}=\frac{k_0}{(s+2)^2}+\frac{k_1}{s+2}+\frac{k_2}{s+1}$$

$$\begin{cases} k_0 = \dfrac{4s+6}{s+1}\Big|_{s=-2} = 2, \quad k_1 = \dfrac{d}{ds}\left(\dfrac{4s+6}{s+1}\right)\Big|_{s=-2} = -2 \\ k_2 = \dfrac{4s+6}{(s+2)^2}\Big|_{s=-1} = 2 \end{cases}$$

$$\frac{4s+6}{(s+1)(s+2)^2}=\frac{2}{(s+2)^2}-\frac{2}{s+2}+\frac{2}{s+1}$$

이므로

$$\therefore f(t)=\mathcal{L}^{-1}\left[\frac{2}{(s+2)^2}-\frac{2}{s+2}+\frac{2}{s+1}\right]=2e^{-2t}(t-1)+2e^{-t}$$

(d) 초기치 및 최종치는 다음과 같다.

$$f(0)=\lim_{s\to\infty}s\left(\frac{2s-1}{s^2+2s+5}\right)=\lim_{s\to\infty}\frac{2s^2}{s^2}=2$$

$$f(\infty)=\lim_{s\to 0}s\left(\frac{2s-1}{s^2+2s+5}\right)=0$$

공액 복소근을 가지므로

$$\frac{2s-1}{s^2+2s+5}=\frac{2s-1}{(s+1)^2+4}=\frac{2(s+1)}{(s+1)^2+4}-\frac{3}{(s+1)^2+4}$$

$$\therefore f(t)=\mathcal{L}^{-1}\left[\frac{2(s+1)}{(s+1)^2+4}-\frac{3}{(s+1)^2+4}\right]=e^{-t}(2\cos 2t-1.5\sin 2t)$$

(e) 초기치 및 최종치는 다음과 같다.

$$f(0)=\lim_{s\to\infty}s\left(\frac{s^2+13}{s(s^2+4s+13)}\right)=\lim_{s\to\infty}\frac{s^2}{s^2}=1$$

$$f(\infty)=\lim_{s\to 0}s\left(\frac{s^2+13}{s(s^2+4s+13)}\right)=1$$

$s=0$에서 하나의 실근과 또 다른 두 개의 공액 복소근을 가지므로 부분분수 전개를 다음과 같이 한다.

$$\frac{s^2+13}{s(s^2+4s+13)}=\frac{k_1}{s}+\frac{k_2s+k_3}{s^2+4s+13}$$

먼저 계수 k_1을 구하면

$$k_1=\left.\frac{s^2+13}{s^2+4s+13}\right|_{s=0}=1$$

이므로 주어진 라플라스 변환은

$$\frac{s^2+13}{s(s^2+4s+13)}=\frac{1}{s}+\frac{k_2 s+k_3}{s^2+4s+13}$$

위의 식에서 계수 k_2와 k_3는 우변을 통분하여 미정계수법으로 구한다.

$$\frac{s^2+13}{s(s^2+4s+13)}=\frac{1}{s}+\frac{k_2 s+k_3}{s^2+4s+13}=\frac{(k_2+1)s^2+(k_3+4)s+13}{s(s^2+4s+13)}$$

따라서

$$k_2=0,\quad k_3=-4$$

이므로

$$\frac{s^2+13}{s(s^2+4s+13)}=\frac{1}{s}-\frac{4}{s^2+4s+13}=\frac{1}{s}-\frac{4}{(s+2)^2+9}$$

$$\therefore f(t)=\mathcal{L}^{-1}\left[\frac{1}{s}-\frac{4}{(s+2)^2+9}\right]=1-\frac{4}{3}e^{-2t}\sin 3t$$

(f) 초기치 및 최종치는 다음과 같다.

$$f(0)=\lim_{s\to\infty}s\left(\frac{4s^2+9s+19}{(s+1)(s^2+4s+10)}\right)=\lim_{s\to\infty}\frac{4s^3}{s^3}=4$$

$$f(\infty)=\lim_{s\to 0}s\left(\frac{4s^2+9s+19}{(s+1)(s^2+4s+10)}\right)=0$$

$s=-1$에서 하나의 실근과 또 다른 두 개의 공액 복소근을 가지므로

$$\frac{4s^2+9s+19}{(s+1)(s^2+4s+10)}=\frac{k_1}{s+1}+\frac{k_2 s+k_3}{s^2+4s+10}$$

먼저 계수 k_1을 구하면

$$k_1=\left.\frac{4s^2+9s+19}{s^2+4s+10}\right|_{s=-1}=2$$

이므로

$$\frac{4s^2+9s+19}{(s+1)(s^2+4s+10)}=\frac{2}{s+1}+\frac{k_2 s+k_3}{s^2+4s+10}$$

그리고 계수 k_2와 k_3는 우변을 통분하여 미정계수법으로 구한다.

$$\frac{4s^2+9s+19}{(s+1)(s^2+4s+10)} = \frac{2}{s+1} + \frac{k_2 s + k_3}{s^2+4s+10}$$
$$= \frac{(k_2+2)s^2 + (k_2+k_3+8)s + (k_3+20)}{(s+1)(s^2+4s+10)}$$

따라서 $k_2 = 2,\quad k_3 = -1$ 이므로 주어진 라플라스 변환은

$$\frac{4s^2+9s+19}{(s+1)(s^2+4s+10)} = \frac{2}{s+1} + \frac{2s-1}{s^2+4s+10}$$
$$= \frac{2}{s+1} + \frac{2(s+2)}{(s+2)^2+6} - \frac{5}{(s+2)^2+6}$$

$$\therefore f(t) = \mathcal{L}^{-1}\left[\frac{2}{s+1} + \frac{2(s+2)}{(s+2)^2+6} - \frac{5}{(s+2)^2+6}\right]$$
$$= 2e^{-t} + e^{-2t}\left(2\cos\sqrt{6}t - \frac{5}{\sqrt{6}}\sin\sqrt{6}t\right)$$

예제 4-6 다음의 각 경우에 대한 함수 $f(t)$를 구하라.

(a) $f(t) = [u(t) - u(t-1)] * e^{-t}$ (b) $f(t) = e^{-t} * e^{-2t}$

(c) $f(t) = e^{-t} * e^{-t}$ (d) $f(t) = 13e^{-2t} * \cos 3t$

☞ (a) $F(s) = \mathcal{L}[u(t) - u(t-1)] \cdot \mathcal{L}[e^{-t}] = \dfrac{1-e^{-s}}{s} \times \dfrac{1}{s+1}$

$$= \frac{1}{s(s+1)} - \frac{e^{-s}}{s(s+1)}$$

여기서

$$\mathcal{L}^{-1}\left[\frac{1}{s(s+1)}\right] = \mathcal{L}^{-1}\left[\frac{1}{s} - \frac{1}{s+1}\right] = 1 - e^{-t}$$

및 '이동↔지수함수-곱'에 의해

$$\mathcal{L}^{-1}\left[\frac{e^{-s}}{s(s+1)}\right]=[1-e^{-(t-1)}]u(t-1)$$

$$\begin{aligned}\therefore f(t)&=[1-e^{-t}]u(t)+[1-e^{1}e^{-t}]u(t-1)\\&=u(t)+u(t-1)-e^{-t}[u(t)+eu(t-1)]\end{aligned}$$

(b) $F(s)=\mathcal{L}[e^{-t}]\cdot\mathcal{L}[e^{-2t}]=\dfrac{1}{s+1}\times\dfrac{1}{s+2}=\dfrac{1}{(s+1)(s+2)}$

$$\therefore f(t)=\mathcal{L}^{-1}\left[\frac{1}{s+1}-\frac{1}{s+2}\right]=e^{-t}-e^{-2t}$$

(c) $F(s)=\mathcal{L}[e^{-t}]\cdot\mathcal{L}[e^{-t}]=\dfrac{1}{(s+1)^2}$

$$\therefore f(t)=\mathcal{L}^{-1}\left[\frac{1}{(s+1)^2}\right]=te^{-t}$$

(d) $F(s)=\mathcal{L}[13e^{-2t}]\cdot\mathcal{L}[\cos 3t]=\dfrac{13}{s+2}\times\dfrac{s}{s^2+9}=\dfrac{13s}{(s+2)(s^2+9)}$

부분분수로 전개하면

$$F(s)=\frac{13s}{(s+2)(s^2+9)}=-\frac{2}{s+2}+\frac{k_1s+k_2}{s^2+9}$$

우변을 통분하여 미정계수법을 이용하면

$$\frac{13s}{(s+2)(s^2+9)}=\frac{(k_1-2)s^2+(2k_1+k_2)s+2k_2-18}{(s+2)(s^2+9)}$$

로부터 $k_1=2,\quad k_2=9$ 이므로

$$\therefore f(t)=\mathcal{L}^{-1}\left[-\frac{2}{s+2}+\frac{2s+9}{s^2+9}\right]=e^{-2t}+2\cos 3t+3\sin 3t$$

4.4 라플라스 변환의 응용

미분 방정식 풀이 지금부터는 라플라스 변환의 응용에 대해 설명한다. 라플라스 변환은 미분방정식을 대수방정식으로 변환시켜 주므로 미분방정식의 완전해를 일괄적으로 보다 쉽게 구할 수 있게 한다.

예제 4-7 다음의 각 미분방정식의 완전해를 구하라.

(a) $y'+2y=e^{-t}, \quad y(0)=1$

(b) $y'+2y=e^{-2t}, \quad y(0)=3$

(c) $y'+3y=te^{-3t}, \quad y(0)=0$

(d) $y''+2y'+2y=t, \quad y(0)=y'(0)=0$

(e) $y''+2y'+y=e^{-t}, \quad y(0)=1, y'(0)=0$

(f) $y''+3y'+2y=\sin 2t, \quad y(0)=y'(0)=0$

(g) $y''+6y'+9y=\delta(t), \quad y(0)=y'(0)=0$

☞ (a) $\mathcal{L}[y'+2y]=sY(s)-y(0)+2Y(s)=(s+2)Y(s)-1$

$$\mathcal{L}[e^{-t}]=\frac{1}{s+1}$$

위의 두 식으로부터

$$(s+2)Y(s)-1=\frac{1}{s+1}$$

$$Y(s)=\frac{s+2}{(s+2)(s+1)}=\frac{1}{s+1}$$

$$\therefore y(t)=e^{-t}$$

(b) $\mathcal{L}[y'+2y]=sY(s)-y(0)+2Y(s)=(s+2)Y(s)-3$

$$\mathcal{L}[e^{-2t}]=\frac{1}{s+2}$$

앞의 두 식으로부터

$$(s+2)Y(s)-3=\frac{1}{s+2}$$

$$Y(s)=\frac{3s+7}{(s+2)^2}=\frac{1}{(s+2)^2}+\frac{3}{s+2}$$

$$\therefore\ y(t)=e^{-2t}(t+3)$$

(c) $\mathfrak{L}[y'+3y]=sY(s)-y(0)+3Y(s)=(s+3)Y(s)$

$$\mathfrak{L}[te^{-3t}]=\frac{1}{(s+3)^2}$$

위의 두 식으로부터

$$Y(s)=\frac{1}{(s+3)^3}$$

$$\therefore\ y(t)=0.5t^2e^{-3t}$$

(d) $\mathfrak{L}[y''+2y'+2y]=s^2Y(s)-sy(0)-y'(0)+2sY(s)-2y(0)+2Y(s)$

$$=(s^2+2s+2)Y(s)$$

$$\mathfrak{L}[t]=\frac{1}{s^2}$$

위의 두 식으로부터

$$Y(s)=\frac{1}{s^2(s^2+2s+2)}=\frac{k_0}{s^2}+\frac{k_1}{s}+\frac{k_3s+k_4}{s^2+2s+2}$$

$$\begin{cases} k_0=\left.\dfrac{1}{s^2+2s+2}\right|_{s=0}=0.5 \\ k_1=\left.\dfrac{d}{ds}\left(\dfrac{1}{s^2+2s+2}\right)\right|_{s=0}=\left.\dfrac{-2s-2}{(s^2+2s+2)^2}\right|_{s=0}=-0.5 \end{cases}$$

통분하면

$$\frac{1}{s^2(s^2+2s+2)}=\frac{0.5}{s^2}-\frac{0.5}{s}+\frac{k_2s+k_3}{s^2+2s+2}=\frac{(k_2-0.5)s^3+(k_3-0.5)s^2+1}{s^2(s^2+2s+2)}$$

미정계수법에 의해 $k_2 = 0.5, k_3 = 0.5$ 이므로

$$Y(s) = \frac{0.5}{s^2} - \frac{0.5}{s} + \frac{0.5s+0.5}{s^2+2s+2} = \frac{0.5}{s^2} - \frac{0.5}{s} + \frac{0.5(s+1)}{(s+1)^2+1}$$

$$\therefore y(t) = 0.5t - 0.5 + 0.5e^{-t}\cos t$$

(e) $\mathfrak{L}[y'' + 2y' + y] = s^2Y(s) - sy(0) - y'(0) + 2Y(s) - 2y(0) + Y(s)$

$$= (s^2+2s+1)Y(s) - (s+2)$$

$$\mathfrak{L}[e^{-t}] = \frac{1}{s+1}$$

위의 두 식으로부터

$$Y(s) = \frac{s^2+3s+3}{(s+1)^3} = \frac{k_0}{(s+1)^3} + \frac{k_1}{(s+1)^2} + \frac{k_2}{s+1}$$

$$\begin{cases} k_0 = s^2+3s+3\Big|_{s=-1} = 1 \\ k_1 = \dfrac{d}{ds}(s^2+3s+3)\Big|_{s=-1} = 2s+3\Big|_{s=-1} = 1 \\ k_2 = \dfrac{1}{2}\dfrac{d^2}{ds^2}(s^2+3s+3)\Big|_{s=-1} = 1 \end{cases}$$

$$\therefore y(t) = e^{-t}[0.5t^2 + t + 1]$$

(f) $\mathfrak{L}[y'' + 6y' + 9y] = s^2Y(s) - sy(0) - y'(0) + 6sY(s) - 6y(0) + 9Y(s)$

$$= (s^2+3s+2)Y(s)$$

$$\mathfrak{L}[\sin 2t] = \frac{2}{s^2+4}$$

위의 두 식으로부터

$$Y(s) = \frac{2}{(s+1)(s+2)(s^2+4)} = \frac{k_1}{s+1} + \frac{k_2}{s+2} + \frac{k_3s+k_4}{s^2+4}$$

$$\begin{cases} k_1 = \left.\dfrac{2}{(s+2)(s^2+4)}\right|_{s=-1} = 0.4 \\ k_2 = \left.\dfrac{2}{(s+1)(s^2+4)}\right|_{s=-2} = -0.25 \end{cases}$$

통분하면

$$\frac{2}{(s+1)(s+2)(s^2+4)} = \frac{0.4}{s+1} - \frac{0.25}{s+2} + \frac{k_3 s + k_4}{s^2+4}$$

$$= \frac{(k_3+0.15)s^3 + (3k_3+k_4+0.55)s^2 + (2k_3+3k_4+0.6)s + (2k_4+2.2)}{(s+1)(s+2)(s^2+4)}$$

미정계수법에 의해 $k_3 = -0.15, k_4 = -0.1$이므로

$$Y(s) = \frac{0.4}{s+1} - \frac{0.25}{s+2} - \frac{0.15s}{s^2+4} - \frac{0.1}{s^2+4}$$

$$\therefore y(t) = 0.4e^{-t} - 0.25e^{-2t} - 0.15\cos 2t - 0.05\sin 2t$$

(g) $\mathcal{L}[y'' + 6y' + 9y] = s^2Y(s) - sy(0) - y'(0) + 6Y(s) - 6y(0) + 9Y(s)$

$$= (s^2 + 6s + 9)Y(s)$$

$$\mathcal{L}[\delta(t)] = 1$$

위의 두 식으로부터

$$Y(s) = \frac{1}{s^2+6s+9} = \frac{1}{(s+3)^2}$$

$$\therefore y(t) = te^{-3t}$$

여기서 용어에 대해 잠깐 설명하고 넘어가기로 한다. 공학에서는 흔히 미분 방정식의 특수해를 강제응답이라 하고 보조해를 고유응답이라 하며 완전해를 완전응답이라 한다. 아울러 비제차함수를 강제함수라 한다. 예를 들어 1계 미분 방정식

$$y' + ay = A \tag{69}$$

에서 y의 초기조건를 $y(0)$라 하면 완전해, 즉 완전응답은 다음과 같다.

$$y = \underbrace{\frac{A}{a}}_{\substack{\text{강제응답}\\(\text{특수해})}} + \underbrace{\left(y(0) - \frac{A}{a}\right)e^{-at}}_{\substack{\text{고유 응답}\\(\text{보조해})}} \tag{70}$$

이제 식 (69)의 양변에 라플라스 변환을 취하면

$$Y(s) = \frac{A}{s(s+a)} + \frac{y(0)}{s+a} \tag{71}$$

이다. 위의 식 우변 첫 번째 항은 강제함수(시스템에서는 입력) A에 의한 항이며 두 번째 항은 초기조건 $y(0)$에 의한 항이다. 공학에서는 우변 첫 번째 항을 영-상태응답이라 하고 두 번째 응답을 영-입력응답이라 한다. 즉 식 (71)로부터 완전응답을 구하면 다음과 같이 표현된다.

$$y = \underbrace{\frac{A}{a}(1 - e^{-at})}_{\text{영-상태 응답}} + \underbrace{y(0)e^{-at}}_{\text{영-입력응답}} \tag{72}$$

영-상태응답은 초기조건이 0일 때 입력에 의해서만 생기는 응답이며 영-입력응답은 입력이 0일 때 초기치에 의해서만 생기는 응답이다. 식 (70)과 (72)로부터 강제응답과 고유응답 및 영-상태응답과 영-입력응답의 관계는 다음과 같다.

$$\begin{aligned} y &= \underbrace{\frac{A}{a}}_{\text{강제응답}} + \underbrace{\left(y(0) - \frac{A}{a}\right)e^{-at}}_{\text{고유 응답}} \\ &= \underbrace{\frac{A}{a}(1 - e^{-at})}_{\text{영-상태 응답}} + \underbrace{y(0)e^{-at}}_{\text{영-입력응답}} \end{aligned} \tag{73}$$

강제응답과 고유응답의 합은 영-상태응답과 영-입력응답의 합과 같지만 강제응답은 영-상태응답과 다르고 고유응답은 영-입력응답과는 다르다. 특히 시스템 내부의 모든 초기조건을 0으로 하면 출력은 강제응답이 아닌 영-상태응답인 것임을 유의해야 한다. 이러한 용어 차이는 초보자들에게 혼란을 야기시킬 수 있으므로 잠깐 부연 설명한 것이다.

선형시스템 해석

라플라스 변환은 선형시스템 해석에 매우 편리하다. 그림 4-2(a)는 t-영역에서 선형시스템을 표현한 것이며 입력 w와 출력 y의 관계는

$$y(t) = H(p)w(t) \tag{74}$$

이며 $H(p)$는 미분 연산자로 표현한 전달함수이다(3.3 절 참조). 이제 식 (74)를 s-영역에서 표현해 보자. 일반적으로 전달함수는 시스템 내부의 모든 초기조건을 0으로 한 상태에서 구한다. 따라서

$$\frac{d^n w(t)}{dt^n} = p^n w(t) \xleftrightarrow{\mathfrak{L}} s^n W(s) \tag{75}$$

이므로 변환쌍 관계는 다음과 같다.

$$H(p)w(t) \xleftrightarrow{\mathfrak{L}} H(s)W(s) \tag{76}$$

이를 이용하여 식 (74)의 양변에 라플라스 변환을 취하면

$$Y(s) = H(s)W(s) \tag{77}$$

이다. 그림 4-2(b)가 이를 보여주며 전달함수 $H(s)$와 $W(s)$는 단순한 곱하기 관계이므로 $H(s)$는 다음과 같다.

$$H(s) = \frac{Y(s)}{W(s)} \tag{78}$$

식 (77)로부터 y는 역변환에 의해

$$y(t) = \mathfrak{L}^{-1}[H(s)W(s)] \tag{79}$$

그림 4-2
선형시스템의 표현
(a) t-영역; (b) s-영역

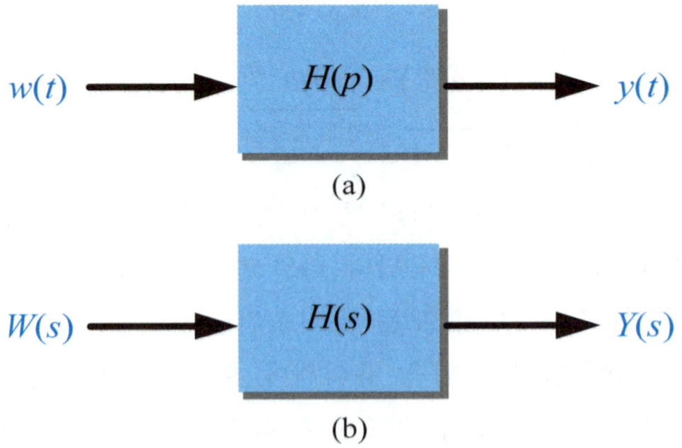

로 구할 수 있다. 그림 4-2(a)의 t-영역에서는 식 (74)로 y를 구하기 위해 $H(p)$를 부분분수로 전개한 다음 각 부분분수 항에 대한 적분을 실행한다(3장의 식 (63) 참조). 이에 비해 그림 (b)의 s-영역에서는 식 (79)와 같이 $H(s)W(s)$ 전체를 부분분수로 전개한 다음 역변환하면 바로 y를 구할 수 있어 매우 편리하다. 라플라스 변환의 또 다른 장점은 시스템의 충격응답을 바로 구할 수 있다는 점이다. 즉 식 (79)는 컨벌류션 정리에 의해

$$y(t) = \mathcal{L}^{-1}[H(s)] * \mathcal{L}^{-1}[W(s)] = h(t) * w(t) \tag{80}$$

이며 $h(t)$는 전달함수 $H(s)$의 역변환이다. 위의 식을 3장의 식 (99)와 비교해 보면 $h(t)$는 충격응답과 같다(컨벌류션은 연산 순서를 바꿔도 상관없다). 따라서 시스템의 충격응답 $h(t)$는 전달함수 $H(s)$의 역변환인

$$h(t) = \mathcal{L}^{-1}[H(s)] \tag{81}$$

로 주어지므로 $h(t) \leftrightarrow H(s)$의 변환쌍을 이룬다. 즉 충격응답의 라플라스 변환이 전달함수이고 전달함수의 역변환이 충격응답이며 이 둘은 시스템 해석에서 중추적인 역할을 한다. 그림 4-2에서 계단응답 $s(t)$을 구해보자. 입력이 $w=u(t)$이므로 $W(s)=1/s$이다. 따라서 식 (77)로부터 $s(t)$의 라플라스 변환 $S(s)$는

$$S(s) = H(s)W(s) = \frac{H(s)}{s} \tag{82}$$

이므로 $s(t)$는 '적분↔s-나누기' 관계에 의해 다음과 같다.

$$s(t) = \mathcal{L}^{-1}\left[\frac{H(s)}{s}\right] = \int_0^t h(\tau)d\tau \tag{83}$$

따라서 계단응답은 충격응답을 적분한 것과 같으며 역으로 충격응답은 계단응답을 미분한 것과 같다. 충격함수는 실제로 구현하기 불가능하다. 따라서 실제로 가능한 계단함수를 이용하여 시스템의 계단응답을 구한 다음 이를 미분하면 충격응답을 구할 수 있다. 이상으로 라플라스 변환과 전달함수를 이용하면 선형시스템의 충격응답과 계단응답을 쉽게 구할 수 있으며 임의의 입력에 대한 출력 역시 식 (79)와 같이 단순한 곱하기 연산과 부분분수 전개에 의한 역변환으로 비교적 손쉽게 구할 수 있다.

예제 4-8 시스템의 전달함수 $H(s)$가 다음과 같을 때 충격응답과 계단응답을 구하라.

$$\text{(a)}\ \frac{2}{s^2+3s+2} \quad \text{(b)}\ \frac{4}{s^2+4s+4} \quad \text{(c)}\ \frac{2}{s^2+2s+2}$$

☞ (a) $$H(s)=\frac{2}{s^2+3s+2}=\frac{2}{s+1}-\frac{2}{s+2}$$

$$\therefore h(t)=\mathcal{L}^{-1}[H(s)]=2(e^{-t}-e^{-2t})u(t)$$

$$\frac{H(s)}{s}=\frac{2}{s(s^2+3s+2)}=\frac{1}{s}-\frac{2}{s+1}+\frac{1}{s+2}$$

$$\therefore s(t)=\mathcal{L}^{-1}[H(s)/s]=(1-2e^{-t}+e^{-2t})u(t)$$

(b) $$H(s)=\frac{4}{s^2+4s+4}=\frac{4}{(s+2)^2}$$

$$\therefore h(t)=\mathcal{L}^{-1}[H(s)]=4te^{-2t}u(t)$$

$$\frac{H(s)}{s}=\frac{4}{s(s+2)^2}=\frac{1}{s}-\frac{2}{(s+2)^2}-\frac{1}{s+2}$$

$$\therefore s(t)=(1-2te^{-2t}-e^{-2t})u(t)$$

(c) $$H(s)=\frac{2}{s^2+2s+2}=\frac{2}{(s+1)^2+1}$$

$$\therefore h(t)=2e^{-t}\sin t u(t)$$

$$\frac{H(s)}{s}=\frac{2}{s(s^2+2s+2)}=\frac{1}{s}-\frac{s+2}{(s+1)^2+1}$$
$$=\frac{1}{s}-\frac{s+1}{(s+1)^2+1}-\frac{1}{(s+1)^2+1}$$

$$\therefore s(t)=(1-e^{-t}\cos t-e^{-t}\sin t)u(t)$$
$$=(1-\sqrt{2}e^{-t}(\cos t-45^\circ)u(t)$$

예제 4-8의 풀이 과정을 예제 3-13과 비교해 보면 라플라스 변환의 편리한 점을 확인할 수 있을 것이다.

물리계의 모형

2.7 절을 통해 전기계와 기계계 등의 물리계 모형화에 대해 설명하였으며 여기서는 이들을 s-영역에서 표현해 보기로 한다. 단 시스템 내부의 모든 초기조건들을 모두 0으로 하여 영-상태응답만 알아보기로 한다. 먼저 전기계에서 저항의 경우는 t-영역과 s-영역에서의 특성은

$$v(t) = Ri(t) \overset{\mathcal{L}}{\longleftrightarrow} V(s) = RI(s) \tag{84}$$

이므로 s-영역에서의 전압-전류 관계는 다음과 같다.

$$\frac{V(s)}{I(s)} = R \tag{85}$$

다음으로 인덕터의 경우는 $i(0)=0$에서

$$v(t) = L\frac{di(t)}{dt} \overset{\mathcal{L}}{\longleftrightarrow} V(s) = sLI(s) \tag{86}$$

이므로 s-영역에서의 전압-전류 관계는 다음과 같다.

$$\frac{V(s)}{I(s)} = sL \tag{87}$$

그리고 커패시터의 경우는 $v(0)=0$에서

$$i(t) = C\frac{dv(t)}{dt} \overset{\mathcal{L}}{\longleftrightarrow} I(s) = sCV(s) \tag{88}$$

이므로 s-영역에서의 전압-전류 관계는 다음과 같다.

$$\frac{V(s)}{I(s)} = \frac{1}{sC} \tag{89}$$

이상으로 저항, 인덕터 및 커패시터의 전압-전류 관계는 s-영역에서는 다음과 같이 모두 비례 관계로 표현된다.

$$\frac{V(s)}{I(s)} = \begin{cases} R & \text{(저항)} \\ sL & \text{(인덕터)} \\ 1/sC & \text{(커패시터)} \end{cases} \tag{90}$$

위의 식에서 R, sL, $1/sC$를 임피던스(impedance)라 부르며 그림 4-3이 이를 보여준다. 기계계 역시 상사회로로 옮기면 동일한 원리를 적용할 수 있으며 그림 2-7을 s-영역으로 옮기면 그림 4-4와 같다. 단 $F(s)$, $T(s)$는 각각 힘 $F(t)$와 토크 $T(t)$의 라플라스 변환이며 $\varsigma(s)$, $\Omega(s)$는 각각 속도 $\varpi(t)$와 각속도 $\omega(t)$의 라플라스 변환이다.

그림 4-3 전기계의 s-영역 모형화

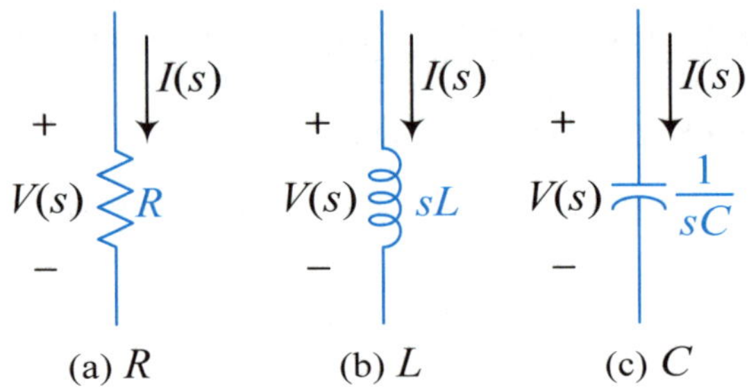

그림 4-4 기계계 상사회로의 s-영역 모형화

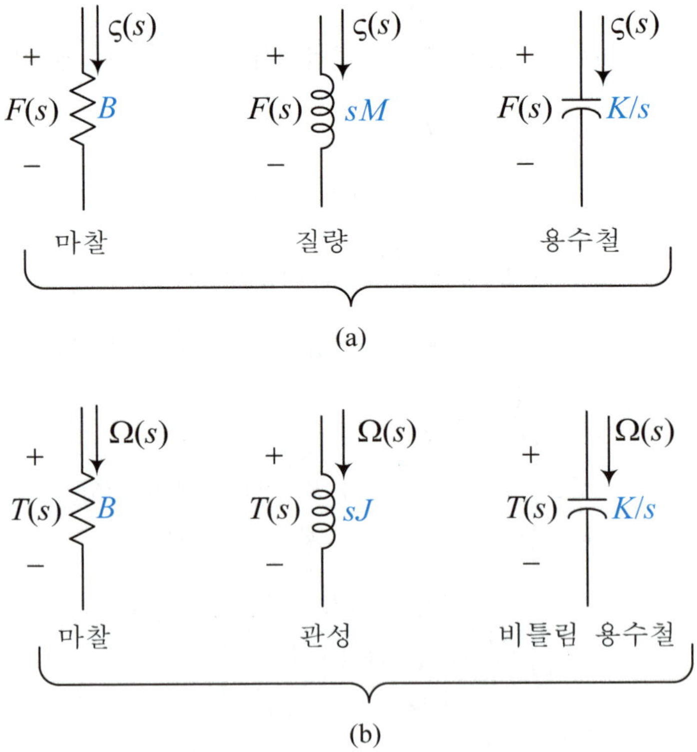

예제 4-9 그림 4-5(a)에서 $i_2(t)$의 충격응답과 계단응답을 구하라.

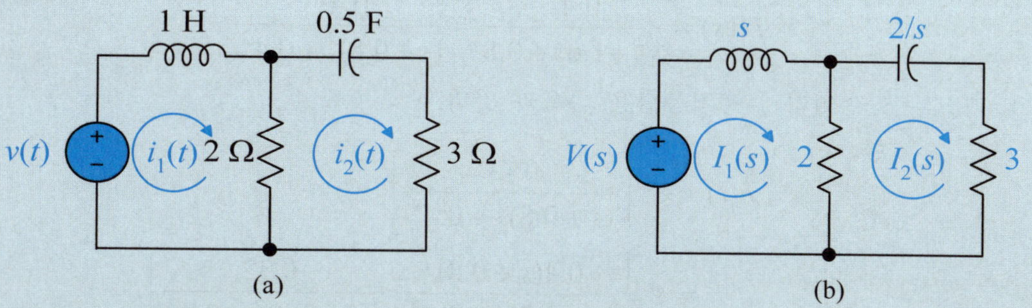

그림 4-5

☞ 그림 4-5(a)를 s-영역으로 옮기면 그림 (b)와 같다. 먼저 첫 번째 폐로에 전압 법칙을 적용하면

$$sI_1(s)+2\times(I_1(s)-I_2(s))=V(s)$$
$$\rightarrow (s+2)I_1(s)-2I_2(s)=V(s)$$

두 번째 폐로에 전압 법칙을 적용하면

$$2\times(I_2(s)-I_1(s))+\frac{2}{s}I_2(s)+3I_2(s)=0$$
$$\rightarrow -2I_1(s)+\left(\frac{5s+2}{s}\right)I_2(s)=0$$

이상으로 $I_1(s)$와 $I_2(s)$에 관해 다음 연립방정식을 얻을 수 있다.

$$\begin{bmatrix} s+2 & -2 \\ -2 & (5s+2)/s \end{bmatrix}\begin{bmatrix} I_1(s) \\ I_2(s) \end{bmatrix}=\begin{bmatrix} V(s) \\ 0 \end{bmatrix}$$

위의 식에서 $I_2(s)$에 관해 풀면

$$I_2(s)=\frac{\begin{vmatrix} s+2 & V(s) \\ -2 & 0 \end{vmatrix}}{\begin{vmatrix} s+2 & -2 \\ -2 & (5s+2)/s \end{vmatrix}}=\frac{0.4s}{s^2+1.6s+0.8}V(s)$$

따라서 $I_2(s)$에 대한 전달함수는 다음과 같다.

$$H(s)=\frac{0.4s}{s^2+1.6s+0.8}$$

$H(s)$는 극점이 공액 복소수이므로 다음과 같이 완전 제곱 꼴로 한다.

$$H(s)=\frac{0.4s}{s^2+1.6s+0.8}=\frac{0.4s}{(s+0.8)^2+0.4^2}$$

따라서 충격응답은 다음과 같다.

$$\begin{aligned}h(t)&=\mathcal{L}^{-1}\left[\frac{0.4s}{(s+0.8)^2+0.4^2}\right]\\&=\mathcal{L}^{-1}\left[\frac{0.4(s+0.8)}{(s+0.8)^2+0.4^2}-\frac{0.32}{(s+0.8)^2+0.4^2}\right]\\&=e^{-0.8t}[0.4\cos 0.4t-0.8\sin 0.4t]u(t)\end{aligned}$$

그리고 계단응답은 다음과 같다.

$$\begin{aligned}s(t)&=\mathcal{L}^{-1}\left[\frac{1}{s}\times\frac{0.4s}{(s+0.8)^2+0.4^2}\right]\\&=\mathcal{L}^{-1}\left[\frac{0.4}{(s+0.8)^2+0.4^2}\right]\\&=[e^{-0.8t}\sin 0.4t]u(t)\end{aligned}$$

연습 문제

§ 4.1 라플라스 변환의 정의

다음 함수에 대한 라플라스변환을 구하라.

1. $5e^{-10t}+2e^{-t}$
2. $\cos(\omega t+\theta)$
3. $\sin(\omega t+\theta)$
4. $e^{-(2-i2)t}+e^{-(2+i2)t}$
5. $2\cos^2 \omega t$
6. $2\sin^2 \omega t$
7. $\cosh^2 at$
8. $\sinh^2 at$
9. $(at+b)^2$
10. $t^{1/2}-t^{-1/2}$
11. $t^{5/2}$
12. $1+t^{1/2}$

§ 4.2 라플라스 변환의 성질

다음 함수에 대한 라플라스변환을 구하라.

13. $(5e^{-10t}+2e^{-t})u(t-1)$
14. $(t-1)e^{-2t}u(t-1)$
15. $t\cos[\omega(t-1)]u(t-1)$
16. $(t-1)\cos\omega t\, u(t-1)$
17. $t^2\cos\omega t$
18. $t^2\sin\omega t$
19. $t^2e^{-t}\cos\omega t$
20. $e^{-t}\sin^2 t$
21. t^3e^{-t}

다음 함수 $f(t)$에 대한 라플라스변환을 구하라. 단 주어진 구간 외에서의 함수 값은 0이다.

22. $t^2 \quad (0\le t\le 1)$
23. $\sin t \quad (0\le t\le \pi)$
24. $1 \quad (a\le t\le b)$
25. $1 \quad (1\le t\le \infty)$
26. $t \quad (0\le t\le 1)$
27. $t-1 \quad (1\le t\le 2)$

다음 함수에 대한 라플라스변환을 구하라.

28. $\dfrac{d}{dt}(e^{-at}\cos\omega t)$
29. $\dfrac{d}{dt}(t\cos\omega t)$
30. $\dfrac{d}{dt}(te^{-at}\sin\omega t)$
31. $\dfrac{\sin\omega t}{t}$
32. $\dfrac{\sinh at}{t}$
33. $\dfrac{d}{dt}\left(\dfrac{\sin\omega t}{t}\right)$
34. $\displaystyle\int_0^t \frac{\sinh a\tau}{\tau}d\tau$
35. $\displaystyle\int_0^t (\tau e^{-a\tau}\cos\omega\tau)d\tau$
36. $\displaystyle\int_0^t (\tau e^{-a\tau}\sin\omega\tau)d\tau$

다음 함수에 대한 라플라스변환을 구하라.

37. $t*t^2$ 38. $e^{at}*e^{bt}$ 39. $e^{at}*e^{-at}$

40. $t*e^{at}$ 41. $\sin\omega t*\cos\omega t$ 42. $[u(t)-u(t-1)]*t$

§ 4.3 라플라스 역변환

다음 함수에 대한 역변환을 구하라(단순극).

43. -1 44. $\dfrac{2}{s+2}$ 45. $\dfrac{2}{s^2+3s+2}$ 46. $\dfrac{7s-2}{s^2-s-2}$

47. $\dfrac{5s+1}{s^3-s}$ 48. $\dfrac{10s^2}{s^2+6s+5}$ 49. $\dfrac{s+3}{s(s+1)(s+2)}$ 50. $\dfrac{s^2+s+1}{s(s+1)(s+2)}$

다음 함수에 대한 역변환을 구하라(다중극).

51. $\dfrac{1}{(s+1)^2}$ 52. $\dfrac{12s}{(2s+3)^2}$ 53. $\dfrac{s+4}{(s+5)^2}$ 54. $\dfrac{s}{(s-2)^3}$

55. $\dfrac{10-4s}{(s-1)^2}$ 56. $\dfrac{7s^2}{s^3+3s^2+3s+1}$ 57. $\dfrac{s^3+6s^2+14s}{(s+2)^4}$

다음 함수에 대한 역변환을 구하라(복소극).

58. $\dfrac{s-2}{s^2-4s+5}$ 59. $\dfrac{1}{s^2+4s+5}$ 60. $\dfrac{s}{(s+3)^2+1}$

61. $\dfrac{as+b}{(s+c)^2+\omega^2}$ 62. $\dfrac{3}{s^2+1}$ 63. $\dfrac{5}{2s^2+5}$

64. $\dfrac{6s+4}{(s+2)^2+9}$ 65. $\dfrac{12s}{(s^2+1)(s^2+4)}$ 66. $\dfrac{2s+9}{(s^2+4s+20)(s^2+2s+2)}$

다음 함수에 대한 역변환을 구하라(다중 복소극).

67. $\dfrac{1}{[(s+1)^2+1]^2}$ 68. $\dfrac{6s}{(s^2+2s+5)^2}$ 69. $\dfrac{3-7s}{s^4+2s^2+1}$ 70. $\dfrac{10s^2}{s^4+4s^2+4}$

다음 함수에 대한 역변환을 구하라.

71. $\dfrac{e^{-s}}{s+1}$ 72. $\dfrac{1-e^{-s}}{s}$ 73. $\dfrac{1-e^{-2s}}{s+1}$ 74. $\dfrac{(s+1)e^{-s}}{s(s+2)}$

75. $\dfrac{se^{-s}}{(s+1)(s+2)}$ **76.** $\dfrac{(s+2)e^{-3s}}{s^2+4s+8}$ **77.** $\dfrac{e^{-s}-e^{-2s}}{s}$ **78.** $\dfrac{1-e^{-\pi s}}{s^2+4}$

다음 함수에 대한 역변환을 구하라.

79. $\dfrac{s+1}{s^2(s+2)}$ **80.** $\dfrac{2s+6}{(s+1)^2(s+4)}$ **81.** $\dfrac{2s-3}{2s^2-2s-24}$

82. $\dfrac{4}{s[(s+1)^2+16]}$ **83.** $\dfrac{s^2+2}{s^2[(s+1)^2+16]}$ **84.** $\ln\dfrac{s+a}{s+b}$

85. $\ln\dfrac{s}{s-1}$ **86.** $\ln\dfrac{s^2+1}{(s-1)^2}$ **87.** $\ln\left(1+\dfrac{\omega^2}{s^2}\right)$

88. $\cot^{-1}\dfrac{s}{\omega}$ **89.** $\cot^{-1}(s+1)$

다음 라플라스변환에 대응하는 시간함수의 초기치와 최종치를 구하라.

90. $\dfrac{10(s+1)}{(s+2)(s+3)}$ **91.** $\dfrac{2s}{s^2+2s+2}$ **92.** $\dfrac{s^2+2s+4}{(s+6)(s^3+4s^2+8s+10)}$

93. $\dfrac{10(s+1)}{(s+2)(s-3)}$ **94.** $\dfrac{3s+1}{s^2+7s+6}$ **95.** $\dfrac{s^2}{(s+1)^3}$

다음 함수를 구하라.

96. $[u(t+1)-u(t-1)]*u(t)$ **97.** $e^{-t}\cos t*u(t)$ **98.** $[e^{-2t}+\delta(t)]*u(t-1)$

99. $t*e^{2t}$ **100.** $\sin at*\cos bt$ **101.** $e^{-3t}*\cos 3t$

§4.4 라플라스 변환의 응용

다음 미분방정식의 완전해를 구하라.

102. $y'+2y=0,\quad y(0)=1$

103. $y'+2y=e^{-2t},\quad y(0)=3$

104. $y'-4y=e^{-3t}+3,\quad y(0)=-1$

105. $y'+16y=te^{-3t},\quad y(0)=0$

106. $y''+3y'+2y=u(t),\quad y(0)=y'(0)=0$

107. $y''+7y'+12y=e^{-2t},\quad y(0)=0,\ y'(0)=1$

108. $y'' = 0, \quad y(0) = 1, y'(0) = 1$

109. $y'' = u(t), \quad y(0) = 1, y'(0) = 1$

110. $y'' + 2y' + 2y = e^{-t}, \quad y(0) = y'(0) = 0$

111. $y'' + 2y' + y = e^{-t}, \quad y(0) = 0, y'(0) = 1$

112. $y'' + 3y' + 2y = \sin 2t, \quad y(0) = y'(0) = 1$

113. $y'' + 2y' + 5y = 2u(t), \quad y(0) = 0, y'(0) = 1$

다음 방정식을 풀어라.

114. $y(t) = -1 + \int_0^t e^{-3\tau} y(t-\tau) d\tau$ **115.** $y(t) = \sin 2t + \int_0^t y(\tau) \sin 2(t-\tau) d\tau$

116. $y(t) = e^{-t} + \int_0^t y(t-\tau) d\tau$ **117.** $y'(t) = e^{-t} - \int_0^t \delta(\tau) y(t-\tau) d\tau + \int_0^t y(\tau) d\tau$

전달함수가 다음과 같은 시스템의 계단응답을 구하라.

118. $H(s) = \dfrac{1}{s^2 + 3s + 2}$ **119.** $H(s) = \dfrac{s}{s^2 + 1}$ **120.** $H(s) = \dfrac{s^2}{(s^2 + 1)^2}$

시스템의 전달함수가 $H(s) = \dfrac{s+1}{s^2 + 2s - 3}$ 일 때 다음 입력에 대한 출력을 구하라.

121. $w(t) = e^{-2t}$ **122.** $w(t) = \sin 2t$ **123.** $w(t) = u(t) - u(t-1)$

5 푸리에 급수와 푸리에 변환

5장에서는 임의의 주기함수를 사인, 코사인함수들의 선형합으로 전개하는 푸리에 급수와 비주기함수를 표현하는데 사용되는 푸리에 변환은 신호나 시스템을 해석하는 데 대단히 중요하다. 푸리에 변환 역시 라플라스 변환과 뿌리는 같지만 주파수영역이라는 독자적인 영역을 확보함에 따라 라플라스 변환과는 또 다른 의미를 지니게 된다. 즉 주파수영역은 시간영역과 거의 대등한 지위를 누리며, 실제로 시간영역과 주파수영역 두 영역을 함께 고찰하지 않으면 시스템 및 신호 해석이 완전할 수 없다. 이 장에서는 푸리에 급수 및 푸리에 변환의 원리와 유용한 성질들에 대해 설명하며 그 내용은 다음과 같다.

- **5.1 삼각 푸리에 급수**
- **5.2 지수 푸리에 급수**
- **5.3 푸리에 변환의 정의**
- **5.4 중요한 함수의 푸리에 변환**
- **5.5 푸리에 변환의 성질**
- **5.6 푸리에 변환의 응용**

5.1 삼각 푸리에 급수

자연계의 현상에는 태양과 달의 운행, 조석의 운동 및 인체의 생체 리듬 등과 같이 주기적인 것이 많으므로 주기함수인 사인, 코사인함수는 자연계를 설명하는데 필수적이다. 임의의 함수를 사인, 코사인함수들의 합으로 표현하고자 하는 노력이 Jean Baptiste Josepf Fourier(1768~1830)에 의해 이루어졌으며 그 결과가 유명한 푸리에 급수(Fourier series)와 푸리에 변환(Fourier transform)이다. 이 장에서는 푸리에 급수에 대해 설명하고 푸리에 변환은 다음 장에서 설명한다.

고조파와 직교성

주기가 T인 임의의 주기함수 $f(t)$는 모든 시간에 대해 다음을 만족한다.

$$f(t+nT)=f(t), \quad n=\pm 1, \pm 2, \cdots \tag{1}$$

주기가 T인 사인, 코사인함수를 모두 모아 보면 상수를 비롯하여 주파수가 $\omega_o=2\pi/T$의 정수배인

$$\sin n\omega_o t, \quad \cos n\omega_o t \quad (n=\pm 1, \pm 2, \cdots)$$

로 무수히 많다. 여기서 T를 기본주기, $\omega_o=2\pi/T$를 기본주파수라 하며 주파수가 ω_o의 정수 배인 사인, 코사인함수들을 고조파(高調波, harmonics)라 부른다. 푸리에는 주기가 T인 임의의 주기함수 $f(t)$를 다음과 같이 기본주기가 T인 고조파들의 선형합으로 표현하고자 하였다.

$$f(t)=\sum_{n=0}^{\infty}(a_n \cos n\omega_o t + b_n \sin n\omega_o t) \qquad (\omega_o = 2\pi/T) \tag{2}$$

위의 식을 푸리에 급수라 하고 계수 $\{a_n, b_n\}$은 상수로서 $f(t)$의 형태에 의해 결정되며 이를 푸리에 계수라 한다. 푸리에 계수를 구하기 전에 먼저 고조파들의 특성에 대해 알아볼 필요가 있다. 앞으로는 고조파를 표현할 때 번거로움을 피하기 위해 다음과 같은 단축 기호를 사용하기로 한다.

$$\mathrm{C}_n = \cos n\omega_o t, \quad \mathrm{S}_n = \sin n\omega_o t \tag{3}$$

위의 표현으로 삼각함수 정리를 요약하면 다음과 같다.

$$\left.\begin{aligned}
&\text{(a)}\ \mathrm{S}_m\mathrm{S}_n = \frac{1}{2}\left(\mathrm{C}_{m-n} - \mathrm{C}_{m+n}\right)\\
&\text{(b)}\ \mathrm{C}_m\mathrm{C}_n = \frac{1}{2}\left(\mathrm{C}_{m-n} + \mathrm{C}_{m+n}\right)\\
&\text{(c)}\ \mathrm{S}_m\mathrm{C}_n = \frac{1}{2}\left(\mathrm{S}_{m-n} + \mathrm{S}_{m+n}\right)\\
&\text{(d)}\ \mathrm{S}_{2n} = 2\mathrm{S}_n\mathrm{C}_n\\
&\text{(e)}\ \mathrm{C}_{2n} = \mathrm{C}_n^2 - \mathrm{S}_n^2\\
&\text{(f)}\ \mathrm{S}_n^2 = \frac{1-\mathrm{C}_{2n}}{2}\\
&\text{(g)}\ \mathrm{C}_n^2 = \frac{1+\mathrm{C}_{2n}}{2}
\end{aligned}\right\} \tag{4}$$

고조파들을 기본 주기 T에 걸쳐 적분하면 0이다. 즉

$$\int_T \mathrm{S}_n dt = \int_T \mathrm{C}_n dt = 0 \quad (n \ge 1) \tag{5}$$

여기서 $\int_T dt$는 적분 시작점은 관계 없이 구간 T에 걸쳐 적분한다는 뜻이다. 그리고 고조파의 가장 큰 특징은, 서로 다른 두 고조파를 곱하여 기본 주기 동안에 적분하면 0이 된다는 것이다. 즉

$$\int_T \mathrm{S}_m\mathrm{S}_n dt = \frac{1}{2}\int_T \mathrm{C}_{m-n} dt - \frac{1}{2}\int_T \mathrm{C}_{m+n} dt = \begin{cases} 0 & (m \ne n) \\ T/2 & (m = n) \end{cases} \tag{6a}$$

및

$$\int_T \mathrm{C}_m\mathrm{C}_n dt = \frac{1}{2}\int_T \mathrm{C}_{m-n} dt + \frac{1}{2}\int_T \mathrm{C}_{m+n} dt = \begin{cases} 0 & (m \ne n) \\ T/2 & (m = n) \end{cases} \tag{6b}$$

및

$$\int_T \mathrm{S}_m\mathrm{C}_n dt = \frac{1}{2}\int_T \mathrm{S}_{m-n} dt + \frac{1}{2}\int_T \mathrm{S}_{m+n} dt = 0 \tag{6c}$$

이상의 성질을 직교성(orthogonality)이라 하며 직교성을 만족하는 함수들의 집합을 직교 함수군이라 한다. 즉 고조파들은 직교 함수군을 이룬다. 식 (2)는 삼각함수로 전개한 급수이므로 특히 삼각 푸리에 급수라 하며

삼각 푸리에 급수

식 (3)의 표현을 빌어 써보면 다음과 같다.

$$f(t) = \frac{a_0}{2} + \sum_{n=1}^{\infty}(a_n \mathrm{C}_n + b_n \mathrm{S}_n) \tag{7}$$

위의 식은 $\mathrm{S}_0=0$, $\mathrm{C}_0=1$을 이용한 결과이다. 그리고 a_0 대신 $a_0/2$로 한 것은 단순히 수학상의 편의를 위한 것뿐이며 조금 뒤에 알게 된다. 푸리에 계수 a_n과 b_n은 고조파의 직교성을 이용하여 쉽게 구할 수 있다. 먼저 식 (7)의 양변에 임의의 고조파 C_m ($m \geq 1$)을 곱하여 기본주기 동안에 적분하면 다음과 같다.

$$\begin{aligned}
\int_T f(t)\mathrm{C}_m dt &= \frac{a_0}{2}\int_T \mathrm{C}_m dt + \int_T \sum_{n=1}^{\infty}(a_n \mathrm{C}_m \mathrm{C}_n + b_n \mathrm{C}_m \mathrm{S}_n)dt \\
&= \sum_{n=1}^{\infty}\int_T (a_n \mathrm{C}_m \mathrm{C}_n + b_n \mathrm{C}_m \mathrm{S}_n)dt \\
&= a_m \int_T \mathrm{C}_m \mathrm{C}_m dt = \frac{Ta_m}{2}
\end{aligned} \tag{8}$$

위의 식에서 첫 번째 등식의 첫 번째 항은 식 (5)에 의해 0이 된다. 그리고 두 번째 등식은 합과 적분 순서를 바꾼 결과이며 세 번째 등식은 식 (6)의 직교성에 의한 것이다. 따라서 계수 a_m은 다음과 같이 정해진다.

$$a_m = \frac{2}{T}\int_T f(t)\mathrm{C}_m dt \tag{9}$$

이와 같은 원리로 계수 b_n을 구하기 위해 식 (7)의 양변에 임의의 고조파 S_m ($m \geq 1$)을 곱하여 기본주기 동안에 적분하면 다음과 같다.

$$\begin{aligned}
\int_T f(t)\mathrm{S}_m dt &= \frac{a_0}{2}\int_T \mathrm{S}_m dt + \int_T \sum_{n=1}^{\infty}(a_n \mathrm{S}_m \mathrm{C}_n + b_n \mathrm{S}_m \mathrm{S}_n)dt \\
&= b_m \int_T \mathrm{S}_m \mathrm{S}_m dt \\
&= \frac{Tb_m}{2}
\end{aligned} \tag{10}$$

따라서 계수 b_m은 다음과 같이 정해진다.

$$b_m = \frac{2}{T}\int_T f(t)\mathrm{S}_m dt \tag{11}$$

그리고 계수 a_0는 식 (7)의 우변을 한 주기에 걸쳐 단순히 적분하면

$$\int_T f(t)dt = \int_T \frac{a_0}{2}dt + \int_T \sum_{n=1}^{\infty}(a_n\mathrm{C}_n + b_n\mathrm{S}_n)dt = \frac{Ta_0}{2} \tag{12}$$

이므로 다음과 같다.

$$a_0 = \frac{2}{T}\int_T f(t)dt \tag{13}$$

이상으로 식 (7)의 삼각 푸리에 급수와 식 (9), (11), (13)의 푸리에 계수를 모아 정리하면 다음과 같다.

$$f(t) = \frac{a_0}{2} + \sum_{n=1}^{\infty}(a_n\mathrm{C}_n + b_n\mathrm{S}_n)$$
$$\begin{cases} a_0 = \frac{2}{T}\int_T f(t)dt \\ a_n = \frac{2}{T}\int_T f(t)\mathrm{C}_n dt \\ b_n = \frac{2}{T}\int_T f(t)\mathrm{S}_n dt \end{cases} \tag{14}$$

대칭함수 함수가 대칭 꼴이면 식 (14)에서 푸리에 계수 a_n과 b_n 중 어느 한 쪽이 모두 0이 되므로 구할 필요가 없다. 만일 대칭함수가 $f(-t)=f(t)$이면 우함수(even function)라 하고 $f(-t)=-f(t)$이면 기함수(odd function)라 한다. 푸리에 변환에 사용되는 고조파에서 $\mathrm{C}_n=\cos\omega_o t$는 우함수이며 $\mathrm{S}_n=\sin\omega_o t$는 기함수이다. 우함수와 우함수의 곱 또는 기함수와 기함수의 곱은 우함수이며 우함수와 기함수의 곱은 기함수이다. 따라서

$$g_n(t) = f(t)\mathrm{C}_n, \quad h_n(t) = f(t)\mathrm{S}_n \tag{15}$$

로 정의하면 $f(t)$가 우함수이면 $g_n(t)$는 우함수, $h_n(t)$는 기함수가 된다. 반대로 $f(t)$가 기함수이면 $g_n(t)$는 기함수, $h_n(t)$는 우함수가 된다. 따라서 $f(t)$가 우함수이면 $h_n(t)$는 기함수이므로 푸리에 계수 b_n은

$$b_n = \frac{2}{T}\int_T f(t)\mathrm{S}_n dt = \frac{2}{T}\int_{-T/2}^{T/2} h_n(t)dt = 0 \quad (16)$$

이므로 계수 $a_n\,(n\geq 0)$만 다음과 같이 구하면 된다.

$$a_n = \frac{2}{T}\int_{-T/2}^{T/2} f(t)\mathrm{C}_n dt = \frac{4}{T}\int_0^{T/2} f(t)\mathrm{C}_n dt \quad (17)$$

그리고 $f(t)$가 기함수이면 $g_n(t)$가 기함수이므로 푸리에 계수 a_n은

$$a_n = \frac{2}{T}\int_T f(t)\mathrm{C}_n dt = \frac{2}{T}\int_{-T/2}^{T/2} g_n(t)dt = 0 \quad (18)$$

이므로 계수 $b_n\,(n\geq 1)$만 다음과 같이 구하면 된다.

$$b_n = \frac{2}{T}\int_{-T/2}^{T/2} f(t)\mathrm{S}_n dt = \frac{4}{T}\int_0^{T/2} f(t)\mathrm{S}_n dt \quad (19)$$

이상을 정리하면 표 5-1과 같다.

표 5-1 우함수와 기함수의 푸리에 급수

우함수	기함수
$\begin{cases} f(t) = \dfrac{a_0}{2} + \displaystyle\sum_{n=1}^{\infty} a_n \mathrm{C}_n \\ a_n = \dfrac{4}{T}\displaystyle\int_0^{T/2} f(t)\mathrm{C}_n dt \quad (n\geq 0) \end{cases}$	$\begin{cases} f(t) = \displaystyle\sum_{n=1}^{\infty} b_n \mathrm{S}_n \\ b_n = \dfrac{4}{T}\displaystyle\int_0^{T/2} f(t)\mathrm{S}_n dt \quad (n\geq 1) \end{cases}$

예제 5-1 그림 5-1의 각 주기함수에 대한 푸리에 계수를 구하라.

☞ (a) $f(t)$가 우함수이므로 코사인 계수 a_n만 구하면 된다.

$$\begin{aligned} a_0 &= \frac{4}{T}\int_0^{T/2} f(t)dt \\ &= \frac{4}{T}\int_0^{T/4} 1dt - \frac{4}{T}\int_{T/4}^{T/2} 1dt \\ &= 0 \end{aligned}$$

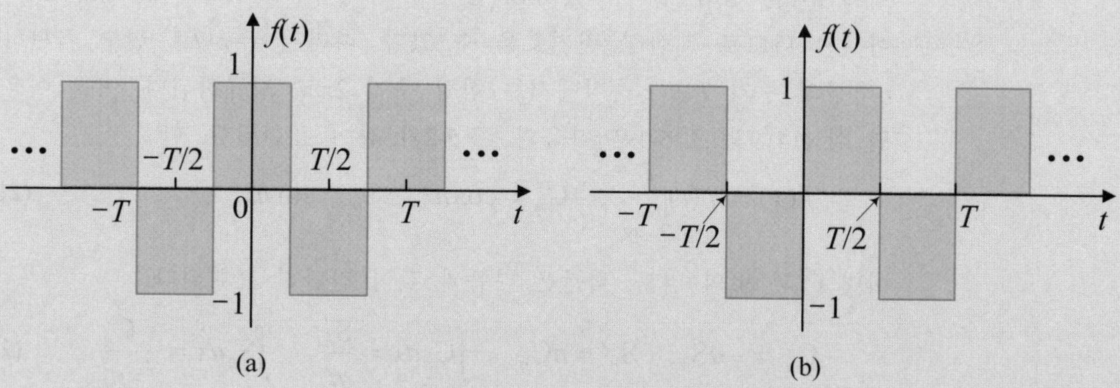

그림 5-1

$$a_n = \frac{4}{T}\int_0^{T/2} f(t)\mathrm{C}_n dt = \frac{4}{T}\int_0^{T/4} \mathrm{C}_n dt - \frac{4}{T}\int_{T/4}^{T/2} \mathrm{C}_n dt$$

$$= \left.\frac{4\sin n\omega_o t}{T(n\omega_o)}\right|_0^{T/4} - \left.\frac{4\sin n\omega_o t}{T(n\omega_o)}\right|_{T/4}^{T/2}$$

$$= \frac{4\sin 0.5n\pi}{n\pi}$$

$$\therefore f(t) = \frac{4}{\pi}\left(\mathrm{C}_1 - \frac{\mathrm{C}_3}{3} + \frac{\mathrm{C}_5}{5} - \frac{\mathrm{C}_7}{7} + \cdots\right)$$

(b) $f(t)$가 기함수이므로 사인 계수 b_n만 구하면 된다.

$$b_n = \frac{4}{T}\int_0^{T/2} f(t)\mathrm{S}_n dt = \frac{4}{T}\int_0^{T/2} \mathrm{S}_n dt = -\left.\frac{4\cos n\omega_o t}{T(n\omega_o)}\right|_0^{T/2}$$

$$= \frac{2(1-\cos n\pi)}{n\pi}$$

$$= \begin{cases} 4/(n\pi) & (n = \text{홀수}) \\ 0 & (n = \text{짝수}) \end{cases}$$

$$\therefore f(t) = \frac{4}{\pi}\left(\mathrm{S}_1 + \frac{\mathrm{S}_3}{3} + \frac{\mathrm{S}_5}{5} + \cdots\right)$$

예제 5-1을 통해 알 수 있듯이 삼각 푸리에계수를 구할 때 $\omega_o T(=2\pi)$ 항이 나타나므로 계산상 번거로울 수 있다. 따라서 $x=\omega_o t$로 변수 치환하면 t-축상의 주기 T는 x-축상에서는 항상 주기 2π로 정규화된다. 이를 이용하면 식 (14) 및 표 5-1은 다음의 표 5-2와 같이 표현된다. 단

$$f(x) = f(t)\Big|_{t=\frac{x}{\omega_o}}, \quad \mathrm{C}_n = \cos nx, \quad \mathrm{S}_n = \sin nx \tag{20}$$

이며 C_n과 S_n의 미분, 적분은 다음과 같이 간단히 표현된다.

$$\mathrm{C}_n{}' = -n\mathrm{S}_n, \quad \mathrm{S}_n{}' = n\mathrm{C}_n, \quad \int \mathrm{C}_n dx = \frac{\mathrm{S}_n}{n}, \quad \int \mathrm{S}_n dx = -\frac{\mathrm{C}_n}{n} \tag{21}$$

표 5-2

함수 $f(x)$	삼각 푸리에 급수
일반적	$f(x) = \frac{a_0}{2} + \sum_{n=1}^{\infty}(a_n\mathrm{C}_n + b_n\mathrm{S}_n)$ $\begin{cases} a_0 = \frac{1}{\pi}\int_{2\pi} f(x)dx \\ a_n = \frac{1}{\pi}\int_{2\pi} f(x)\mathrm{C}_n dx \\ b_n = \frac{1}{\pi}\int_{2\pi} f(x)\mathrm{S}_n dx \end{cases}$
우함수	$\begin{cases} f(x) = \frac{a_0}{2} + \sum_{n=1}^{\infty} a_n\mathrm{C}_n \\ a_n = \frac{2}{\pi}\int_0^{\pi} f(x)\mathrm{C}_n dx \quad (n \ge 0) \end{cases}$
기함수	$\begin{cases} f(x) = \sum_{n=1}^{\infty} b_n\mathrm{S}_n \\ b_n = \frac{2}{\pi}\int_0^{\pi} f(x)\mathrm{S}_n dx \quad (n \ge 1) \end{cases}$

예제 5-2 그림 5-2의 각 주기함수에 대한 푸리에 계수를 구하라.

그림 5-2

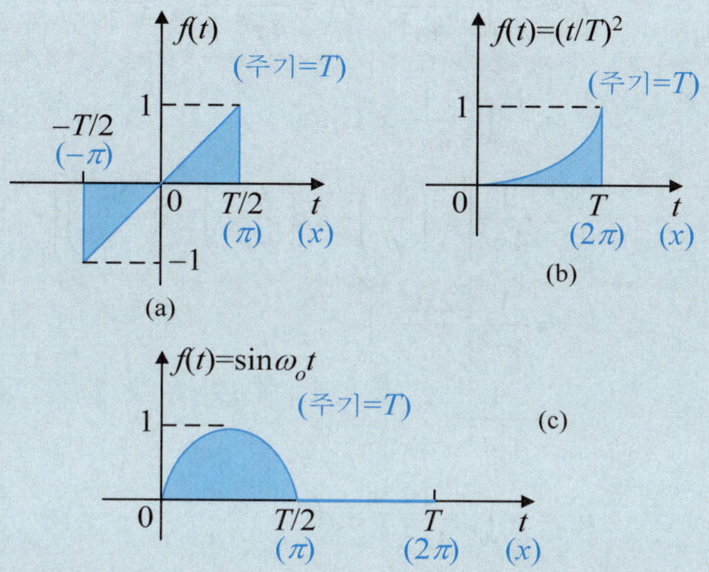

☞ (a) $f(t)$가 기함수이므로 사인 계수 b_n만 구하면 된다.

$$f(t) = (2/T)t \quad \rightarrow \quad f(x) = x/\pi$$

부분적분을 이용하면

$$\begin{aligned}
b_n &= \frac{2}{\pi}\int_0^\pi f(x)\mathrm{S}_n dx = \frac{2}{\pi^2}\int_0^\pi x\mathrm{S}_n dx \\
&= \frac{2}{\pi^2}\left[x\left(\frac{\mathrm{C}_n}{-n}\right) - \frac{\mathrm{S}_n}{-n^2}\right]_0^\pi \\
&= \frac{2}{\pi^2}\left[\frac{\pi\cos n\pi}{-n}\right] \\
&= -\frac{2\cos n\pi}{n\pi} \\
&= \frac{2}{n\pi}(-1)^{n+1}
\end{aligned}$$

(b) $f(t)$ 및 $f(x)$는 다음과 같다.

$$f(t) = \left(\frac{t}{T}\right)^2 \quad \rightarrow \quad f(x) = \left(\frac{x}{2\pi}\right)^2 = \frac{x^2}{4\pi^2}$$

$$a_0 = \frac{1}{\pi}\int_0^{2\pi}\frac{1}{4\pi^2}x^2dx = \frac{1}{4\pi^3}\frac{x^3}{3}\bigg|_0^{2\pi} = 2$$

$$\begin{aligned}a_n &= \frac{1}{\pi}\int_0^{2\pi}\frac{1}{4\pi^2}x^2\mathrm{C}_n dx \\ &= \frac{1}{4\pi^3}\left[x^2\left(\frac{\mathrm{S}_n}{n}\right) - 2x\left(\frac{\mathrm{C}_n}{-n^2}\right) + 2\left(\frac{\mathrm{S}_n}{-n^3}\right)\right]_0^{2\pi} \\ &= \frac{1}{4\pi^3}\left[\frac{2x\mathrm{C}_n}{n^2}\right]_0^{2\pi} \\ &= \frac{1}{n^2\pi^2}\end{aligned}$$

$$\begin{aligned}b_n &= \frac{1}{\pi}\int_0^{2\pi}\frac{1}{4\pi^2}x^2\mathrm{S}_n dx \\ &= \frac{1}{4\pi^3}\left[x^2\left(\frac{\mathrm{C}_n}{-n}\right) - 2x\left(\frac{\mathrm{S}_n}{-n^2}\right) + 2\left(\frac{\mathrm{C}_n}{n^3}\right)\right]_0^{2\pi} \\ &= \frac{1}{4\pi^3}\left[x^2\left(\frac{\mathrm{C}_n}{-n}\right) + 2\left(\frac{\mathrm{C}_n}{n^3}\right)\right]_0^{2\pi} \\ &= \frac{1}{4\pi^3}\left[\left(\frac{(2\pi)^2}{-n}\right)\right] \\ &= -\frac{1}{n\pi}\end{aligned}$$

(c) $f(t)$ 및 $f(x)$는 다음과 같다.

$$f(t) = \begin{cases}\sin\omega_o t & (0 \le t \le T/2) \\ 0 & (T/2 \le t \le T)\end{cases}$$

$$f(x) = \begin{cases}\sin x = \mathrm{S}_1 & (0 \le x \le \pi) \\ 0 & (\pi \le x \le 2\pi)\end{cases}$$

$$a_0 = \frac{1}{\pi}\int_0^{\pi}\mathrm{S}_1 dx = -\frac{\mathrm{C}_1}{\pi}\bigg|_0^{\pi} = \frac{2}{\pi}$$

$$\begin{aligned} a_n &= \frac{1}{\pi}\int_0^\pi \mathrm{S}_1\mathrm{C}_n dx \\ &= \frac{1}{2\pi}\left[\int_0^\pi \mathrm{S}_{1-n}dx + \int_0^\pi \mathrm{S}_{1+n}dx\right] \\ &= \frac{1}{2\pi}\left[\frac{\mathrm{C}_{1-n}}{n-1} - \frac{\mathrm{C}_{1+n}}{n+1}\right]_0^\pi \\ &= \frac{1}{2\pi}\left[\frac{\cos(n-1)\pi - 1}{n-1} - \frac{\cos(n+1)\pi - 1}{n+1}\right] \end{aligned}$$

여기서

$$\cos(n+1)\pi - 1 = \begin{cases} 0 & (n = \text{홀수}) \\ -2 & (n = \text{짝수}) \end{cases}$$

이므로

$$a_n = \begin{cases} 0 & (n = \text{홀수}) \\ -\dfrac{2}{\pi(n-1)(n+1)} & (n = \text{짝수}) \end{cases}$$

$$b_n = \frac{1}{\pi}\int_0^\pi \mathrm{S}_1\mathrm{S}_n dx = \frac{1}{2\pi}\left[\int_0^\pi \mathrm{C}_{1-n}dx - \int_0^\pi \mathrm{C}_{1+n}dx\right]$$

이므로 n=1인 경우는

$$b_1 = \frac{1}{2\pi}\left[\int_0^\pi 1dx - \int_0^\pi \mathrm{C}_{1+n}dx\right] = \frac{1}{2\pi}\left[x - \frac{\mathrm{S}_{1+n}}{1+n}\right]_0^\pi = \frac{1}{2}$$

그리고 $n \geq 2$인 경우는

$$\begin{aligned} b_n &= \frac{1}{2\pi}\left[\int_0^\pi \mathrm{C}_{1-n}dx - \int_0^\pi \mathrm{C}_{1+n}dx\right] \\ &= \frac{1}{2\pi}\left[\frac{\mathrm{S}_{1-n}}{1-n} - \frac{\mathrm{S}_{1+n}}{n+1}\right]_0^\pi \\ &= \frac{1}{2\pi}\left[\frac{\sin(n-1)\pi}{n-1} - \frac{\sin(n+1)\pi}{n+1}\right] \\ &= 0 \end{aligned}$$

깁스 현상 그림 5-1(b)에서 구형파의 제 5 고조파까지 합성한 파형과 그림 5-2(a)에서 톱니파의 제 3 고조파까지 합성한 파형이 그림 5-3이다. 어느 경우나 파형이 급격히 변하는 부분을 중심으로 대칭적인 진동이 생기며 이를 깁스(Gibbs) 현상이라 한다.

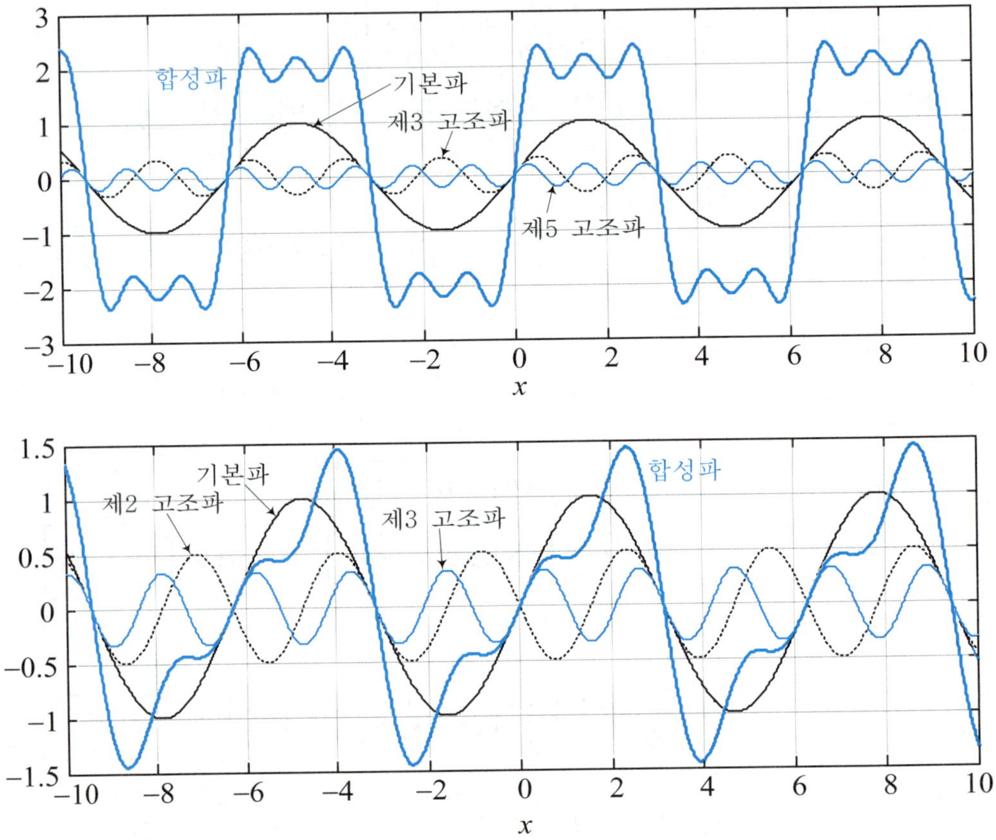

그림 5-3 깁스 현상

5.2 지수 푸리에 급수

푸리에 급수 삼각 푸리에 급수는 사인과 코사인 두 종류의 함수가 섞여 있으므로 불편한 점이 있다. 이를 피하기 위해 오일러 공식

$$e^{inx} = \cos nx + i\sin nx = C_n + iS_n \tag{22}$$

을 이용하면 한 가지 형태의 함수 e^{inx}로 전개할 수 있다. 표 5-2의 일반적인 삼각 푸리에 급수에서

$$C_n = \frac{1}{2}(e^{inx} + e^{-inx}), \quad S_n = \frac{1}{i2}(e^{inx} - e^{-inx}) \tag{23}$$

로 대입하면 다음과 같다.

$$\begin{aligned} f(x) &= \frac{a_0}{2} + \sum_{n=1}^{\infty}\left[a_n\left(\frac{e^{inx} + e^{-inx}}{2}\right) + b_n\left(\frac{e^{inx} - e^{-inx}}{i2}\right)\right] \\ &= \frac{a_0}{2} + \sum_{n=1}^{\infty}\left[\left(\frac{a_n}{2} + \frac{b_n}{i2}\right)e^{inx} + \left(\frac{a_n}{2} - \frac{b_n}{i2}\right)e^{-inx}\right] \\ &= c_0 + \sum_{n=1}^{\infty}[c_n e^{inx} + c_n{}^* e^{-inx}] \\ &= c_0 + \sum_{n=1}^{\infty}[c_n e^{inx} + c_{-n} e^{-inx}] \end{aligned} \tag{24}$$

단

$$c_n = \frac{a_n}{2} + \frac{b_n}{i2}, \quad c_0 = \frac{a_0}{2} \tag{25}$$

로 정의되며 $c_n^* = c_{-n}$이다. 따라서 식 (24)는 다음과 같이 표현된다.

$$\begin{aligned} f(x) &= c_0 + \sum_{n=1}^{\infty}[c_n e^{inx} + c_{-n} e^{-inx}] \\ &= \sum_{n=0}^{\infty} c_n e^{inx} + \sum_{n=1}^{\infty} c_{-n} e^{-inx} \\ &= \sum_{n=0}^{\infty} c_n e^{inx} + \sum_{n=-1}^{-\infty} c_n e^{inx} \\ &= \sum_{n=-\infty}^{\infty} c_n e^{inx} \end{aligned} \tag{26}$$

여기서 e^{inx} 역시 다음과 같이 직교함수군을 이룬다.

$$\int_{2\pi} e^{imx} e^{-inx} dx = \begin{cases} 2\pi & (m = n) \\ 0 & (m \neq n) \end{cases} \tag{27}$$

위의 성질을 이용하여 식 (26)의 계수 c_n을 구할 수 있다. 즉 식 (26)의 양

변에 e^{-imx}를 곱하여 2π 동안 적분하면 다음과 같다.

$$\begin{aligned}\int_{2\pi} f(x)e^{-imx}dx &= \int_{2\pi}\sum_{n=-\infty}^{\infty} c_n e^{inx}e^{-imx}dx \\ &= \sum_{n=-\infty}^{\infty} c_n\left[\int_{2\pi} e^{i(n-m)x}dx\right] \\ &= 2\pi c_m\end{aligned} \tag{28}$$

따라서 계수 c_n은

$$c_m = \frac{1}{2\pi}\int_{2\pi} f(x)e^{-imx}dx \tag{29}$$

로 주어지며 이를 식 (26)과 모아 써보면 다음과 같은 지수 푸리에 급수를 얻을 수 있다.

$$\begin{cases} f(x) = \displaystyle\sum_{n=-\infty}^{\infty} c_n e^{inx} \\ c_n = \displaystyle\frac{1}{2\pi}\int_{2\pi} f(x)e^{-inx}dx \end{cases} \tag{30}$$

위의 식에서 $x=\omega_o t$로 하면 다음과 같이 표현할 수도 있다.

$$\begin{cases} f(t) = \displaystyle\sum_{n=-\infty}^{\infty} c_n e^{in\omega_o t} \\ c_n = \displaystyle\frac{1}{T}\int_{T} f(t)e^{-in\omega_o t}dt \end{cases} \tag{31}$$

삼각 푸리에 급수의 계수와 지수 푸리에 급수의 계수 관계는 식 (25)로부터 다음과 같다.

$$a_n = 2\,\mathrm{Re}[c_n], \quad b_n = -2\,\mathrm{Im}[c_n] \tag{32}$$

지수 푸리에 급수는 표현식이 간단하며 특히 다음 절에서 설명할 푸리에 변환의 근간이 된다.

예제 5-3 그림 5-2(a) 톱니파를 지수 푸리에 급수로 전개하라.

☞ $f(x)=x/\pi$이므로 지수 푸리에 계수는 다음과 같이 부분적분으로 구한다.

$$\begin{aligned} c_n &= \frac{1}{2\pi}\int_{2\pi}\frac{1}{\pi}xe^{-inx}dx = \frac{1}{2\pi^2}\int_{-\pi}^{\pi}xe^{-inx}dx \\ &= \frac{1}{2\pi^2}\left[x\left(\frac{e^{-inx}}{-in}\right)-\left(\frac{e^{-inx}}{-n^2}\right)\right]_{-\pi}^{\pi} \\ &= \frac{1}{2\pi^2}\left[-\frac{\pi}{in}(e^{-in\pi}+e^{in\pi})+\frac{1}{n^2}(e^{-in\pi}-e^{in\pi})\right] \\ &= \frac{1}{2\pi^2}\left[-\frac{\pi}{in}2\cos n\pi-\frac{i2}{n^2}\sin n\pi\right] \\ &= \frac{1}{in\pi}(-1)^{n+1} \end{aligned}$$

따라서 지수 푸리에 급수는 다음과 같다.

$$f(x)=\sum_{n=-\infty}^{\infty}\frac{(-1)^{n+1}}{in\pi}e^{inx}$$

예제 5-2(a)에서

$$a_n=0,\quad b_n=\frac{2}{n\pi}(-1)^{n+1}$$

이므로 식 (25)의 관계인 다음을 확인할 수 있다.

$$c_n=\frac{a_n}{2}+\frac{b_n}{i2}=\frac{1}{in\pi}(-1)^{n+1}$$

특히 그림 5-4(a)와 같은 형태의 구형 펄스열(pulse train)은 통신공학에서 매우 중요하게 취급된다. 이 함수의 주기는 T이고 펄스폭은 T_p이며 펄스폭과 주기의 관계는 $T_p=T/N$, $N\geq 2$이다. 이제 이 함수의 지수 푸리에 계수를 구해 보자. 주어진 함수 $f(t)$로부터 $f(x)$를 구하면 다음과 같다.

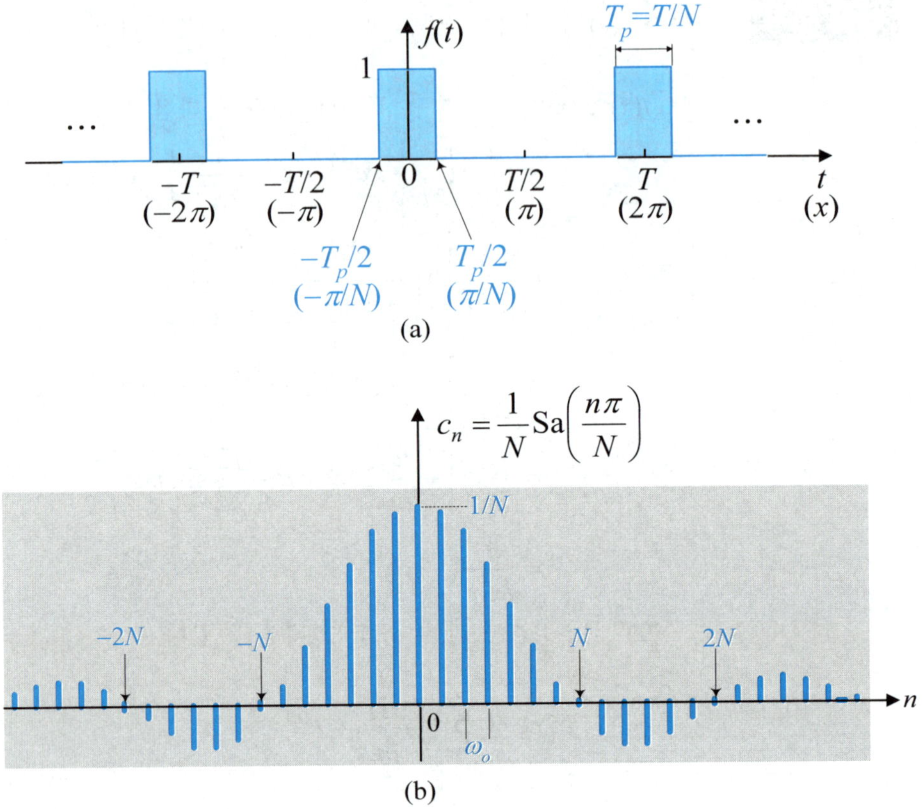

그림 5-4
구형 펄스열과 지수 푸리에 계수

$$f(x) = \begin{cases} 1 & (|x| \le \pi/N) \\ 0 & (|x| > \pi/N) \end{cases} \tag{33}$$

이로부터 지수 푸리에 계수를 구하면 다음과 같다.

$$\begin{aligned} c_n &= \frac{1}{2\pi}\int_{-\pi/N}^{\pi/N} e^{-inx}dx = \frac{1}{2\pi}\left[\frac{e^{-inx}}{-in}\right]_{-\pi/N}^{\pi/N} \\ &= \frac{1}{-i2n\pi}\left[e^{-in\pi/N} - e^{in\pi/N}\right] \\ &= \frac{\sin(n\pi/N)}{n\pi} \end{aligned} \tag{34}$$

여기서 표본화함수 Sa(x)를 다음과 같이 정의한다.

$$\mathrm{Sa}(x) \equiv \frac{\sin x}{x} \tag{35}$$

함수 Sa(x)를 이용하여 계수 c_n을 표현하면 다음과 같다.

$$c_n = \frac{\sin(n\pi/N)}{n\pi} = \frac{1}{N}\frac{\sin(n\pi/N)}{n\pi/N} = \frac{1}{N}\mathrm{Sa}\left(\frac{n\pi}{N}\right) \tag{36}$$

그리고 Sa(0)는 x=0에서 부정이므로 로피탈 정리를 이용하면

$$\lim_{x\to 0}\frac{\sin x}{x} = \lim_{x\to 0}\frac{(\sin x)'}{x'} = \lim_{x\to 0}\frac{\cos x}{1} = 1 \tag{37}$$

이므로 계수 c_0는 $c_0=1/N$이다. 이상으로 그림 5-4(a)의 지수 푸리에계수는 다음과 같다.

$$c_n = \frac{1}{N}\mathrm{Sa}\left(\frac{n\pi}{N}\right), \quad c_0 = \frac{1}{N} \tag{38}$$

또한 Sa($m\pi$)=0, (m은 정수)이므로 c_n은 n이 N의 정수배일 때 0이 된다. 이상으로 지수 푸리에계수 c_n은 그림 5-4(b)와 같다.

파스발 정리

식 (27)과 같은 e^{inx}의 직교성을 이용하면 $f(x)$의 평균 전력을 지수 푸리에계수로 간단히 나타낼 수 있다. 주기가 2π인 임의의 복소함수 $f(x)$의 평균 전력 P_f는 다음과 같이 정의한다.

$$P_f = \frac{1}{2\pi}\int_{2\pi}|f(x)|^2 dx = \frac{1}{2\pi}\int_{2\pi} f(x) f^*(x)dx \tag{39}$$

식 (30)의 지수 푸리에급수에서 $f(x)$에 그의 공액인 $f^*(x)$를 곱하여 한 주기 2π에 걸쳐 적분하면 다음과 같다.

$$\begin{aligned}\int_{2\pi} f(x)f^*(x)dx &= \int_{2\pi}\left[\sum_{m=-\infty}^{\infty}\sum_{n=-\infty}^{\infty} c_m c_n^* e^{i(m-n)x}\right]dx \\ &= \sum_{m=-\infty}^{\infty}\sum_{n=-\infty}^{\infty} c_m c_n^*\left[\int_{2\pi} e^{i(m-n)x}dx\right]\end{aligned} \tag{40}$$

위의 식 두 번째 등식은 첫 번째 등식에서 합과 적분의 순서를 바꾼 결과이다. 위의 식 우변 적분에 식 (27)의 직교성을 적용하면

$$\int_{2\pi} f(x)f^*(x)dx = 2\pi \sum_{n=-\infty}^{\infty} c_n c_n^* = 2\pi \sum_{n=-\infty}^{\infty} |c_n|^2 \tag{41}$$

따라서 다음과 같은 중요한 관계를 얻을 수 있다.

$$P_f = \frac{1}{2\pi}\int_{2\pi} |f(x)|^2 dx = \sum_{n=-\infty}^{\infty} |c_n|^2 \tag{42}$$

위의 식이 의미하는 바는 주기함수의 평균 전력은 지수 푸리에계수의 자승을 합한 것과 같다는 것이며 이를 파스발(Parseval) 정리라 한다. 파스발 정리에는 "시간 영역상의 전력이 주파수 영역상에서도 1:1로 보존된다"는 매우 중요한 뜻이 담겨있다. 파스발 정리는 삼각 푸리에급수에도 성립된다. 즉 식 (25)로부터

$$|c_n| = |c_{-n}| = \frac{1}{2}\sqrt{a_n^2 + b_n^2} \tag{43}$$

이므로 식 (42)에서

$$\sum_{n=-\infty}^{\infty} |c_n|^2 = \frac{1}{2}\sum_{n=-\infty}^{\infty} \sqrt{a_n^2 + b_n^2} = \sum_{n=0}^{\infty} \sqrt{a_n^2 + b_n^2} \tag{44}$$

여기서 푸리에 계수가 의미하는 바를 좀 더 살펴보자. 표 5-2의 삼각 푸리에급수 경우 사인과 코사인 항의 합을 하나의 코사인으로 합성하면

$$\begin{aligned} a_n \mathrm{C}_n + b_n \mathrm{S}_n &= \sqrt{a_n^2 + b_n^2}\cos\left(nx + \tan^{-1}\frac{b_n}{a_n}\right) \\ &= \frac{|c_n|}{2}\cos(nx + \phi_n) \end{aligned} \tag{45}$$

단 $\phi_n = \tan^{-1}(b_n/a_n)$이므로

$$f(x) = \frac{a_0}{2} + \sum_{n=1}^{\infty}(a_n \mathrm{C}_n + b_n \mathrm{S}_n) = c_0 + \frac{1}{2}\sum_{n=1}^{\infty}|c_n|\cos(nx + \phi_n) \tag{46}$$

이상으로 주기함수를 구성하고 있는 n번째 고조파의 진폭은 $|c_n|/2$이고 위상은 ϕ_n이며 전력은 $|c_n|^2$이다. 따라서 $|c_n|$을 n에 따라 그린 것을 크기 스펙트럼(spectrum), 또는 진폭 스펙트럼이라 하며 ϕ_n을 n에 따라 그린 것을 위상 스펙트럼이라 한다. 그리고 $|c_n|^2$을 그린 것을 전력 스펙트럼이

라 한다. 크기 스펙트럼과 전력 스펙트럼은 우대칭 함수이며 그 이유는 $c_{-n}=c_n^*$이기 때문이다.

5.3 푸리에 변환의 정의

푸리에 급수는 주기함수에만 적용되지만 이를 비주기함수에도 적용되도록 확장한 것이 푸리에 변환(Fourier transform)이다. 예를 들어 그림 5-4(a)에서 펄스폭 T_p는 그대로 두고 주기 T만 $T\to\infty$로 극한을 취하면 더 이상 주기 함수가 아닌 한 주기의 파형만 남게 된다. 그리고 $T\to\infty$로 하면 기본 주파수는 $\omega_o\to 0$으로 수렴하므로 그림 5-4(b)의 선 스펙트럼들은 서로 붙어버리게 된다. 즉 푸리에 계수는 연속 함수가 되는 것이다. 이상으로 푸리에 급수에서 T를 무한대로 하면 비주기적인 일반 함수에 대한 푸리에 해석이 가능할 것임을 짐작할 수 있다. 이를 위해 식 (31)의 지수 푸리에 급수를 다음과 같이 고쳐 쓰도록 한다.

$$\begin{cases} f(t)=\dfrac{1}{T}\displaystyle\sum_{n=-\infty}^{\infty}c_n e^{in\omega_o t} \\ c_n=\displaystyle\int_{-T/2}^{T/2}f(t)e^{-in\omega_o t}dt \end{cases} \tag{47}$$

위의 식이 식 (31)과 다른 점은 $1/T$의 위치만 옮긴 것뿐이다. 위의 식에서 $T\to\infty$로 하면 각 변수들은 다음과 같이 연속적인 변수로 변한다.

$$\omega_o\to d\omega,\quad n\omega_o\to\omega,\quad \frac{1}{T}=\frac{\omega_o}{2\pi}\to\frac{d\omega}{2\pi} \tag{48}$$

지금부터 $f(t)$는 주기 함수가 아닌 한 주기 동안의 함수로만 생각하여야 한다. 먼저 식 (48)의 관계를 식 (47)의 두 번째 식에 적용하면

$$\lim_{T\to\infty}c_n=\int_{-\infty}^{\infty}f(t)e^{-i\omega t}dt\equiv\mathbf{F}(\omega) \tag{49}$$

이며 $\mathbf{F}(\omega)$는 연속 함수이다. 다음 단계로 식 (47)의 첫 번째 식은 다음과 같은 형태로 고쳐 쓸 수 있다($T=2\pi/\omega_o$).

$$f(t)=\frac{1}{T}\sum_{n=-\infty}^{\infty}c_n e^{in\omega_o t}=\frac{1}{2\pi}\sum_{n=-\infty}^{\infty}c_n e^{in\omega_o t}\omega_o \quad \textbf{(50)}$$

위의 식에서 $T\to\infty$로 극한을 취하면서 식 (48)의 관계 및 식 (49)의 $\mathbf{F}(\omega)$를 이용하면 다음과 같은 결과를 얻을 수 있다(합은 적분으로 변한다).

$$f(t)=\lim_{T\to\infty}\frac{1}{2\pi}\sum_{n=-\infty}^{\infty}c_n e^{in\omega_o t}\omega_o=\frac{1}{2\pi}\int_{-\infty}^{\infty}\mathbf{F}(\omega)e^{i\omega t}d\omega \quad \textbf{(51)}$$

이상으로 식 (49)와 (51)을 종합하면 다음과 같다.

$$\begin{cases} f(t)=\dfrac{1}{2\pi}\displaystyle\int_{-\infty}^{\infty}\mathbf{F}(\omega)e^{i\omega t}d\omega \\ \mathbf{F}(\omega)=\displaystyle\int_{-\infty}^{\infty}f(t)e^{-i\omega t}dt \end{cases} \quad \textbf{(52)}$$

즉 위의 식은 식 (47)에서 $T\to\infty$로 극한을 취한 결과이며 $f(t)$는 더 이상 주기 함수가 아니다. 식 (52)에서 $\mathbf{F}(\omega)$를 $f(t)$의 푸리에 변환이라 하고 $f(t)$는 $\mathbf{F}(\omega)$의 푸리에 역변환, 간단히 역변환이라 한다. 그리고 $f(t)$와 $\mathbf{F}(\omega)$를 푸리에 변환쌍이라 하며 기호로는

$$\mathbf{F}(\omega)=\mathscr{F}[f(t)],\quad f(t)=\mathscr{F}^{-1}[\mathbf{F}(\omega)] \quad \textbf{(53)}$$

로 하고 간단하게는 다음과 같이 나타낸다.

$$f(t)\xleftrightarrow{\mathscr{F}}\mathbf{F}(\omega) \quad \textbf{(54)}$$

특히 4장에서 설명한 라플라스 변환 $F(s)$와 푸리에 변환 $\mathbf{F}(\omega)$ 사이에는 다음과 같이 형태상의 동질성이 있다.

$$\left.\begin{aligned} F(s)&=\int_{0}^{\infty}f(t)e^{-st}dt \\ \mathbf{F}(\omega)&=\int_{-\infty}^{\infty}f(t)e^{-i\omega t}dt \end{aligned}\right\} \quad \textbf{(55)}$$

따라서 $f(t)=0$, $t<0$이면 $s=i\omega$의 관계가 성립하는 경우가 많으며 그 외에도 두 변환은 닮은 점이 많다. 따라서 앞으로는 푸리에 변환에 대한 증명할 사항이 있을 때 가능한 라플라스 변환의 결과를 인용하기로 한다.

쌍대성 식 (52)를 살펴보면 푸리에 변환과 역변환은 근본적으로 동일한 형태이다. 따라서 푸리에 변환쌍은 다음과 같은 쌍대성이 가장 큰 특징이다.

$$\begin{array}{ccc} f(t) & \stackrel{\mathscr{F}}{\longleftrightarrow} & \mathbf{F}(\omega) \\ & \times & \\ \mathbf{F}(t) & \stackrel{\mathscr{F}}{\longleftrightarrow} & 2\pi f(-\omega) \end{array} \tag{56}$$

따라서 하나의 변환쌍을 알면 이와 쌍대가 되는 또 다른 변환쌍을 저절로 얻을 수 있어 편리하다. 식 (56)의 증명은 식 (52)의 첫 번째 식인 역푸리에 변환식에서 ω를 x로 치환한 다음에 다시 t를 $-\omega$로 치환하여 양변에 2π를 곱하면 다음과 같이 간단히 증명할 수 있다.

$$\begin{aligned} 2\pi f(-\omega) &= \int_{-\infty}^{\infty} \mathbf{F}(x)e^{-ix\omega}dx \\ &= \int_{-\infty}^{\infty} \mathbf{F}(t)e^{-i\omega t}dt \\ &= \mathscr{F}[\mathbf{F}(t)] \end{aligned} \tag{57}$$

5.4 중요한 함수의 푸리에 변환

앞으로는 그림 5-5(a)의 구형함수는 기호

$$\Pi(t/T) = \begin{cases} 1, & (|t| \le T/2) \\ 0, & (|t| > T/2) \end{cases} \tag{58}$$

로 표현하기로 하고 그림 (b)의 삼각파함수는 다음과 같이 표현하기로 한다.

$$\Lambda(t/T) = \begin{cases} -|t| + T, & (|t| \le T) \\ 0, & (|t| > T) \end{cases} \tag{59}$$

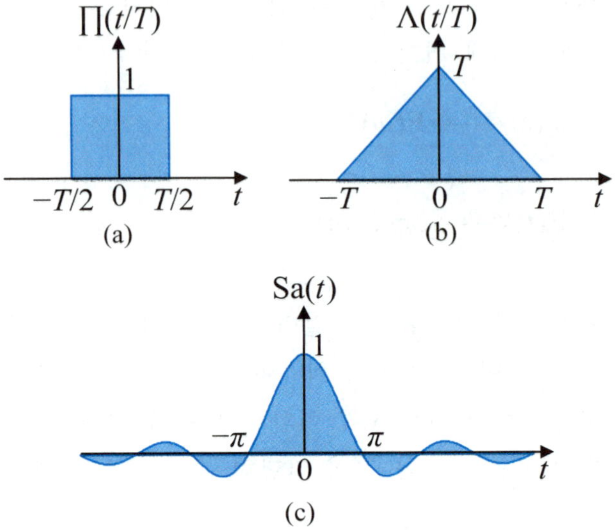

그림 5-5
(a) 구형 함수
(b) 삼각파 함수
(c) 표본화 함수

그리고 그림 5-5(c)의 표본화함수는 식 (35)에서 정의된 바대로

$$\mathrm{Sa}(t) = \frac{\sin t}{t} \tag{60}$$

이다. Sa($n\pi$)=0이며 $t=\pm\pi$를 첫 번째 영-교차라 하며

$$\int_0^{\infty} \mathrm{Sa}(t)dt = \frac{\pi}{2} \quad \text{또는} \quad \int_{-\infty}^{\infty} \mathrm{Sa}(t)dt = \pi \tag{61}$$

이다. 특히 첫 번째 영-교차인 $t=\pm\pi$내에 Sa(t) 전체 에너지의 약 98%가 포함되어 있으므로 그림 5-5(c)는 보통 $-\pi \le t \le \pi$ 내에 존재하는 것으로 근사화한다. 이제 식 (56)의 쌍대성을 바탕으로 중요한 함수들의 푸리에 변환쌍을 구해 본다.

충격함수 $\delta(t)$와 상수 1

$$\left.\begin{array}{ll} \text{(a)} & \delta(t) \stackrel{\mathcal{F}}{\longleftrightarrow} 1 \\ \text{(b)} & 1 \stackrel{\mathcal{F}}{\longleftrightarrow} 2\pi\delta(\omega) \end{array}\right\} \tag{62}$$

[증명] 먼저 식 (62)의 (a)에 대한 증명은 다음과 같다.

$$\mathfrak{F}[\delta(t)] = \int_{-\infty}^{\infty} \delta(t) e^{-i\omega t} dt = \int_{-\infty}^{\infty} \delta(t) e^{0} dt = 1 \tag{63}$$

식 (63)의 관계는 그림 5-6(a)와 같다. 그리고 식 (62)의 (b)는 상수 1의 푸리에 변환으로 (a)의 쌍대이다. 충격함수가 우함수임을 이용하면 쌍대성에 의해 다음과 같이 증명되며 그림 5-6(d)가 이를 보여준다.

$$\mathfrak{F}[1] = 2\pi\delta(-\omega) = 2\pi\delta(\omega) \tag{64}$$

그림 5-6(a)에서 충격함수에는 0에서 무한대까지의 모든 주파수 성분이 균일한 크기로 포함되어 있음을 알 수 있으며 이 점이 충격함수의 가장 큰 매력 중 하나이다. 따라서 시스템의 입력에 충격함수를 인가한다는 것은 주파수 0에서 무한대까지의 모든 사인함수를 동일한 진폭으로 한꺼번에 입력시키는 것과 같으므로 충격응답이 소중하게 취급되는 것이다. 충격응답은 우리가 일상 생활에서 무의식적으로 이용하고 있으며 그 예가 수박이 잘 익었는지 두들겨 보는 것 등이다.

구형함수 $\Pi(t/T)$와 표본화함수 $\mathrm{Sa}(t)$

$$\left.\begin{aligned} &(a) \quad \Pi(t/T) \overset{\mathfrak{F}}{\longleftrightarrow} T\mathrm{Sa}(\omega T/2) \\ &(b) \quad \frac{W}{\pi}\mathrm{Sa}(Wt) \overset{\mathfrak{F}}{\longleftrightarrow} \Pi\left(\frac{\omega}{2W}\right) \end{aligned}\right\} \tag{65}$$

[증명] 식 (65)의 (a)에 대한 증명은 다음과 같다.

$$\begin{aligned} \mathfrak{F}[\Pi(t/T)] &= \int_{-T/2}^{T/2} e^{-i\omega t} dt = \left.\frac{e^{-i\omega t}}{-i\omega}\right|_{-T/2}^{T/2} \\ &= \frac{\sin(\omega T/2)}{\omega/2} \\ &= T\mathrm{Sa}(\omega T/2) \end{aligned} \tag{66}$$

식 (66)의 변환쌍은 그림 5-6(b)이다. 그리고 구형함수가 우함수이므로 식 (65)의 (a)에 대한 쌍대는 다음과 같다.

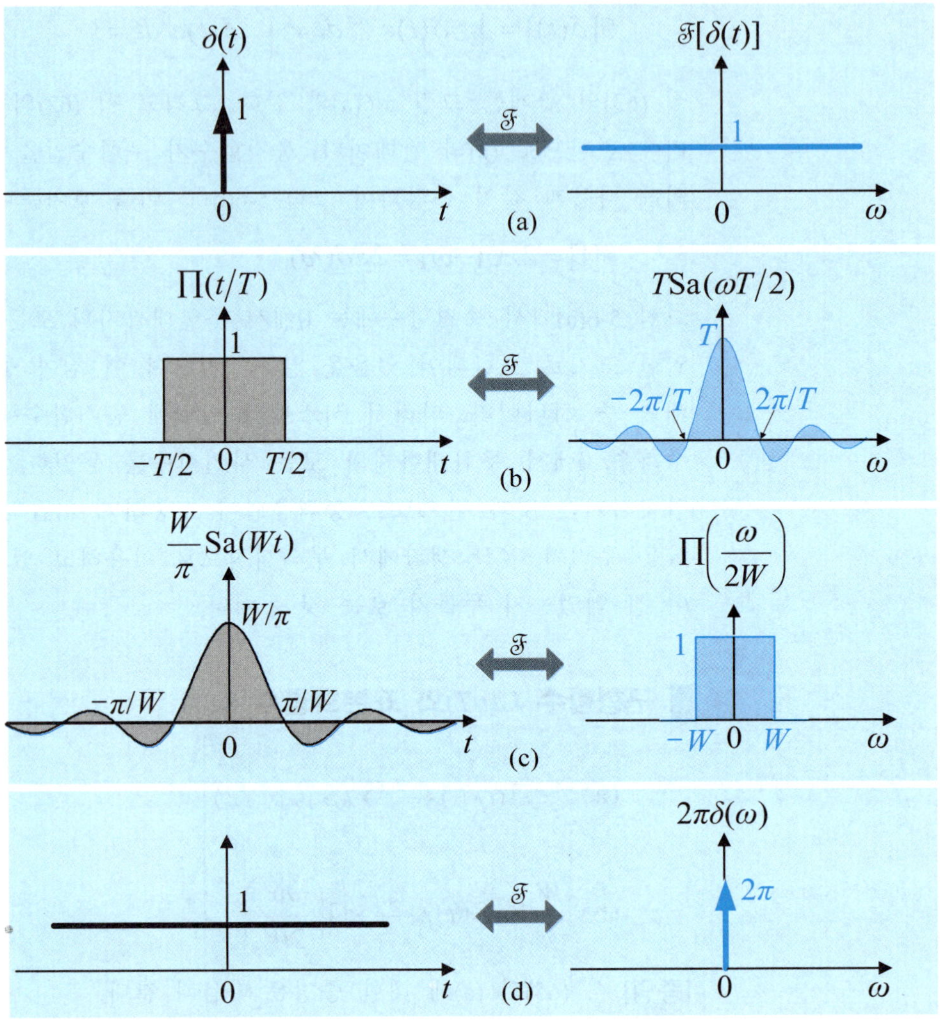

그림 5-6 중요 함수의 푸리에 변환쌍

$$TSa(tT/2) \overset{\mathfrak{F}}{\longleftrightarrow} 2\pi \prod(\omega/T) \tag{67}$$

여기서 T 대신에 $2W$를 대입하고 양변을 2π로 나누면 식 (67)의 (b) 관계를 얻을 수 있으며 그림 5-6(c)가 이를 보여준다. 그림 5-6(b)는 디지털 통신에서 대단히 중요하다. 특히 $\Pi(t/T)$의 시간폭은 T이며 $TSa(\omega T/2)$의 근사적인 대역폭(bandwidth)은 $B \cong 2\pi/T$ [rad/sec]$=1/T$ [Hz]이다. 따라서 시간폭과 대역폭의 곱은 1로 일정하다는 것을 알 수 있다. 즉 펄스의 폭을 줄이면 대역폭이 증가하고 펄스의 폭을 늘리면 대역폭은 감소한다는 것이다. 그리고 그림 5-6(c)는 필터 이론에서 중요하게 사용되며 이에 대해서는 나

중에 설명한다. 그림 5-6을 통해 관찰할 수 있는 점은 그림 (a)에서 (d)의 순으로 함수의 시간폭이 증가하면 푸리에 변환의 대역폭은 (a)에서 (d)의 순으로 감소한다는 것이다. 따라서 시간영역과 주파수영역은 마치 손바닥과 손등의 관계와 같아 한쪽의 폭이 늘면(줄면) 다른 영역에서는 폭이 줄어든다(늘어난다).

복소지수함수 $e^{i\omega_o t}$

$$e^{i\omega_o t} \overset{\mathfrak{F}}{\longleftrightarrow} 2\pi\delta(\omega-\omega_o) \tag{68}$$

[증명] 증명을 역으로 한다. 즉 위의 식 우변에 역변환을 취하면

$$\begin{aligned}
\mathfrak{F}^{-1}[2\pi\delta(\omega-\omega_o)] &= \frac{1}{2\pi}\int_{-\infty}^{\infty} 2\pi\delta(\omega-\omega_o)e^{i\omega t}d\omega \\
&= \int_{-\infty}^{\infty} \delta(\omega-\omega_o)e^{i\omega_o t}d\omega \\
&= e^{i\omega_o t}\int_{-\infty}^{\infty} \delta(\omega-\omega_o)d\omega \\
&= e^{i\omega_o t}
\end{aligned} \tag{69}$$

사인 및 코사인함수

$$\left.\begin{aligned}
&\text{(a)}\ \cos\omega_o t \overset{\mathfrak{F}}{\longleftrightarrow} \pi[\delta(\omega+\omega_o)+\delta(\omega-\omega_o)] \\
&\text{(b)}\ \sin\omega_o t \overset{\mathfrak{F}}{\longleftrightarrow} i\pi[\delta(\omega+\omega_o)-\delta(\omega-\omega_o)]
\end{aligned}\right\} \tag{70}$$

[증명] 식 (68)의 변환쌍을 이용한다. 먼저 코사인의 경우는 오일러 공식을 이용하면 다음과 같이 증명할 수 있다.

$$\begin{aligned}
\mathfrak{F}[\cos\omega_o t] &= \frac{1}{2}\mathfrak{F}[e^{i\omega_o t}+e^{-i\omega_o t}] \\
&= \frac{1}{2}\mathfrak{F}[e^{i\omega_o t}]+\frac{1}{2}\mathfrak{F}[e^{-i\omega_o t}] \\
&= \pi\delta(\omega-\omega_o)+\pi\delta(\omega+\omega_o)
\end{aligned} \tag{71}$$

사인함수 경우도 동일한 방법으로 증명된다(연습 문제). 그림 5-7은 사인

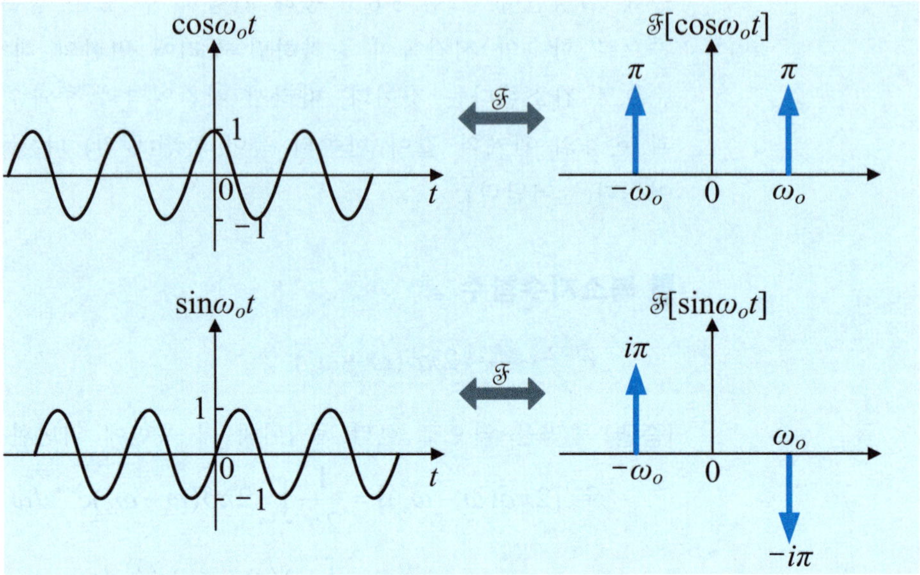

그림 5-7 사인 및 코사인 함수의 푸리에 변환쌍

및 코사인에 대한 푸리에 변환쌍을 보여준다.

지수함수 e^{at}

$$e^{-at}u(t) \overset{\mathcal{F}}{\longleftrightarrow} \frac{1}{a+i\omega} \quad (a>0) \tag{72}$$

[증명] 푸리에 변환의 정의에 의해

$$\begin{aligned}\int_{-\infty}^{\infty} e^{-at}u(t)e^{-i\omega t}dt &= \int_{0}^{\infty} e^{-(a+i\omega)t}dt = \frac{1}{a+i\omega}e^{-(a+i\omega)t}\Big|_0^{\infty} \\ &= \frac{1}{a+i\omega}\end{aligned} \tag{73}$$

단 $a<0$이면 적분값이 유한하지 않으므로 푸리에 변환은 정의되지 않는다.

시그넘(signum) 함수 sgn(t)

시그넘 함수 sgn(t)는 다음과 같이 정의된다(그림 5-8(b)).

$$\text{sgn}(t) = \begin{cases} 1 & (t>0) \\ 0 & (t=0) \\ -1 & (t<0) \end{cases} \tag{74}$$

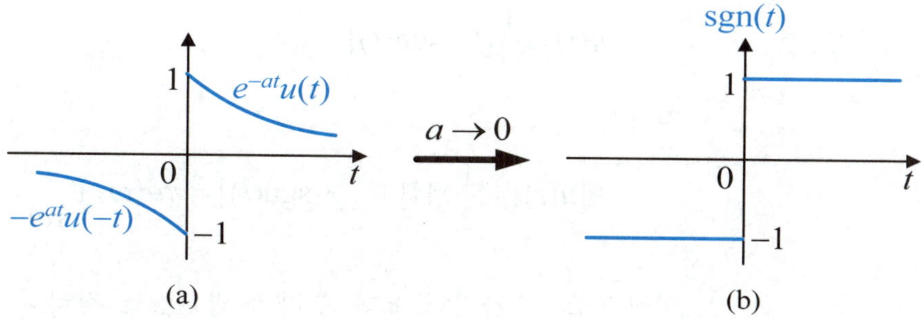

그림 5-8 시그넘 함수의 정의

시그넘 함수에 대한 푸리에 변환쌍은 다음과 같다.

$$\text{sgn}(t) \overset{\mathcal{F}}{\longleftrightarrow} \frac{2}{i\omega} \tag{75}$$

[증명] 시그넘 함수는 그림 5-8(a)의 함수에서 $a \to 0$으로 한 것과 같으므로

$$\text{sgn}(t) = \lim_{a \to 0}[e^{-at}u(t) - e^{at}u(-t)] \tag{76}$$

따라서 위의 식으로부터 sgn(t)의 푸리에 변환은 다음과 같다.

$$\begin{aligned}\mathcal{F}[\text{sgn}(t)] &= \lim_{a \to 0}\left[\int_{-\infty}^{\infty} e^{-at}u(t)e^{-i\omega t}dt - \int_{-\infty}^{\infty} e^{at}u(-t)e^{-i\omega t}dt\right] \\ &= \lim_{a \to 0}\left[\int_{0}^{\infty} e^{-(a+i\omega)t}dt - \int_{-\infty}^{0} e^{(a-i\omega)t}dt\right] \\ &= \lim_{a \to 0}\left[\frac{1}{a+i\omega} - \frac{1}{a-i\omega}\right] \\ &= \lim_{a \to 0}\frac{-i2\omega}{a^2+\omega^2} \\ &= \frac{2}{i\omega}\end{aligned} \tag{77}$$

계단함수 $u(t)$

$$u(t) \overset{\mathcal{F}}{\longleftrightarrow} \frac{1}{i\omega} + \pi\delta(\omega) \tag{78}$$

[증명] 계단함수 $u(t)$는 다음과 같이 sgn(t)로 표현할 수 있다.

$$u(t)=\frac{1}{2}[1+\text{sgn}(t)] \tag{79}$$

따라서

$$\mathfrak{F}[u(t)]=\frac{1}{2}\mathfrak{F}[1]+\frac{1}{2}\mathfrak{F}[\text{sgn}(t)]=\pi\delta(\omega)+\frac{1}{i\omega} \tag{80}$$

이상으로 몇 가지 중요한 푸리에 변환쌍을 정리하면 표 5-3과 같다.

표 5-3 중요 함수의 푸리에 변환쌍

$f(t)$	$F(\omega)$
$\delta(t)$	1
1	$2\pi\delta(\omega)$
$\Pi(t/T)$	$T\text{Sa}(\omega T/2)$
$\frac{W}{\pi}\text{Sa}(Wt)$	$\Pi\left(\frac{\omega}{2W}\right)$
$e^{i\omega_o t}$	$2\pi\delta(\omega-\omega_o)$
$\cos\omega_o t$ $\sin\omega_o t$	$\pi[\delta(\omega+\omega_o)+\delta(\omega-\omega_o)]$ $i\pi[\delta(\omega+\omega_o)-\delta(\omega-\omega_o)]$
$e^{-at}u(t) \quad (a>0)$	$\frac{1}{a+i\omega}$
$\text{sgn}(t)$	$\frac{2}{i\omega}$
$u(t)$	$\frac{1}{i\omega}+\pi\delta(\omega)$

푸리에 변환은 복소 성질이 있으며 함수 $f(t)$가 실함수(real function)일 경우 푸리에 변환 $\mathbf{F}(\omega)$와 그 공액 $\mathbf{F}^*(\omega)$의 관계는 다음과 같다.

$$\mathbf{F}^*(\omega)=\left(\int_{-\infty}^{\infty}f(t)e^{-i\omega t}dt\right)^*=\int_{-\infty}^{\infty}f(t)e^{i\omega t}dt=\mathbf{F}(-\omega) \tag{81}$$

즉 $\mathbf{F}^*(\omega)=\mathbf{F}(-\omega)$이며 이를 공액대칭(conjugate symmetric)이라 한다. 따라서 $\mathbf{F}(\omega)$의 크기 $|\mathbf{F}(\omega)|$와 편각 $\angle\mathbf{F}(\omega)$는 다음을 만족한다.

$$|\mathbf{F}(-\omega)| = |\mathbf{F}(\omega)|, \quad \angle\mathbf{F}(-\omega) = -\angle\mathbf{F}(\omega) \tag{82}$$

즉 $|\mathbf{F}(\omega)|$은 우함수이며 $\angle\mathbf{F}(\omega)$는 기함수이다.

5.5 푸리에 변환의 성질

푸리에 변환에는 쌍대성을 바탕으로 한 유용한 성질들이 있다.

정리 1 선형성(linearity)

$$af(t) + bg(t) \overset{\mathfrak{F}}{\longleftrightarrow} a\mathbf{F}(\omega) + b\mathbf{G}(\omega) \tag{83}$$

이는 라플라스 변환의 성질과 같다.

정리 2 이동 정리

$$\left.\begin{aligned} &\text{(a)}\;\; e^{i\omega_o t} f(t) \overset{\mathfrak{F}}{\longleftrightarrow} \mathbf{F}(\omega - \omega_o) \\ &\text{(b)}\;\; f(t-T) \overset{\mathfrak{F}}{\longleftrightarrow} e^{-i\omega T}\mathbf{F}(\omega) \end{aligned}\right\} \tag{84}$$

[증명] (a)의 경우는

$$\begin{aligned} \mathfrak{F}[e^{i\omega_o t} f(t)] &= \int_{-\infty}^{\infty} [e^{i\omega_o t} f(t)] e^{-i\omega t} dt = \int_{-\infty}^{\infty} f(t) e^{-i(\omega - \omega_o)t} dt \\ &= \mathbf{F}(\omega - \omega_o) \end{aligned} \tag{85}$$

(b)의 경우는 $t-T=\tau$로 치환하면 다음과 같이 증명된다.

$$\begin{aligned} \mathfrak{F}[f(t-T)] &= \int_{-\infty}^{\infty} f(t-T) e^{-i\omega t} dt = \int_{-\infty}^{\infty} f(\tau) e^{-i\omega\tau} e^{-i\omega T} d\tau \\ &= e^{-i\omega T} \int_{-\infty}^{\infty} f(\tau) e^{-i\omega\tau} d\tau \\ &= e^{-i\omega T}\mathbf{F}(\omega) \end{aligned} \tag{86}$$

특히 식 (84)의 (a) 성질을 통신 공학에서는 변조(變調, modulation)라 하며 매우 중요한 역할을 한다(뒤에서 자세히 설명한다). 그리고 오일러 공식을 이용하면 다음의 변환쌍을 쉽게 구할 수 있다(연습 문제).

$$\left.\begin{aligned} f(t)\cos\omega_o t &\overset{\mathfrak{F}}{\longleftrightarrow} \frac{1}{2}[\mathbf{F}(\omega+\omega_o)+\mathbf{F}(\omega-\omega_o)] \\ f(t)\sin\omega_o t &\overset{\mathfrak{F}}{\longleftrightarrow} \frac{1}{i2}[\mathbf{F}(\omega+\omega_o)-\mathbf{F}(\omega-\omega_o)] \end{aligned}\right\} \tag{87}$$

식 (84)는 '복소지수-곱↔이동' 및 '이동↔복소지수-곱'으로 표현된다.

정리 3 척도변화(scaling)

$$\left.\begin{aligned} &\text{(a)}\quad f(at) \overset{\mathfrak{F}}{\longleftrightarrow} \frac{1}{a}\mathbf{F}\left(\frac{\omega}{a}\right) \\ &\text{(b)}\quad \frac{1}{a}f\left(\frac{t}{a}\right) \overset{\mathfrak{F}}{\longleftrightarrow} \mathbf{F}(a\omega) \end{aligned}\right\} \tag{88}$$

위의 성질은 라플라스 변환에서의 척도변화 정리(4장의 식 (61))와 같은 원리이다.

정리 4 미분

$$\left.\begin{aligned} &\text{(a)}\quad \frac{d^n f(t)}{dt^n} \overset{\mathfrak{F}}{\longleftrightarrow} (i\omega)^n\mathbf{F}(\omega) \\ &\text{(b)}\quad (-it)^n f(t) \overset{\mathfrak{F}}{\longleftrightarrow} \frac{d^n\mathbf{F}(\omega)}{d\omega^n} \end{aligned}\right\} \tag{89}$$

식 (89)의 (a)는 시간영역의 미분은 주파수영역에서 $i\omega$-곱하기로 변환되며(미분↔$i\omega$-곱하기) 주파수영역의 미분은 시간영역에서 it-곱하기로 변환된다($-it$-곱하기↔미분).

[증명] 먼저 (a)는 다음과 같이 증명된다.

$$\frac{d^n f(t)}{dt^n} = \frac{d^n}{dt^n}\left[\frac{1}{2\pi}\int_{-\infty}^{\infty}\mathbf{F}(\omega)e^{i\omega t}\,d\omega\right]$$

$$
\begin{aligned}
&= \frac{1}{2\pi}\int_{-\infty}^{\infty} \mathbf{F}(\omega)\frac{d^n}{dt^n}[e^{i\omega t}]d\omega \\
&= \frac{1}{2\pi}\int_{-\infty}^{\infty} [(i\omega)^n \mathbf{F}(\omega)]e^{i\omega t}d\omega \\
&= \mathfrak{F}^{-1}[(i\omega)^n \mathbf{F}(\omega)]
\end{aligned}
\tag{90}
$$

다음으로 식 (89)의 (b)는 다음과 같이 증명된다.

$$
\begin{aligned}
\frac{d^n\mathbf{F}(\omega)}{d\omega^n} &= \frac{d^n}{d\omega^n}\left[\int_{-\infty}^{\infty} f(t)e^{-i\omega t}dt\right] \\
&= \int_{-\infty}^{\infty} f(t)\frac{d^n}{d\omega^n}[e^{-i\omega t}]dt \\
&= \int_{-\infty}^{\infty} [(-it)^n f(t)]e^{-i\omega t}dt \\
&= \mathfrak{F}[(-it)^n f(t)]
\end{aligned}
\tag{91}
$$

정리 5 적분

$$
\left.
\begin{aligned}
&\text{(a)} \quad \int_{-\infty}^{t} f(\tau)d\tau \overset{\mathfrak{F}}{\longleftrightarrow} \frac{\mathbf{F}(\omega)}{i\omega} \\
&\text{(b)} \quad \frac{f(t)}{-it} \overset{\mathfrak{F}}{\longleftrightarrow} \int_{-\infty}^{\omega} \mathbf{F}(\lambda)d\lambda
\end{aligned}
\right\}
\tag{92}
$$

식 (92)의 (a)는 시간영역의 적분은 주파수영역에서 $i\omega$-나누기가 되며(적분↔$i\omega$-나누기) 주파수영역의 적분은 시간영역에서 $-it$-나누기로 된다($-it$-나누기↔적분). 단 (a)는 $\mathbf{F}(0)=0$일 때만 성립하며 (b)는 $f(0)=0$일 때만 성립한다.

[증명] 먼저 (a)는 부분적분을 이용해 다음과 같이 증명된다.

$$
\begin{aligned}
\mathfrak{F}\left[\int_{-\infty}^{t} f(\tau)d\tau\right] &= \int_{-\infty}^{\infty}\left[\int_{-\infty}^{t} f(\tau)d\tau\right]e^{-i\omega t}dt \\
&= \left[\frac{e^{-i\omega t}}{-i\omega}\int_{-\infty}^{t} f(\tau)d\tau\right]_{-\infty}^{\infty} - \frac{1}{-i\omega}\int_{-\infty}^{\infty} f(t)e^{-i\omega t}dt
\end{aligned}
\tag{93}
$$

위의 식 우변 첫 번째 항이 0이 될 조건은

$$\lim_{t\to\infty}\int_{-\infty}^{t} f(\tau)d\tau = \mathbf{F}(0) = 0 \tag{94}$$

이며 이 조건에서는 식 (93)의 우변 두 번째 항만 남는다. 즉

$$\mathfrak{F}\left[\int_{-\infty}^{t} f(\tau)d\tau\right] = \frac{1}{i\omega}\int_{-\infty}^{\infty} f(t)e^{-i\omega t}dt = \frac{\mathbf{F}(\omega)}{i\omega} \tag{95}$$

다음으로 식 (92)의 (b)도 위와 같은 절차로 증명된다.

$$\begin{aligned}\mathfrak{F}^{-1}\left[\int_{-\infty}^{\omega}\mathbf{F}(\lambda)d\lambda\right] &= \frac{1}{2\pi}\int_{-\infty}^{\infty}\left[\int_{-\infty}^{\omega}\mathbf{F}(\lambda)d\lambda\right]e^{i\omega t}d\omega \\ &= \frac{1}{2\pi}\left[\frac{e^{i\omega t}}{it}\int_{-\infty}^{\omega}\mathbf{F}(\lambda)d\lambda\right]_{-\infty}^{\infty} \\ &\quad -\frac{1}{it}\int_{-\infty}^{\infty}\mathbf{F}(\lambda)e^{i\omega t}d\omega\end{aligned} \tag{96}$$

위의 식에서도 우변 첫 번째 항이 0이 될 조건은

$$\lim_{\omega\to\infty}\frac{1}{2\pi}\int_{-\infty}^{\omega}\mathbf{F}(\lambda)d\lambda = f(0) = 0 \tag{97}$$

이며 이를 만족하면 다음과 같다.

$$\mathfrak{F}^{-1}\left[\int_{-\infty}^{\omega}\mathbf{F}(\lambda)d\lambda\right] = -\frac{1}{it}\int_{-\infty}^{\infty}\mathbf{F}(\lambda)e^{i\omega t}d\omega = \frac{f(t)}{-it} \tag{98}$$

정리 6 컨벌류션

$$\left.\begin{aligned}&\text{(a)}\quad f(t)*g(t) \overset{\mathfrak{F}}{\longleftrightarrow} \mathbf{F}(\omega)\mathbf{G}(\omega) \\ &\text{(b)}\quad f(t)g(t) \overset{\mathfrak{F}}{\longleftrightarrow} \frac{1}{2\pi}\mathbf{F}(\omega)*\mathbf{G}(\omega)\end{aligned}\right\} \tag{99}$$

식 (99)가 의미하는 바는 시간상의 컨벌류션은 주파수상에서 곱셈이 되고 (컨벌류션↔곱셈), 주파수상의 컨벌류션은 시간상의 곱셈이 된다(곱셈↔컨벌류션)는 것이다.

[증명] (a)의 증명은 4장의 라플라스 경우와 흡사하므로 4장의 식 (49)~(52)를 참조하는 것으로 하고 식 (99)의 (b) 경우만 증명한다. 컨벌류션의 정의에 의해

$$\mathbf{F}(\omega)*\mathbf{G}(\omega)=\int_{-\infty}^{\infty}\mathbf{F}(\lambda)\mathbf{G}(\omega-\lambda)d\lambda \tag{100}$$

이며 다음과 같이 역푸리에 변환을 취한다.

$$\begin{aligned}&\mathfrak{F}^{-1}\left[\frac{1}{2\pi}\mathbf{F}(\omega)*\mathbf{G}(\omega)\right]\\ &\quad=\frac{1}{2\pi}\int_{-\infty}^{\infty}\left[\frac{1}{2\pi}\int_{-\infty}^{\infty}\mathbf{F}(\lambda)\mathbf{G}(\omega-\lambda)d\lambda\right]e^{i\omega t}d\omega \qquad (101)\\ &\quad=\frac{1}{2\pi}\int_{-\infty}^{\infty}\mathbf{F}(\lambda)\left[\frac{1}{2\pi}\int_{-\infty}^{\infty}\mathbf{G}(\omega-\lambda)e^{i\omega t}d\omega\right]d\lambda\end{aligned}$$

위의 식 두 번째 등식은 첫 번째 등식에서 적분 순서를 바꾼 결과이며 $\omega-\lambda=x$로 치환하면 다음과 같다.

$$\begin{aligned}&\frac{1}{2\pi}\int_{-\infty}^{\infty}\mathbf{F}(\lambda)\left[\frac{1}{2\pi}\int_{-\infty}^{\infty}\mathbf{G}(x)e^{i(x+\lambda)t}dx\right]d\lambda\\ &=\frac{1}{2\pi}\int_{-\infty}^{\infty}\mathbf{F}(\lambda)\left[\frac{1}{2\pi}\int_{-\infty}^{\infty}\mathbf{G}(x)e^{ixt}dx\right]e^{i\lambda t}d\lambda\\ &=\frac{1}{2\pi}\int_{-\infty}^{\infty}\mathbf{F}(\lambda)g(t)e^{i\lambda t}d\lambda \qquad (102)\\ &=g(t)\left[\frac{1}{2\pi}\int_{-\infty}^{\infty}\mathbf{F}(\lambda)e^{i\lambda t}d\lambda\right]\\ &=g(t)f(t)\end{aligned}$$

따라서 식 (101), (102)로부터 다음을 증명할 수 있다.

$$\mathfrak{F}^{-1}\left[\frac{1}{2\pi}\mathbf{F}(\omega)*\mathbf{G}(\omega)\right]=f(t)g(t) \tag{103}$$

정리 7 파스발 정리

$$\begin{aligned}\int_{-\infty}^{\infty}f^2(t)dt&=\frac{1}{2\pi}\int_{-\infty}^{\infty}|\mathbf{F}(\omega)|^2d\omega\\ &=\frac{1}{\pi}\int_{0}^{\infty}|\mathbf{F}(\omega)|^2d\omega\end{aligned} \tag{104}$$

위의 식이 의미하는 바는 시간 영역의 에너지는 주파수 영역의 에너지와 같다는 것이며 그 결과 푸리에 변환을 거쳐도 에너지는 1:1로 보존된다.

[증명] 식 (99)의 (b)의 컨벌류션 관계로부터

$$\begin{aligned}\int_{-\infty}^{\infty} f(t)g(t)e^{-i\omega t}dt &= \frac{1}{2\pi}\mathbf{F}(\omega)*\mathbf{G}(\omega) \\ &= \frac{1}{2\pi}\int_{-\infty}^{\infty}\mathbf{F}(\lambda)\mathbf{G}(\omega-\lambda)d\lambda\end{aligned} \tag{105}$$

위의 식에서 $g(t)=f(t)$로 하면서 $\omega=0$으로 하면 다음과 같다.

$$\begin{aligned}\int_{-\infty}^{\infty} f^2(t)dt &= \frac{1}{2\pi}\int_{-\infty}^{\infty}\mathbf{F}(\lambda)\mathbf{F}(-\lambda)d\lambda \\ &= \frac{1}{2\pi}\int_{-\infty}^{\infty}|\mathbf{F}(\lambda)|^2 d\lambda \\ &= \frac{1}{\pi}\int_{0}^{\infty}|\mathbf{F}(\lambda)|^2 d\lambda\end{aligned} \tag{106}$$

위의 식 두 번째 등식이 세 번째 등식으로 되는 이유는 식 (82)에서 설명한 바와 같이 $|\mathbf{F}(\omega)|$가 우함수이기 때문이다. $|\mathbf{F}(\omega)|$를 연속 스펙트럼, 간단히 스펙트럼이라 하고 $|\mathbf{F}(\omega)|^2$을 에너지 스펙트럼이라 한다.

임의의 함수 $f(t)$와 $\delta(t)$의 컨벌류션 및 $f(t)$와 $u(t)$의 컨벌류션을 활용하면 복잡한 증명을 쉽게 행할 수 있는 경우가 많다. 먼저 $f(t)$와 $\delta(t)$의 컨벌류션을 구하면 다음과 같다.

$$\begin{aligned}f(t)*\delta(t) &= \int_{-\infty}^{\infty} f(\tau)\delta(t-\tau)d\tau \\ &= \int_{-\infty}^{\infty} f(t)\delta(t-\tau)d\tau \\ &= f(t)\int_{-\infty}^{\infty}\delta(t-\tau)d\tau \\ &= f(t)\end{aligned} \tag{107}$$

즉 임의의 함수에 충격함수를 컨벌류션해도 함수는 변하지 않는다. 물론 푸리에 변환의 경우도 마찬가지로 다음과 같다.

$$\mathbf{F}(\omega)*\delta(\omega) = \mathbf{F}(\omega) \tag{108}$$

식 (107)와 (108)을 확장하면 임의의 상수 T와 ω_o에 대해 다음이 성립하며 이에 대한 증명은 독자들에게 맡긴다(컨벌류션은 순서를 바꿔도 같다).

$$\left.\begin{aligned} f(t)*\delta(t-T) &= f(t-T) \\ \mathbf{F}(\omega)*\delta(\omega-\omega_o) &= \mathbf{F}(\omega-\omega_o) \end{aligned}\right\} \tag{109}$$

다음으로 $f(t)$와 $u(t)$의 컨벌류션을 표현해 보면 다음과 같다.

$$f(t)*u(t) = \int_{-\infty}^{\infty} f(\tau)u(t-\tau)d\tau = \int_{-\infty}^{t} f(\tau)d\tau \tag{110}$$

위의 식에서 두 번째 등식은 $u(t-\tau)=0,\ \tau<t$이기 때문이다.

예제 5-4 다음 각 함수에 대한 푸리에 변환/역변환을 구하라.

(a) $e^{i\omega_o t}u(t)$ (b) $\cos\omega_o t u(t)$ (c) $\sin\omega_o t u(t)$ (d) $u(\omega)$

(e) $\int_{-\infty}^{t} f(\tau)d\tau$ $\left(\text{단 } \mathbf{F}(0) = \int_{-\infty}^{\infty} f(t)dt \neq 0\right)$

(f) $\int_{-\infty}^{\omega} \mathbf{F}(\lambda)d\lambda$ $\left(\text{단 } f(0) \neq 0\right)$

☞ (a) 이동 정리(식 (84)의 (a))를 이용한다. 즉

$$\mathfrak{F}[u(t)] = \frac{1}{i\omega} + \pi\delta(\omega) \qquad (\text{식 } (78))$$

이므로 식 (84)의 (a)에 의해

$$\boxed{\mathfrak{F}[e^{i\omega_o t}u(t)] = \frac{1}{i(\omega-\omega_o)} + \pi\delta(\omega-\omega_o)}$$

[별해] 컨벌류션(식 (99)의 (b))를 이용하여 증명할 수도 있다. 먼저

$$\mathfrak{F}[e^{i\omega_o t}] = 2\pi\delta(\omega-\omega_o)$$

이므로 식 (99)의 (b)에 의해

$$\begin{aligned} \mathfrak{F}[e^{i\omega_o t}u(t)] &= \frac{1}{2\pi}\left[2\pi\delta(\omega-\omega_o)*\left(\frac{1}{i\omega}+\pi\delta(\omega)\right)\right] \\ &= \delta(\omega-\omega_o)*\frac{1}{i\omega} + \pi\delta(\omega-\omega_o)*\delta(\omega) \end{aligned}$$

위의 식 우변은 식 (109)의 관계를 이용하면

$$\delta(\omega-\omega_o)*\frac{1}{i\omega}+\pi\delta(\omega-\omega_o)*\delta(\omega)=\frac{1}{i(\omega-\omega_o)}+\pi\delta(\omega-\omega_o)$$

$$\therefore \mathfrak{F}[e^{i\omega_o t}u(t)]=\frac{1}{i(\omega-\omega_o)}+\pi\delta(\omega-\omega_o)$$

(b) 오일러 공식과 문제 (a)의 결과를 이용하면

$$\begin{aligned}\mathfrak{F}[\cos\omega_o t u(t)]&=\frac{1}{2}\mathfrak{F}[e^{i\omega_o t}u(t)]+\frac{1}{2}\mathfrak{F}[e^{-i\omega_o t}u(t)]\\&=\frac{0.5}{i(\omega-\omega_o)}+\frac{\pi}{2}\delta(\omega-\omega_o)\\&\quad+\frac{0.5}{i(\omega+\omega_o)}+\frac{\pi}{2}\delta(\omega+\omega_o)\end{aligned}$$

따라서 위의 식을 정리하면

$$\boxed{\mathfrak{F}[\cos\omega_o t u(t)]=\frac{\pi}{2}\delta(\omega+\omega_o)+\frac{\pi}{2}\delta(\omega-\omega_o)+\frac{i\omega}{\omega_o^2-\omega^2}}$$

(c) 문제 (b)와 같은 방법으로 풀면 다음과 같다.

$$\begin{aligned}\mathfrak{F}[\sin\omega_o t u(t)]&=\frac{1}{i2}\mathfrak{F}[e^{i\omega_o t}u(t)]-\frac{1}{i2}\mathfrak{F}[e^{-i\omega_o t}u(t)]\\&=-\frac{0.5}{\omega-\omega_o}-\frac{i\pi}{2}\delta(\omega-\omega_o)\\&\quad+\frac{0.5}{\omega+\omega_o}+\frac{i\pi}{2}\delta(\omega+\omega_o)\end{aligned}$$

따라서 위의 식을 정리하면

$$\boxed{\mathfrak{F}[\sin\omega_o t u(t)]=\frac{i\pi}{2}\delta(\omega+\omega_o)-\frac{i\pi}{2}\delta(\omega-\omega_o)+\frac{\omega_o}{\omega_o^2-\omega^2}}$$

(d) $u(\omega)$의 역변환은 식 (56)의 쌍대성을 이용하면

$$u(t)\overset{\mathfrak{F}}{\longleftrightarrow}\frac{1}{i\omega}+\pi\delta(\omega)$$

이로부터 다음의 변환쌍을 얻을 수 있다.

$$\frac{1}{it}+\pi\delta(t)\overset{\mathfrak{F}}{\longleftrightarrow}2\pi u(-\omega)$$

그리고 $u(-\omega)=1-u(\omega)$이므로

$$\mathscr{F}^{-1}[u(\omega)] = \mathscr{F}^{-1}[1-u(-\omega)] = \mathscr{F}^{-1}[1] - \mathscr{F}^{-1}[u(-\omega)]$$

$$= \delta(t) - \frac{1}{2\pi i t} - \frac{1}{2}\delta(t)$$

$$\therefore \boxed{\mathscr{F}^{-1}[u(\omega)] = -\frac{1}{2\pi i t} + \frac{1}{2}\delta(t)} \qquad \textbf{(111)}$$

(e) 식 (110)을 이용하면

$$\int_{-\infty}^{t} f(\tau)d\tau = f(t) * u(t)$$

이므로

$$\mathscr{F}\left[\int_{-\infty}^{t} f(\tau)d\tau\right] = \mathscr{F}[f(t) * u(t)] = \mathscr{F}[f(t)] \cdot \mathscr{F}[u(t)]$$

여기서

$$\mathscr{F}[f(t)] \cdot \mathscr{F}[u(t)] = \mathbf{F}(\omega)\left(\frac{1}{i\omega} + \pi\delta(\omega)\right) = \frac{\mathbf{F}(\omega)}{i\omega} + \pi\delta(\omega)\mathbf{F}(\omega)$$

$$= \frac{\mathbf{F}(\omega)}{i\omega} + \pi\mathbf{F}(0)\delta(\omega)$$

$$\therefore \boxed{\mathscr{F}\left[\int_{-\infty}^{t} f(\tau)d\tau\right] = \frac{\mathbf{F}(\omega)}{i\omega} + \underline{\pi\mathbf{F}(0)\delta(\omega)}}. \qquad \textbf{(112)}$$

위의 식에서 밑줄친 부분이 식 (92)의 (a)와 차이점이다.

(f) 식 (110)을 이용하면

$$\int_{-\infty}^{\omega} \mathbf{F}(\lambda)d\lambda = \mathbf{F}(\omega) * u(\omega)$$

이므로 식 (99)의 (b)에 의해

$$\mathscr{F}^{-1}\left[\int_{-\infty}^{\omega} \mathbf{F}(\lambda)d\lambda\right] = \mathscr{F}^{-1}[\mathbf{F}(\omega) * u(\omega)]$$

$$= 2\pi\mathscr{F}^{-1}[\mathbf{F}(\omega)] \cdot \mathscr{F}^{-1}[u(\omega)]$$

$$= f(t) \cdot \mathscr{F}^{-1}[2\pi u(\omega)]$$

여기서 식 (111)을 이용하면

$$f(t)\cdot\mathscr{F}^{-1}[2\pi u(\omega)]=f(t)\cdot 2\pi\left[-\frac{1}{2\pi it}+\frac{1}{2}\delta(t)\right]$$
$$=\frac{f(t)}{-it}+\pi\delta(t)f(t)$$
$$=\frac{f(t)}{-it}+\pi f(0)\delta(t)$$

$$\therefore\ \boxed{\mathscr{F}^{-1}\left[\int_{-\infty}^{\omega}\mathbf{F}(\lambda)d\lambda\right]=\frac{f(t)}{-it}+\underline{\pi f(0)\delta(t)}} \qquad \textbf{(113)}$$

위의 식에서 밑줄친 부분이 식 (92)의 (b)와 차이점이다.

예제 5-5 다음 각 함수에 대한 푸리에 변환을 구하라.

(a) $te^{-at}u(t)\quad (a>0)$ (b) $\Lambda(t/T)$

☞ (a) 함수 $e^{-at}u(t)$의 라플라스 변환

$$\mathscr{F}[e^{-at}u(t)]=\frac{1}{a+i\omega}$$

에 식 (89) (b)의 '$-it$-곱하기↔미분'의 관계를 이용하면

$$(-it)e^{-at}u(t)\overset{\mathscr{F}}{\longleftrightarrow}\frac{d}{d\omega}\left(\frac{1}{a+i\omega}\right)=-\frac{i}{(a+i\omega)^2}$$

$$\therefore\ \boxed{\mathscr{F}[te^{-at}u(t)]=\frac{1}{(a+i\omega)^2}}$$

(b) 삼각파함수와 구형함수의 관계는 다음과 같다(3장의 예제 3-15 참조)

$$\Lambda(t/T)=\Pi(t/T)*\Pi(t/T)$$

$$\therefore\ \boxed{\mathscr{F}[\Lambda(t/T)]=\left(\mathscr{F}[\Pi(t/T)]\right)^2=T^2\mathrm{Sa}^2\left(\frac{\omega T}{2}\right)}$$

예제 5-6 다음 각 함수에 대해 파스발 정리를 증명하라.

(a) $f(t)=e^{-a|t|}$ (b) $f(t)=\Pi(t/T)$

☞ (a) 푸리에 변환을 구하면 다음과 같다.

$$\begin{aligned}\mathbf{F}(\omega) &= \int_{-\infty}^{\infty} e^{-a|t|}e^{-i\omega t}dt \\ &= \int_{-\infty}^{0} e^{(a-i\omega)t}dt + \int_{0}^{\infty} e^{-(a+i\omega)t}dt \\ &= \left.\frac{e^{(a-i\omega)t}}{a-i\omega}\right|_{-\infty}^{0} - \left.\frac{e^{-(a+i\omega)t}}{a+i\omega}\right|_{0}^{\infty} \\ &= \frac{2a}{\omega^2+a^2}\end{aligned}$$

먼저 시간영역의 에너지는

$$\int_{-\infty}^{\infty} f^2(t)dt = \int_{-\infty}^{\infty} e^{-2a|t|}dt = \int_{-\infty}^{0} e^{2at}dt + \int_{0}^{\infty} e^{-2at}dt = \frac{1}{a}$$

다음으로 주파수영역의 에너지는

$$\begin{aligned}\frac{1}{\pi}\int_{0}^{\infty}|\mathbf{F}(\omega)|^2 d\omega &= \frac{1}{\pi}\int_{0}^{\infty}\frac{4a^2}{(\omega^2+a^2)^2}d\omega \\ &= \frac{2}{\pi}\left[\frac{\omega}{\omega^2+a^2}+\frac{1}{a}\tan^{-1}\frac{\omega}{a}\right]_0^{\infty} \\ &= \frac{2}{\pi}\left[0+\frac{\pi}{2a}-0-0\right] \\ &= \frac{1}{a}\end{aligned}$$

(b) 시간영역의 에너지는 다음과 같다.

$$\int_{-\infty}^{\infty} f^2(t)dt = \int_{-T/2}^{T/2} 1dt = T$$

주파수영역의 에너지는

$$\frac{1}{\pi}\int_{0}^{\infty}|\mathbf{F}(\omega)|^2 d\omega = \frac{T^2}{\pi}\int_{0}^{\infty}\mathrm{Sa}^2\left(\frac{\omega T}{2}\right)d\omega$$

이며 우변의 적분은 다음의 정적분

$$\int_0^\infty \mathrm{Sa}^2(x)dx = \frac{\pi}{2}$$

을 이용하면

$$\int_0^\infty \mathrm{Sa}^2\left(\frac{\omega T}{2}\right)d\omega = \frac{2}{T}\int_0^\infty \mathrm{Sa}^2(x)dx = \frac{\pi}{T}$$

따라서 주파수영역의 에너지는 다음과 같다.

$$\frac{1}{\pi}\int_0^\infty |\mathbf{F}(\omega)|^2 d\omega = \frac{T^2}{\pi}\times\frac{\pi}{T} = T$$

5.6 푸리에 변환의 응용

라플라스 변환에서 s-영역은 가상의 영역이며 물리적 개념을 부여할 수 없다. 이에 비해 푸리에 변환의 ω는 '주파수'라는 명백한 실체이며 주파수영역은 시간영역과 대등한 지위를 누리게 된다. 이 절에서는 푸리에 변환의 대표적인 응용 분야 몇 가지를 소개한다.

선형시스템 해석

시간상의 미분 $px(t)$는 s-영역에서는 $sX(s)$, 주파수영역에서는 $j\omega\mathbf{X}(\omega)$로 변환된다. 따라서 입력과 출력이 각각 $w(t)$, $y(t)$이고 전달함수가 $H(p)$인 선형시스템은 s-영역과 주파수영역상에서 다음과 같이 표현된다.

$$\left.\begin{array}{ll} y(t) = H(p)w(t) & (\text{시간 영역}) \\ Y(s) = H(s)W(s) & (s-\text{영역}) \\ \mathbf{Y}(\omega) = \mathbf{H}(\omega)\mathbf{W}(\omega) & (\text{주파수 영역}) \end{array}\right\} \tag{114}$$

여기서

$$\mathbf{H}(\omega) = H(s)\big|_{s=i\omega} \tag{115}$$

이며 $\mathbf{H}(\omega)$를 주파수응답이라 한다. 충격함수 $\delta(t)$는 푸리에 변환이 1이므로 시스템의 입력이 $w(t)=\delta(t)$일 때의 충격응답 $h(t)$는

$$\mathbf{H}(\omega)\mathbf{W}(\omega) = \mathbf{H}(\omega)\times 1 = \mathbf{H}(\omega) \tag{116}$$

로부터 다음과 같다.

$$h(t) = \mathcal{F}^{-1}[\mathbf{H}(\omega)] \tag{117}$$

따라서 충격응답 $h(t)$와 주파수응답 $\mathbf{H}(\omega)$는 푸리에 변환쌍을 이루며 이는 시스템 해석에서 대단히 중요한 내용이다. 그림 5-9는 충격응답 $h(t)$, 전달함수 $H(s)$ 및 주파수응답 $\mathbf{H}(\omega)$의 관계를 보여준다. 주파수응답 $\mathbf{H}(\omega)$는 복소수이므로 크기 $|\mathbf{H}(\omega)|$를 크기응답이라 하고 편각 $\angle\mathbf{H}(\omega)$를 위상응답이라 한다.

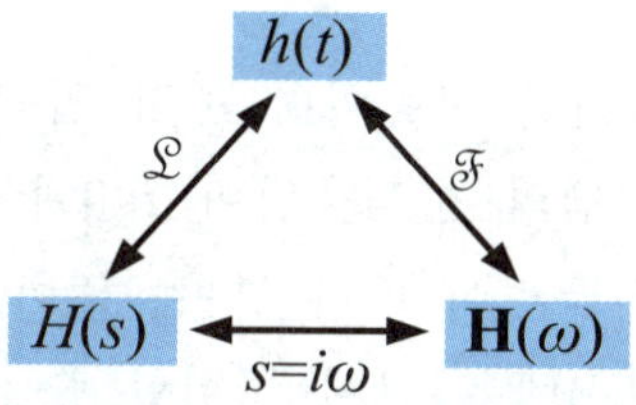

그림 5-9 시간영역, s-영역, 주파수영역의 상호 관계

예제 5-7 시스템의 입력 $w(t)$와 출력 $y(t)$의 관계가 다음과 같을 때 충격응답과 주파수응답을 구하라.

$$y'+ay = aw \quad (a>0)$$

☞ 전달함수 및 충격응답은

$$H(s) = \frac{a}{s+a}, \qquad h(t) = \mathcal{L}^{-1}\left[\frac{a}{s+a}\right] = ae^{-at}u(t)$$

그리고 주파수응답은

$$\mathbf{H}(\omega) = \frac{a}{i\omega + a} \qquad \begin{cases} |\mathbf{H}(\omega)| = \left|\dfrac{a}{i\omega+a}\right| = \dfrac{a}{\sqrt{\omega^2+a^2}} \\ \angle\mathbf{H}(\omega) = -\tan^{-1}(\omega/a) \end{cases}$$

필터

필터란 불필요한 요소를 걸러내는 것이며 그 대상은 필터의 유형에 따라 다르다. 전기 회로에서의 필터는 취사 선택의 대상이 주파수이다. 즉 신호

에 포함된 수 많은 주파수 성분들 중에서 특정 주파수들만 취하거나 제거하는 것으로 신호를 전송하거나 재생하는데 필수적으로 사용된다. 필터는 시스템의 주파수응답을 이용하는 대표적인 경우이며 그림 5-10은 이상적인 저역통과 필터이다. 이 필터는 주파수 0~W 사이의 성분은 그대로 통과시키고 W 이상의 주파수 성분은 모두 차단시키며 W를 차단주파수라 한다. 그림 5-10(a)의 주파수응답을 식으로 표현하면

$$\mathbf{H}(\omega) = \Pi\left(\frac{\omega}{2W}\right) \tag{118}$$

이며 이에 대한 역변환, 즉 필터의 충격응답 $h(t)$는 다음과 같다(그림 5-6(c) 참조).

$$h(t) = \frac{W}{\pi}\mathrm{Sa}(Wt) \tag{119}$$

충격응답이란 충격 입력에 대한 반응이며 충격 입력은 t=0에서만 존재한다. 따라서 만일 어떤 시스템의 충격응답이 t<0에 대해서도 존재한다면 이는 입력이 인가되기 전에 출력이 나타난다는 뜻이므로 비인과적 시스템이라 한다. 즉 비인과적 시스템은 실제 구현할 수 없다. 그림 5-6(c)에서 알 수 있듯이 식 (119)의 $h(t)$는 t<0에 대해서도 존재한다. 따라서 이상적인 저역통과 필터는 현실적으로 구현할 수 없으며 근사적인 필터로 대신한다. 가장 간단한 저역통과 필터는 전달 함수가 다음과 같다.

$$H(s) = \frac{W}{s+W} \quad (W > 0) \tag{120}$$

이 필터의 충격응답은

$$h(t) = We^{-Wt}u(t) \tag{121}$$

그림 5-10
이상적인
저역통과 필터

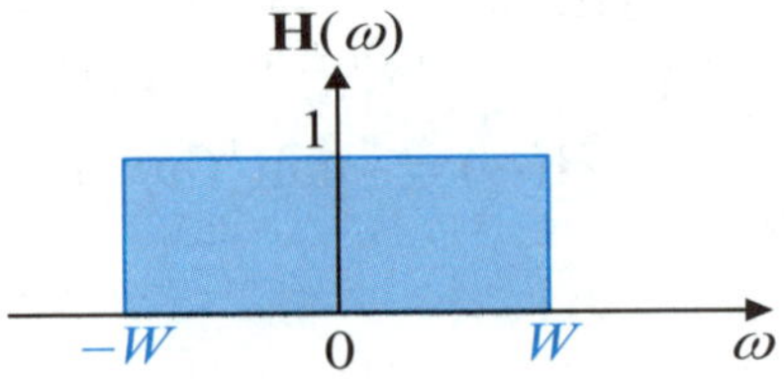

로 인과적이며 크기 및 위상응답은 예제 5-7을 참조하면 다음과 같다.

$$\begin{cases} |\mathbf{H}(\omega)| = \dfrac{W}{\sqrt{\omega^2 + W^2}} \\ \angle\mathbf{H}(\omega) = -\tan^{-1}(\omega/W) \end{cases} \tag{122}$$

식 (122)에서 주파수 0에서는 크기가 $|\mathbf{H}(0)|=1$이며 무한대 주파수에서는 $|\mathbf{H}(\infty)|=0$이며 $|\mathbf{H}(W)|=2^{-1/2}$이다. 즉

$$|\mathbf{H}(W)| = \frac{W}{\sqrt{W^2 + W^2}} = \frac{1}{\sqrt{2}} = 0.707 \tag{123}$$

주파수 W에서 크기응답이 $2^{-1/2}$이므로 에너지는 그 자승인 1/2이다. 일반적으로 공학에서는 기준치에 비해 에너지가 절반 이하가 되면 없는 것으로 간주한다. 따라서 식 (120)의 필터는 차단주파수를 W로 본다. 그리고

$$\angle\mathbf{H}(W) = -\tan^{-1}(W/W) = -45° \tag{124}$$

이므로 차단주파수에서는 위상이 45도 지연된다. 이상으로 식 (122)를 대략적으로 도시하면 그림 5-11과 같은 근사적인 저역통과 필터가 된다.

그림 5-11
식 (141)의 주파수 응답

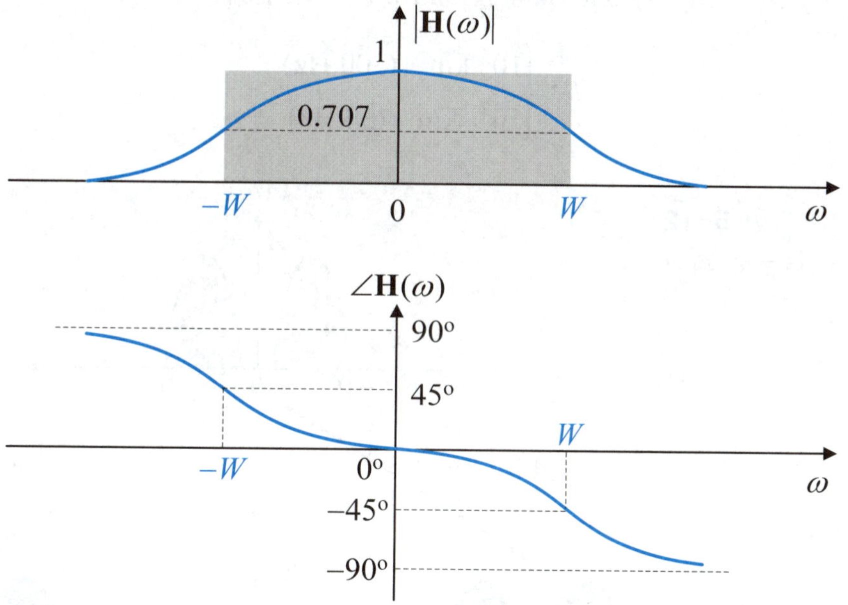

변조(變調)

통신에서 가장 중요한 이론이 푸리에 변환의 이동 정리인 식 (84)의 (a)를 이용한 변조(modulation)이다. 그러나 $e^{i\omega_o t}f(t)$에서 $e^{i\omega_o t}$는 현실적으로 구현할 수 없으므로 사인, 코사인을 이용한 식 (87)이 사용된다. 즉 코사인을 예로 들면 이동 정리는 다음과 같다.

$$\mathfrak{F}[f(t)\cos\omega_o t] = \frac{1}{2}\mathbf{F}(\omega+\omega_o) + \frac{1}{2}\mathbf{F}(\omega-\omega_o) \tag{125}$$

식 (125)를 그림으로 도시하면 그림 5-12와 같다. 푸리에 변환의 음의 주파수 성분은 실존하는 것이 아니고 수식 전개상 나타나는 것이다. 즉 그림 5-12에서 $\mathbf{F}(\omega)$의 대역폭은 $2W$가 아니고 W이다. 그러나 이동 정리에 의해 주파수가 이동함에 따라 음의 주파수 성분이 양의 주파수 성분으로 실존하게 되므로 $f(t)\cos\omega_o t$의 대역폭은 $2W$가 된다. 안테나로 전파를 공중으로 방사할 경우 안테나의 길이는 대체로 전파의 파장 수준이다. 즉 안테나로 전송하고자 하는 신호의 주파수를 f_o라 하면 안테나 길이 l은

$$l \cong \frac{c}{f_o} = \frac{3\times10^8}{f_o}\ \text{m}$$

사람의 음성을 예로 들면 f_o가 300 Hz~3 kHz 사이에 분포한다. 따라서 f_o=300 Hz와 f_o=3 kHz에 대한 안테나 길이는

$$l \cong \begin{cases} 10^3\ \text{km} & (300\ \text{Hz}) \\ 10^2\ \text{km} & (3\ \text{kHz}) \end{cases}$$

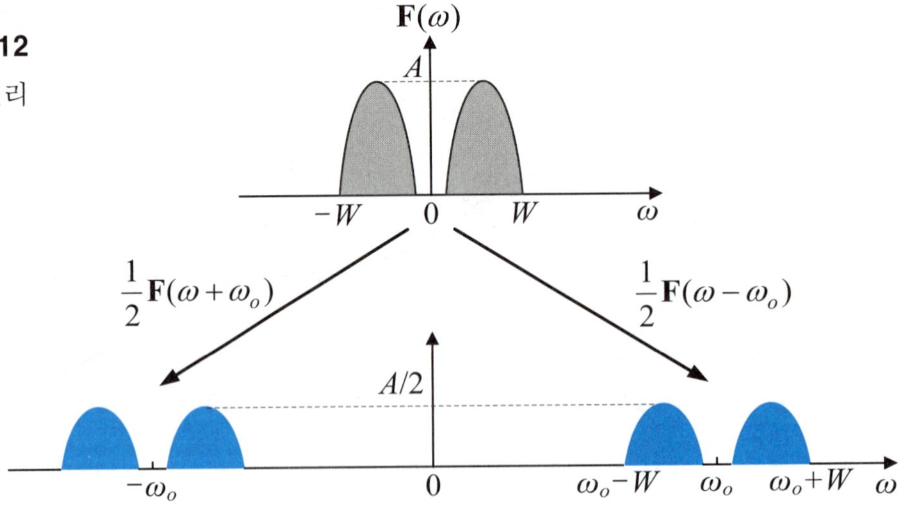

그림 5-12
변조의 원리

로 거의 실현 불가능하다. 따라서 그림 5-12와 같이 $\cos\omega_o t$에 $f(t)$를 곱하여 높은 주파수 영역으로 스펙트럼을 이동시키고 ω_o를 충분히 크게 하면 안테나 길이를 현실적인 크기로 줄일 수 있다. 물론 ω_o가 클수록 안테나 길이를 줄일 수 있다. 그림 5-12와 같은 방식을 진폭 변조(AM; amplitude modulation)이라 한다.

연습 문제

§5.1 삼각 푸리에 급수

다음은 주기가 2π인 주기함수의 한 주기를 나타낸다. 삼각 푸리에 급수로 전개하라.

1. $f(x)=\begin{cases}1 & (-\pi\le x\le 0)\\ 1-x/\pi & (0\le x\le\pi)\end{cases}$

2. $f(x)=\begin{cases}x^2 & (-\pi\le x\le 0)\\ 0 & (0\le x\le\pi)\end{cases}$

3. $f(x)=\begin{cases}\pi+x & (-\pi\le x\le 0)\\ \pi-x & (0\le x\le\pi)\end{cases}$

4. $f(x)=\begin{cases}1 & (-\pi\le x\le 0)\\ \cos x/2 & (0\le x\le\pi)\end{cases}$

5. $f(x)=\begin{cases}x & (-\pi\le x\le 0)\\ \pi-x & (0\le x\le\pi)\end{cases}$

6. $f(x)=\begin{cases}0 & (-\pi\le x\le 0)\\ \sin x & (0\le x\le\pi)\end{cases}$

7. $f(x)=\begin{cases}-x-\pi & (-\pi\le x\le 0)\\ x & (0\le x\le\pi)\end{cases}$

8. $f(x)=\begin{cases}1 & (0\le x\le\pi/2)\\ \sin x & (\pi/2\le x\le 2\pi)\end{cases}$

9. $f(x)=\begin{cases}\sin x & (0\le x\le\pi)\\ -\sin x & (\pi\le x\le 2\pi)\end{cases}$

10. $f(x)=\begin{cases}x & (-\pi/2\le x\le\pi/2)\\ 0 & (\pi/2\le x\le 3\pi/2)\end{cases}$

§5.2 지수 푸리에 급수

다음은 주기함수의 한 주기 T 동안을 나타낸다. 지수 푸리에 급수로 전개하라.

11. $f(t)=t\quad(0\le t\le T)$

12. $f(t)=T-t\quad(0\le t\le T)$

13. $f(t)=e^{-(a/T)t}(0\le t\le T)$

14. $f(t)=\begin{cases}t & (0\le t\le T/2)\\ -t+T & (T/2\le t\le T)\end{cases}$

15. $f(t)=\begin{cases}\sin\pi t/T & (0\le t\le T/2)\\ 0 & (T/2\le t\le T)\end{cases}$

16. $f(t)=\begin{cases}\sin\pi t/T & (0\le t\le T/2)\\ -\sin\pi t/T & (T/2\le t\le T)\end{cases}$

다음 주기함수에 대한 기본주기를 구하고 지수푸리에 급수로 전개하라.

17. $f(t)=\sin(2t+\pi/3)$ **18.** $f(t)=\cos 3t+\sin 6t$ **19.** $f(t)=\sin 2t\cos 4t$

20. $f(t)=|\sin 3t|$ **21.** $f(t)=\cos^3 t$

§5.4 중요한 함수의 푸리에 변환

다음 함수의 푸리에변환을 구하라.

22. $10e^{-3t}u(t)$ **23.** $e^{-a|t|}, a>0$ **24.** $10\Pi(t/10)$ **25.** $10\Lambda(t/10)$

§5.5 푸리에 변환의 성질

다음 함수의 푸리에변환을 구하라($a>0$).

26. $\cos^2 \omega t$ **27.** $\dfrac{1}{t^2+a^2}$ **28.** $e^{-at}\cos bt\,u(t)$

29. $te^{-at}u(t)$ **30.** $u(t)-u(t-1)$ **31.** $e^{-at}[u(t)-u(t-2)]$

32. $te^{-3t}u(t-2)$ **33.** $\sin \pi t[u(t+1)-u(t-1)]$ **34.** $\cos \pi t[u(t+1)-u(t-1)]$

35. $te^{-at}\cos bt\,u(t)$ **36.** $e^{at}\sin bt\,u(-t)$ **37.** $t^2e^{-at}u(t)$

어떤 함수의 푸리에 변환이

$$\mathbf{F}(\omega)=\frac{\omega^2+i4\omega+2}{-\omega^2+i4\omega+3}$$

일 때 다음 함수의 푸리에 변환을 구하라.

38. $f(2t)$ **39.** $f(1-2t)$ **40.** $f(t)e^{-it}$ **41.** $df(t)/dt$

42. $f(t)\cos \pi t$ **43.** $f(t)*\delta(t-2)$ **44.** $f(t)*f(t)$ **45.** $\int_{-\infty}^{t} f(\tau)d\tau$

다음의 푸리에변환을 역변환하라.

46. $\dfrac{1+i\omega}{i\omega}$ **47.** $\dfrac{1}{(1+i\omega)^2}$ **48.** $\dfrac{1+i\omega}{1+i\omega/10}$ **49.** $\dfrac{1}{(1+i\omega)^3}$

어떤 함수의 푸리에 변환이 $\mathbf{F}(\omega)=\Pi(\omega/2)$일 때 다음 함수의 푸리에 변환을 구하라.

50. $f(-t)$ **51.** $tf(t)$ **52.** $f(t+1)$ **53.** $f(-2t+1)$

54. $(t-1)f(t+1)$ 55. $\dfrac{df(t)}{dt}$ 56. $t\dfrac{df(t)}{dt}$ 57. $f(t)e^{-i2t}$

58. $f(t)\cos 2t$ 59. $tf(t)e^{-i2t}$ 60. $f(t)\sin 2t$ 61. $f(t-1)\cos^2 t$

푸리에변환의 여러 가지 성질을 이용하여 다음을 역변환하라.

62. $i\omega[u(\omega+1)-u(\omega-1)]$ 63. $i[u(-\omega)-u(\omega)]$ 64. $e^{-a|\omega|}$

65. $\mathrm{sinc}(\omega+10)-\mathrm{sinc}(\omega-10)$ 66. $\cos\omega\,\mathrm{sinc}(\omega)$

다음 함수 $f(t)$에 대해 파스발 정리를 증명하라.

67. $e^{-t}u(t)$ 68. $u(t)-u(t-3)$ 69. $\mathrm{sinc}(t)$

§5.6 푸리에 변환의 응용

주파수 응답이

$$\mathbf{H}(\omega)=\frac{2}{2+i\omega}$$

인 선형시스템의 입력 $w(t)$가 다음과 같을 때 출력을 구하라.

70. $e^{-t}u(t)$ 71. $e^{-|t|}$ 72. $e^{-2t}u(t)$

73. $\dfrac{d}{dt}[e^{-2t}u(t)]$ 74. $e^{-t}u(t)*e^{-3t}u(t)$

시스템의 입력 $w(t)$와 출력 $y(t)$간의 미분방정식이 다음과 같다.

$$y''+5y'+6y=w'+w$$

시스템의 주파수 응답을 구하고 다음 각 입력에 대한 출력을 구하라.

75. $\delta(t)$ 76. $e^{-t}u(t)$ 77. $e^{-2t}u(t)$ 78. $e^{-t}u(t)+\delta(t)$

6 벡터함수의 미분

중력이나 전장 및 자장 등은 크기만 가지는 것이 아니라 방향까지 가지므로 이들은 벡터를 이용하여 표현할 수밖에 없으며 이들을 벡터함수라 한다. 1장에서 5장까지는 스칼라함수에 대한 미분, 적분 등을 설명하였지만 6장에서는 벡터함수의 미분에 대해 설명한다. 벡터함수의 미분은 미분기하학의 한 부분으로서 역학이나 전자기학뿐 아니라 물리학 등에서도 필수적인 내용이다. 이를 위해 먼저 벡터 대수에 대해 설명하고 곡선이나 곡면과 같은 공간도형을 벡터함수로 표현하는 방법에 대해 설명한다. 그 다음으로 매개변수를 이용해 벡터함수를 미분하는 방법에 대해 설명하며 구배, 발산 및 회전 등과 같은 중요한 개념을 설명한다. 이 장의 내용은 다음과 같다.

- **6.1 벡터 대수**
- **6.2 내적[스칼라곱]과 외적[벡터곱]**
- **6.3 벡터를 이용한 공간 도형의 표현**
- **6.4 벡터함수의 미분**
- **6.5 스칼라장의 구배와 방향도함수**
- **6.6 벡터장의 발산과 회전**

6.1 벡터 대수

벡터

어떤 물리량이 크기만 있으면 스칼라(scalar)라 하고 크기와 방향을 모두 가지면 벡터(vector)라 한다. 스칼라의 예는 길이, 온도, 전압 등이며 벡터의 예는 속도, 힘 등이다. 벡터는 문자로는 굵은 체인 **a**, **r** 등으로 표현한다. 도형으로는 그림 6-1과 같이 화살표로 표현하며 화살표 방향이 벡터의 방향을 나타낸다. 화살표 길이를 벡터의 길이, 크기, 노름(norm) 등으로 부르고 $|\mathbf{a}|$로 표시한다. 그리고 화살표의 시작점인 꼬리를 벡터의 시작점이라 하고 머리 부분을 끝점이라 한다. 특히 두 벡터 **a**, **b**가 시점은 달라도 방향과 길이가 같으면 이 두 벡터는 같다고 하고 $\mathbf{a}=\mathbf{b}$로 표시한다. 따라서 벡터는 시점을 임의로 선택하여 평행 이동시킬 수 있다.

그림 6-1
벡터 기호

벡터 성분

그림 6-2는 *xyz* 직교좌표계에서 벡터를 표현한 것이며 벡터 **a**의 시작점이 $P: (x_1, y_1, z_1)$이고 끝점이 $Q: (x_2, y_2, z_2)$일 때 다음과 같이 주어지는 세 수를

그림 6-2
벡터의 성분

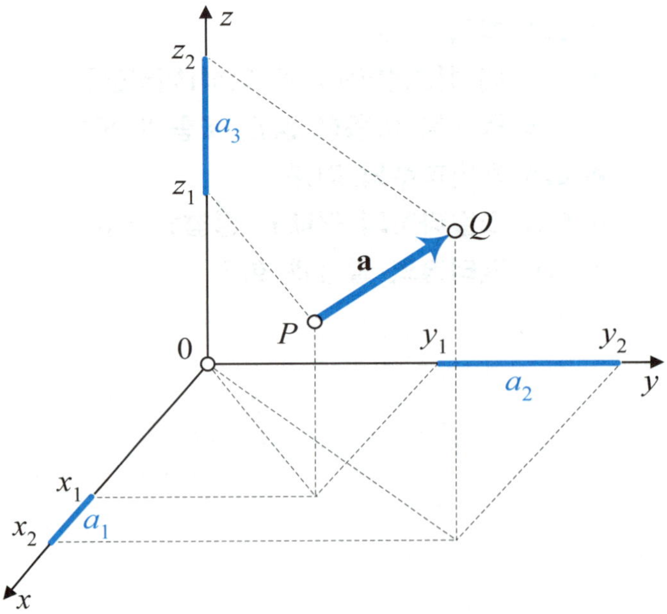

벡터 **a**의 성분이라 한다.

$$a_1 = x_2 - x_1, \quad a_2 = y_2 - y_1, \quad a_3 = z_2 - z_1 \tag{1}$$

벡터 **a**는 그 성분으로써 다음과 같이 간단히 표기한다.

$$\mathbf{a} = [a_1, a_2, a_3] \tag{2}$$

벡터 **a**의 크기 $|\mathbf{a}|$는 시작점 P와 끝점 Q와 사이의 거리이며 식 (1)에 의해 다음과 같다.

$$|\mathbf{a}| = \sqrt{a_1^2 + a_2^2 + a_3^2} \tag{3}$$

위치벡터

그림 6-3(a)와 같이 시작점을 좌표계의 원점에 벡터 **r**을 위치벡터라 부르며 식 (2)로부터 다음과 같다.

$$\mathbf{r} = [x, y, z] \tag{4}$$

특히 그림 6-3(b)와 같이 위치 벡터 중 각 축의 양의 방향으로 향하는 단위벡터(길이가 1)를 **i**, **j**, **k**로 나타내고 이들을 기본벡터라 한다. 즉

$$\mathbf{i} = [1,0,0], \quad \mathbf{j} = [0,1,0], \quad \mathbf{k} = [0,0,1] \tag{5}$$

기본벡터를 이용하면 벡터의 또 다른 표현은 다음과 같다.

$$\mathbf{a} = [a_1, a_2, a_3] = a_1\mathbf{i} + a_2\mathbf{j} + a_3\mathbf{k} \tag{6}$$

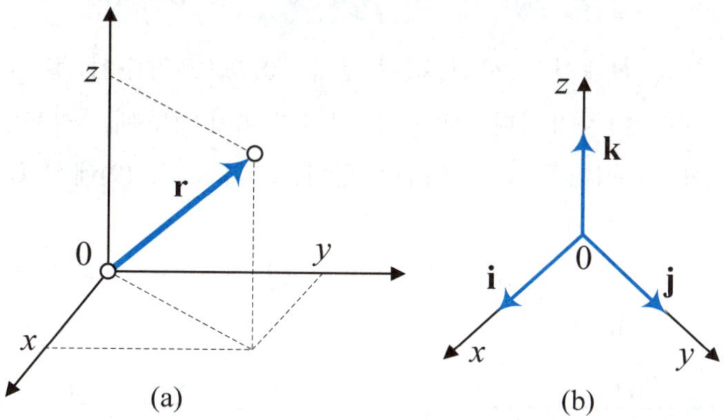

그림 6-3
(a) 위치벡터
(b) 단위벡터

벡터 연산 벡터 $\mathbf{a}=[a_1, a_2, a_3]$에 스칼라 c(c는 실수)를 곱한 스칼라곱 $c\mathbf{a}$는 $\mathbf{a}$의 각 성분에 c를 곱한 벡터이다. 즉

$$c\mathbf{a}=[ca_1, ca_2, ca_3]=ca_1\mathbf{i}+ca_2\mathbf{j}+ca_3\mathbf{k} \tag{7}$$

그리고 벡터합에 대한 기본 성질은 다음과 같다.

$$\left.\begin{array}{lr}\text{(a)}\ \mathbf{a}+\mathbf{b}=\mathbf{b}+\mathbf{a} & \text{(교환법칙)}\\ \text{(b)}\ (\mathbf{u}+\mathbf{v})+\mathbf{w}=\mathbf{u}+(\mathbf{v}+\mathbf{w}) & \text{(결합법칙)}\\ \text{(c)}\ \mathbf{a}+\mathbf{0}=\mathbf{0}+\mathbf{a}=\mathbf{a} & \\ \text{(d)}\ \mathbf{a}+(-\mathbf{a})=\mathbf{0} & \end{array}\right\} \tag{8}$$

6.2 내적[스칼라곱]과 외적(벡터곱)

내적 그림 6-4와 같이 $\mathbf{0}$이 아닌 두 벡터 $\mathbf{a}$, $\mathbf{b}$를 시작점이 일치하도록 했을 때 두 벡터가 이루는 각 θ를 사잇각이라 하며 $0\le\theta\le\pi$에서 정의된다. 이 때 두 벡터 $\mathbf{a}, \mathbf{b}$의 내적 또는 스칼라곱 $\mathbf{a}\cdot\mathbf{b}$는 다음과 같이 정의된다.

$$\mathbf{a}\cdot\mathbf{b}=\begin{cases}|\mathbf{a}||\mathbf{b}|\cos\theta & (\mathbf{a}\ne\mathbf{0},\ \mathbf{b}\ne\mathbf{0})\\ 0 & (\mathbf{a}=\mathbf{0}\ \text{또는}\ \mathbf{b}=\mathbf{0})\end{cases} \tag{9}$$

위의 식에서 코사인 값이 음수, 0 또는 양수가 될 수 있으므로 내적의 결과도 마찬가지다. 내적의 결과가 0이 될 때 두 벡터는 직교한다고 하고 이 두 벡터를 직교벡터라 한다. 그리고 식 (9)에서 $\mathbf{b}=\mathbf{a}$이면 $\mathbf{a}\cdot\mathbf{a}=|\mathbf{a}|^2$

그림 6-4
벡터의 내적

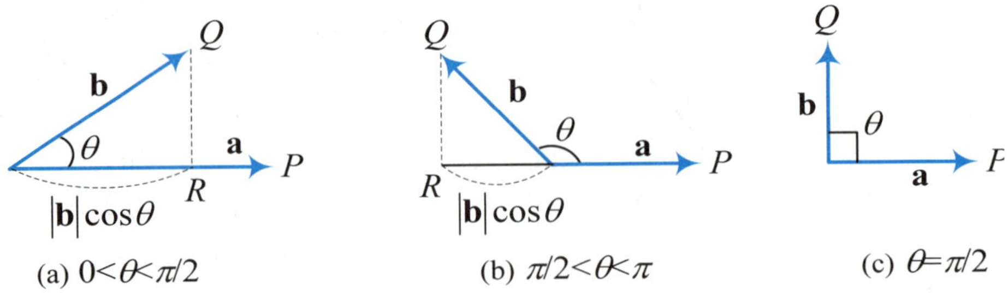

이므로 다음과 같다.

$$|\mathbf{a}| = \sqrt{\mathbf{a}\cdot\mathbf{a}} \tag{10}$$

그리고 영벡터가 아닌 두 벡터의 사잇각은 식 (9)와 (10)으로부터 다음과 같이 얻을 수 있다.

$$\cos\theta = \frac{\mathbf{a}\cdot\mathbf{b}}{|\mathbf{a}|\cdot|\mathbf{b}|} = \frac{\mathbf{a}\cdot\mathbf{b}}{\sqrt{\mathbf{a}\cdot\mathbf{a}}\sqrt{\mathbf{b}\cdot\mathbf{b}}} \tag{11}$$

특히 기본벡터 **i, j, k**는 크기가 1이므로 식 (10)에 의해

$$\mathbf{i}\cdot\mathbf{i}=1,\quad \mathbf{j}\cdot\mathbf{j}=1,\quad \mathbf{k}\cdot\mathbf{k}=1 \tag{12}$$

이며 또한 서로들간에 수직이므로

$$\mathbf{i}\cdot\mathbf{j}=0,\quad \mathbf{j}\cdot\mathbf{k}=0,\quad \mathbf{k}\cdot\mathbf{i}=0 \tag{13}$$

기본벡터의 위의 두 성질을 이용하면 $\mathbf{a}=[a_1,a_2,a_3]$, $\mathbf{b}=[b_1,b_2,b_3]$의 내적 $\mathbf{a}\cdot\mathbf{b}$을 구하면 다음과 같다.

$$\begin{aligned}\mathbf{a}\cdot\mathbf{b} &= (a_1\mathbf{i}+a_2\mathbf{j}+a_3\mathbf{k})\cdot(b_1\mathbf{i}+b_2\mathbf{j}+b_3\mathbf{k})\\ &= \underline{a_1b_1\mathbf{i}\cdot\mathbf{i}}+a_2b_1\mathbf{j}\cdot\mathbf{i}+a_3b_1\mathbf{k}\cdot\mathbf{i}\\ &\quad +a_1b_2\mathbf{i}\cdot\mathbf{j}+\underline{a_2b_2\mathbf{j}\cdot\mathbf{j}}+a_3b_2\mathbf{k}\cdot\mathbf{j}\\ &\quad +a_1b_3\mathbf{i}\cdot\mathbf{k}+a_2b_3\mathbf{j}\cdot\mathbf{k}+\underline{a_3b_3\mathbf{k}\cdot\mathbf{k}}\end{aligned} \tag{14}$$

위의 식에서 밑줄 친 부분만 남고 나머지는 모두 0이 되므로 벡터의 성분을 이용하여 다음과 같이 내적을 표현할 수 있다.

$$\mathbf{a}\cdot\mathbf{b} = a_1b_1 + a_2b_2 + a_3b_3 \tag{15}$$

[직선과 평면에 대한 법선벡터]

내적을 이용하면 xy 평면에서 하나의 직선에 수직으로 교차하는 법선벡터(normal vector)를 구할 수 있다. 평면상 직선은 함수 $g(x, y)=c$(c는 상수)를 만족한다. 직선 L: $a_1x+a_2y=c$상의 한 점에 대한 위치 벡터를 $\mathbf{r}=[x, y]$라 하고 벡터 $\mathbf{a}$를

$$\mathbf{a} = [a_1, a_2]$$

로 정의하면 직선의 식은 다음과 같이 표현할 수 있다.

$$a_1x + a_2y = \mathbf{a}\cdot\mathbf{r} = c$$

여기서 c=0일 때의 직선 L^*: $a_1x+a_2y=0$는 직선 L이 원점을 지나도록 평행 이동시킨 것과 같다. 따라서 L^*상의 위치 벡터는 $\mathbf{a}\cdot\mathbf{r}=\mathbf{0}$을 만족하므로 벡터 **a**와 **r**은 직교한다. 즉 벡터 **a**는 직선 L^*에 직교하는 한 법선벡터이다. 그리고 직선 L^*는 L과 평행이므로 결국 벡터 **a**는 직선 L에 대한 법선벡터이기도 한다. 이상으로 그림 6-5(a)와 같이 직선 $a_1x+a_2y=c$에 대한 한 법선벡터는 $\mathbf{a}=[a, b]$이다. 다음으로 그림 6-5(b)와 같이 공간에서의 평면은 함수 $g(x, y, z)=c$를 만족한다. 평면 S: $a_1x+a_2y+a_3z=c$상의 위치 벡터를 $\mathbf{r}=[x, y, z]$라 하고 벡터 **a**를

$$\mathbf{a} = [a_1, a_2, a_3]$$

라 하면 평면 S의 방정식도 역시 다음과 같이 표현된다.

$$a_1x + a_2y + a_3z = \mathbf{a}\cdot\mathbf{r} = c$$

여기서도 c=0일 때의 평면 S^*: $a_1x+a_2y+a_2z=0$은 평면 S가 원점을 지나도록 평행 이동시킨 것과 같으며 S^*상의 위치 벡터는 $\mathbf{a}\cdot\mathbf{r}=\mathbf{0}$을 만족한다. 따라서 벡터 **a**는 평면 S^*에 직교하는 법선벡터이며 S^*는 S와 평행이므로 벡터 **a**는 평면 S에 대한 한 법선벡터가 된다. 그림 6-5에서 단위 법선벡터를 **n**이라 하면 다음과 같다.

$$\boxed{\mathbf{n} = \frac{\mathbf{a}}{|\mathbf{a}|}}$$

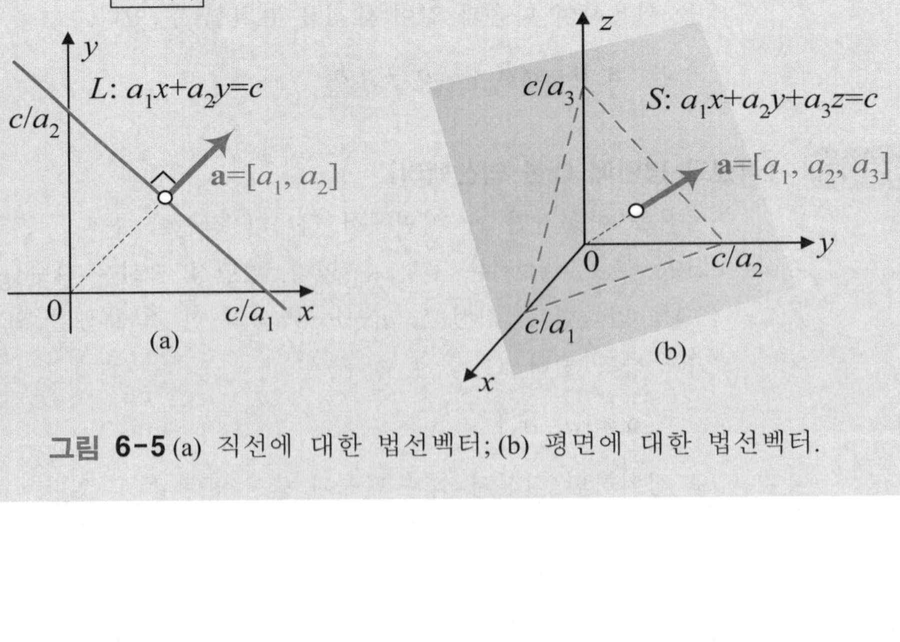

그림 6-5 (a) 직선에 대한 법선벡터; (b) 평면에 대한 법선벡터.

내적에 관한 기본 성질을 요약하면 다음과 같다.

$$\left.\begin{array}{lll} \text{(a)} & \mathbf{a}\cdot\mathbf{b}=\mathbf{b}\cdot\mathbf{a} & \text{(교환법칙)} \\ \text{(b)} & \mathbf{a}\cdot(\mathbf{b}+\mathbf{c})=\mathbf{a}\cdot\mathbf{b}+\mathbf{a}\cdot\mathbf{c} & \text{(분배법칙)} \\ \text{(c)} & \mathbf{a}\cdot(c\mathbf{b})=(c\mathbf{a})\cdot\mathbf{b} & \\ \text{(d)} & |\mathbf{a}\cdot\mathbf{b}|\le|\mathbf{a}||\mathbf{b}| & \text{(슈바르쯔 부등식)} \\ \text{(e)} & |\mathbf{a}+\mathbf{b}|\le|\mathbf{a}|+|\mathbf{b}| & \text{(삼각 부등식)} \\ \text{(f)} & |\mathbf{a}+\mathbf{b}|^2+|\mathbf{a}-\mathbf{b}|^2=2\left(|\mathbf{a}|^2+|\mathbf{b}|^2\right) & \text{(평형사변형 등식)} \end{array}\right\} \quad (16)$$

그림 6-6과 같이 임의의 벡터 $\mathbf{a}$를 벡터 $\mathbf{b}$와 수평인 성분 $\mathbf{b}_1$과 수직인 성분 $\mathbf{b}_2$로 분해할 경우를 많이 접하게 된다. 이 때 $\mathbf{b}_1$은 벡터 $\mathbf{a}$의 $\mathbf{b}$에 대한 정사영(projection)이라 하며 다음과 같이 정의된다.

$$\mathbf{b}_1=\mathrm{Proj}_{\mathbf{b}}\mathbf{a}=\frac{\mathbf{a}\cdot\mathbf{b}}{|\mathbf{b}|^2}\mathbf{b} \quad (17)$$

벡터 $\mathbf{b}_1$의 크기는 다음과 같다.

$$|\mathbf{b}_1|=\left|\frac{\mathbf{a}\cdot\mathbf{b}}{|\mathbf{b}|^2}\mathbf{b}\right|=\left|\frac{\mathbf{a}\cdot\mathbf{b}}{|\mathbf{b}|^2}\right||\mathbf{b}|=\frac{|\mathbf{a}\cdot\mathbf{b}|}{|\mathbf{b}|^2}|\mathbf{b}|=\frac{|\mathbf{a}\cdot\mathbf{b}|}{|\mathbf{b}|}=|\mathbf{a}|\cos\theta \quad (18)$$

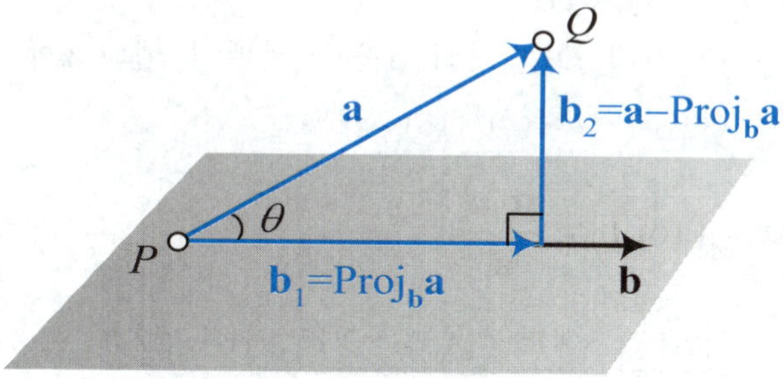

그림 6-6
벡터의 정사영

[내적에 의한 힘이 한 일]

일정한 힘 벡터 $\mathbf{F}$가 한 물체에 작용하여 이 물체를 벡터 $\mathbf{d}$만큼 이동시켰을 때 $\mathbf{F}$가 한 일 W는 다음과 같다.

$$\boxed{W=\mathbf{F}\cdot\mathbf{d}=|\mathrm{Proj}_{\mathbf{d}}\mathbf{F}||\mathbf{d}|}$$

예제 6-1 그림 6-7과 같이 3차원 공간의 평면 S: $a_1x+a_2y+a_3z=c$와 이 평면에 있지 않는 점 P_o: (x_o, y_o, z_o) 사이의 수직 거리 D가 다음과 같음을 증명하라.

$$D = \frac{|a_1x_o + a_2y_o + a_3z_o - c|}{\sqrt{a_1^2 + a_2^2 + a_3^2}}$$

그림 6-7

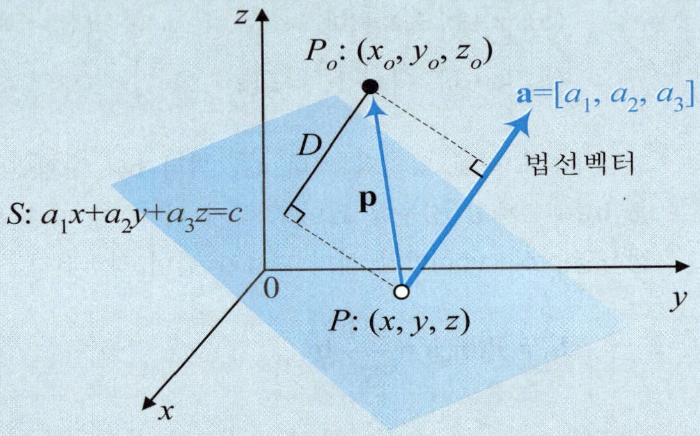

☞ 그림에서와 같이 평면 S 위의 한 점 P: (x, y, z)를 잡으면 벡터 $\mathbf{p}$는

$$\mathbf{p} = [x_o - x, y_o - y, z_o - z]$$

이며 법선벡터는 다음과 같다(응용 6-1 참조)

$$\mathbf{a} = [a_1, a_2, a_3]$$

따라서 수직 거리 D는 벡터 $\mathbf{p}$를 법선벡터 벡터 $\mathbf{a}$에 정사영한 성분의 크기이므로 다음과 같다(식 (18) 참조).

$$D = |\text{Proj}_{\mathbf{a}}\mathbf{p}| = \frac{|\mathbf{p}\cdot\mathbf{a}|}{|\mathbf{a}|}$$

$$= \frac{|a_1(x_o - x) + a_2(y_o - y) + a_3(z_o - z)|}{\sqrt{a_1^2 + a_2^2 + a_3^2}}$$

$$= \frac{|a_1x_o + a_2y_o + a_3z_o - (a_1x + a_2y + a_3z)|}{\sqrt{a_1^2 + a_2^2 + a_3^2}}$$

여기서 점 P: (x, y, z)는 평면 S 상에 있으므로 $a_1x+a_2y+a_3z=c$이다. 따라서 D는 문제에서 주어진 바와 같다.

외적 그림 6-8과 같이 두 벡터 **a**, **b**의 외적 **a**×**b**는 벡터로서 크기는 벡터 **a**와 **b**를 두 변으로 하는 평형사변형의 넓이 S와 같다. 그리고 방향은 평형사변형에 수직이며(단위 법선벡터 **n**의 방향), **a**에서 **b**로 오른손을 감싸 쥘 때 엄지가 가리키는 방향이다(오른손 법칙). 따라서

$$\mathbf{a}\times\mathbf{b} = (|\mathbf{a}||\mathbf{b}|\sin\theta)\mathbf{n} \tag{19}$$

이며 크기는

$$|\mathbf{a}\times\mathbf{b}| = |\mathbf{a}||\mathbf{b}|\sin\theta \quad (0\le\theta\le\pi) \tag{20}$$

이다. 즉 두 벡터가 직교할 때 외적은 최대가 되며 두 벡터가 평행하거나 한 쪽이 영벡터일 때 외적은 0이다. 특히 기본벡터 **i**, **j**, **k**에 대해서는 외적이 다음과 같다(그림 6-9 참조).

$$\left.\begin{array}{lll} \mathbf{i}\times\mathbf{i}=\mathbf{0}, & \mathbf{j}\times\mathbf{j}=\mathbf{0}, & \mathbf{k}\times\mathbf{k}=\mathbf{0} \\ \mathbf{i}\times\mathbf{j}=\mathbf{k}, & \mathbf{j}\times\mathbf{k}=\mathbf{i}, & \mathbf{k}\times\mathbf{i}=\mathbf{j} \\ \mathbf{j}\times\mathbf{i}=-\mathbf{k}, & \mathbf{k}\times\mathbf{j}=-\mathbf{i}, & \mathbf{i}\times\mathbf{k}=-\mathbf{j} \end{array}\right\} \tag{21}$$

외적에 관한 성질을 요약하면 다음과 같다.

$$\left.\begin{array}{l} \text{(a)}\ \mathbf{a}\times\mathbf{b}=-\mathbf{b}\times\mathbf{a} \\ \text{(b)}\ \mathbf{a}\times(\mathbf{b}+\mathbf{c})=(\mathbf{a}\times\mathbf{b})+(\mathbf{a}\times\mathbf{c}), \quad (\mathbf{b}+\mathbf{c})\times\mathbf{a}=(\mathbf{b}\times\mathbf{a})+(\mathbf{c}\times\mathbf{a}) \\ \text{(c)}\ \mathbf{a}\cdot(\mathbf{a}\times\mathbf{b})=0, \quad \mathbf{b}\cdot(\mathbf{a}\times\mathbf{b})=0 \end{array}\right\} \tag{22}$$

벡터의 외적에서 주의할 점은 결합 법칙도

$$\mathbf{a}\times\mathbf{b}\ne\mathbf{b}\times\mathbf{a} \tag{23}$$

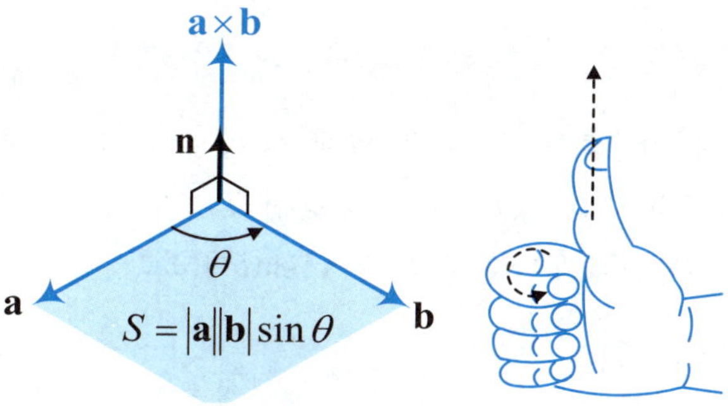

그림 6-8 벡터 외적

놓으며 분배 법칙도

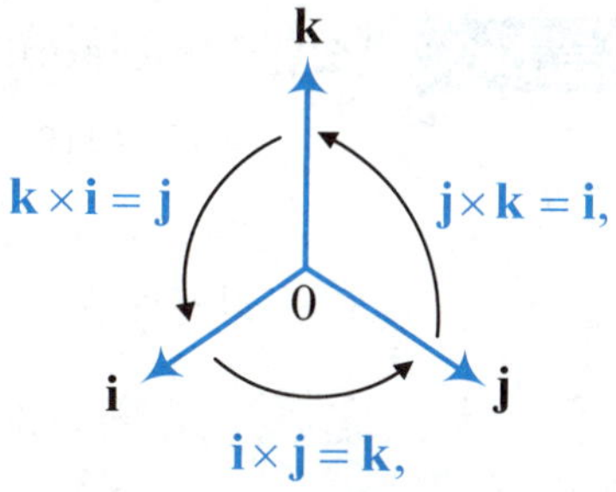

그림 6-9 기본벡터 외적

$$\mathbf{a}\times(\mathbf{b}\times\mathbf{c})\neq(\mathbf{a}\times\mathbf{b})\times\mathbf{c} \tag{24}$$

와 같이 성립하지 않는다는 것이다. 식 (21)과 식 (22) (b)의 외적의 분배법칙으로부터 외적 **a×b**는 다음과 같이 표현된다.

$$\begin{aligned}\mathbf{a}\times\mathbf{b} &= [a_1\mathbf{i}+a_2\mathbf{j}+a_3\mathbf{k}]\times[b_1\mathbf{i}+b_2\mathbf{j}+b_3\mathbf{k}]\\ &= a_1b_1\mathbf{i}\times\mathbf{i}+a_1b_2\mathbf{i}\times\mathbf{j}+a_1b_3\mathbf{i}\times\mathbf{k}\\ &\quad +a_2b_1\mathbf{j}\times\mathbf{i}+a_2b_2\mathbf{j}\times\mathbf{j}+a_2b_3\mathbf{j}\times\mathbf{k}\\ &\quad +a_3b_1\mathbf{k}\times\mathbf{i}+a_3b_2\mathbf{k}\times\mathbf{j}+a_3b_3\mathbf{k}\times\mathbf{k}\\ &= (a_2b_3-a_3b_2)\mathbf{i}+(a_3b_1-a_1b_3)\mathbf{j}+(a_1b_2-a_2b_1)\mathbf{k}\\ &= \begin{vmatrix}a_2 & a_3\\ b_2 & b_3\end{vmatrix}\mathbf{i}+\begin{vmatrix}a_3 & a_1\\ b_3 & b_1\end{vmatrix}\mathbf{j}+\begin{vmatrix}a_1 & a_2\\ b_1 & b_2\end{vmatrix}\mathbf{k}\end{aligned} \tag{25}$$

따라서 외적 **a×b**는 다음과 같이 상징적인 행렬식 형태로 표현할 수 있다.

$$\mathbf{a}\times\mathbf{b}=\begin{vmatrix}\mathbf{i} & \mathbf{j} & \mathbf{k}\\ a_1 & a_2 & a_3\\ b_1 & b_2 & b_3\end{vmatrix} \tag{26}$$

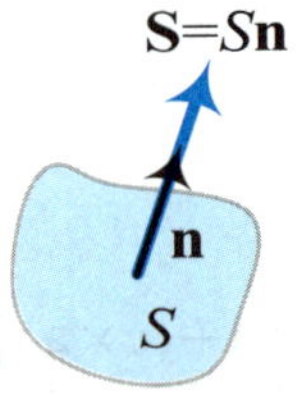

그림 6-10
면적벡터

그림 6-8에서 외적 **a×b**는 크기가 벡터 **a**와 **b**를 두 변으로 하는 평형사변형의 넓이 S이며 방향은 평면의 법선벡터 **n**이다. 따라서 외적 **a×b**는

$$\mathbf{a}\times\mathbf{b}=S\mathbf{n}=\mathbf{S} \tag{27}$$

로 표현할 수 있으며 **S**를 면적벡터라 부른다. 즉 그림 6-10과 같이 면적벡터는 크기가 평면의 면적이고 방향은 평면의 단위 법선벡터이다. 면적벡터는 면적을 수직으로 통과하는 유량 등을 구할 때 편리하며 이는 다음 장의 면적분에서 설명한다.

응용 6-3 **[모멘트(moment) 벡터]**

그림 6-11에서 점 P에 작용하는 힘 **F**에 의해 O 점에 걸리는 모멘트의 크기는 $m=|\mathbf{F}|l$로 정의되며 l은 O와 **F**의 작용선 L과의 수직 거리이다. 점 O에서 P에 이르는 벡터를 **r**이라 하면 $l=|\mathbf{r}|\sin\theta$이므로

$$m=|\mathbf{F}||\mathbf{r}|\sin\theta=|\mathbf{r}\times\mathbf{F}|$$

그림 6-11

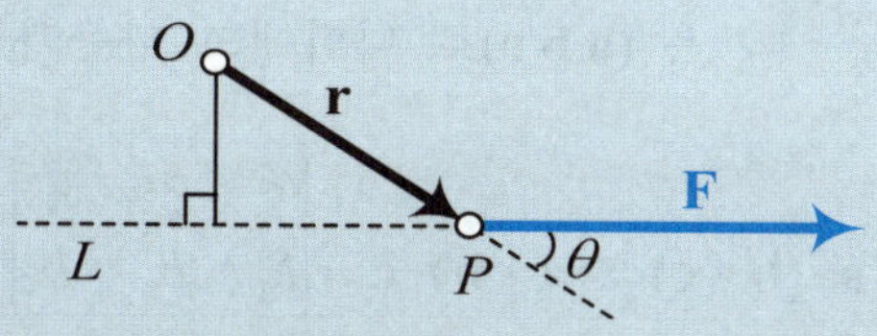

이때 벡터

$$\boxed{\mathbf{m} = \mathbf{r} \times \mathbf{F}}$$

를 O에 대한 $\mathbf{F}$의 모멘트 벡터, 또는 능률벡터라 부른다. 모멘트 벡터의 크기는 m이고 방향은 $\mathbf{F}$에 의해 O를 중심으로 생기는 회전 운동의 회전축 방향과 같다.

응용 6-4 **[회전체의 속도]**

그림 6-12에서 회전체의 각속도를 ω rad/sec라 할 때 회전축으로부터 거리가 d인 회전체 상의 한 점 P의 속도 v는 $v=\omega d$이다. 여기서 벡터 $\mathbf{w}$를 정의하되 크기는 ω이고 방향은 회전축 방향으로 한다. 그리고 원점으로부터 점 P에 이르는 위치 벡터를 $\mathbf{r}$이라 하고 $\mathbf{w}$와 $\mathbf{r}$의 사잇각은 θ이다. 그러면 $d=|\mathbf{r}|\sin\theta$이므로 P의 속도 $v=\omega d$는 다음과 같다.

$$v = \omega d = |\mathbf{w}||\mathbf{r}|\sin\theta = |\mathbf{w} \times \mathbf{r}|$$

따라서 v의 방향을 고려하면 P의 속도벡터 $\mathbf{v}$는 다음과 같이 표현된다.

$$\boxed{\mathbf{v} = \mathbf{w} \times \mathbf{r}}$$

그림 6-12

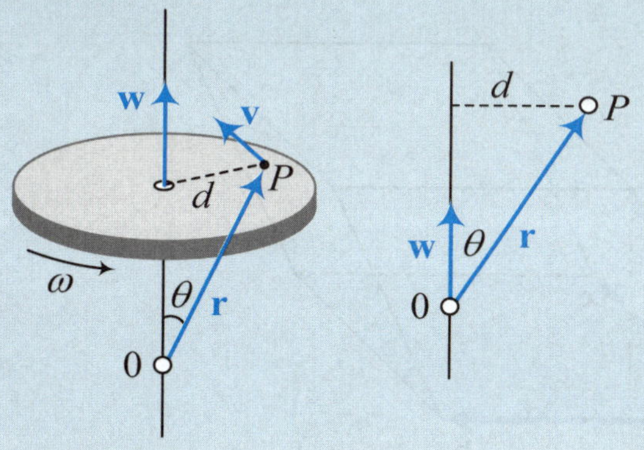

스칼라 삼중적

세 개의 벡터 $\mathbf{a}=[a_1, a_2, a_3]$, $\mathbf{b}=[b_1, b_2, b_3]$ 및 $\mathbf{c}=[c_1, c_2, c_3]$의 스칼라 삼중적은 $(\mathbf{a}\ \mathbf{b}\ \mathbf{c})$로 나타내고 다음과 같이 정의된다.

$$(\mathbf{a}\ \mathbf{b}\ \mathbf{c}) = \mathbf{a}\cdot(\mathbf{b}\times\mathbf{c}) = (\mathbf{a}\times\mathbf{b})\cdot\mathbf{c} = \begin{vmatrix} a_1 & a_2 & a_3 \\ b_1 & b_2 & b_3 \\ c_1 & c_2 & c_3 \end{vmatrix} \tag{28}$$

벡터 외적인 식 (26)을 이용하면 스칼라 삼중적은 다음과 같다.

$$\begin{aligned}\mathbf{a}\cdot(\mathbf{b}\times\mathbf{c}) &= (a_1\mathbf{i}+a_2\mathbf{j}+a_3\mathbf{k})\cdot\begin{vmatrix} \mathbf{i} & \mathbf{j} & \mathbf{k} \\ b_1 & b_2 & b_3 \\ c_1 & c_2 & c_3 \end{vmatrix} \\ &= (a_1\mathbf{i}+a_2\mathbf{j}+a_3\mathbf{k})\cdot\left(\begin{vmatrix} b_2 & b_3 \\ c_2 & c_3 \end{vmatrix}\mathbf{i}+\begin{vmatrix} b_3 & b_1 \\ c_3 & c_1 \end{vmatrix}\mathbf{j}+\begin{vmatrix} b_1 & b_2 \\ c_1 & c_2 \end{vmatrix}\mathbf{k}\right) \\ &= a_1\begin{vmatrix} b_2 & b_3 \\ c_2 & c_3 \end{vmatrix}+a_2\begin{vmatrix} b_3 & b_1 \\ c_3 & c_1 \end{vmatrix}+a_3\begin{vmatrix} b_1 & b_2 \\ c_1 & c_2 \end{vmatrix}\end{aligned} \tag{29}$$

따라서 위의 식 마지막 등식은 식 (28)의 우변 행렬식과 같다. 마찬가지 방법으로 $(\mathbf{a}\times\mathbf{b})\cdot\mathbf{c}$도 같은 결과임을 증명할 수 있다. 그림 6-13은 스칼라 삼중적의 기하학적인 의미를 보여주며 $\mathbf{a}\cdot(\mathbf{b}\times\mathbf{c})$는 $\mathbf{a}$, $\mathbf{b}$, $\mathbf{c}$를 모서리로 하는 평행육면체의 체적이다. 즉 벡터 $\mathbf{b}\times\mathbf{c}$가 $\mathbf{a}$와 이루는 각을 β라 하면

$$|\mathbf{a}\cdot(\mathbf{b}\times\mathbf{c})| = |\mathbf{a}||\mathbf{b}\times\mathbf{c}|\cos\beta \tag{30}$$

에서 $|\mathbf{b}\times\mathbf{c}|$는 $\mathbf{b}$, $\mathbf{c}$를 변으로 하는 평행사변형의 넓이이고 $|\mathbf{a}|\cos\beta$는 벡터 $\mathbf{a}$에서 $\mathbf{b}$, $\mathbf{c}$가 이루는 평행사변형에 내린 수직선의 높이 h이기 때문이다.

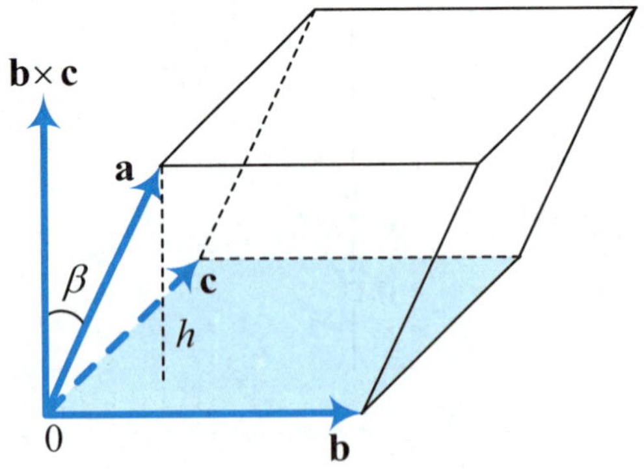

그림 6-13 스칼라 삼중적의 기하학적인 해석

이상으로 벡터 내적은 길이를 나타내는데(그림 6-6), 외적은 넓이를 나타내는데(그림 6-10), 스칼라 삼중적은 부피를 나타내는데(그림 6-13) 각각 유용하다.

6.3 벡터를 이용한 공간 도형의 표현

3차원 공간 내에 곡선이나 곡면 등의 기하학적인 도형을 표현하는데 벡터를 이용하면 편리하다. 그림 6-14와 같이 3차원 직교좌표계에서 나비가 날아가는 궤적을 그렸다고 생각해 보자. 곡선 C의 한 점 P: (x, y, z)에 대한 위치 벡터를 $\mathbf{r}$이라 하면

$$\mathbf{r} = \mathbf{r}(x, y, z) = x\mathbf{i} + y\mathbf{j} + z\mathbf{k} \tag{31}$$

로 표현할 수 있다. 그리고 x, y, z는 시간 t의 함수이므로

$$\mathbf{r} = \mathbf{r}(t) = x(t)\mathbf{i} + y(t)\mathbf{j} + z(t)\mathbf{k} \tag{32}$$

로 표현할 수 있으며 이를 매개변수 표현법이라 한다. 물론 일반적으로는 매개변수 t는 시간만의 함수가 아니다. 매개변수 t를 소거하여 곡선상의 x, y, z의 관계를 구해보면

$$f(x, y, z) = c \quad (c\text{는 상수}) \tag{33}$$

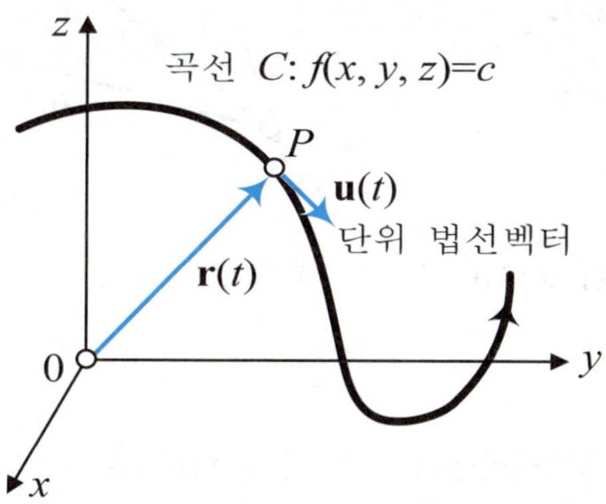

그림 6-14
공간내의 곡선

의 형태로 표현할 수 있으며 이를 음(implicit)함수라 한다. 공간 곡선의 식을

$$y = f(x), \quad z = g(x) \tag{34}$$

로 표현할 수 있으면 이를 양(explicit)함수라 한다. 그리고 그림 7-14에서 점 P의 접선 방향의 벡터를 접선벡터라 하며 단위 법선벡터는 **u**로 표현한다. 그리고 t의 값이 증가하는 방향을 C 상의 양의 방향이라 하고 그림 7-14에서와 같이 화살표로서 표시한다. 물론 t의 값이 감소하는 방향은 C 상의 음의 방향이 된다. 이제 잘 알려진 몇 가지 공간 도형을 벡터로 표현해 보기로 한다.

곡선

그림 6-15는 직선을 매개변수로 표현한 것이다. 먼저 그림 (a)는 위치벡터가 $\mathbf{r}_o$인 점 P_o를 지나면서 일정한 벡터 **p**와 방향이 같은 직선이며 다음과 같이 표현된다.

$$\mathbf{r}(t) = \mathbf{r}_o + t\mathbf{p} = (x_o + tp_1)\mathbf{i} + (y_o + tp_2)\mathbf{j} + (z_o + tp_3)\mathbf{k} \tag{35}$$

그리고 그림 (b)는 두 점 P_1, P_2를 지나는 직선으로 다음과 같다.

$$\begin{aligned}\mathbf{r}(t) &= (1-t)\mathbf{r}_1 + t\mathbf{r}_2 \\ &= [(1-t)x_1 + tx_2,\ (1-t)y_1 + ty_2,\ (1-t)z_1 + tz_2]\end{aligned} \tag{36}$$

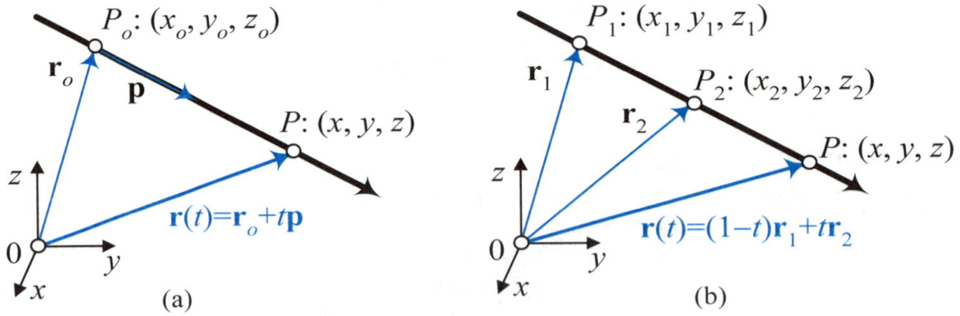

그림 6-15 직선의 매개변수 표현

그림 6-16은 원 또는 타원을 나타내며 벡터함수는 다음과 같다.

$$\mathbf{r}(t) = a\cos t\mathbf{i} + b\sin t\mathbf{j} + c\mathbf{k} \tag{37}$$

여기서 $\cos^2 t+\sin^2 t=1$을 이용하여 매개변수 t를 소거하면

$$\frac{x^2}{a^2} + \frac{y^2}{b^2} = 1, \quad z = c \tag{38}$$

이므로 x, y 축을 주축으로 하는 타원이 되며 $a=b$이면 반경이 a인 원이다.

그림 6-16 원과 타원의 매개변수 표현

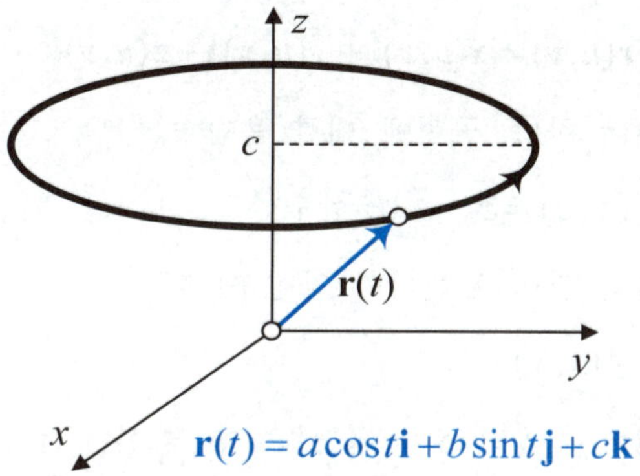

그림 6-17은 원나선(circular helix)를 나타내는 공간 곡선 C이며 벡터함수는 다음과 같다.

$$\mathbf{r}(t) = a\cos t\mathbf{i} + a\sin t\mathbf{j} + ct\mathbf{k} \tag{39}$$

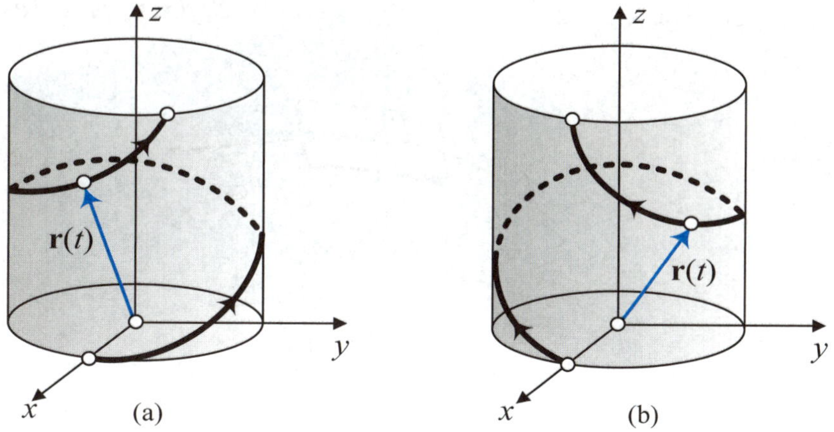

그림 6-17 원나선의 매개변수 표현: (a) 우수계; (b) 좌수계

식 (39)의 곡선은 원주 $x^2+y^2=a^2$ 위에 있으며, $c>0$이면 우수계의 나선이

되고 $c<0$이면 좌수계의 나선이 된다. 그리고 $c=0$이면 원이다.

곡면 그림 6-18의 일반적인 곡면 S 상의 한 위치 벡터를 $\mathbf{r}$이라 하면

$$\mathbf{r} = \mathbf{r}(x, y, z) = x\mathbf{i} + y\mathbf{j} + z\mathbf{k} \tag{40}$$

로 표현할 수 있다. 그러나 곡선과는 달리 매개변수로 표현하기 위해서는 두 개의 독립 변수가 필요하다. 즉 x, y, z를 두 변수 u, v의 함수로 하여

$$\mathbf{r} = \mathbf{r}(u, v) = x(u, v)\mathbf{i} + y(u, v)\mathbf{j} + z(u, v)\mathbf{k} \tag{41}$$

로 표현해야 한다. 곡면에 대한 음함수는

$$f(x, y, z) = c \quad (c\text{는 상수}) \tag{42}$$

이며 다음과 같이 표현되면 양함수이다.

$$z = f(x, y) \tag{43}$$

그림 6-18에서 곡면 S 상에 있는 한 곡선 C를 생각해 보자. 곡선상의 한 점 P를 지나는 곡선접선벡터를 $\mathbf{u}$가 놓인 평면을 접평면이라 한다. 그리고 P를 지나면서 접평면에 수직인 벡터 $\mathbf{n}$을 곡면법선벡터라 한다. 곡선의 곡선접선벡터와 곡면의 곡면법선벡터를 구하는 법은 뒤에서 설명한다.

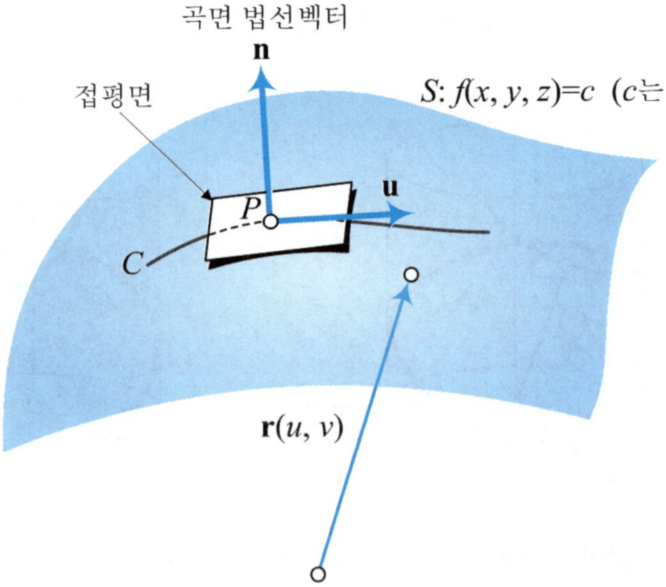

그림 6-18 공간상의 곡면

그림 6-19(a)는 타원곡면을 나타내며 이에 대한 위치벡터는 다음과 같다.

$$\mathbf{r}(u, v) = a\cos u \cos v\mathbf{i} + b\cos u \sin v\mathbf{j} + c\sin u\mathbf{k} \tag{44}$$

위의 식에서 **r**의 성분이

$$x = a\cos u \cos v, \quad y = b\cos u \sin v, \quad z = c\sin u \tag{45}$$

이므로 함수 $f(x, y, z)$는 다음과 같다.

$$\frac{x^2}{a^2} + \frac{y^2}{b^2} + \frac{z^2}{c^2} = 1 \tag{46}$$

식 (46)은 그림 6-19(a)의 타원곡면 함수이며 $a=b=c$이면 그림 (b)의 구면체가 된다.

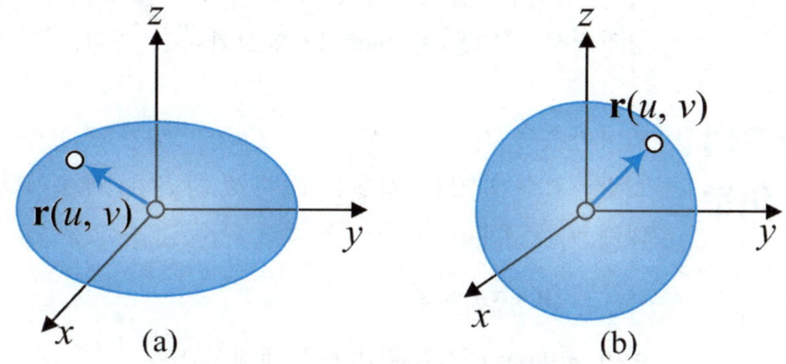

그림 6-19
(a) 타원곡면
(b) 구면체

그림 6-20은 원뿔이며 곡면에 대한 위치벡터는

$$\mathbf{r}(u, v) = u\cos v\mathbf{i} + u\sin v\mathbf{j} + u\mathbf{k} \tag{47}$$

이며 이에 대한 함수 $f(x, y, z)$는 다음과 같다($u \geq 0$).

$$\sqrt{x^2 + y^2} = z \tag{48}$$

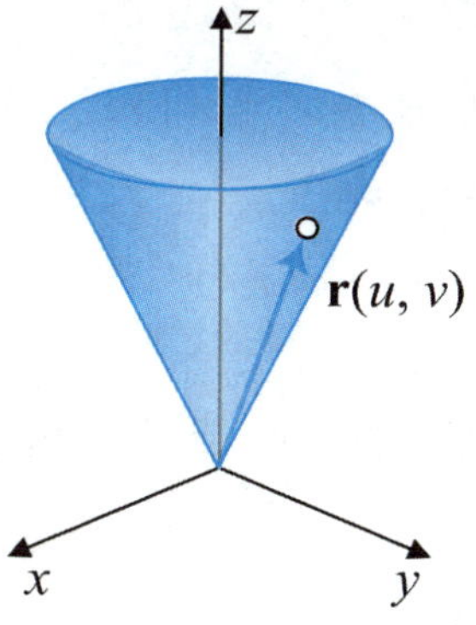

그림 6-20
원뿔 곡면

6.4 벡터함수의 미분

벡터함수

5 장까지 설명한 함수는 스칼라함수이며 $f(t), f(x, y, z)$ 등과 같이 1개 또는 다수의 독립 변수에 대해 실수 또는 복소수를 함수 값으로 한다. 반면에 시간에 따라 변하는 위치벡터 **r**은

$$\mathbf{r}(t) = x(t)\mathbf{i} + y(t)\mathbf{j} + z(t)\mathbf{k} \tag{49}$$

와 같이 벡터를 함수 값으로 한다. 이때 $\mathbf{r}(t)$를 벡터함수라 하고 정의된 영역에서 벡터장(場, filed)을 형성한다고 한다.

벡터함수의 미분

벡터함수는 각 좌표 성분 $x(t)$, $y(t)$, $z(t)$가 스칼라 함수이므로 벡터함수는 스칼라함수가 갖는 성질을 그대로 가진다. 예를 들면 벡터함수 $\mathbf{u}(t), \mathbf{v}(t)$에 대해

$$(\mathbf{u} + \mathbf{v})' = \mathbf{u}' + \mathbf{v}' \tag{50}$$

이며 $u=u(t)$인 스칼라함수에 대해서는

$$(u\mathbf{v})' = u'\mathbf{v} + u\mathbf{v}' \tag{51}$$

이다. 특히 내적, 외적 및 스칼라 삼중적에 대해 다음과 같다.

$$\left.\begin{aligned} &\text{(a)}\ \ (\mathbf{u}\cdot\mathbf{v})' = \mathbf{u}'\cdot\mathbf{v} + \mathbf{u}\cdot\mathbf{v}' \\ &\text{(b)}\ \ (\mathbf{u}\times\mathbf{v})' = \mathbf{u}'\times\mathbf{v} + \mathbf{u}\times\mathbf{v}' \\ &\text{(c)}\ \ (\mathbf{uvw})' = \mathbf{u}'\mathbf{vw} + \mathbf{uv}'\mathbf{w} + \mathbf{uvw}' \end{aligned}\right\} \tag{52}$$

벡터함수 **v**의 크기가 $|\mathbf{v}|\neq 0$일 때 크기에 대한 도함수 $|\mathbf{v}|'$도 자주 사용된다. 먼저 $\mathbf{v}\cdot\mathbf{v}=|\mathbf{v}|^2$의 양변을 미분하면

$$\mathbf{v}'\cdot\mathbf{v} + \mathbf{v}\cdot\mathbf{v}' = 2|\mathbf{v}||\mathbf{v}|' \tag{53}$$

이며 좌변이 $2\mathbf{v}\cdot\mathbf{v}'$이므로 $|\mathbf{v}|'$는 다음과 같이 주어진다.

$$|\mathbf{v}|' = \frac{\mathbf{v}\cdot\mathbf{v}'}{|\mathbf{v}|} \tag{54}$$

만일 벡터 $|\mathbf{v}|=c$(c는 상수)인 벡터일 때는 $|\mathbf{v}|'=0$이므로 식 (54)에서

$$\mathbf{v}\cdot\mathbf{v}'=0 \quad \left(|\mathbf{v}|=\text{일정}\right) \tag{55}$$

이다. 즉 크기가 일정한 벡터의 미분은 자신과 직교한다.

곡선의 접선

곡선은 기하학에서뿐 아니라 물리학에서도 많이 취급되며 입자가 그리는 곡선 등이 그 한 예이다. 공간상의 곡선과 곡면을 미분, 적분으로 해석하는 것을 수학에서는 미분기하(differential geometry)라 한다. 그림 6-21(a)와 같이 곡선 C 상의 임의의 한 점 P에서 곡선의 양의 방향으로 이동할 때 t의 미소증분 dt에 대한 위치벡터 $\mathbf{r}$의 미소변위 $d\mathbf{r}$은

$$d\mathbf{r}=\mathbf{r}(t+dt)-\mathbf{r}(t) \tag{56}$$

인 벡터이다. 여기서 $dt\to 0$으로 극한을 취한

$$\mathbf{r}'=\frac{d\mathbf{r}}{dt}=\frac{\mathbf{r}(t+dt)-\mathbf{r}(t)}{dt} \tag{57a}$$

를 $\mathbf{r}(t)$의 도함수로 정의하며 성분으로 표현하면 다음과 같다.

$$\mathbf{r}'=(x(t)\mathbf{i}+y(t)\mathbf{j}+z(t)\mathbf{k})'=x'(t)\mathbf{i}+y'(t)\mathbf{j}+z'(t)\mathbf{k} \tag{57b}$$

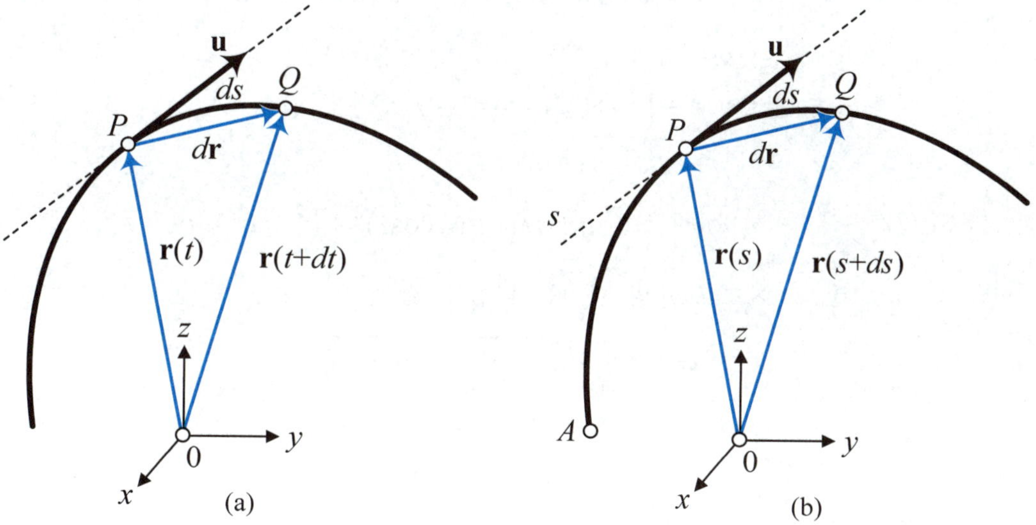

그림 6-21 벡터의 미분: (a) 시간의 함수; (b) 호 길이의 함수

그리고 $dt\to 0$의 극한에서 $d\mathbf{r}$은 곡선에 접하므로 $\mathbf{r}'$를 점 P에서 곡선 C의

접선벡터라 한다. 이로부터 단위 접선벡터 **u**는 다음과 같다.

$$\mathbf{u} = \frac{d\mathbf{r}}{|d\mathbf{r}|} = \frac{\mathbf{r}'}{|\mathbf{r}'|} \quad (57)$$

그림 6-21(b)는 곡선을 호(arc)의 길이 s의 함수 $\mathbf{r}(s)$로 나타낸 것이며

$$ds = |d\mathbf{r}| \quad (59)$$

이다. 따라서 곡선 위의 두 점 $\mathbf{r}(t_o)$와 $\mathbf{r}(t)$ 사이의 거리, 즉 호의 길이는 다음과 같이 구할 수 있다.

$$s(t) = \int_o |d\mathbf{r}| = \int_o \left|\frac{d\mathbf{r}}{dt}\right| dt = \int_o \sqrt{\mathbf{r}' \cdot \mathbf{r}'}\, dt \quad (60)$$

나아가 단위 접선벡터 **u**는 식 (58)과 (59)로부터 다음과 같이 주어진다.

$$\mathbf{u} = \frac{d\mathbf{r}}{ds} \quad (61)$$

예제 6-2 그림 6-17의 원나선에서 접선벡터와 호의 길이를 구하라.

☞ 원나선의 위치벡터가

$$\mathbf{r} = [a\cos t,\, a\sin t,\, ct] = a\cos t\mathbf{i} + a\sin t\mathbf{j} + ct\mathbf{k}$$

이므로 접선벡터는

$$\mathbf{r}' = [-a\sin t,\, a\cos t,\, c]$$

그리고

$$|\mathbf{r}'|^2 = (-a\sin t)^2 + (a\cos t)^2 + c^2 = a^2 + c^2$$

이므로 호의 길이는 다음과 같다.

$$s(t) = \int_0^t \sqrt{a^2 + c^2}\, dt = t\sqrt{a^2 + c^2}$$

응용 6-5 **[벡터 미소변위의 적분]**

벡터의 미소변위를 이용하여 길이와 면적 및 체적에 관한 적분을 간결하게 표현할 수 있다. 길이, 면적 및 체적에 관련된 벡터 공식은 다음과 같이 내적(그림 6-6), 외적(그림 6-8) 및 스칼라 삼중적(그림 6-13)이다.

$$\sqrt{\mathbf{a}\cdot\mathbf{a}},\quad |\mathbf{a}\times\mathbf{b}|,\quad |\mathbf{a}\cdot(\mathbf{b}\times\mathbf{c})|$$

따라서 그림 6-22의 (a) 길이, (b) 면적, (c) 체적을 구하는 식은 벡터의 미소변위로써 각각 다음과 같이 표현할 수 있다.

길이 $L=\int dL=\int|d\mathbf{u}|$

면적 $S=\int dS=\int|d\mathbf{u}\times d\mathbf{v}|$

체적 $V=\int dV=\int|d\mathbf{u}\cdot(d\mathbf{v}\times d\mathbf{w})|$

특히 직교좌표계에서는

$$d\mathbf{u}=dx\mathbf{i},\quad d\mathbf{v}=dy\mathbf{j},\quad d\mathbf{w}=dz\mathbf{k}$$

이므로

$$L=\int|dx|,\quad S=\int|dxdy|,\quad V=\int|dxdydz|$$

와 같다.

그림 6-22

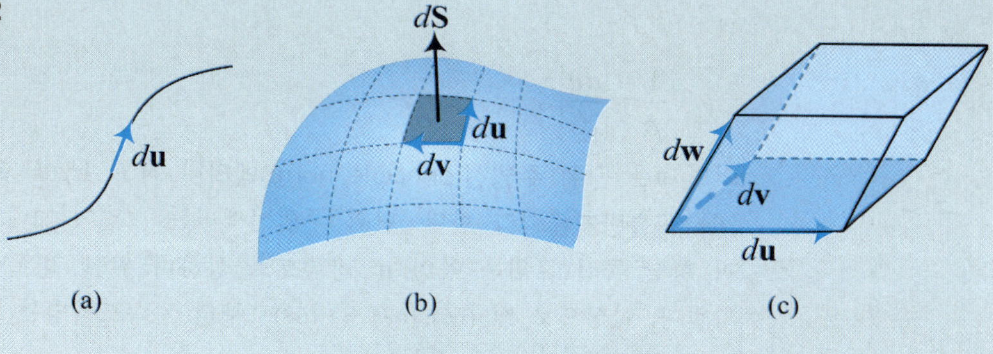

속도와 가속도

그림 6-21(b)에서 곡선 C 상을 운동하는 물체의 속도를 v라 하면

$$v = \frac{ds}{dt} \tag{62}$$

임이 자명하다. 따라서 식 (61)을 이용하면

$$\mathbf{r}' = \frac{d\mathbf{r}}{dt} = \left(\frac{d\mathbf{r}}{ds}\right)\left(\frac{ds}{dt}\right) = \mathbf{u}v \tag{63}$$

이며 $\mathbf{u}$는 단위벡터이다. 이상으로 $\mathbf{r}'$는 크기는 속도 v와 같고 방향은 접선 방향 $\mathbf{u}$와 같으므로 속도벡터라 한다. 즉 속도벡터를 $\mathbf{v}$로 표현하면

$$\mathbf{v} = \mathbf{r}' = \mathbf{u}v \tag{64}$$

속도벡터의 도함수를 가속도벡터라 하고 $\mathbf{a}$로 나타낸다. 즉

$$\mathbf{a} = \mathbf{v}' = \mathbf{r}'' \tag{65}$$

이제 가속도벡터를 식 (64)를 이용해 다시 정리하면

$$\mathbf{a} = \mathbf{v}' = (v\mathbf{u})' = v'\mathbf{u} + \mathbf{u}'v \tag{66}$$

이며 우변 두 번째 항은 사슬법칙에 의해 다음과 같다.

$$\mathbf{u}'v = \left(\frac{d\mathbf{u}}{dt}\right)v = \left(\frac{d\mathbf{u}}{ds}\right)\left(\frac{ds}{dt}\right)v = \frac{d\mathbf{u}}{ds}v^2 \tag{67}$$

여기서 $\mathbf{u}$는 길이가 1로 일정한 단위벡터이므로 그 미분 $d\mathbf{u}/ds$는 자신과 직교한다(식 (55)). 따라서 $\mathbf{u}$와 직교하는 단위벡터를 $\mathbf{n}$이라 하면

$$\frac{d\mathbf{u}}{ds} = \mathbf{n}\frac{|d\mathbf{u}|}{ds} = \mathbf{n}\frac{1}{\rho} \tag{68}$$

단

$$\frac{1}{\rho} = \left|\frac{d\mathbf{u}}{ds}\right| \tag{69}$$

이며 $\mathbf{n}$을 단위 주법선(principle norm)벡터라 하고 $1/\rho$를 곡률(curvature), ρ를 곡률반지름이라 한다. 단위 주법선벡터는 그림 6-23에 보인 바와 같이 항상 곡선이 휘는 쪽인 $\mathbf{u}'$ 방향으로 향하며 원인 경우는 원의 중심을 향한다. 이상으로 식 (66), (67) 및 (68)로부터 가속도벡터는 다음과 같다.

$$\mathbf{a} = \mathbf{u}\frac{dv}{dt} + \mathbf{n}\frac{v^2}{\rho} = a_t\mathbf{u} + a_n\mathbf{n} \tag{70}$$

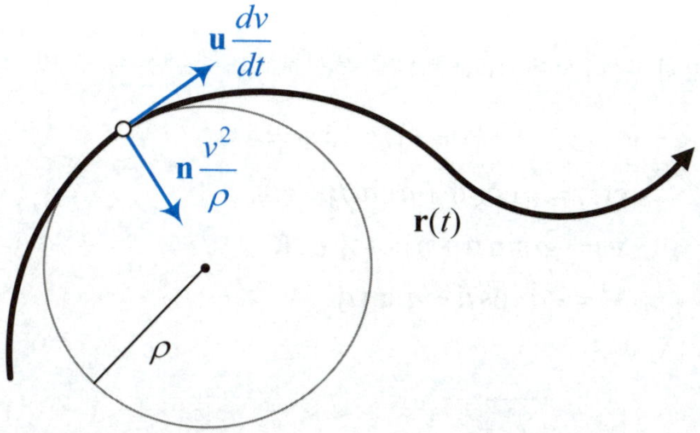

그림 6-23
곡선상의 가속도

여기서 a_t, a_n은 각각 다음과 같다.

$$a_t = \frac{dv}{dt}, \quad a_n = \frac{v^2}{\rho} \tag{71}$$

식 (70)과 그림 6-23에서 $\mathbf{u}(dv/dt)$는 접선가속도라 하며 $\mathbf{n}(v^2/\rho)$를 법선가속도라 한다. 법선가속도는 구심가속도라 하기도 하며 잘 알려진 원심가속도는 구심가속도와 크기는 같고 방향은 반대이다. 식 (71)의 a_t, a_n은 내적 $\mathbf{v}\cdot\mathbf{a}$와 외적 $\mathbf{v}\times\mathbf{a}$로부터 편리하게 구할 수 있다. 먼저 내적 $\mathbf{v}\cdot\mathbf{a}$로부터

$$\mathbf{v}\cdot\mathbf{a} = v\mathbf{u}\cdot(a_t\mathbf{u} + a_n\mathbf{n}) = va_t \tag{72}$$

이므로 a_t는 다음과 같다.

$$a_t = \frac{\mathbf{v}\cdot\mathbf{a}}{v} = \frac{\mathbf{v}\cdot\mathbf{v}'}{|\mathbf{v}|} \tag{73}$$

다음으로 외적 $\mathbf{v}\times\mathbf{a}$로부터

$$\mathbf{v}\times\mathbf{a} = v\mathbf{u}\times(a_t\mathbf{u} + a_n\mathbf{n}) = va_n(\mathbf{u}\times\mathbf{n}) \tag{74}$$

이며 $\mathbf{u}\times\mathbf{n}$은 단위벡터이므로 a_n은 다음과 같다.

$$a_n = \frac{|\mathbf{v}\times\mathbf{a}|}{v} = \frac{|\mathbf{v}\times\mathbf{v}'|}{|\mathbf{v}|} \tag{75}$$

이상을 정리하면 다음과 같다.

$$a_t = \frac{|\mathbf{v}\cdot\mathbf{v}'|}{|\mathbf{v}|}, \quad a_n = \frac{|\mathbf{v}\times\mathbf{v}'|}{|\mathbf{v}|} \tag{76}$$

예제 6-3 예제 6-2의 원나선에 대한 단위 접선벡터, 주법선벡터 및 곡률을 구하라.

☞ 속도벡터와 가속도벡터를 구하면

$$\mathbf{r}(t) = a\cos t\mathbf{i} + a\sin t\mathbf{j} + ct\mathbf{k}$$

$$\mathbf{v} = -a\sin t\mathbf{i} + a\cos t\mathbf{j} + c\mathbf{k}$$

$$\mathbf{v}' = -a\cos t\mathbf{i} - a\sin t\mathbf{j}$$

이로부터

$$|\mathbf{v}| = \sqrt{a^2 + c^2}$$

$$\mathbf{v}\cdot\mathbf{v}' = a^2\sin t\cos t - a^2\sin t\cos t = 0$$

$$\mathbf{v}\times\mathbf{v}' = ac(\sin t\mathbf{i} - \cos t\mathbf{j}) + a^2\mathbf{k}$$

따라서 단위 접선벡터는

$$\boxed{\mathbf{u} = \frac{\mathbf{v}}{|\mathbf{v}|} = \frac{-a\sin t\mathbf{i} + a\cos t\mathbf{j} + c\mathbf{k}}{\sqrt{a^2 + c^2}}}$$

그리고

$$\mathbf{u}' = \frac{-a\cos t\mathbf{i} - a\sin t\mathbf{j}}{\sqrt{a^2 + c^2}}, \quad |\mathbf{u}'| = \frac{a}{\sqrt{a^2 + c^2}}$$

로부터 주법선벡터는

$$\boxed{\mathbf{n} = \frac{\mathbf{u}'}{|\mathbf{u}'|} = -\cos t\mathbf{i} - \sin t\mathbf{j}}$$

다음으로 법선가속도 성분이

$$a_n = \frac{|\mathbf{v}\times\mathbf{v}'|}{|\mathbf{v}|} = \frac{|ac(\sin t\mathbf{i} - \cos t\mathbf{j}) + a^2\mathbf{k}|}{\sqrt{a^2 + c^2}} = \frac{a\sqrt{a^2 + c^2}}{\sqrt{a^2 + c^2}} = a$$

이므로 곡률은 다음과 같다.

$$\boxed{\frac{1}{\rho} = \frac{a_n}{|\mathbf{v}|^2} = \frac{a}{a^2 + c^2}}$$

6.5 스칼라장의 구배와 방향도함수

공간상의 한 점 $\mathbf{r}=[x, y, z]$에 대해 스칼라 양을 갖는 함수 $f(\mathbf{r})=f(x, y, z)$를 스칼라함수, 또는 스칼라 점함수(point-function)라 한다. 스칼라 함수에는 물체의 밀도, 온도, 전하 등의 분포를 생각할 수 있으며 스칼라가 분포하는 영역을 스칼라장이라 한다. 스칼라 양이 c로 같은 점들은 곡면

$$f(x, y, z) = c \tag{77}$$

상에 있으며 이 곡면을 등위면(等位面)이라 한다. 식 (77)에서 스칼라 양인 상수 c를 일정한 간격

$$f(x, y, z) = c_1, \quad f(x, y, z) = c_2, \quad f(x, y, z) = c_3 \cdots$$

으로 변화시켜 가면서 등위면을 관찰하면 등위면이 조밀한 곳에서는 스칼라 값의 변화가 심하고 성긴 곳에서는 스칼라의 변화는 작다. 스칼라함수와는 달리 공간상의 한 점 $\mathbf{r}$에 대해 벡터를 부과하는 함수를 벡터함수라 하며 $\mathbf{F}(\mathbf{r})=\mathbf{F}(x, y, z)$와 같이 표현하고 벡터가 분포하는 공간을 벡터장이라 한다. 대표적인 벡터장이 중력장, 전장, 자장 등이다. 벡터와 마찬가지로 벡터함수도 성분 함수들로 표현할 수 있으며 직교좌표계의 경우는

$$\mathbf{F}(\mathbf{r}) = F_1(\mathbf{r})\mathbf{i} + F_2(\mathbf{r})\mathbf{j} + F_3(\mathbf{r})\mathbf{k} \tag{78}$$

와 같다. 물론 성분 $F_1(\mathbf{r}), F_2(\mathbf{r}), F_3(\mathbf{r})$은 모두 스칼라함수이다.

스칼라장의 구배(勾配)

스칼라 점함수 $f(\mathbf{r})=f(x, y, z)$의 x, y, z에 관한 편도함수인

$$\frac{\partial f}{\partial x}, \quad \frac{\partial f}{\partial y}, \quad \frac{\partial f}{\partial z}$$

를 x, y, z의 성분으로 하는 벡터함수를 $f(x, y, z)$의 구배(gradient)라 하고 $\text{grad} f$ 또는 ∇f로 표기한다. 즉

$$\text{grad} f = \nabla f = \frac{\partial f}{\partial x}\mathbf{i} + \frac{\partial f}{\partial y}\mathbf{j} + \frac{\partial f}{\partial z}\mathbf{k} \tag{79}$$

3장에서 미분 연산자 d/dt를 p로 하여 마치 변수와 같이 취급하였다. 즉 df/dt를 pf와 같이 곱하기 형태로 표현하였다. 여기서 다음과 같은 연산자

$$\nabla \equiv \frac{\partial}{\partial x}\mathbf{i} + \frac{\partial}{\partial y}\mathbf{j} + \frac{\partial}{\partial z}\mathbf{k} \tag{80}$$

를 마치 벡터 연산 기호로 생각하면 식 (79)는

$$\nabla f = \left(\frac{\partial}{\partial x}\mathbf{i} + \frac{\partial}{\partial y}\mathbf{j} + \frac{\partial}{\partial z}\mathbf{k}\right) f \tag{81}$$

와 같이 마치 ∇와 f의 곱하기 형태로 표현할 수 있다. ∇는 해밀톤 연산자라 하고 나브라(nabla) 또는 델(del)로 읽는다.

곡면법선벡터

응용 6-1의 그림 6-5(b)의 평면 방정식을 다시 생각해 보면

$$f(\mathbf{r}) = f(x, y, z) = a_1 x + a_2 y + a_3 z = c \tag{82}$$

이다. 이 평면을 표현하는 스칼라함수 f의 구배는 식 (79)에 의해

$$\nabla f = \frac{\partial f}{\partial x}\mathbf{i} + \frac{\partial f}{\partial y}\mathbf{j} + \frac{\partial f}{\partial z}\mathbf{k} = a_1\mathbf{i} + a_2\mathbf{j} + a_3\mathbf{k} \tag{83}$$

이며 스칼라함수의 구배는 바로 평면과 수직인 벡터이다. 이를 다음과 같이 일반적인 곡면 방정식에 대해 확장시켜보기로 한다.

$$f(\mathbf{r}) = f(x, y, z) = c = \text{상수} \tag{84}$$

그림 6-24에서 곡면 S 상에 놓인 임의의 곡선 C 위의 한 점 P를 생각해 보자. 점 P의 위치벡터를 매개변수로 표현하면

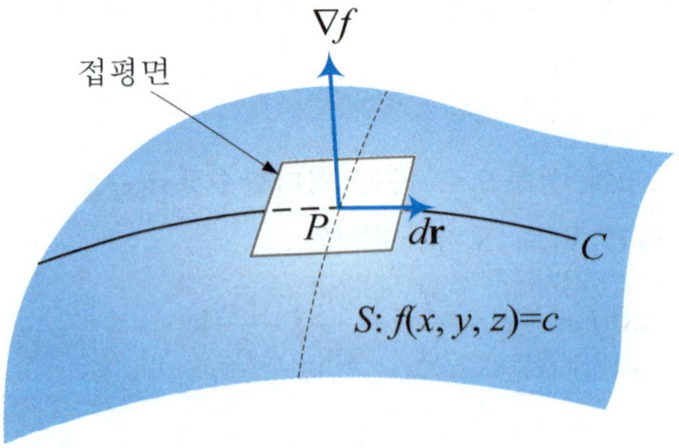

그림 6-24 곡면법선벡터로서의 구배

$$\mathbf{r}(t) = x(t)\mathbf{i} + y(t)\mathbf{j} + z(t)\mathbf{k} \tag{85}$$

이며 **r**은 식 (84)를 만족한다(곡면상에 있으므로). 그리고 곡선 C의 법선벡터는 식 (63)에 의해

$$\mathbf{r}'(t) = x'(t)\mathbf{i} + y'(t)\mathbf{j} + z'(t)\mathbf{k} \tag{86}$$

이며 곡선 C가 S 상에 있으므로 이 벡터는 점 P에서 곡면 S와 접한다. 따라서 S 위의 일정한 점 P에서 P를 지나는 S 상의 모든 곡선의 접선벡터들은 하나의 평면을 형성하게 될 것이며 이를 P에서 S의 접평면이라 한다. 식 (84)를 t에 관하여 미분하면 사슬법칙에 의해

$$\frac{\partial f}{\partial x}x' + \frac{\partial f}{\partial y}y' + \frac{\partial f}{\partial z}z' = \nabla f \cdot \mathbf{r}' = 0 \tag{87}$$

따라서 구배 ∇f는 접평면 내의 모든 접선벡터 $\mathbf{r}'$와 직교하게 되므로 곡면법선벡터라 하며 이에 대한 단위법선벡터 **n**은 다음과 같다.

$$\mathbf{n} = \frac{\nabla f}{|\nabla f|} \tag{88}$$

그림 6-24에서 점 P의 위치벡터를 $\mathbf{r}_o=[x_o, y_o, z_o]$라 하고 P를 지나는 접평면 상의 임의의 한 점을 $\mathbf{r}=[x, y, z]$라 하면 접평면의 방정식은 다음과 같이 주어짐을 알 수 있다.

$$\nabla f(\mathbf{r}_o) \cdot (\mathbf{r} - \mathbf{r}_o) = 0 \tag{89}$$

이상으로 곡선에서 정의되는 접선벡터장과 곡면에서 정의되는 법선벡터장은 그림 6-25와 같으며 이들은 모두 벡터장에 속한다.

그림 6-25

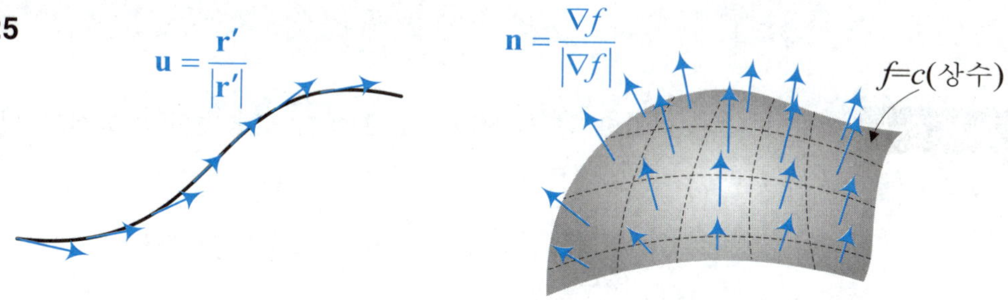

(a) 곡선의 접선벡터장　(b) 곡면의 법선벡터장

예제 6-4 그림 6-26의 원뿔 방정식은 $z^2=x^2+y^2$이다. 점 P: (0, 1, 1)에서 단위 법선벡터 $\mathbf{n}$을 구하라.

그림 6-26

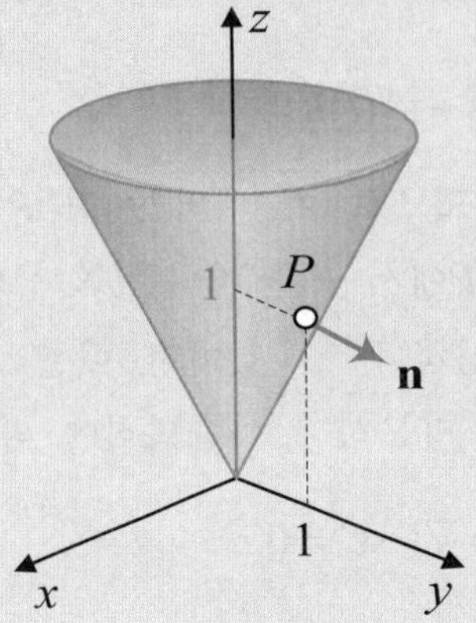

☞ 주어진 원뿔의 등위곡면 함수 및 구배는 다음과 같다.

$$f(x, y, z) = x^2 + y^2 - z^2 = 0$$

$$\nabla f = \frac{\partial f}{\partial x}\mathbf{i} + \frac{\partial f}{\partial y}\mathbf{j} + \frac{\partial f}{\partial z}\mathbf{k} = 2x\mathbf{i} + 2y\mathbf{j} - 2z\mathbf{k}$$

따라서 점 P: (0, 1, 1)에서의 구배는

$$\nabla f(0, 1, 1) = 2\mathbf{j} - 2\mathbf{k}$$

이므로 단위 법선벡터는 다음과 같다.

$$\boxed{\mathbf{u} = \frac{\nabla f(0,1,1)}{|\nabla f(0,1,1)|} = \frac{2\mathbf{j}-2\mathbf{k}}{2\sqrt{2}} = \frac{1}{\sqrt{2}}\mathbf{j} - \frac{1}{\sqrt{2}}\mathbf{k}}$$

예제 6-5 곡면 $x^2-2y^2+z^2=2$의 한 점 $\mathbf{r}_o=[1, 2, 3]$에서 접평면의 방정식과 단위 법선벡터 $\mathbf{n}$을 구하라.

☞ $$\nabla f = \frac{\partial f}{\partial x}\mathbf{i} + \frac{\partial f}{\partial y}\mathbf{j} + \frac{\partial f}{\partial z}\mathbf{k} = 2x\mathbf{i} - 4y\mathbf{j} + 2z\mathbf{k}$$

$$\nabla f(\mathbf{r}_o) = 2\mathbf{i} - 8\mathbf{j} + 6\mathbf{k}$$

접평면의 방정식은 식 (89)로부터

$$\nabla f(\mathbf{r}_o)\cdot(\mathbf{r}-\mathbf{r}_o)=0$$

이며 $\mathbf{r}_o=[1, 2, 3]$, $\mathbf{r}=[x, y, z]$이므로

$$(2\mathbf{i}-8\mathbf{j}+6\mathbf{k})\cdot[(x-2)\mathbf{i}+(y-2)\mathbf{j}+(z-3)\mathbf{k}]=0$$

따라서 접평면의 스칼라 방정식은

$$2(x-2)-8(y-2)+6(z-3)=0$$

즉

$$\boxed{2x-8y+6z=6}$$

그리고 단위 법선벡터는 다음과 같다.

$$\boxed{\mathbf{u}=\frac{\nabla f(\mathbf{r}_o)}{|\nabla f(\mathbf{r}_o)|}=\frac{2\mathbf{i}-8\mathbf{j}+6\mathbf{k}}{\sqrt{104}}=\frac{1}{\sqrt{26}}\mathbf{i}-\frac{4}{\sqrt{26}}\mathbf{j}+\frac{3}{\sqrt{26}}\mathbf{k}}$$

스칼라 함수의 방향도함수

스칼라장의 스칼라 점함수 $f(x, y, z)$에서 그림 6-27과 같이 공간 상의 한 점 P로부터 Q를 향하여 임의의 단위벡터 $\mathbf{b}$의 방향으로 이동할 때(직선 C 상에서) 스칼라 값 f의 변화율을 점 P에서 f의 방향도함수라 한다. 그림 6-27에서 s를 점 P와 Q 사이의 거리로 할 때 방향도함수는 기호로는 $D_{\mathbf{b}}f$ 또는 df/ds로 하고 다음과 같이 정의된다.

$$D_{\mathbf{b}}f=\frac{df}{ds}\equiv\lim_{s\to 0}\frac{f(Q)-f(P)}{s} \tag{90}$$

점 P의 위치벡터를 $\mathbf{p}_o$라 하면 직선 C의 식은 다음과 같다(그림 6-15(a) 참조)

$$\mathbf{r}(s)=x(s)\mathbf{i}+y(s)\mathbf{j}+z(s)\mathbf{k}=\mathbf{p}_o+s\mathbf{b} \tag{91}$$

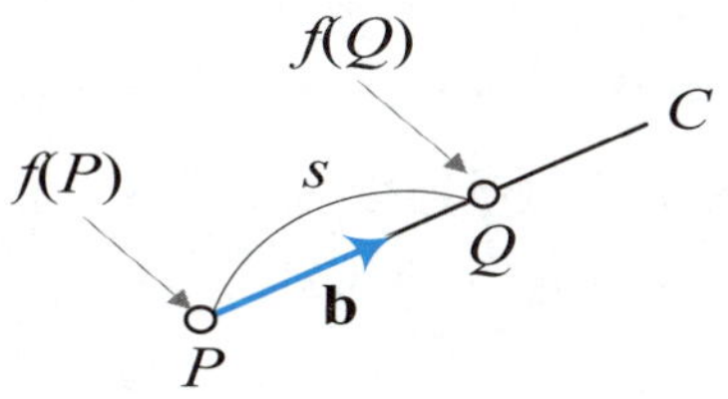

그림 6-27
방향도함수

식 (90)으로부터 $D_{\mathbf{b}}f = df/ds$는 직선 C의 호의 길이 s에 관한 함수인 f의 도함수이므로 사슬법칙에 의해 다음과 같다.

$$D_{\mathbf{b}}f = \frac{df}{ds} = \frac{df}{\partial x}x' + \frac{df}{\partial y}y' + \frac{df}{\partial z}z' \tag{92}$$

단 x', y', z'는 s에 관한 x, y, z의 도함수들이다. 한편 식 (91)에 의해

$$\mathbf{r}' = x'\mathbf{i} + y'\mathbf{j} + z'\mathbf{k} = \mathbf{b} \tag{93}$$

이므로 식 (92)의 방향도함수는 다음과 같이 $\mathbf{b}$와 ∇f의 내적임을 쉽게 알 수 있다.

$$D_{\mathbf{b}}f = \mathbf{b} \cdot \nabla f \quad (\text{단 } |\mathbf{b}| = 1) \tag{94}$$

여기서 유의할 점은 만일 벡터 $\mathbf{b}$가 단위벡터가 아닐 경우는

$$D_{\mathbf{b}}f = \frac{\mathbf{b}}{|\mathbf{b}|} \cdot \nabla f \tag{95}$$

로 하여야 한다. 특히 식 (94)에서 벡터 $\mathbf{b}$의 방향이 구배인 ∇f의 방향과 같을 때 스칼라 점함수의 변화율, 즉 방향도함수가 최대가 된다. 즉 구배 ∇f는 f가 가장 빠르게 증가하는 방향을 가리키고 $-\nabla f$는 f가 가장 빠르게 감소하는 방향을 가리킨다.

예제 6-6 스칼라 점함수 $f = x^2 + y^2$의 구배를 구하고 얻어진 벡터장을 xy 평면상에 화살표를 이용하여 개략적으로 그려보아라.

☞ 구배는

$$\nabla f = \frac{\partial f}{\partial x}\mathbf{i} + \frac{\partial f}{\partial y}\mathbf{j} + \frac{\partial f}{\partial z}\mathbf{k} = 2x\mathbf{i} + 2y\mathbf{j}$$

이므로 xy 평면상에 표시해 보면 그림 6-28과 같으며 동심원들은 스칼라 점함수의 등위면을 표시한다. 즉 구배는 중심에서 밖으로 나가는 방사선 방향의 벡터이며 중심에서 멀어질수록 크기가 증가한다. 만일 함수 f가 높이라 하면 그림 6-28의 동심원들은 등고선을 이루게 되며 방사선 방향으로 이동하면 높이가 가장 빨리 증가한다.

그림 6-28
함수 $f=x^2+y^2$의 구배

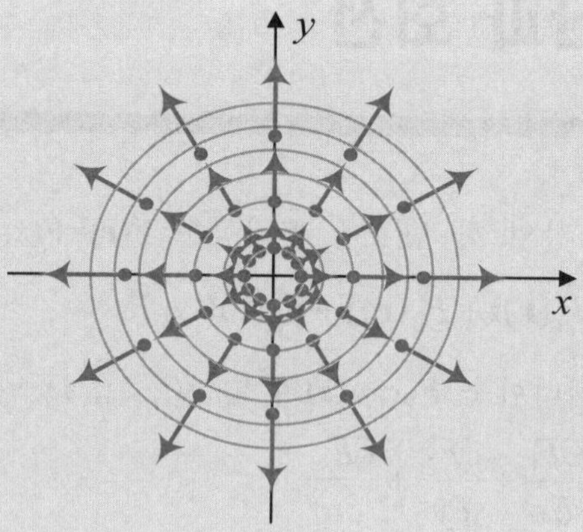

예제 6-7 스칼라 점함수 $f=xy^2-2x^2y+z^2$의 점 (1, 2, 1)에서 $\mathbf{b}=4\mathbf{i}+2\mathbf{j}+2\mathbf{k}$ 방향으로의 도함수를 구하라.

☞
$$\nabla f=(y^2-4xy)\mathbf{i}+(2xy-2x^2)\mathbf{j}+2z\mathbf{k}$$

이므로 점 (1, 2, 1)에서의 구배는

$$\nabla f(1, 2, 1)=-4\mathbf{i}+2\mathbf{j}+2\mathbf{k}$$

그리고 벡터 $\mathbf{b}=4\mathbf{i}+2\mathbf{j}+2\mathbf{k}$에 대한 단위벡터는

$$\frac{\mathbf{b}}{|\mathbf{b}|}=\frac{-4\mathbf{i}+2\mathbf{j}+2\mathbf{k}}{2\sqrt{6}}=-\frac{2}{\sqrt{6}}\mathbf{i}+\frac{1}{\sqrt{6}}\mathbf{j}+\frac{1}{\sqrt{6}}\mathbf{k}$$

따라서 점 (1, 2, 1)에서의 방향도함수는 다음과 같다.

$$\begin{aligned}D_{\mathbf{b}}f&=\frac{\mathbf{b}}{|\mathbf{b}|}\cdot\nabla f\\&=\left(-\frac{2}{\sqrt{6}}\mathbf{i}+\frac{1}{\sqrt{6}}\mathbf{j}+\frac{1}{\sqrt{6}}\mathbf{k}\right)\cdot(-4\mathbf{i}+2\mathbf{j}+2\mathbf{k})\\&=\frac{12}{\sqrt{6}}\end{aligned}$$

6.6 벡터장의 발산과 회전

벡터장의 발산

벡터장은 공간 상의 한 점 $\mathbf{r}$에 벡터함수 $\mathbf{F}(\mathbf{r})=\mathbf{F}(x, y, z)$을 부여하며.

$$\mathbf{F}(\mathbf{r}) = F_1(\mathbf{r})\mathbf{i} + F_2(\mathbf{r})\mathbf{j} + F_3(\mathbf{r})\mathbf{k} \tag{96}$$

로 표현된다. 벡터함수 $\mathbf{F}(x, y, z)$의 발산(發散, divergence)은

$$\text{div } \mathbf{F} \equiv \frac{\partial F_1}{\partial x} + \frac{\partial F_2}{\partial y} + \frac{\partial F_3}{\partial z} \tag{97}$$

로 정의되며 스칼라이다. 발산은 해밀톤 연산자 ∇를 이용하면 다음과 같이 내적 형태로 표현할 수 있다.

$$\begin{aligned}\text{div } \mathbf{F} = \nabla \cdot \mathbf{F} &= \left(\frac{\partial}{\partial x}\mathbf{i} + \frac{\partial}{\partial y}\mathbf{j} + \frac{\partial}{\partial z}\mathbf{k}\right) \cdot (F_1\mathbf{i} + F_2\mathbf{j} + F_3\mathbf{k}) \\ &= \frac{\partial F_1}{\partial x} + \frac{\partial F_2}{\partial y} + \frac{\partial F_3}{\partial z}\end{aligned} \tag{98}$$

따라서 벡터함수의 발산은 다음과 같이 표현한다.

$$\text{div}\mathbf{F} = \nabla \cdot \mathbf{F} = \frac{\partial F_1}{\partial x} + \frac{\partial F_2}{\partial y} + \frac{\partial F_3}{\partial z} \tag{99}$$

벡터함수 $\mathbf{F}(x, y, z)$가 스칼라함수 $f(x, y, z)$의 구배일 경우 $\mathbf{F}(x, y, z)$의 발산을 구해보면 다음과 같다.

$$\begin{aligned}\text{div}\mathbf{F} &= \text{div}(\nabla f) = \nabla \cdot (\nabla f) \\ &= \left(\frac{\partial}{\partial x}\mathbf{i} + \frac{\partial}{\partial y}\mathbf{j} + \frac{\partial}{\partial z}\mathbf{k}\right) \cdot \left(\frac{\partial f}{\partial x}\mathbf{i} + \frac{\partial f}{\partial y}\mathbf{j} + \frac{\partial f}{\partial z}\mathbf{k}\right) \\ &= \frac{\partial^2 f}{\partial x^2} + \frac{\partial^2 f}{\partial y^2} + \frac{\partial f^2}{\partial z^2}\end{aligned} \tag{100}$$

여기서 새로운 연산자 ∇^2을 ∇와 ∇의 내적 $\nabla \cdot \nabla$으로 생각하면

$$\nabla^2 = \left(\frac{\partial}{\partial x}\mathbf{i} + \frac{\partial}{\partial y}\mathbf{j} + \frac{\partial}{\partial z}\mathbf{k}\right) \cdot \left(\frac{\partial}{\partial x}\mathbf{i} + \frac{\partial}{\partial y}\mathbf{j} + \frac{\partial}{\partial z}\mathbf{k}\right) = \frac{\partial^2}{\partial x^2} + \frac{\partial^2}{\partial y^2} + \frac{\partial^2}{\partial z^2} \tag{101}$$

이므로 식 (100)은 다음과 같다.

$$\nabla\cdot(\nabla f)=\nabla^2 f=\frac{\partial^2 f}{\partial x^2}+\frac{\partial^2 f}{\partial y^2}+\frac{\partial^2 f}{\partial z^2} \quad (102)$$

연산자 ∇^2을 라플라스 연산자라 부르며 스칼라 연산자이다. 즉 스칼라함수에 작용하여 스칼라 결과를 얻는다. 만일 벡터장 $\mathbf{F}$에 대해 $\nabla\cdot\mathbf{F}=0$을 만족하는 어떤 스칼라함수 f가 존재하면 이 장을 솔레노이드적(solenoidal)이라 한다. 다음은 해밀톤 연산자와 라플라스 연산자를 정리한 것이다.

$$\left.\begin{aligned}
&\text{(a)}\ \ \nabla f=\left(\frac{\partial}{\partial x}\mathbf{i}+\frac{\partial}{\partial y}\mathbf{j}+\frac{\partial}{\partial z}\mathbf{k}\right)f=\frac{\partial f}{\partial x}\mathbf{i}+\frac{\partial f}{\partial y}\mathbf{j}+\frac{\partial f}{\partial z}\mathbf{k}\\
&\text{(b)}\ \ \nabla\cdot\mathbf{F}=\left(\frac{\partial}{\partial x}\mathbf{i}+\frac{\partial}{\partial y}\mathbf{j}+\frac{\partial}{\partial z}\mathbf{k}\right)\cdot(F_1\mathbf{i}+F_2\mathbf{j}+F_3\mathbf{k})=\frac{\partial F_1}{\partial x}+\frac{\partial F_2}{\partial y}+\frac{\partial F_3}{\partial z}\\
&\text{(c)}\ \ \nabla^2 f=\left(\frac{\partial^2}{\partial x^2}+\frac{\partial^2}{\partial y^2}+\frac{\partial^2}{\partial z^2}\right)f=\frac{\partial^2 f}{\partial x^2}+\frac{\partial^2 f}{\partial y^2}+\frac{\partial^2 f}{\partial z^2}
\end{aligned}\right\} \quad (103)$$

만일 이제 발산의 물리적 의미를 살펴보자. 그림 6-29와 같이 직교좌표계에 형성된 벡터장 $\mathbf{F}(x, y, z)$에서 x, y, z 방향으로 미소 선분 Δx, Δy, Δz를 취하고 이들을 세 모서리로 하는 직육면체를 생각해보자. 그리고 이 직육

그림 6-29
발산의 의미

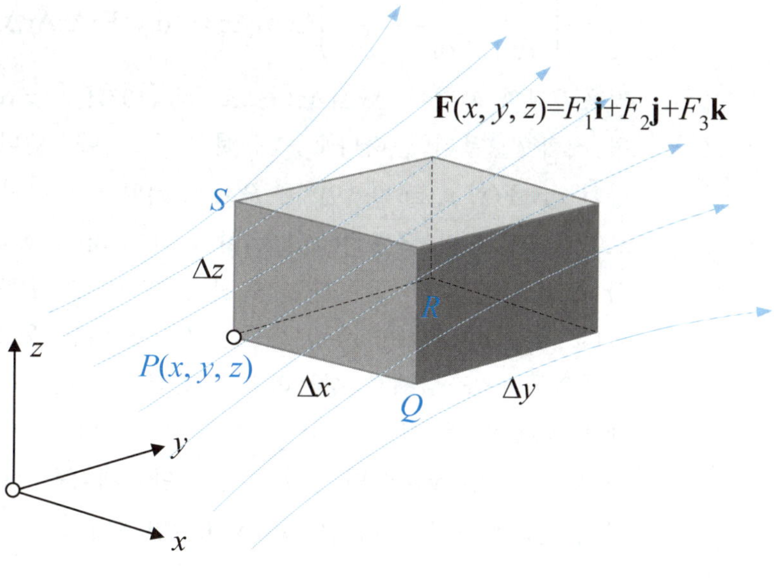

면체를 출입하는 유선(streamline; 유체 입자의 경로)의 수를 구하기로 한다. 먼저 x축에 수직인 측면 PRS를 통해 육면체 안으로 흘러 들어오는 유선의 수는 P에서의 $\mathbf{F}$의 x 성분 F_1과 PRS의 넓이인 $\Delta y\Delta z$의 곱인

$$F_1\Delta y\Delta z$$

이다. 측면 PRS와 마주 보는 측면에서는 $\mathbf{F}$의 x 성분이 $F_1+(\partial F_1/\partial x)\Delta x$가 되므로 그 측면을 통해 밖으로 흘러 나오는 유선의 수는 다음과 같다.

$$\left(F_1+\frac{\partial F_1}{\partial x}\Delta x\right)\Delta y\Delta z$$

이상으로 x축에 수직인 두 측면을 통해 직육면체 밖으로 나오는 유선의 수는 다음과 같다.

$$\frac{\partial F_1}{\partial x}\Delta x\Delta y\Delta z \tag{104}$$

같은 방법으로 y축 및 z축에 수직인 두 측면을 통해 직육면체 밖으로 나오는 유선의 수를 구하면 각각

$$\frac{\partial F_2}{\partial y}\Delta x\Delta y\Delta z \quad \text{및} \quad \frac{\partial F_3}{\partial z}\Delta x\Delta y\Delta z \tag{105}$$

이다. 이상으로 직육면체의 각 면을 통과하여 밖으로 나오는 유선의 수는 식 (104)와 (105)의 세 성분을 합한 것으로서 다음과 같다.

$$\left(\frac{\partial F_1}{\partial x}+\frac{\partial F_2}{\partial y}+\frac{\partial F_3}{\partial z}\right)\Delta x\Delta y\Delta z=(\text{div }\mathbf{F})\Delta x\Delta y\Delta z \tag{107}$$

직육면체의 체적이 $\Delta x\Delta y\Delta z$이므로 식 (107)을 $\Delta x\Delta y\Delta z$로 나눈 div $\mathbf{F}$는 단위 체적으로부터 흘러나오는 유선의 수를 나타낸다고 할 수 있다. 따라서 만일 div $\mathbf{F}(x, y, z)>0$이면 점 $P(x, y, z)$의 근방에서 흘러나오는 유선이 있으므로 P를 $\mathbf{F}$의 용출점(source)이라 하고, div $\mathbf{F}(x, y, z)<0$이면 점 $P(x, y, z)$의 근방으로 흘러 들어가는 유선이 있으므로 P를 $\mathbf{F}$의 흡입점(sink)이라 한다. 물론 div $\mathbf{F}(x, y, z)=0$이면 점 P 근방에는 용출점이나 흡입점이 없다. 용출점을 수도 꼭지로 생각하고 흡입점을 세면대의 배수구로 생각하면 이해에 도움이 될 것이다. 특히 액체나 기체와 같은 유체의 속도를 $\mathbf{v}$라 할 때 발산이 div $\mathbf{v}>0$이면 단위시간에 단위체적을 거쳐 외부로 유출되는 양인 유출량(flux)을 나타내며 div $\mathbf{v}<0$이면 안으로 흘러 들어가는 체적이다.

그리고 div **v**=0인 경우는 흐름의 발생과 소멸이 없으므로 이 흐름을 정상류(steady flow)라 하고 그 유체는 비압축성(incompressible)이라 한다.

응용 6-6 **[연속방정식(질량보존의 법칙)]**

그림 6-30과 같이 면적이 A이고 두께가 dx인 얇은 판 모양의 미소체적을 생각해 보자. 이 체적 내부를 수직으로 가로질러 밀도가 ρ인 압축성 유체가 x축 방향으로 속도 v로 흐르고 있다고 하자. 이 때 미소시간 dt 동안에 왼쪽 면을 통과해 들어오는 유체의 질량을 $m=\rho Avdt$이라 하자. 여기서 유체가 압축성이므로 밀도가 ρ와 속도 v는 시간 t와 변위 x의 함수이다. 따라서 m도 시간 t와 변위 x의 함수가 되므로 오른 쪽 면을 통과해 나가는 질량은 다음과 같이 표현할 수 있다.

$$m+\frac{\partial m}{\partial x}dx$$

한편 미소체적 내부의 전체 질량 $M=\rho Adx$도 역시 시간 t의 함수이므로 시간 dt 동안 체적 내부의 질량 증가는 $[\partial M/\partial t]dt$로 표현된다. 따라서

질량 증가량=유입량(왼쪽 면)–유출량(오른쪽 면)

의 관계로부터 다음의 식을 얻을 수 있다.

$$\frac{\partial M}{\partial t}dt = m-\left(m+\frac{\partial m}{\partial x}dx\right) = -\frac{\partial m}{\partial x}dx$$

위의 식에 $M=\rho Adx$ 및 $m=\rho Avdt$를 대입하면

$$\frac{\partial(\rho Adx)}{\partial t}dt = -\frac{\partial(\rho Avdt)}{\partial x}dx$$

이며 양변을 $Adxdt$로 나누어 정리하면

그림 6-30

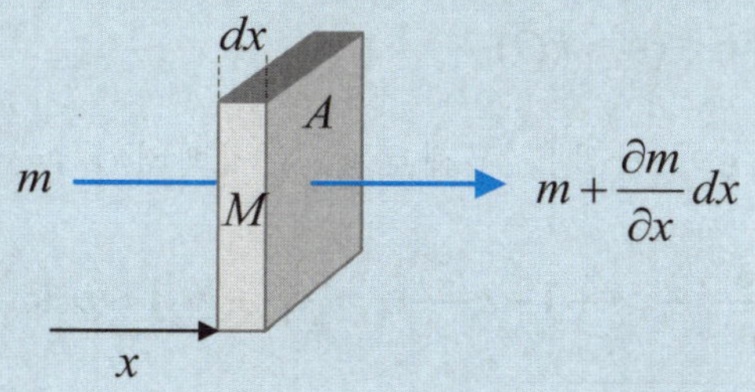

$$\frac{\partial \rho}{\partial t} + \frac{\partial}{\partial x}(\rho v) = 0$$

를 얻는다. 이 결과를 3차원 공간으로 확장하면

$$\boxed{\frac{\partial \rho}{\partial t} + \text{div} \cdot (\rho \mathbf{v}) = 0}$$

이며 이를 연속방정식 또는 질량보존의 법칙이라 한다.

응용 6-7 **[중력장과 전장의 발산]**

뉴턴의 법칙: 질량 M인 물체와 질량 m인 물체의 거리가 r일 때 두 물체 간의 인력 $\mathbf{p}$의 크기는 다음과 같다.

$$|\mathbf{p}| = \frac{GMm}{r^2} = \frac{c}{r^2} \quad (c = GMm)$$

따라서 질량 M인 물체가 3차원 직교좌표계의 원점에 놓여 있을 때 이 질량에 의해 위치벡터 $\mathbf{r}$에 만들어지는 중력장(단위질량 m=1에 대한 인력)은 다음과 같이 표현할 수 있다.

$$\mathbf{p} = \frac{c}{r^3}\mathbf{r} \quad (c = GM)$$

쿨롱의 법칙: 전하 Q와 q의 거리가 r일 때 두 전하간의 인력 $\mathbf{p}$의 크기는

$$|\mathbf{p}| = \frac{kQq}{r^2} = \frac{c}{r^2} \quad (c = kQq)$$

이다. 따라서 전하 Q가 3차원 직교좌표계의 원점에 놓여 있을 때 이 전하에 의해 위치벡터 $\mathbf{r}$에 만들어지는 전장(단위전하 q=1에 대한 인력)은 다음과 같이 표현할 수 있다.

$$\mathbf{p} = \frac{c}{r^3}\mathbf{r} \quad (c = kQ)$$

중력장(전장) $\mathbf{p}$의 발산을 구해보자. 위치벡터가 $\mathbf{r}=x\mathbf{i}+y\mathbf{j}+z\mathbf{k}$이므로

$$\mathbf{p} = c\frac{x}{r^3}\mathbf{i} + c\frac{y}{r^3}\mathbf{j} + c\frac{z}{r^3}\mathbf{k} = p_1\mathbf{i} + p_2\mathbf{j} + p_3\mathbf{k}$$

$$r = \sqrt{x^2 + y^2 + z^2}$$

따라서

$$\frac{\partial p_1}{\partial x}=c\left(\frac{1}{r^3}-\frac{3x^2}{r^5}\right),\quad \frac{\partial p_2}{\partial y}=c\left(\frac{1}{r^3}-\frac{3y^2}{r^5}\right),\quad \frac{\partial p_3}{\partial z}=c\left(\frac{1}{r^3}-\frac{3z^2}{r^5}\right)$$

이므로 **p**의 발산은

$$\operatorname{div}\cdot\mathbf{p}=c\left\{\frac{3}{r^3}-\frac{3(x^2+y^2+z^2)}{r^5}\right\}=c\left(\frac{3}{r^3}-\frac{3}{r^3}\right)=0$$

즉 원점 외의 모든 점에서의 발산은 0이다.

벡터장의 회전

벡터장 $\mathbf{F}(x, y, z)=F_1(x, y, z)\mathbf{i}+F_2(x, y, z)\mathbf{j}+F_3(x, y, z)\mathbf{k}$에서

$$\frac{\partial F_3}{\partial y}-\frac{\partial F_2}{\partial z},\quad \frac{\partial F_1}{\partial z}-\frac{\partial F_3}{\partial x},\quad \frac{\partial F_2}{\partial x}-\frac{\partial F_1}{\partial y}$$

을 x, y, z 성분으로 하는 벡터를 **F**의 회전(curl, rotation)이라 한다. 즉

$$\begin{aligned}\operatorname{curl}\mathbf{F} &\equiv \left(\frac{\partial F_3}{\partial y}-\frac{\partial F_2}{\partial z}\right)\mathbf{i}+\left(\frac{\partial F_1}{\partial z}-\frac{\partial F_3}{\partial x}\right)\mathbf{j}+\left(\frac{\partial F_2}{\partial x}-\frac{\partial F_1}{\partial y}\right)\mathbf{k}\\ &=\begin{vmatrix}\dfrac{\partial}{\partial y} & \dfrac{\partial}{\partial z}\\ F_2 & F_3\end{vmatrix}\mathbf{i}+\begin{vmatrix}\dfrac{\partial}{\partial z} & \dfrac{\partial}{\partial x}\\ F_3 & F_1\end{vmatrix}\mathbf{j}+\begin{vmatrix}\dfrac{\partial}{\partial x} & \dfrac{\partial}{\partial y}\\ F_1 & F_2\end{vmatrix}\mathbf{k}\\ &=\begin{vmatrix}\mathbf{i} & \mathbf{j} & \mathbf{k}\\ \dfrac{\partial}{\partial x} & \dfrac{\partial}{\partial y} & \dfrac{\partial}{\partial z}\\ F_1 & F_2 & F_3\end{vmatrix}\end{aligned} \tag{108}$$

종종 curl **F**를 rot **F**로 표현하기도 한다. 여기서

$$\mathbf{i}\times\mathbf{j}=-\mathbf{j}\times\mathbf{i}=\mathbf{k},\quad \mathbf{j}\times\mathbf{k}=-\mathbf{k}\times\mathbf{j}=\mathbf{i},\quad \mathbf{k}\times\mathbf{i}=-\mathbf{i}\times\mathbf{k}=\mathbf{j}$$

임을 이용하여 해밀톤의 연산자 ∇와 **F**의 외적을 구해보면 다음과 같다.

$$\nabla\times\mathbf{F}=\left(\frac{\partial}{\partial x}\mathbf{i}+\frac{\partial}{\partial y}\mathbf{j}+\frac{\partial}{\partial z}\mathbf{k}\right)\times(F_1\mathbf{i}+F_2\mathbf{j}+F_3\mathbf{k})$$

$$= \left(\frac{\partial F_3}{\partial y} - \frac{\partial F_2}{\partial z}\right)\mathbf{i} + \left(\frac{\partial F_1}{\partial z} - \frac{\partial F_3}{\partial x}\right)\mathbf{j} + \left(\frac{\partial F_2}{\partial x} - \frac{\partial F_1}{\partial y}\right)\mathbf{k} \tag{109}$$

$$= \mathrm{curl}\mathbf{F}$$

이상으로 벡터함수 **F**의 회전은 다음과 같이 요약해서 표현할 수 있다.

$$\mathrm{curl}\mathbf{F} = \nabla \times \mathbf{F} = \begin{vmatrix} \mathbf{i} & \mathbf{j} & \mathbf{k} \\ \dfrac{\partial}{\partial x} & \dfrac{\partial}{\partial y} & \dfrac{\partial}{\partial z} \\ F_1 & F_2 & F_3 \end{vmatrix} \tag{110}$$

응용 6-8 **[회전 벡터장]**

그림 6-31(a)는 응용 6-4에서 소개한 회전하는 강체이며 회전 운동을 xy 평면상으로 표현한 것이 그림 (b)이다. 그림 (b)에서 속도 벡터 **v**의 크기는 ωd이므로 벡터함수는

$$\mathbf{v} = -\omega d \sin \omega t\,\mathbf{i} + \omega d \cos \omega t\,\mathbf{j} = -\omega y\mathbf{i} + \omega x\mathbf{j}$$

이다. 따라서 속도 성분이

$$v_1 = -\omega y, \quad v_2 = \omega x, \quad v_3 = 0$$

이며 $\partial v_1/\partial z = \partial v_1/\partial z = 0$이므로 curl **v**는 다음과 같다.

$$\mathrm{curl}\ \mathbf{v} = \left(\frac{\partial v_2}{\partial x} - \frac{\partial v_1}{\partial y}\right)\mathbf{k} = 2\omega\mathbf{k}$$

즉 **v**의 회전은 z축의 방향으로 향하고 그 크기는 각속도의 두 배이다.

그림 6-31

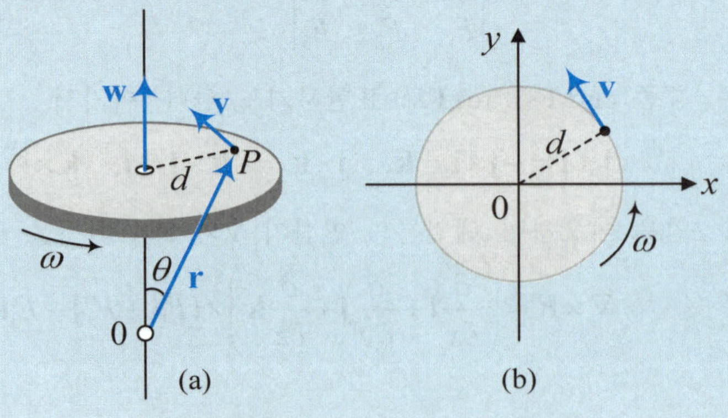

그림 6-31(a)에서는 응용 6-4에서 설명한 바와 같이 표현하면

$$\mathbf{v} = \mathbf{w} \times \mathbf{r} = \omega\mathbf{k} \times (x\mathbf{i} + y\mathbf{j} + z\mathbf{k}) = -\omega y\mathbf{i} + \omega x\mathbf{j}$$

와 같이 그림 6-31(b)에 대한 해석과 같다. 회전하는 강체와 같이 세수대의 물을 저으면 세수 대야에 접하는 얇은 층을 제외하고는 물 전체가 평등한 각속도로 회전하게 되며 이에 대한 벡터 회전은 강체의 경우와 같다. 이상으로 벡터함수의 회전은 회전 운동과 관계됨을 알 수 있다.

응용 6-9 **[비회전 벡터장]**

그림 6-32(a)와 같이 물통의 물을 빼는 경우는 회전하는 물의 속도벡터 $\mathbf{v}$는 그림 6-32(b)와 같이 크기는 중심으로부터의 반경 r의 제곱에 반비례하며 방향은 그림 6-31(b)와 같다. 따라서 응용 6-8의 경우에서 $\omega=1/r^2$으로 하면 속도벡터는 다음과 같다.

$$\mathbf{v} = -\frac{y}{r^2}\mathbf{i} + \frac{x}{r^2}\mathbf{j} = -\frac{y}{x^2+y^2}\mathbf{i} + \frac{x}{x^2+y^2}\mathbf{j} = v_1\mathbf{i} + v_2\mathbf{j}$$

따라서

$$\frac{\partial v_1}{\partial y} = \frac{\partial v_2}{\partial x} = \frac{y^2 - x^2}{(x^2+y^2)^2}$$

이며 $\partial v_1/\partial z = \partial v_1/\partial z = 0$이므로 curl $\mathbf{v}$는 다음과 같다.

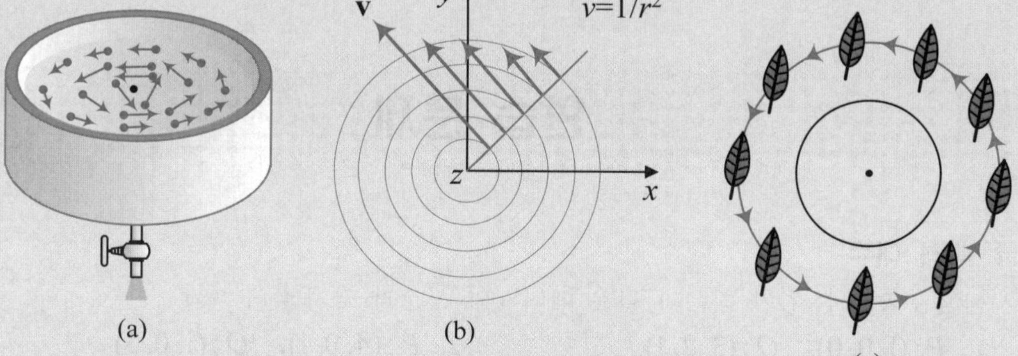

(a) (b) (c)

그림 6-32

$$\text{curl}\ \mathbf{v} = \left(\frac{\partial v_2}{\partial x} - \frac{\partial v_1}{\partial y}\right)\mathbf{k} = \mathbf{0}$$

이상으로 그림 6-32(a)의 속도벡터는 비회전 벡터장을 이루며 이 흐름에 떠 있는 가랑잎은 그림 6-32(c)와 같이 방향을 바꾸지 않고 z축 둘레를 회전하게 된다. 그러나 z축에 놓인 가랑잎은 급속히 회전하며 그 이유는 curl $\mathbf{v}=\mathbf{0}$이 성립하는 곳은 $x=y=0$ 이외의 부분이고 $x=y=0$에서는 curl $\mathbf{v}$의 크기가 무한대로 수렴한다. 따라서 소용돌이는 z축에 집중된다.

스칼라함수 $f(x, y, z)$의 구배 grad f의 회전은 다음과 같이 항상 0이 된다.

$$\begin{aligned}\text{curl}(\text{grad}\ f) &= \nabla \times (\nabla f) \\ &= \nabla \times \left(\frac{\partial f}{\partial x}\mathbf{i} + \frac{\partial f}{\partial y}\mathbf{j} + \frac{\partial f}{\partial z}\mathbf{k}\right) \\ &= \begin{vmatrix} \mathbf{i} & \mathbf{j} & \mathbf{k} \\ \dfrac{\partial}{\partial x} & \dfrac{\partial}{\partial y} & \dfrac{\partial}{\partial z} \\ \partial f/\partial x & \partial f/\partial y & \partial f/\partial z \end{vmatrix} \\ &= \left(\frac{\partial^2 f}{\partial y \partial z} - \frac{\partial^2 f}{\partial y \partial z}\right)\mathbf{i} + \left(\frac{\partial^2 f}{\partial x \partial z} - \frac{\partial^2 f}{\partial z \partial z}\right)\mathbf{j} + \left(\frac{\partial^2 f}{\partial x \partial y} - \frac{\partial^2 f}{\partial x \partial y}\right)\mathbf{k} \\ &= \mathbf{0}\end{aligned} \tag{111}$$

연습 문제

§6.1 벡터 대수

시작점 P와 끝점 Q가 다음과 같은 벡터 $\mathbf{v}$의 성분과 크기를 구하라.

1. $P:(1, 0, 0),\quad Q:(3, 2, 1)$

2. $P:(4, 0, 1),\quad Q:(1, 0, 3)$

3. $P:(-3, -2, 1),\quad Q:(3, 2, -1)$

4. $P:(-1, 6, 5),\quad Q:(-1, 6, 5)$

5. $P:(6, -1, 0),\quad Q:(3, 3, 0)$

6. $P:(0, 0, 0),\quad Q:(a, b, c)$

$\mathbf{a}=2\mathbf{i}-\mathbf{j}+\mathbf{k}$, $\mathbf{b}=\mathbf{i}+\mathbf{j}-\mathbf{k}$, $\mathbf{c}=2\mathbf{k}$일 때 다음을 구하라.

7. $\mathbf{a}+\mathbf{b},\quad \mathbf{b}+\mathbf{a}$ **8.** $3\mathbf{a}+2\mathbf{b}-4\mathbf{c}$ **9.** $|\mathbf{a}+\mathbf{b}|$ **10.** $|\mathbf{a}|+|\mathbf{b}|$

§6.2 내적[스칼라곱]과 외적[벡터곱]

$\mathbf{a}=2\mathbf{i}+\mathbf{j}+3\mathbf{k}$, $\mathbf{b}=\mathbf{i}-4\mathbf{k}$, $\mathbf{c}=3\mathbf{i}-\mathbf{j}+2\mathbf{k}$일 때 다음을 구하라.

11. $(\mathbf{a}\cdot\mathbf{b})\mathbf{c}$ **12.** $(\mathbf{a}+\mathbf{b})\cdot\mathbf{c}$ **13.** $\mathbf{a}\cdot(\mathbf{b}-\mathbf{c})$ **14.** $\mathbf{a}\cdot\mathbf{b}+\mathbf{b}\cdot\mathbf{c}+\mathbf{c}\cdot\mathbf{a}$

15. 다음 두 직선이 직교함을 보여라.

$L_1: 3x+15y=2,\quad L_2: 10x-2y=1$

16. 평면 $S: 2x+y-z=3$의 단위 법선벡터를 구하라.

17. 다음 두 평면이 직교하기 위한 c를 구하라.

$S_1: x+2y+3z=3,\quad S_2: x+cy+z=1$

다음 두 직선 또는 평면의 사잇각을 구하라.

18. $L_1: 4x-y=1,\quad L_2: x+4y=2$

19. $L_1: x+y=0,\quad L_2: 2x-3y=1$

20. $S_1: x+2y+z=2,\quad S_2: 2x-y+3z=0$

21. $S_1: 3x+y+z=1,\quad L_2: x-y=-2$

일정한 힘벡터 $\mathbf{F}$가 물체에 작용하여 점 A부터 점 B까지 직선 AB를 따라 움직이게 할 때 힘 $\mathbf{F}$가 한 일을 구하라.

22. $\mathbf{F}=[2,1,0],\quad A:(0,0,0)\to B:(0,1,0)$

23. $\mathbf{F}=[1,2,0],\quad A:(4,-6,2)\to B:(4,-6,4)$

24. $\mathbf{F}=[1,2,3],\quad A:(1,-1,2)\to B:(2,1,3)$

25. $\mathbf{F}=[4,2,0],\quad A:(-1,-1,-1)\to B:(4,5,6)$

$\mathbf{a}=\mathbf{i}+2\mathbf{j}+3\mathbf{k}$, $\mathbf{b}=-\mathbf{i}+\mathbf{k}$, $\mathbf{c}=6\mathbf{i}+5\mathbf{j}+4\mathbf{k}$일 때 다음을 구하라.

26. $\mathbf{a}\times\mathbf{b},\quad \mathbf{b}\times\mathbf{a}$ **27.** $\mathbf{a}\times\mathbf{c},\quad |\mathbf{a}\times\mathbf{c}|$ **28.** $(\mathbf{b}-\mathbf{c})\times(\mathbf{c}-\mathbf{b})$

29. $(\mathbf{a}\times\mathbf{b})\cdot\mathbf{c}$ **30.** $(\mathbf{a}\times\mathbf{b})\times\mathbf{b}$ **31.** $\mathbf{a}\times(\mathbf{b}\times\mathbf{b})$

32. $(\mathbf{i}\ \mathbf{j}\ \mathbf{k})$ **33.** $(\mathbf{j}\ \mathbf{k}\ \mathbf{i})$ **34.** $(\mathbf{a}\ \mathbf{b}\ \mathbf{c})$

35. $(\mathbf{b}\ \mathbf{c}\ \mathbf{a})$ **36.** $(\mathbf{a}-\mathbf{b}\ \ \mathbf{b}-\mathbf{c}\ \ \mathbf{c})$ **37.** $(\mathbf{a}+\mathbf{b}\ \ \mathbf{b}+\mathbf{c}\ \ \mathbf{c}+\mathbf{a})$

점 P를 지나는 직선에 힘 $\mathbf{F}$가 작용하고 있다. 힘 $\mathbf{F}$, 점 P, 점 O가 다음과 같을 때 O에 대한 힘 $\mathbf{F}$의 모멘트벡터 $\mathbf{m}$을 구하라.

38. $\mathbf{F}=[1,-2,0]$, $P:(1,1,1)$, $O:(2,-1,3)$

39. $\mathbf{F}=[3,1,2]$, $P:(0,1,-4)$, $O:(3,2,1)$

40. $\mathbf{F}=[2,4,1]$, $P:(3,2,1)$, $O:(0,0,0)$

41. $\mathbf{F}=[1,2,-3]$, $P:(4,-1,1)$, $O:(6,1,7)$

xy 평면에서 꼭지점이 다음과 같은 평행사변형의 면적을 구하라.

42. $(0,-1)$, $(-3,3)$, $(-1,4)$, $(2,0)$

43. $(0,0)$, $(1,3)$, $(4,4)$, $(3,1)$

44. $(-1,2)$, $(2,0)$, $(4,3)$, $(7,1)$

45. $(2,-3)$, $(1,1)$, $(5,-6)$, $(4,-2)$

삼각형의 꼭지점이 다음과 같을 때 면적을 구하라(삼각형의 면적은 평행사변형의 1/2).

46. $(0,0,1)$, $(0,3,7)$, $(-3,2,1)$

47. $(5,0,3)$, $(5,4,1)$, $(1,2,1)$

48. $(1,6,0)$, $(-2,3,0)$, $(-1,-2,-3)$

49. $(1,1,1)$, $(5,2,4)$, $(-2,4,0)$

다음과 같이 주어진 세 점을 지나는 평면의 방정식을 구하라(평면상의 두 벡터를 구한 후 외적을 이용하여 법선벡터를 먼저 구할 것).

50. $(1,2,\frac{1}{4})$, $(4,2,-2)$, $(0,8,4)$

51. $(1,6,1)$, $(9,1,-31)$, $(-5,-2,25)$

52. $(2,0,0)$, $(0,2,0)$, $(0,0,2)$

53. $(4,\frac{5}{3},3)$, $(1,2,1)$, $(7,-1,4)$

꼭지점이 다음과 같은 평행육면체의 체적을 구하라.

54. $\mathbf{i}$, $2\mathbf{j}$, $-3\mathbf{k}$

55. $\mathbf{i}+\mathbf{j}$, $\mathbf{i}-\mathbf{j}$, $\mathbf{i}+2\mathbf{j}+4\mathbf{k}$

56. $2\mathbf{j}+\mathbf{k}$, $\mathbf{i}-\mathbf{j}$, $-\mathbf{j}+4\mathbf{k}$

57. $2\mathbf{j}-6\mathbf{k}$, $\mathbf{j}+\mathbf{k}$, $\mathbf{i}+\mathbf{j}$

꼭지점이 다음과 같은 사면체의 체적을 구하라(사면체는 평행육면체 체적의 1/6).

58. $(0,0,0)$, $(1,0,0)$, $(0,1,0)$, $(0,0,1)$

59. $(0,1,2)$, $(5,5,6)$, $(1,2,1)$, $(3,3,1)$

60. $(2,2,2)$, $(3,2,2)$, $(2,3,2)$, $(2,2,3)$

61. $(2,1,1)$, $(3,3,4)$, $(0,1,5)$, $(1,2,2)$

§6.3 벡터를 이용한 공간 도형의 표현

점 A를 지나고 벡터 $\mathbf{p}$ 방향의 직선에 대한 매개변수 방정식을 구하라.

62. $A:(0,1,1)$, $\mathbf{p}=\mathbf{i}$

63. $A:(1,-1,2)$, $\mathbf{p}=2\mathbf{i}+3\mathbf{j}+\mathbf{k}$

64. $A:(3,0,-1)$, $\mathbf{p}=-3\mathbf{i}+\mathbf{j}-2\mathbf{k}$

65. $A:(3,3,1)$, $\mathbf{p}=3\mathbf{i}+5\mathbf{j}-\mathbf{k}$

점 A와 B를 지나는 직선의 매개변수 방정식을 구하라.

66. $A:(0,0,0),\ B:(1,2,3)$

67. $A:(1,3,2),\ B:(1,3,-2)$

68. $A:(3,-1,5),\ B:(4,-4,4)$

69. $A:(9,3,8),\ B:(0,3,10)$

다음과 같은 식으로 표시된 직선의 매개변수 방정식을 구하라(a, b, c는 상수).

70. $y=ax,\ z=c$

71. $y=ax,\ z=bx$

72. $x+y+z=c,\ y=z$

73. $x-y-z=2,\ 2x+4y+z=4$

다음과 같은 매개변수 방정식으로 표현되는 곡선은 무엇인가?

74. $\mathbf{r}=t\mathbf{i}+t^2\mathbf{j}+t^3\mathbf{k}$

75. $\mathbf{r}=\cos t\mathbf{i}+(a+a\sin t)\mathbf{k}$

76. $\mathbf{r}=a\cosh t\mathbf{i}+b\sinh t\mathbf{j}$

다음의 곡선을 매개변수 방정식으로 표현하라.

77. $(x+a)^2+(y-b)^2=1,\ z=3$

78. $(y+a)(z-a)=1,\ x=1$

79. $\frac{1}{9}x^2+\frac{1}{25}y^2=1,\ z=1$

80. $25x^2-9y^2=225,\ z=0$

§6.4 벡터함수의 미분

다음 곡선 $\mathbf{r}(t)$의 단위 접선벡터 $\mathbf{u}(t)$를 구하고 점 P에서의 접선의 식을 구하라.

81. $\mathbf{r}=t\mathbf{j}+t^2\mathbf{k},\quad P:(1,0,1)$

82. $\mathbf{r}=\cos t\mathbf{i}+\sin t\mathbf{j},\quad P:(1/\sqrt{2},1/\sqrt{2},0)$

83. $\mathbf{r}=t\mathbf{i}+t^3\mathbf{j},\quad P:(2,8,0)$

84. $\mathbf{r}=\cos t\mathbf{i}+\sin t\mathbf{j}+t\mathbf{k},\quad P:(0,1,\pi/2)$

85. $\mathbf{r}=t\mathbf{i}+t^2\mathbf{j}+t^3\mathbf{k},\quad P:(2,4,8)$

86. $\mathbf{r}=\cosh t\mathbf{i}+\sinh t\mathbf{j}\quad P:(\frac{5}{3},\frac{4}{3},0)$

다음 곡선 $\mathbf{r}(t)$의 주어진 구간에서의 길이를 구하라.

87. $\mathbf{r}=t\mathbf{i}+\cosh t\mathbf{j}\quad (0\le t\le 1)$

88. $\mathbf{r}=a\cos t\mathbf{i}+a\sin t\mathbf{j}+bt\mathbf{k}\quad (0\le t\le 2\pi)$

89. $\mathbf{r}=t\mathbf{i}+t^{3/2}\mathbf{j}\quad (0\le t\le 4)$

90. $\mathbf{r}=a\cos^3 t\mathbf{i}+a\sin^3 t\mathbf{j},\quad (0\le t\le \pi/4)$

다음 직선(곡선)의 속도벡터, 접선가속도 및 법선가속도 성분, 곡률을 구하라.

91. $\mathbf{r}=t\mathbf{i}$

92. $\mathbf{r}=(1+t^3)\mathbf{i}+2t^2\mathbf{j}+(2-t^3)\mathbf{k}$

93. $\mathbf{r}=t\mathbf{i}+t^{-1}\mathbf{j}$

94. $\mathbf{r}=\cos 2t\mathbf{i}+\sin 2t\mathbf{j}+t\mathbf{k}$

95. $\mathbf{r}=e^t\mathbf{i}+e^{-t}\mathbf{j}$

96. $\mathbf{r}=\sin t\mathbf{j}$

§6.5 스칼라장의 구배와 방향도함수

다음과 같은 스칼라장 $f(x, y, z)$의 구배를 구하라.

97. $e^y \cos x$ **98.** $3x^2 + 2y^2 + z^2$ **99.** $\frac{1}{2}\ln(x^2 + z^2)$

100. $\cos x \cosh y$ **101.** $\sqrt{x^2 + y^2 + z^2}$ **102.** $xy + yz + zx$

103. $z/(x^2 + y^2)$ **104.** $z\cos 2xe^{x^2 - y^2}$ **105.** $(x^2 - y^2)/(x^2 - z^2)$

다음과 같은 곡선 또는 곡면에서 주어진 P 점에서의 단위 법선벡터를 구하라.

106. $y = 2x^2, \quad P:(1, 2)$ **107.** $z = xy, \quad P:(2, -1, -2)$

108. $x^2 + y^2 = 25, \quad P:(3, 4)$ **109.** $x^2 - y^2 = 1, \quad P:(2, \sqrt{3})$

110. $2x + 3y + z = 1, \quad P:(-1, 2, -3)$ **111.** $\sqrt{x^2 + y^2} = z, \quad P:(3, 4, 5)$

다음 각 경우에서 주어진 P 점에서 벡터 $\mathbf{b}$ 방향으로의 방향도함수를 구하라.

112. $f = x^2 + 2y^2 + 3z^2, \quad P:(1, 1, 1), \quad \mathbf{b} = 3\mathbf{i} + 2\mathbf{j} + \mathbf{k}$

113. $f = ye^x \cos z, \quad P:(2, 1, \pi), \quad \mathbf{b} = 2\mathbf{i} + 3\mathbf{k}$

114. $f = xyz, \quad P:(-1, 1, 3), \quad \mathbf{b} = 2\mathbf{i} - \mathbf{j} + 2\mathbf{k}$

§6.6 벡터장의 발산과 회전

다음 벡터함수의 발산을 구하라.

115. $x\mathbf{i} + y\mathbf{j} + z\mathbf{k}$ **116.** $F_1(y, z)\mathbf{i} + F_2(z, x)\mathbf{j} + F_3(x, y)\mathbf{k}$ **117.** $x^2e^z\mathbf{j} + x^2z^2\mathbf{k}$

118. $x^2y\mathbf{i} + y^2z\mathbf{j} + z^2x\mathbf{k}$ **119.** $e^{-xy}\mathbf{i} + e^{-yz}\mathbf{j} + e^{-zx}\mathbf{k}$ **120.** $\cos xy(\mathbf{i} + \mathbf{j}) - z\sin xy\mathbf{k}$

다음 벡터함수에 대한 grad(div **F**)를 구하라

121. $x^3\mathbf{i} + y^2\mathbf{j} - z\mathbf{k}$ **122.** $x^2\mathbf{i} + y^2\mathbf{j} + 4z^2\mathbf{k}$ **123.** $e^{-x}\mathbf{i} + e^{-y}\mathbf{j} + e^{-z}\mathbf{k}$

다음 벡터함수의 회전을 구하라.

124. $y\mathbf{i} + 2x\mathbf{k}$ **125.** $z\mathbf{i} + x\mathbf{j} + y\mathbf{k}$ **126.** $\cos y\mathbf{i} + \sin x\mathbf{k}$

127. $z^2\mathbf{i} + x^2\mathbf{j} + y^2\mathbf{k}$ **128.** $xyz(x\mathbf{i} + y\mathbf{j} + z\mathbf{k})$ **129.** $e^{-xyz}(\mathbf{i} + \mathbf{j} + \mathbf{k})$

7 벡터함수의 적분

7장에서는 6장의 벡터함수 미분에 이어 벡터함수의 적분에 대해 설명한다. 벡터함수의 적분에는 소위 일적분으로 불리는 선적분과 유출량 적분으로 불리는 면적분이 있으며 이들은 단순한 스칼라장에서의 적분과 다르다. 선적분과 면적분을 구하는 방법을 설명한 다음 벡터장에서의 적분을 보다 간단하게 실행할 수 있도록 하는 Gauss의 발산 정리와 스토커 정리에 대해 설명하며 이 장의 내용은 다음과 같다.

- ♣ **7.1 다중적분**
- ♣ **7.2 벡터함수의 선적분**
- ♣ **7.3 벡터함수의 면적분**
- ♣ **7.4 Gauss의 발산정리, Stokes 정리**

7.1 다중적분

이중적분

다음은 여러분들이 잘 알고 있는 정적분이다.

$$\int_a^b f(x)dx, \quad \int_c^d f(y)dy, \quad \int_e^f f(z)dz$$

위의 적분들은 적분 영역이 직선이며 피적분 함수 f는 직선상의 각 점에서 정의된다. 이중적분에서는 피적분 함수 $f(x,y)$를 다음과 같이 xy 평면상의 영역 R에서 적분한다.

$$\iint_R f(x,y)dxdy \quad \text{또는} \quad \iint_R f(x,y)dS \tag{1}$$

위의 식의 dS를 면적소(element of area)라 한다. 그림 7-1은 함수 $f(x,y)$의 값을 z 축으로 하여 그린 예이다. 임의의 한 점 (x,y)를 중심으로 한 미소 면적은 $dxdy$이며 이 미소면적 내에서는 함수 값이 $f(x,y)$로 거의 일정하다. 따라서 미소면적상의 평행직육면체 $f(x,y)dxdy$는 미소체적이 되므로 식 (1)의 이중적분은 $z=f(x,y)$와 xy 평면이 만드는 전체 체적이 된다.

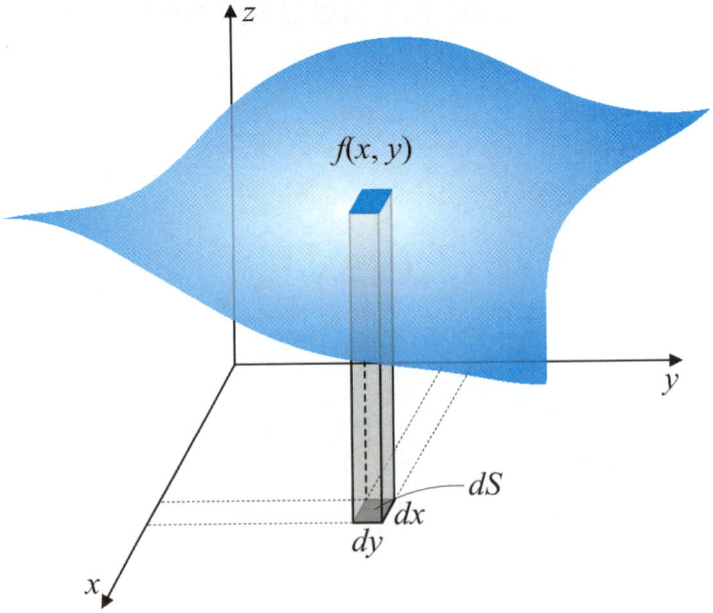

그림 7-1
이중적분

적분영역 R상에서의 이중적분은 정적분을 두 번 계속하여 구할 수 있으며 여기에는 두 가지 방법이 있다. 첫 번째는 그림 7-2의 (a)와 같이

$$a \le x \le b, \quad g_1(x) \le y \le g_2(x)$$

의 형태로 가정하여 다음과 같이 이중적분을 하는 것이다.

$$\iint_R f(x, y)dxdy = \int_a^b \left[\int_{g_1(x)}^{g_2(x)} f(x, y)dy \right] dx \tag{2}$$

즉 먼저 x를 상수로 취급하여 대괄호 안의 적분을 먼저 계산하여 x의 함수만 남으면 다시 x에 대해 적분한다. 두 번째 방법은 그림 7-2(b)이며

$$c \le y \le d, \quad h_1(y) \le x \le h_2(y)$$

의 형태로 가정한 다음 다음과 같이 이중적분을 한다.

$$\iint_R f(x, y)dxdy = \int_c^d \left[\int_{h_1(y)}^{h_2(y)} f(x, y)dx \right] dy \tag{3}$$

이번에는 반대로 y를 상수로 취급하여 대괄호 안의 적분을 먼저 계산하여 y의 함수만 남으면 y에 대해 한번 더 적분한다.

그림 7-2
이중적분의 계산

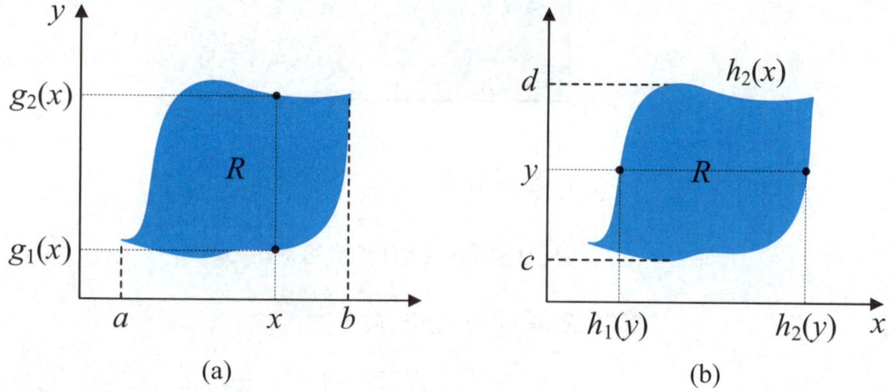

이중적분은 기하학적 또는 물리적인 문제에서 많이 응용된다. 예를 들어 그림 7-1에서 $z=f(x, y)$가 높이라 하면 이중적분은 전체 체적 V가 된다. 그리고 $f(x, y)$가 xy 평면에서 질량 분포의 밀도(단위면적당 질량)라 하면 영역 R 내의 총질량 M은

$$M = \iint_R f(x, y)dxdy$$

이고 R상의 무게중심(center of gravity)의 좌표는 다음과 같이 정해진다.

$$x_o = \frac{1}{M}\iint_R xf(x,y)dxdy, \quad y_o = \frac{1}{M}\iint_R yf(x,y)dxdy \tag{4}$$

그리고 x_o 축, y_o 축에 관한 R 내의 질량의 관성모멘트(moment of inertia) I_x, I_y는 각각 다음과 같이 구해진다.

$$I_x = \iint_R y^2 f(x,y)dxdy, \quad I_y = \iint_R x^2 f(x,y)dxdy \tag{5}$$

또 원점에 대한 극관성모멘트(polar moment of inertia) I_o는 다음과 같다.

$$I_o = I_x + I_y = \iint_R (x^2+y^2)f(x,y)dxdy \tag{6}$$

예제 7-1 그림 7-3의 물체에서 질량밀도가 $f(x,y)=1$일 때 영역 R의 총질량 M을 구하라.

그림 7-3

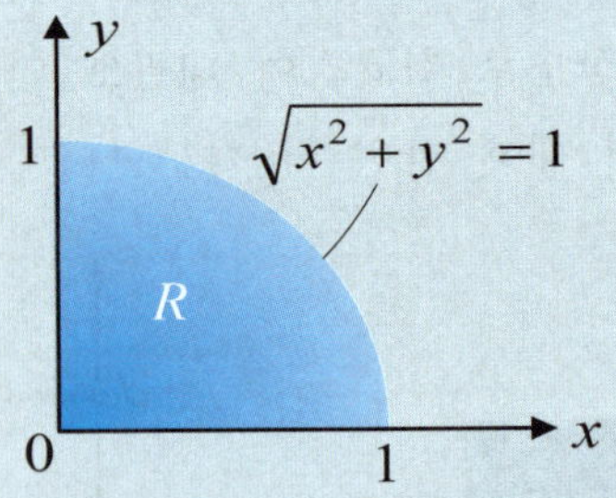

☞ 영역 R을 다음과 같이 정한다.

$$R: 0 \le x \le 1,\ 0 \le y \le \sqrt{1-x^2}$$

영역 R 내의 총질량 M은

$$M = \int_0^1\left[\int_0^{\sqrt{1-x^2}} dy\right]dx = \int_0^1 \sqrt{1-x^2}\,dx = \int_0^{\pi/2}\cos^2\theta\, d\theta = \frac{\pi}{4}$$

이다($x=\sin\theta$로 변환).

이중적분의 변수변환

적분변수를 적절한 변수로 변환하면 적분 수행이 쉬워지는 경우가 많다. 예를 들어 정적분에서 적분변수 x를 $x(u)$와 같이 다른 변수로 변환하면

$$\int_a^b f(x)dx = \int_\alpha^\beta f(x(u))\frac{dx}{du}du \tag{7}$$

임을 알고 있다. 여기서 함수 $x(u)$는 u의 어떤 구간 $\alpha \le u \le \beta$에서 정의되며 $x(\alpha)=a$, $x(\beta)=b$이다. 마찬가지로 이중적분에서도 변수변환이 가능하며 x, y를 $x(u, v), y(u, v)$와 같이 u, v로 변수 변환시키는 공식은 다음과 같다.

$$\iint_R f(x,y)dxdy = \iint_{R^*} f(u,v)|J(u,v)|dudv \tag{8}$$

위의 식에서 $dxdy$와 $dudv$ 사이의 변환은

$$dxdy = |J(u,v)|dudv \tag{9}$$

이며 $J(u,v)$를 야코비안(Jacobian; Jacobi 행렬식)이라 하고 다음과 같이 정의된다.

$$J(u,v) = \begin{vmatrix} \frac{\partial x}{\partial u} & \frac{\partial x}{\partial v} \\ \frac{\partial y}{\partial u} & \frac{\partial y}{\partial v} \end{vmatrix} = \frac{\partial x}{\partial u}\frac{\partial y}{\partial v} - \frac{\partial x}{\partial v}\frac{\partial y}{\partial u} \tag{10}$$

직교좌표계에서의 이중적분을 극좌표계로 변환하면 역할이나 전자기학 등에서 편리한 경우가 많다. 직교좌표계의 x, y의 극형식은 다음과 같다.

$$x = x(r,\theta) = r\cos\theta, \quad y = y(r,\theta) = r\sin\theta \tag{11}$$

따라서 식 (10)으로부터 야코비안이

$$J(r,\theta) = \begin{vmatrix} \frac{\partial x}{\partial r} & \frac{\partial x}{\partial \theta} \\ \frac{\partial y}{\partial r} & \frac{\partial y}{\partial \theta} \end{vmatrix} = \begin{vmatrix} \cos\theta & -r\sin\theta \\ \sin\theta & r\cos\theta \end{vmatrix} = r \tag{12}$$

이므로 면적소 변환은 다음과 같다(그림 7-4 참조).

$$dxdy = |J(r,\theta)|drd\theta = rdrd\theta \tag{13}$$

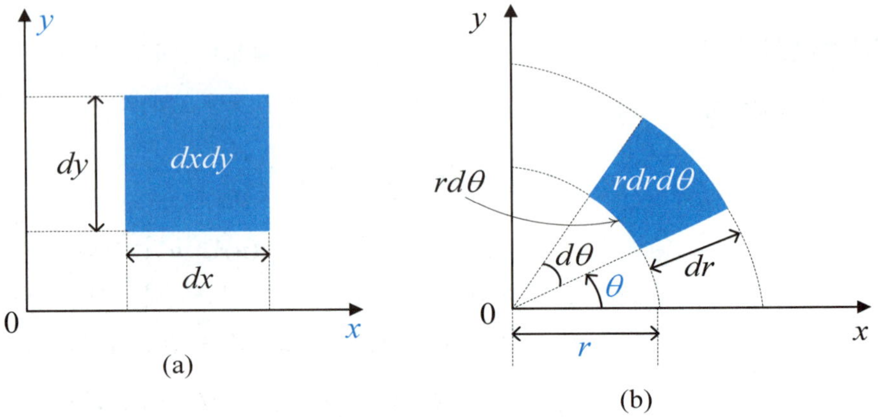

그림 7-4 이중적분의 변수변환

극좌표계상의 적분 영역을

$$\alpha \le \theta \le \beta, \quad g_1(\theta) \le r \le g_2(\theta)$$

또는

$$a \le r \le b, \quad h_1(r) \le \theta \le h_2(r)$$

로 함에 따라 이중적분에는 다음과 같은 두 가지 방법이 있다.

$$\iint_{R^*} f(r,\theta) r dr d\theta = \begin{cases} \int_{\alpha}^{\beta} \left[\int_{g_1(\theta)}^{g_2(\theta)} f(r,\theta) r dr \right] d\theta \\ \int_{a}^{b} \left[\int_{h_1(r)}^{h_2(r)} f(r,\theta) d\theta \right] r dr \end{cases} \tag{14}$$

삼중적분

3차원 공간의 한 영역 W에서 정의되는 3변수 함수 $f(x, y, z)$의 W에서의 삼중적분은 다음과 같이 표시한다.

$$\iiint_W f(x,y,z)dxdydz \quad \text{또는} \quad \iiint_W f(x,y,z)dV \tag{15}$$

여기서 dV는 체적소(element of volume)를 의미한다. 그림 7-5는 공간 상에 정의된 함수 $f(x,y,z)$의 한 예이며 임의의 한 점 (x,y,z)를 중심으로 한 미소체적은 $dxdydz$이며 이 미소체적 내에서는 함수 값이 $f(x,y,z)$로 거의 일정하다. 예를 들어 $f(x,y,z)$를 질량밀도라 하면 $f(x,y,z)dxdydz$는 미소체적의 무게가 된다. 따라서 식 (15)의 삼중적분은 물체의 전체 무게가 되는 것이다.

그림 7-5
삼중적분

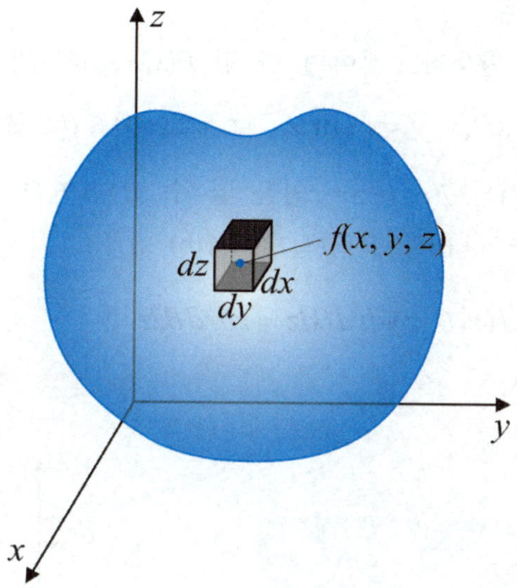

삼중적분의 적분 순서는 이중적분과 같은 원리이며 한 예를 들면 다음과 같다.

$$\iiint_W f(x,y,z)dxdydz = \int_a^b \left[\int_{f_1(x)}^{f_2(x)} \left\{ \int_{h_1(x,y)}^{h_2(x,y)} f(x,y,z)dz \right\} dy \right] dx \quad \textbf{(16)}$$

직교좌표의 삼중적분을 원통좌표계나 구좌표계로 변환시키는 것 역시 역학이나 전자기학 등에서 자주 접하게 된다. 변수 x,y,z를 $x(u,v,w)$, $y(u,v,w)$, $z(u,v,w)$와 같이 u,v,w로 변수 변환시키는 공식은 다음과 같다.

$$\iiint_W f(x,y,z)dxdydz = \iiint_{W^*} f(u,v,w)\left|J(u,v,w)\right|dudvdw \quad \textbf{(17)}$$

단 야코비안 $J(u,v,w)$는 다음과 같은 다음과 같은 행렬식으로 정의된다.

$$J(u,v,w) = \begin{vmatrix} \dfrac{\partial x}{\partial u} & \dfrac{\partial x}{\partial v} & \dfrac{\partial x}{\partial w} \\ \dfrac{\partial y}{\partial u} & \dfrac{\partial y}{\partial v} & \dfrac{\partial y}{\partial w} \\ \dfrac{\partial x}{\partial u} & \dfrac{\partial y}{\partial v} & \dfrac{\partial z}{\partial w} \end{vmatrix} \quad \textbf{(18)}$$

원통좌표계

그림 7-6(a)는 원통좌표계이며 한 점 $P(x, y, z)$의 원통좌표 $P(r, \theta, z)$가

$$x = r\cos\theta, \quad y = r\sin\theta, \quad z = z \quad (0 \le \theta \le 2\pi) \tag{19}$$

이므로 식 (18)은 $J(r, \theta, z)=r$임을 알 수 있다(연습 문제). 따라서 원통좌표계의 체적소는 다음과 같다(그림 7-6(b) 참조).

$$dV = \left|J(r,\theta,z)\right| dr d\theta dz = r dr d\theta dz \tag{20}$$

그림 7-6
원통좌표계

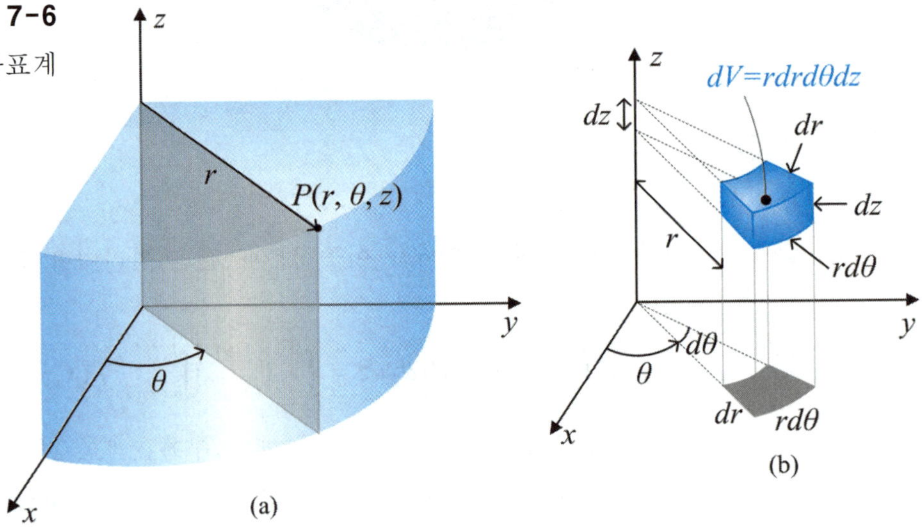

구좌표계

그림 7-7(a)는 구좌표계이며 한 점 $P(x, y, z)$의 구좌표 $P(\rho, \phi, \theta)$는

$$x = \rho\sin\phi\cos\theta, \quad y = \rho\sin\phi\sin\theta, \quad z = \rho\cos\phi \tag{21}$$

이며 이에 대한 야코비안을 구하면 다음과 같다.

$$J(\rho,\phi,\theta) = \begin{vmatrix} \dfrac{\partial x}{\partial \rho} & \dfrac{\partial x}{\partial \phi} & \dfrac{\partial x}{\partial \theta} \\ \dfrac{\partial y}{\partial \rho} & \dfrac{\partial y}{\partial \phi} & \dfrac{\partial y}{\partial \theta} \\ \dfrac{\partial x}{\partial \rho} & \dfrac{\partial y}{\partial \phi} & \dfrac{\partial z}{\partial \theta} \end{vmatrix}$$

$$= \begin{vmatrix} \sin\phi\cos\theta & \rho\cos\phi\cos\theta & -\rho\sin\phi\sin\theta \\ \sin\phi\sin\theta & \rho\cos\phi\sin\theta & \rho\sin\phi\cos\theta \\ \cos\phi & -\rho\sin\phi & 0 \end{vmatrix} = \rho^2\sin\phi \quad \textbf{(22)}$$

따라서 구좌표계의 체적소는 다음과 같다(그림 7-7(b) 참조).

$$dV = |J(\rho, \phi, \theta)| d\rho\, d\phi\, d\theta = \rho^2 \sin\phi\, d\rho\, d\phi\, d\theta \quad \textbf{(23)}$$

그림 7-7
구좌표계

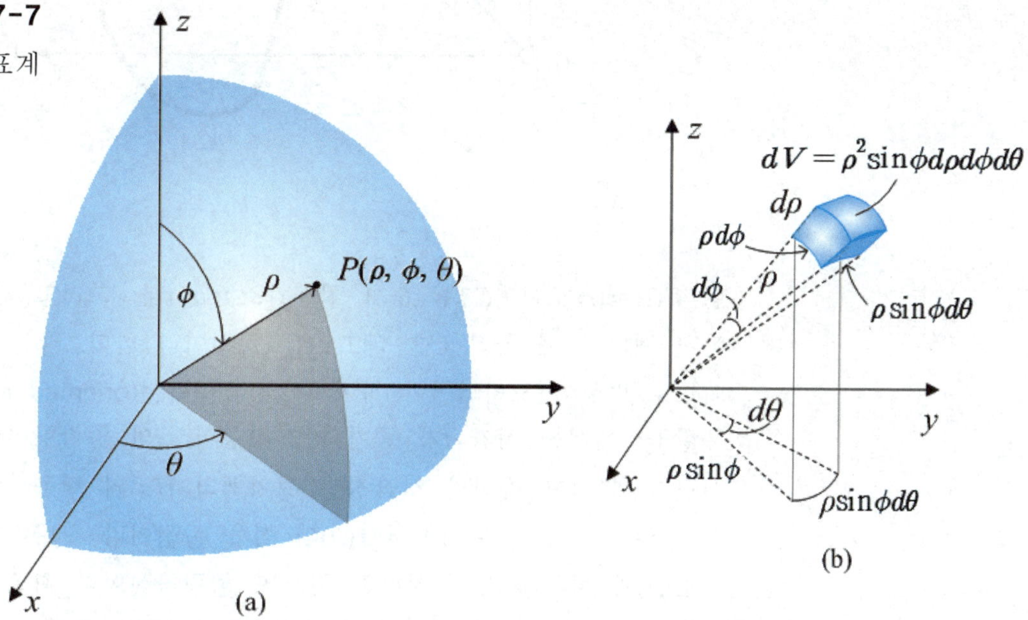

7.2 벡터함수의 선적분

선적분 정의

그림 7-8과 같이 벡터장 $\mathbf{F}(\mathbf{r})$ 내의 임의의 곡선 C를 생각해 보자. 곡선 C를 적분 경로로 하여 곡선 C 상의 벡터함수 $\mathbf{F}(\mathbf{r})$의 선적분은 다음과 같이 정의한다.

$$\int_C \mathbf{F}(\mathbf{r}) \cdot d\mathbf{r} = \int_a^b \mathbf{F}(\mathbf{r}(t)) \cdot \mathbf{r}' dt \quad \textbf{(24)}$$

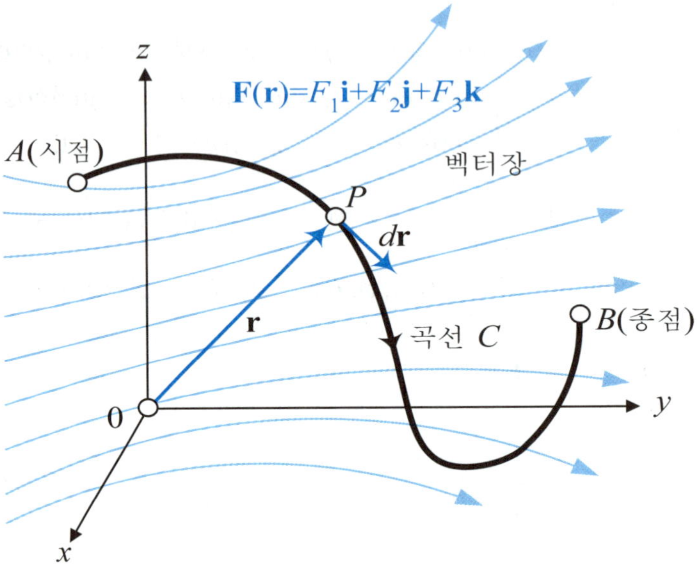

그림 7-8 벡터장에서의 선적분

단 $\mathbf{r}'(t)=\mathbf{r}(t)/dt$이며(그림 6-21 참조) $a\le t\le b$이다. 그리고 $\mathbf{r}'(t)$가 항상 0이 아닌 벡터일 때 곡선 C를 매끄러운 곡선이라 한다. 곡선 C가 적분 경로이므로 방향이 고려되어야 하며 이를 유향곡선(oriented curve)이라 한다. 유향곡선에서는 시간 t가 증가하는 방향이 C의 양방향이며 화살표로 표시한다. 그리고 곡선의 시작점인 위치벡터 $\mathbf{r}(a)$의 점을 곡선의 시점이라 하고 끝나는 점인 위치벡터 $\mathbf{r}(b)$의 점을 종점이라 한다. 그림 7-7과 같이 시점(A)과 종점(B)가 일치하지 않으면 열린곡선이라 하고 시점과 종점이 일치하면 닫힌곡선이라 한다. 적분경로가 닫힌곡선일 때는 선적분은

$$\oint_C \mathbf{F}(\mathbf{r})\cdot d\mathbf{r}$$

와 같이 표현하기로 한다. 곡선의 위치벡터 및 벡터장이

$$\mathbf{r}=x\mathbf{i}+y\mathbf{j}+z\mathbf{k},\quad \mathbf{F}(\mathbf{r})=F_1\mathbf{i}+F_2\mathbf{j}+F_3\mathbf{k} \tag{25}$$

이며 $d\mathbf{r}=dx\mathbf{i}+dy\mathbf{j}+dz\mathbf{k}$이므로

$$\begin{aligned}\mathbf{F}\cdot d\mathbf{r}&=(F_1\mathbf{i}+F_2\mathbf{j}+F_3\mathbf{k})\cdot(dx\mathbf{i}+dy\mathbf{j}+dz\mathbf{k})\\&=F_1dx+F_2dy+F_3dz\end{aligned} \tag{26}$$

만일 위치벡터와 벡터장 성분 F_1, F_2, F_3가 매개변수 t의 함수로 주어지면

$$dx=x'\,dt,\quad dy=y'\,dt,\quad dz=z'\,dt \tag{27}$$

이므로(단 $x'=dx/dt, y'=dy/dt, z'=dz/dt$) 식 (26) 우변은 다음과 같다.

$$\mathbf{F}\cdot d\mathbf{r}=(F_1x'+F_2y'+F_3z')dt \tag{28}$$

이상으로 식 (24)의 선적분은 다음과 같은 미분형식으로 표현할 수 있다.

$$\int_C \mathbf{F}\cdot d\mathbf{r}=\int_C F_1dx+F_2dy+F_3dz=\int_C (F_1x'+F_2y'+F_3z')dt \tag{29}$$

선적분의 미분형식은 여러 가지 응용에서 활용되며 선적분 계산에서 곡선을 매개변수로 표현하면 편리한 경우가 많다.

예제 7-2 그림 7-9의 각 경우에 대해 주어진 곡선을 적분경로로 하여 벡터장의 선적분을 구하라.

그림 7-9

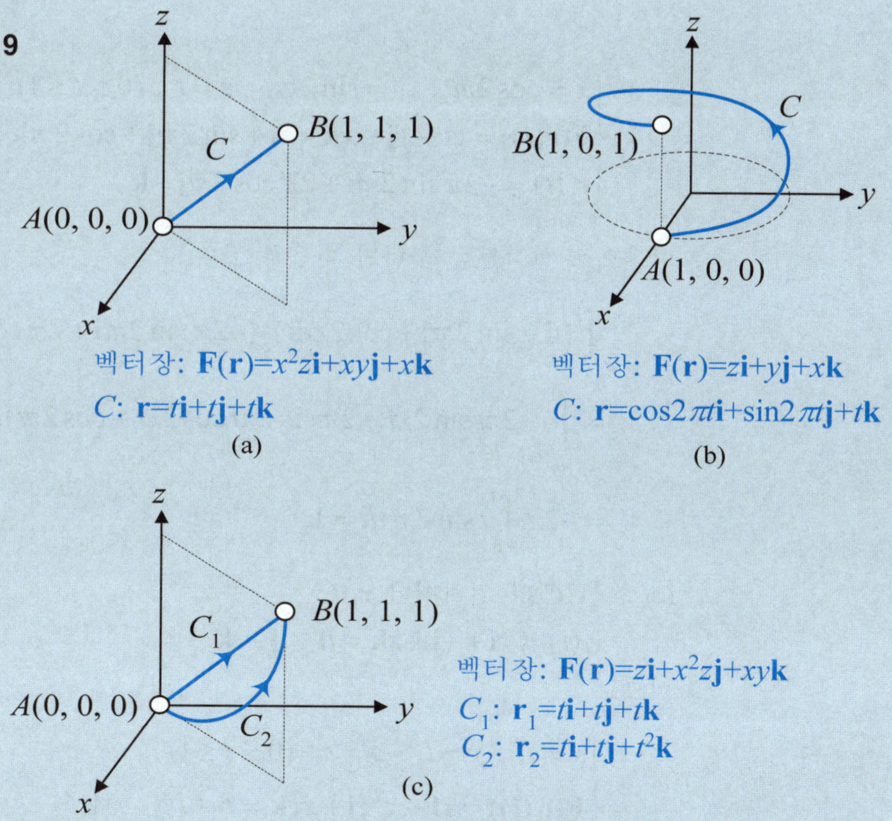

☞ (a) 곡선 C의 위치벡터 $\mathbf{r}$이

$$\mathbf{r}(t) = x\mathbf{i} + y\mathbf{j} + z\mathbf{k} = t\mathbf{i} + t\mathbf{j} + t\mathbf{k}$$

이므로

$$\begin{cases} x = t, \quad y = t, \quad z = t \quad (0 \le t \le 1) \\ \mathbf{F}(\mathbf{r}(t)) = x^2 z\mathbf{i} + xy\mathbf{j} + x\mathbf{k} = t^3\mathbf{i} + t^2\mathbf{j} + t\mathbf{k} \\ \mathbf{r}'(t) = \mathbf{i} + \mathbf{j} + \mathbf{k} \end{cases}$$

이상으로 식 (24)로부터 선적분을 구하면 다음과 같다.

$$\int_0^1 \mathbf{F}(\mathbf{r}(t)) \cdot \mathbf{r}'(t)dt = \int_0^1 (t^3\mathbf{i} + t^2\mathbf{j} + t\mathbf{k}) \cdot (\mathbf{i} + \mathbf{j} + \mathbf{k})dt = \frac{13}{12}$$

(b) 곡선 C는 원나선이며 위치벡터 $\mathbf{r}$은

$$\mathbf{r}(t) = x\mathbf{i} + y\mathbf{j} + z\mathbf{k} = \cos 2\pi t\mathbf{i} + \sin 2\pi t\mathbf{j} + t\mathbf{k}$$

이므로

$$\begin{cases} x = \cos 2\pi t, \quad y = \sin 2\pi t, \quad z = t \quad (0 \le t \le 1) \\ \mathbf{F}(\mathbf{r}(t)) = z\mathbf{i} + y\mathbf{j} + x\mathbf{k} = t\mathbf{i} + \sin 2\pi t\mathbf{j} + \cos 2\pi t\mathbf{k} \\ \mathbf{r}'(t) = -2\pi \sin 2\pi t\mathbf{i} + 2\pi \cos 2\pi t\mathbf{j} + \mathbf{k} \end{cases}$$

이상으로 선적분을 구하면 다음과 같다.

$$\int_0^1 (t\mathbf{i} + \sin 2\pi t\mathbf{j} + \cos 2\pi t\mathbf{k}) \cdot (-2\pi \sin 2\pi t\mathbf{i} + 2\pi \cos 2\pi t\mathbf{j} + \mathbf{k})dt$$

$$= \int_0^1 (-2\pi t \sin 2\pi t + 2\pi \sin 2\pi t \cos 2\pi t + \cos 2\pi t)dt$$

$$= -2\pi \int_0^1 t \sin 2\pi t \, dt = 1$$

(c) 직선 C_1의 위치벡터 $\mathbf{r}_1$은

$$\mathbf{r}_1(t) = x\mathbf{i} + y\mathbf{j} + z\mathbf{k} = t\mathbf{i} + t\mathbf{j} + t\mathbf{k}$$

이므로

$$\begin{cases} x = t, \quad y = t, \quad z = t \quad (0 \le t \le 1) \\ \mathbf{F}(\mathbf{r}_1(t)) = z\mathbf{i} + x^2 z\mathbf{j} + xy\mathbf{k} = t\mathbf{i} + t^3\mathbf{j} + t^2\mathbf{k} \\ \mathbf{r}_1'(t) = \mathbf{i} + \mathbf{j} + \mathbf{k} \end{cases}$$

이상으로 C_1 상의 선적분은 다음과 같다.

$$\int_0^1 \mathbf{F}(\mathbf{r}_1(t))\cdot\mathbf{r}_1{}'(t)dt = \int_0^1 (t^3\mathbf{i}+t^2\mathbf{j}+t\mathbf{k})\cdot(\mathbf{i}+\mathbf{j}+\mathbf{k})dt = \frac{13}{12}$$

곡선 C_2는 포물선의 호이며 위치벡터 $\mathbf{r}_2$는

$$\mathbf{r}_2(t) = x\mathbf{i}+y\mathbf{j}+z\mathbf{k} = t\mathbf{i}+t\mathbf{j}+t^2\mathbf{k}$$

이므로

$$\begin{cases} x=t, \quad y=t, \quad z=t^2 \quad (0\le t\le 1) \\ \mathbf{F}(\mathbf{r}_2(t)) = z\mathbf{i}+x^2z\mathbf{j}+xy\mathbf{k} = t^2\mathbf{i}+t^4\mathbf{j}+t^2\mathbf{k} \\ \mathbf{r}_2{}'(t) = \mathbf{i}+\mathbf{j}+2t\mathbf{k} \end{cases}$$

이상으로 C_2 상의 선적분은 다음과 같다.

$$\int_0^1 \mathbf{F}(\mathbf{r}_2(t))\cdot\mathbf{r}_2{}'(t)dt = \int_0^1 (t^2\mathbf{i}+t^4\mathbf{j}+t^2\mathbf{k})\cdot(\mathbf{i}+\mathbf{j}+2t\mathbf{k})dt = \frac{31}{30}$$

적분경로 C_1과 C_2의 시점과 종점이 같아도 선적분 결과는 다르다.

보존벡터장

벡터장 **F** 내에서의 선적분이 적분경로와 무관하면 이 벡터장을 보존벡터장(conservative vector field)이라 한다. 특히 스칼라함수 $f(x, y, z)$의 구배인 벡터장 **F**=grad f는 보존벡터장이 되며 함수 f를 **F**의 포텐셜(potential)이라 부른다. 벡터장 **F**=grad f는 구배의 정의에 의해

$$\mathbf{F} = \frac{\partial f}{\partial x}\mathbf{i}+\frac{\partial f}{\partial y}\mathbf{j}+\frac{\partial f}{\partial z}\mathbf{k} \tag{30}$$

이므로 임의의 적분경로 C상에서 $\mathbf{F}\cdot d\mathbf{r}$은 다음과 같다.

$$\begin{aligned} \mathbf{F}\cdot d\mathbf{r} &= \left(\frac{\partial f}{\partial x}\mathbf{i}+\frac{\partial f}{\partial y}\mathbf{j}+\frac{\partial f}{\partial z}\mathbf{k}\right)\cdot(dx\mathbf{i}+dy\mathbf{j}+dz\mathbf{k}) \\ &= \frac{\partial f}{\partial x}dx+\frac{\partial f}{\partial y}dy+\frac{\partial f}{\partial z}dz \\ &= df(x,y,z) \end{aligned} \tag{31}$$

위의 식 우변은 1 장의 식 (18)의 사슬법칙에 의한 것이다. 따라서 임의의 적분경로 C상에서 시점 A에서 종점 B까지 **F**=grad f의 선적분은

$$\int_C \mathbf{F}\cdot d\mathbf{r} = \int_{f(A)}^{f(B)} df(x,y,z) = f(B) - f(A) \tag{32}$$

이므로 적분경로와는 무관하다. 따라서 포텐셜의 구배인 벡터장 grad f의 선적분은 적분경로와는 독립적이고 다만 적분경로의 종점에서의 포텐셜과 시점에서의 포텐셜 차이로 주어진다. 따라서 임의의 벡터장에 대한 포텐셜이 존재한다면 이 벡터장은 다음과 같이 보존벡터장이 된다.

$$\int_C \mathbf{F}\cdot d\mathbf{r} = \int_C \text{grad} f \cdot d\mathbf{r} = f(B) - f(A) \tag{33}$$

주어진 벡터장 $\mathbf{F}=F_1\mathbf{i}+F_2\mathbf{j}+F_3\mathbf{k}$가 보존벡터장이라면 식 (30)에 의해

$$F_1 = \frac{\partial f}{\partial x}, \quad F_2 = \frac{\partial f}{\partial y}, \quad F_3 = \frac{\partial f}{\partial z} \tag{34}$$

이다. 여기서 2계 편도함수의 성질 $\partial^2 f/(\partial x\partial y)=\partial^2 f/(\partial y\partial x)$를 이용하면 식 (34)로부터 보존벡터장에 대해 다음과 같은 관계를 얻을 수 있다.

$$\begin{cases} \dfrac{\partial F_1}{\partial y} = \dfrac{\partial^2 f}{\partial x\partial y} = \dfrac{\partial F_2}{\partial x} \\ \dfrac{\partial F_1}{\partial z} = \dfrac{\partial^2 f}{\partial x\partial z} = \dfrac{\partial F_3}{\partial x} \\ \dfrac{\partial F_2}{\partial z} = \dfrac{\partial^2 f}{\partial y\partial z} = \dfrac{\partial F_3}{\partial y} \end{cases} \tag{35}$$

따라서 벡터장 $\mathbf{F}=F_1\mathbf{i}+F_2\mathbf{j}+F_3\mathbf{k}$가 보존벡터장이 될 조건은 다음과 같다.

$$\frac{\partial F_3}{\partial y} - \frac{\partial F_2}{\partial z} = 0, \quad \frac{\partial F_1}{\partial z} - \frac{\partial F_3}{\partial x} = 0, \quad \frac{\partial F_2}{\partial x} - \frac{\partial F_1}{\partial y} = 0 \tag{36}$$

위의 결과는 벡터회전을 이용하면 다음과 같이 간결하게 표현된다(6장의 식 (109) 참조).

$$\text{curl}\mathbf{F} = \mathbf{0} \tag{37}$$

즉 보존벡터장의 회전은 영이다. 위의 식과 $\mathbf{F}=$grad f의 관계로부터 다음과 같은 관계를 또 얻을 수 있다.

$$\text{curl}(\text{grad}\mathbf{F}) = \mathbf{0} \tag{38}$$

즉 스칼라함수의 구배의 회전은 영이다.

예제 7-3 다음 벡터장 **F**가 보존벡터장인지 알아보고 보존벡터장이면 포텐셜을 구하라.

$$\mathbf{F}(x,y,z)=(y^2-4xy)\mathbf{i}+(2xy-2x^2)\mathbf{j}+2z\mathbf{k}$$

☞ **F**의 회전을 구해보면

$$\begin{aligned}\text{curl }\mathbf{F}&=\left(\frac{\partial F_3}{\partial y}-\frac{\partial F_2}{\partial z}\right)\mathbf{i}+\left(\frac{\partial F_1}{\partial z}-\frac{\partial F_3}{\partial x}\right)\mathbf{j}+\left(\frac{\partial F_2}{\partial x}-\frac{\partial F_1}{\partial y}\right)\mathbf{k}\\&=0\mathbf{i}+0\mathbf{j}+(2y-4x-2y+4x)\mathbf{k}\\&=\mathbf{0}\end{aligned}$$

따라서 보존벡터장이다. 포텐셜은 식 (34)로부터

$$\boxed{\frac{\partial f}{\partial x}=F_1=y^2-4xy,\quad \frac{\partial f}{\partial y}=F_2=2xy-2x^2,\quad \frac{\partial f}{\partial z}=F_3=2z}$$

먼저 첫째 방정식을 x에 대해 적분하면

$$f=xy^2-2x^2y+\underline{g(y,z)}$$

단 $g(y,z)$는 x에 대해 적분에서 적분상수이다. 위 식의 y에 관한 편도함수가 F_2이므로

$$\frac{\partial f}{\partial y}=2xy-2x^2+\frac{\partial g(y,z)}{\partial y}=2xy-2x^2$$

따라서 $g(y,z)$는 z만의 함수이므로

$$f=xy^2-2x^2y+\underline{g(z)}$$

위 식의 z에 관한 편도함수가 F_3이므로 z에 대해 미분하면

$$\frac{\partial f}{\partial z}=\frac{\partial g(z)}{\partial z}=2z$$

따라서

$$g(z)=z^2+c \quad (\text{적분상수 } c\text{는 버린다})$$

이므로 구하고자 하는 포텐셜은 다음과 같다.

$$f(x,y,z)=xy^2-2x^2y+z$$

이는 6장의 예제 6-7에서 주어진 스칼라 점함수와 같다.

응용 7-1 **[일적분(work integral)]**

중력장 **G** 내에서 질량 m의 물체를 중력장과 반대 방향으로 이동시키려고 한다면 중력장에 의해 질량에 가해지는 힘과 크기는 같지만 방향은 반대인 힘을 가해야 하므로 이것은 에너지의 소비를 요한다. 그리고 질량 m이 소비한 에너지, 즉 일 W는 힘과 이동 거리의 곱과 같으므로

$$W = -m\int_C \mathbf{G}\cdot d\mathbf{r}$$

의 선적분 형태로 주어진다(곡선 C는 이동경로). 따라서 선적분은 일적분이라 부르기도 한다. 중력장 내에서 단위 질량이 한 일을 위치에너지라 하며 위치에너지 P는 다음과 같다.

$$P = -\int_C \mathbf{G}\cdot d\mathbf{r}$$

전장은 중력장과 성질이 같으며 단위 전하가 전장 **E** 내에서 한 일 P는

$$P = -\int_C \mathbf{E}\cdot d\mathbf{r}$$

이며 이를 전기적인 위치에너지, 줄여서 전위라 하고 두 점 사이의 전위차를 전압이라 한다. 시간에 따라 크기와 방향이 변하지 않는 중력장이나 전장은 보존벡터장이며 에너지가 보존된다. 따라서 질량 또는 전하의 이동경로가 그림 7-10과 같이 닫힌 곡선일 때는 한 일이 0이므로

$$\boxed{\oint_C \mathbf{G}\cdot d\mathbf{r} = \oint_C \mathbf{E}\cdot d\mathbf{r} = 0} \tag{39}$$

이다. 회로에서 임의의 점에서 출발하여 회로를 일주한 다음 시작점으로 되돌아오면 모든 전압의 대수적인 합은 0이며 이것이 바로 키르히호프 전압법칙이다.

그림 7-10

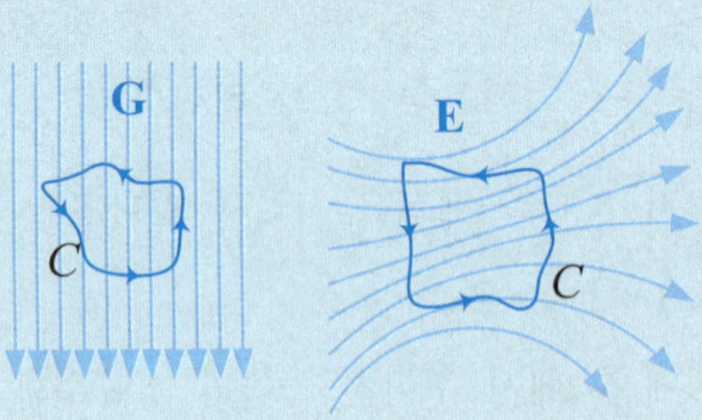

스칼라함수의 선적분

앞에서는 벡터장에서의 선적분에 대해 설명하였다. 이에 비해 스칼라장에서의 선적분, 즉 스칼라함수 $f(x, y, z)$의 선적분은 다음과 같다.

$$\int_C f(x,y,z)ds \tag{40}$$

여기서 ds는 곡선 C의 호 s에 대한 미소호이다. 곡선 C의 위치벡터가

$$\mathbf{r}(t) = x(t)\mathbf{i} + y(t)\mathbf{j} + z(t)\mathbf{k} \tag{41}$$

이면 6장의 식 (59)로부터

$$ds = |d\mathbf{r}| = \sqrt{dx^2 + dy^2 + dz^2} \tag{42}$$

이므로 미소호 ds는 다음과 같다.

$$ds = \left|\frac{d\mathbf{r}}{dt}\right|dt = dt\sqrt{(x'(t))^2 + (y'(t))^2 + (z'(t))^2} \tag{43}$$

따라서 $f(x,y,z)$를 매개변수 t의 함수로 표현하면 식 (43)을 이용하여 식 (40)의 적분을 계산할 수 있다. 만일 식 (40)에서 $f(x,y,z)$가 곡선의 밀도라면 식 (40)의 적분은 곡선의 질량이 되므로

$$m = \int_C f(x,y,z)ds \tag{44}$$

이며 곡선의 질량중심의 좌표 (x_o, y_o, z_o)는 다음과 같이 주어진다.

$$\begin{cases} x_o = \dfrac{1}{m}\displaystyle\int_C xf(x,y,z)ds, \\ y_o = \dfrac{1}{m}\displaystyle\int_C yf(x,y,z)ds, \\ z_o = \dfrac{1}{m}\displaystyle\int_C zf(x,y,z)ds \end{cases} \tag{45}$$

예제 7-4 매우 가는 철사줄이 다음과 같은 형태로 구부러져 있다.

$$\mathbf{r}(t) = 2\cos t\mathbf{i} + 2\sin t\mathbf{j} + 3\mathbf{k} \quad (0 \le t \le \pi/2)$$

철사줄의 밀도함수가 $f(x, y, z)=xy$ (gram/cm)라 할 때 철사줄의 질량과 질량중심 좌표를 구하라.

☞ 철사줄의 위치벡터가

$$\mathbf{r}(t) = x(t)\mathbf{i} + y(t)\mathbf{j} + z(t)\mathbf{k} = 2\cos t\mathbf{i} + 2\sin t\mathbf{j} + 3\mathbf{k}$$

이므로

$$x = 2\cos t, \quad y = 2\sin t, \quad z = 3$$

따라서 식 (43)으로부터 미소호는

$$\begin{aligned} ds &= \sqrt{(x'(t))^2 + (y'(t))^2 + (z'(t))^2}\ dt \\ &= \sqrt{4\sin^2 t + 4\cos^2 t}\ dt \\ &= 2dt \end{aligned}$$

그리고 밀도를 매개변수 t의 함수로 표현하면

$$f(x, y, z) = xy = 4\cos t \sin t = 2\sin^2 t$$

따라서 질량 m은 다음과 같다.

$$m = \int_C f(x, y, z)ds = \int_0^{\pi/2} 2\sin^2 t\ 2dt = 4(\text{gram})$$

질량중심은 식 (45)로부터 다음과 같다.

$$\begin{aligned} x_o &= \frac{1}{m}\int_C xf(x, y, z)ds = \frac{1}{4}\int_C x^2 y\, ds = \int_0^{\pi/2} 4\cos^2 t \sin t\, dt \\ &= -\frac{4}{3}\cos^3 t\Big|_0^{\pi/2} = \frac{4}{3} \end{aligned}$$

$$\begin{aligned} y_o &= \frac{1}{m}\int_C yf(x, y, z)ds = \frac{1}{4}\int_C xy^2\, ds = \int_0^{\pi/2} 4\cos t \sin^2 t\, dt \\ &= \frac{4}{3}\sin^3 t\Big|_0^{\pi/2} = \frac{4}{3} \end{aligned}$$

$$\begin{aligned} z_o &= \frac{1}{m}\int_C zf(x, y, z)ds = \frac{1}{4}\int_C xyz\, ds = \int_0^{\pi/2} 6\cos t \sin t\, dt \\ &= 3\sin^3 t\Big|_0^{\pi/2} = 3 \end{aligned}$$

7.3 벡터함수의 면적분

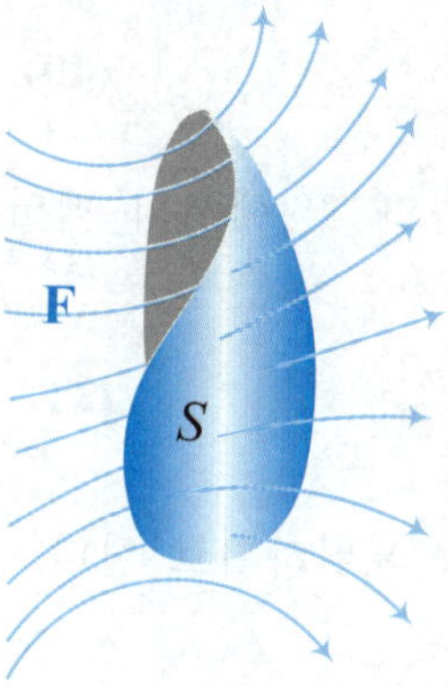

그림 7-11
곡면을 통과하는 유선 또는 유량

면적분은 그림 7-11과 같이 3차원 공간의 곡면 S를 수직으로 통과하는 유선(stream line) 또는 유량(flux) $\mathbf{F}$를 구하는 것이다. 유선은 중력장, 전장, 자장 등을 나타내는데 유용하며 유량은 기체나 액체와 같은 유체의 흐름을 나타내는데 유리하다. 공간상에 곡선이나 곡면을 표현하는 법은 6.3 절에서 설명한 바 있으며 곡선이나 곡면은 매개변수로 표현하는 것이 보다 실용적이고 융통성이 있다. 그림 7-12(a)와 같이 곡선의 경우는 매개변수 t가 직선상을 이동할 때 위치벡터 $\mathbf{r}(t)$는 3차원 공간상에서 정해진 규칙대로 곡선 C를 이루게 된다. 즉 곡선은 직선을 매개변수를 통해 곡선으로 변환시키는 것이다. 이에 비해 곡면은 그림 7-12(b)가 보여주는 바와 같이 두 개의 매개변수 u, v가 필요하며 uv 평면 R상의 한 점이 위치벡터 $\mathbf{r}(u,v)$에 의해 3차원 공간상에서 곡면 S를 이루게 된다. 즉 곡면은 매개변수를 통해 평면으로부터 만들어지는 것이다. 곡선에서 중요한 것은 접선(곡선접선)이며 곡면에서 중요한 것은 법선(곡면법선)이다. 왜냐하면 곡선의 한 점에서는 무수한 법선을 그릴 수 있으며 곡면의 한 점에서는 무수한 접선을 그릴 수 있기 때문이다. 나아가 선적분에서는 곡선에 대한

그림 7-12
곡선과 곡면의 매개변수 표현법

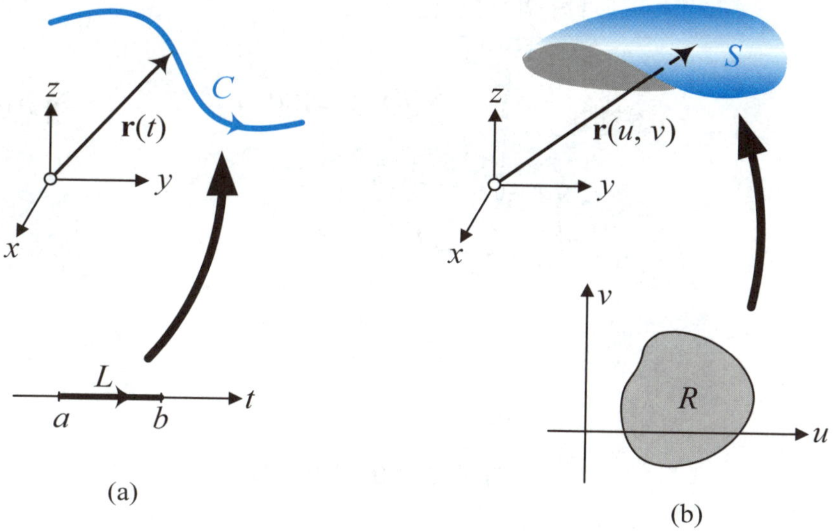

벡터장의 접선 성분이 필요하며 지금부터 설명할 면적분은 곡면에 대한 벡터장의 법선 성분이 중요하기 때문이다. 그림 7-13은 곡면법선을 보여주고 있다. 그림 (a)는 곡면이 x, y, z의 함수 $f(x, y, z)=c$로 표현될 경우의 곡면법선을 구하는 방법으로 단위법선벡터 $\mathbf{n}$은

$$\mathbf{n} = \frac{\operatorname{grad} f}{|\operatorname{grad} f|} \tag{40}$$

로 주어진다(6장의 그림 6-24와 식 (88) 참조). 지금 곡면 S위에서의 벡터함수 $\mathbf{F}$의 면적분은 다음과 같이 정의된다.

$$\iint_S \mathbf{F}\cdot\mathbf{n}\,dA = \iint_S \mathbf{F}\cdot d\mathbf{A} \quad (\text{단 } d\mathbf{A} = \mathbf{n}\,dA) \tag{41}$$

만일 곡면 S가 닫힌 곡면이면 면적분 기호는 다음처럼 표현하기로 한다.

$$\oiint_S \mathbf{F}\cdot d\mathbf{A}$$

여기서 dA는 S상의 면적소이고 $\mathbf{n}$은 그 단위 법선벡터이며 $\mathbf{F}\cdot\mathbf{n}$은 $\mathbf{F}$의 법선방향 성분이다. 그리고 $d\mathbf{A}=\mathbf{n}dA$를 면적벡터라 한다. 면적분은 면적을 관통하는 유출량을 나타내므로 유출량 적분(flux integral)이라 부르기도 한다. 그림 7-13(b)는 곡면 S를 매개변수로 표현한 경우이다. S는 $\mathbf{r}(u,v)$로 주어지므로 S 상의 한 곡선 C는 u, v를 다시 하나의 매개변수 t의 함수인

$$u = u(t), \quad v = v(t)$$

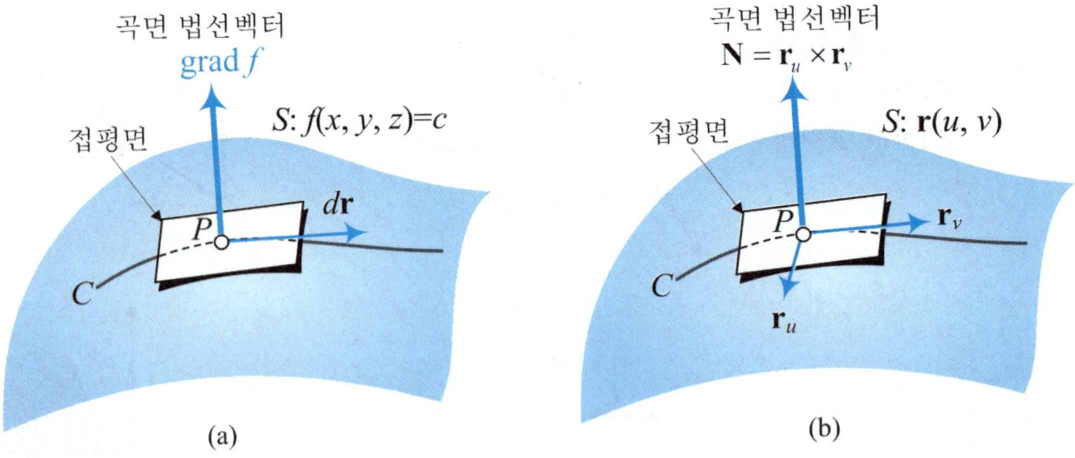

그림 7-13 곡면법선

로 하여 표현할 수 있다. 즉 C의 위치벡터는 $\mathbf{r}(t)=\mathbf{r}(u(t),v(t))$로 표현되며 이 함수가 미분 가능하다고 가정하면 C의 접선벡터는 사슬법칙에 의해

$$\mathbf{r}'(t)=\frac{d\mathbf{r}}{dt}=\frac{\partial \mathbf{r}}{\partial u}u'+\frac{\partial \mathbf{r}}{\partial v}v'=\mathbf{r}_u u'+\mathbf{r}_v v' \tag{42}$$

이며 $\mathbf{r}_u$, $\mathbf{r}_v$는 u 및 v에 대한 $\mathbf{r}$의 편도함수이다. 따라서 그림 7-13(b)에서와 같이 곡선 C 상의 점 P에서의 편도함수 $\mathbf{r}_u$와 $\mathbf{r}_v$는 점 P에서 곡면 S에 접하므로 접평면상에 있게 되므로 $\mathbf{r}_u$와 $\mathbf{r}_v$의 외적을 $\mathbf{N}$이라 하면

$$\mathbf{N}=\mathbf{r}_u \times \mathbf{r}_v \tag{42}$$

은 접평면과 수직이며 P에서 S의 법선벡터가 된다. 그리고 $\mathbf{N}$의 크기는 $\mathbf{r}_u$와 $\mathbf{r}_v$를 평형사변형의 변으로 하는 면적이므로 바로 미소면적의 크기와 같다. 이를 그림 7-12(b)에서 설명해 보자. R 영역상의 du와 dv는 사슬법칙에 의해 S 영역상의 $\mathbf{r}_u du$와 $\mathbf{r}_v dv$로 각각 사상되므로 R 영역상의 직사각형 미소면적 $dudv$는 S 영역상에서는 벡터 $\mathbf{r}_u du$와 $\mathbf{r}_v dv$로 이루어지는 평형사변형으로 사상된다. 따라서 그 면적은

$$|\mathbf{r}_u du \times \mathbf{r}_v dv| = |\mathbf{r}_u \times \mathbf{r}_v| dudv = |\mathbf{N}| dudv \tag{43}$$

이므로 바로 $|\mathbf{N}|$는 R 영역상의 $dudv$가 S 영역상으로 사상될 때의 면적 확장율이다. 따라서 식 (41)의 면적분은 매개변수로 표현하면 다음과 같다.

$$\iint_S \mathbf{F}\cdot d\mathbf{A} = \iint_R \mathbf{F}(u,v)\cdot \mathbf{N}(u,v)dudv \tag{44}$$

물론 R은 uv 평면상의 적분영역이다. 여기서 면적벡터의 방향에 대해 잠깐 논의하기로 한다. 면적벡터의 방향은 그림 7-14와 같이 곡면 S의 경계인 닫힌곡선 C의 방향과 $\mathbf{n}$의 방향이 오른손 법칙에 따르도록 하는 것이 통례이다. 즉 그림 7-14에서 $\mathbf{n}$을 S의 양방향, $-\mathbf{n}$을 S의 음방향이라 한다.

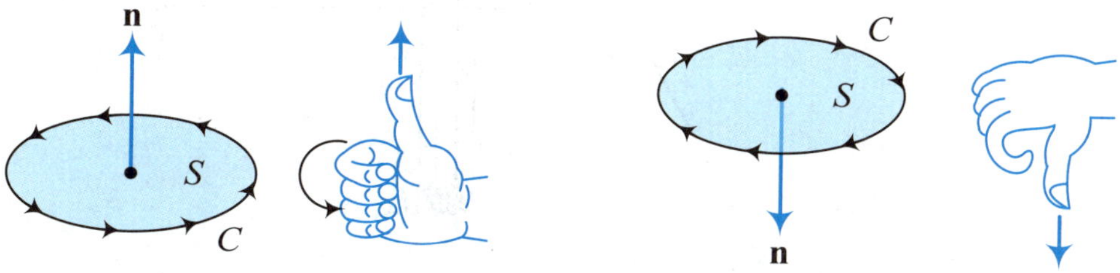

그림 7-14 면적벡터의 방향

이제 그림 7-15와 같이 벡터장이 x, y, z의 함수인 $\mathbf{F}(x,y,z)=F_1\mathbf{i}+F_2\mathbf{j}+F_3\mathbf{k}$ 형태로 주어지고 곡면 S가 $z=f(x,y)$인 양함수 형태로 표현될 경우를 살펴보자. 이 경우 곡면은 $G(x,y,z)=z-f(x,y)=0$으로 표기할 수 있으며 함수 G의 구배는

$$\begin{aligned}\text{grad}G &= \frac{\partial G}{\partial x}\mathbf{i}+\frac{\partial G}{\partial y}\mathbf{j}+\frac{\partial G}{\partial z}\mathbf{k} = -\frac{\partial f}{\partial x}\mathbf{i}-\frac{\partial y}{\partial y}\mathbf{j}+\mathbf{k} \\ &= -f_x\mathbf{i}-f_y\mathbf{j}+\mathbf{k}\end{aligned} \tag{45}$$

이므로 단위 법선벡터 $\mathbf{n}$은 6장의 식 (88)로부터 다음과 같이 표현된다.

$$\mathbf{n}=\frac{\text{grad} f}{|\text{grad} f|}=\frac{1}{\sqrt{1+f_x^2+f_y^2}}(-f_x\mathbf{i}-f_y\mathbf{j}+\mathbf{k}) \tag{46}$$

단위 법선벡터 $\mathbf{n}$이 z 축과 이루는 각을 γ라 하면

$$dx\,dy=(\cos\gamma)dA \tag{47}$$

이며 $\mathbf{n}$과 z 축의 단위벡터 $\mathbf{k}$의 내적으로부터 $\cos\gamma$는 다음과 같다.

$$\cos\gamma=\frac{\mathbf{n}\cdot\mathbf{k}}{|\mathbf{n}||\mathbf{k}|}=\frac{(-f_x\mathbf{i}-f_y\mathbf{j}+\mathbf{k})\cdot\mathbf{k}}{\sqrt{1+f_x^2+f_y^2}}=\frac{1}{\sqrt{1+f_x^2+f_y^2}} \tag{48}$$

따라서

그림 7-15

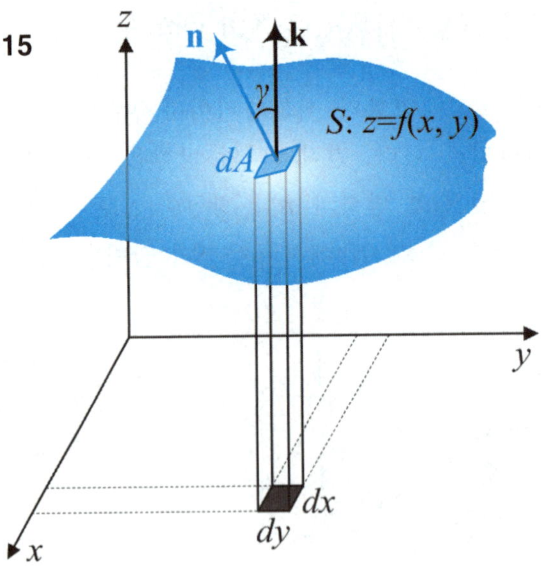

$$dA = \sqrt{1 + f_x^2 + f_y^2}\, dx\, dy \tag{49}$$

이므로 식 (46)과 (49)로부터 면적벡터 $d\mathbf{A}$는 다음과 같이 표현된다.

$$d\mathbf{A} = \mathbf{n}dA = (-f_x\mathbf{i} - f_y\mathbf{j} + \mathbf{k})dx\, dy \tag{50}$$

따라서 F_1, F_2, F_3를 $F_i(x, y, z)=F_i(x, y, f(x,y))$로 하여 면적분을

$$\begin{aligned}\iint_S \mathbf{F}\cdot d\mathbf{A} &= \iint_R (F_1\mathbf{i} + F_2\mathbf{j} + F_3\mathbf{k})\cdot(-f_x\mathbf{i} - f_y\mathbf{j} + \mathbf{k})dxdy \\ &= \iint_R (-F_1 f_x - F_2 f_y + F_3)dxdy\end{aligned} \tag{51}$$

와 같이 구한다. 이상으로 면적분을 정리하면 그림 7-16과 같다.

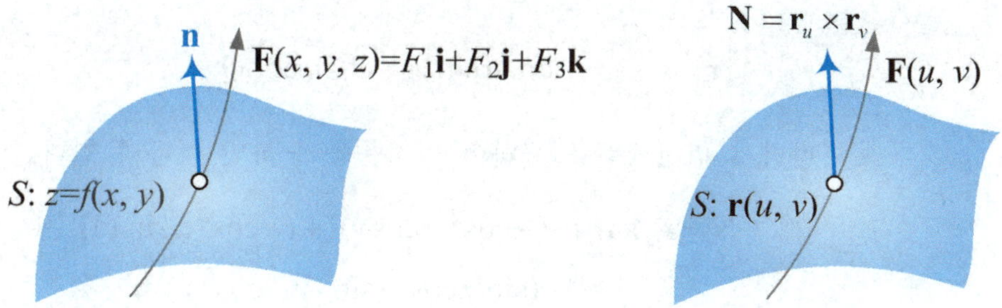

$$\iint_S \mathbf{F}\cdot d\mathbf{A} = \iint_R (-F_1 f_x - F_2 f_y + F_3)dx\, dy$$

(a)

$$\iint_S \mathbf{F}\cdot d\mathbf{A} = \iint_R \mathbf{F}(u, v)\cdot\mathbf{N}(u, v)du\, dv$$

(b)

그림 7-16 면적분의 정리

예제 7-5 그림 7-17은 벡터장에 놓인 몇 가지 곡면을 보여주며 벡터장 $\mathbf{F}$는 각 그림에 표시된 바와 같을 때 $\mathbf{F}$의 면적분을 구하라.

☞ (a) 먼저 매개변수 표현법을 이용하면(그림 6-19 참조)

$$\mathbf{r}(u,v) = \cos u\cos v\mathbf{i} + \cos u\sin v\mathbf{j} + \sin u\mathbf{k} \quad (0 \le u \le \pi/2)$$

$$\mathbf{F}(u,v) = xz\mathbf{i} + yz\mathbf{j} = \frac{1}{2}\sin 2u\cos v\mathbf{i} + \frac{1}{2}\sin 2u\sin v\mathbf{j}$$

그림 7-17

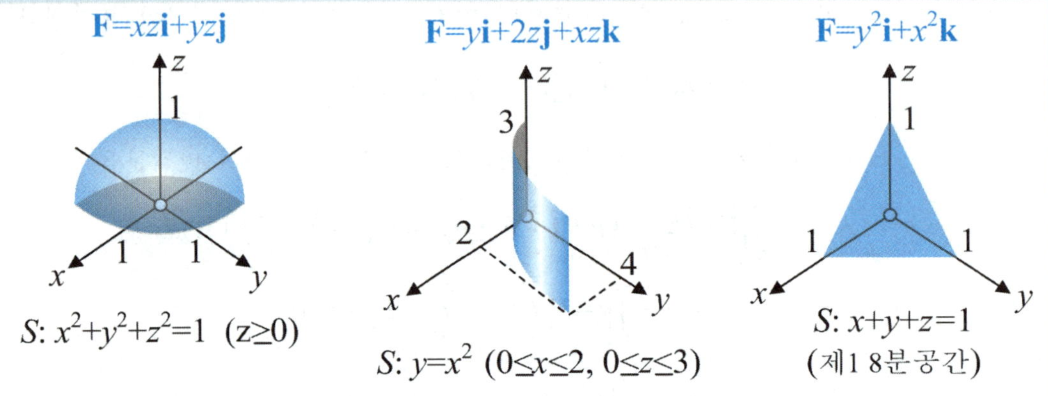

(a) (b) (c)

$$\begin{cases} \mathbf{r}_u = \dfrac{\partial \mathbf{r}}{\partial u} = -\sin u \cos v\mathbf{i} - \sin u \sin v\mathbf{j} + \cos u\mathbf{k} \\ \mathbf{r}_v = \dfrac{\partial \mathbf{r}}{\partial v} = -\cos u \sin v\mathbf{i} + \cos u \cos v\mathbf{j} \end{cases}$$

따라서 법선벡터를 구하여 면적분을 구하면 다음과 같다.

$$\begin{aligned} \mathbf{N} = \mathbf{r}_u \times \mathbf{r}_v &= (-\cos^2 u \cos v)\mathbf{i} + (-\cos^2 u \sin v)\mathbf{j} \\ &\quad -(\sin u \cos u(\sin^2 v + \cos^2 v))\mathbf{k} \\ &= -\cos^2 u \cos v\mathbf{i} - \cos^2 u \sin v\mathbf{j} - \sin u \cos u\mathbf{k} \end{aligned}$$

$$\begin{aligned} \mathbf{F}(u,v)\cdot\mathbf{N} &= -\frac{1}{2}\sin 2u \cos^2 u \cos^2 v - \frac{1}{2}\sin 2u \cos^2 u \sin^2 v \\ &= -\frac{1}{4}\sin 2u(1+\cos 2u) \\ &= -\frac{1}{4}\sin 2u - \frac{1}{8}\sin 4u \end{aligned}$$

$$\begin{aligned} &\iint_R \mathbf{F}(u,v)\cdot\mathbf{N}(u,v)\,dudv \\ &= -\frac{1}{4}\int_0^{2\pi}\int_0^{\pi/2}\sin 2u\,dudv - \frac{1}{8}\int_0^{2\pi}\int_0^{\pi/2}\sin 4u\,dudv \\ &= -\frac{\pi}{2} \end{aligned}$$

또 다른 방법은 다음과 같다. 곡면 방정식은

$$z = \sqrt{1-x^2-y^2} = f(x, y)$$

$$\therefore f_x = \frac{\partial f}{\partial x} = \frac{-x}{\sqrt{1-x^2-y^2}}, \quad f_y = \frac{\partial f}{\partial y} = \frac{-y}{\sqrt{1-x^2-y^2}}$$

그리고 벡터장은

$$\mathbf{F}(x, y, z) = xz\mathbf{i} + yz\mathbf{j} = x\sqrt{1-x^2-y^2}\,\mathbf{i} + y\sqrt{1-x^2-y^2}\,\mathbf{j}$$

$$\therefore F_1 = x\sqrt{1-x^2-y^2}, \quad F_2 = y\sqrt{1-x^2-y^2}, \quad F_3 = 0$$

따라서 면적분은 다음과 같다.

$$\iint_R (-F_1 f_x - F_2 f_y + F_3)\,dxdy = \iint_R (x^2+y^2)\,dxdy$$

$$= \int_0^{2\pi}\int_0^1 r^2 r\,drd\theta = \frac{\pi}{2}$$

앞서 계산한 값과 부호가 반대이며 이에 대해서는 조금 뒤에 설명한다.

(b) 먼저 매개변수 표현법을 이용하면

$$\mathbf{r}(u, v) = u\mathbf{i} + u^2\mathbf{j} + v\mathbf{k} \quad (0 \le u \le 2,\ 0 \le v \le 3)$$

$$\mathbf{F}(u, v) = y\mathbf{i} + 2z\mathbf{j} + xz\mathbf{k} = u^2\mathbf{i} + 2v\mathbf{j} + u\mathbf{k}$$

따라서

$$\begin{cases} \mathbf{r}_u = \mathbf{i} + 2u\mathbf{j} \\ \mathbf{r}_v = \mathbf{k} \end{cases}$$

$$\mathbf{N} = \mathbf{r}_u \times \mathbf{r}_v = 2u\mathbf{i} - \mathbf{j}$$

$$\mathbf{F} \cdot \mathbf{N} = 2u^3 - 2v$$

이상으로 면적분은 다음과 같다.

$$\iint_R \mathbf{F}(u, v) \cdot \mathbf{N}(u, v)\,dudv = \int_0^3\int_0^2 (2u^3 - 2v)\,dudv = 6$$

(c) 먼저 매개변수 표현법을 이용하면

$$\mathbf{r}(u,v) = u\mathbf{i} + v\mathbf{j} + (1-u-v)\mathbf{k}$$

$$\mathbf{F}(u,v) = y^2\mathbf{i} + x^2\mathbf{k} = v^2\mathbf{i} + u^2\mathbf{k}$$

따라서

$$\begin{cases} \mathbf{r}_u = \mathbf{i} - \mathbf{k} \\ \mathbf{r}_v = \mathbf{j} - \mathbf{k} \end{cases}$$

$$\mathbf{N} = \mathbf{r}_u \times \mathbf{r}_v = -\mathbf{i} + \mathbf{j} + \mathbf{k}$$

$$\mathbf{F} \cdot \mathbf{N} = -v^2 + u^2$$

이상으로 면적분은 다음과 같다($0 \le v \le 1,\ 0 \le u \le 1-v$).

$$\iint_R \mathbf{F}(u,v) \cdot \mathbf{N}(u,v)\,du\,dv = \int_0^1 \int_0^{1-v} (u^2 + v^2)\,du\,dv = -\frac{47}{60}$$

또 다른 방법은 다음과 같다. 곡면 방정식은

$$z = 1 - x - y = f(x,y)$$

$$\therefore f_x = \frac{\partial f}{\partial x} = -1, \quad f_y = \frac{\partial f}{\partial y} = -1$$

그리고 벡터장은

$$\mathbf{F}(x,y,z) = y^2\mathbf{i} + x^2\mathbf{k}$$

$$\therefore F_1 = y^2, \quad F_2 = 0, \quad F_3 = x^2$$

따라서 면적분은 다음과 같다.

$$\iint_R (-F_1 f_x - F_2 f_y + F_3)\,dx\,dy = \int_0^1 \int_0^{1-y} (x^2 + y^2)\,dx\,dy = -\frac{47}{60}$$

면적벡터의 방향을 $\mathbf{n}$에서 $-\mathbf{n}$으로($\mathbf{N}$에서 $-\mathbf{N}$으로) 반대로 하면 식 (44)의 적분은 부호가 반대가 되며 이는 곡면 S의 매개변수 u와 v를 바꿈으로써 이루어진다. 그 이유는 u와 v를 바꾸면 $\mathbf{r}_u$는 $\mathbf{r}_v$가 되고 $\mathbf{r}_v$는 $\mathbf{r}_u$가 되어 결

국 $\mathbf{N}=\mathbf{r}_u\times\mathbf{r}_v$는 $\mathbf{r}_v\times\mathbf{r}_u=-\mathbf{r}_u\times\mathbf{r}_v=-\mathbf{N}$이기 때문이다. 따라서 예제 7-4의 (a)에서 위치벡터의 u와 v를 바꾸어

$$\mathbf{r}(u,v)=\cos u\cos v\mathbf{i}+\cos u\sin v\mathbf{j}+\sin u\mathbf{k}$$
$$\to \mathbf{r}(u,v)=\cos v\cos u\mathbf{i}+\cos v\sin u\mathbf{j}+\sin v\mathbf{k}$$

로 하면 적분 결과는 $\pi/2$가 된다.

응용 7-2 [유출량 적분(flux integral)]

유출량 적분의 대표적인 응용 예가 전자기학 분야이며 그림 7-18과 같다. 먼저 그림 (a)는 어떤 닫힌 곡면을 통과하는 전장 $\mathbf{E}$의 면적분은 닫힌 곡면 내부에 들어 있는 총전하량 Q에 비례한다는 것이며 이를 가우스(Gauss) 법칙이라 한다. 가우스 법칙을 식으로 표현하면 다음과 같다.

그림 7-18

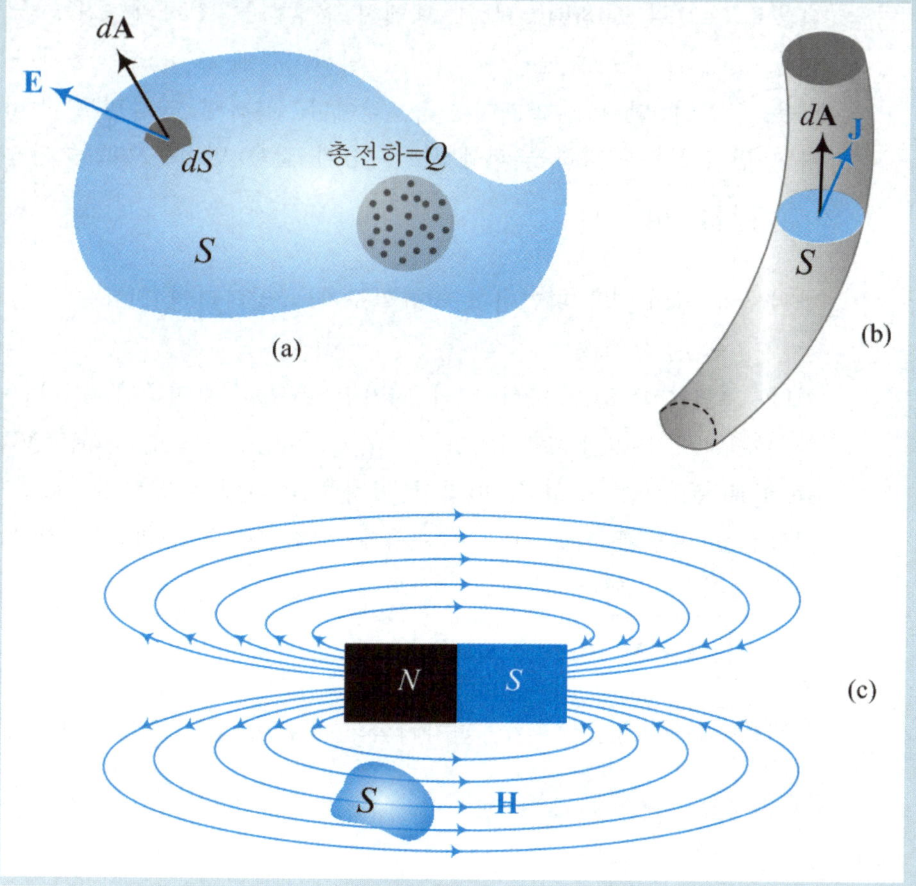

$$\oiint_S \mathbf{E} \cdot d\mathbf{A} = \frac{Q}{\varepsilon} \quad \text{.............(i)}$$

단 여기서 비례상수 ε을 유전율이라 한다. 만일 닫힌 곡면이 반지름 r인 구이고 그 중심에 점 전하 Q가 놓여 있다면 구 위의 전장 $\mathbf{E}$는 곡면과 항상 수직이면서 크기가 균일하므로

$$\oiint_S \mathbf{E} \cdot d\mathbf{A} = E \oiint_S dA = 4\pi r^2 E = \frac{Q}{\varepsilon}$$

따라서 전장의 세기는 다음과 같다(방향은 원점을 출발하는 방사선형).

$$E = \frac{Q}{4\pi\varepsilon r^2}$$

다음으로 그림 7-18(b)는 도체 내에서 운동하는 전하의 흐름, 즉 전류에 대한 것이다. 전류는 임의의 면적을 단위시간에 수직으로 통과하는 전하량을 말하며 단위는 암페어(Ampere)이다. 따라서 전류밀도 벡터를 $\mathbf{J}$라 하면 면적 S를 통과하는 전류 I는 다음과 같은 면적분으로 주어진다.

$$\iint_S \mathbf{J} \cdot d\mathbf{A} = I \quad \text{............(ii)}$$

만일 S가 넓이 A의 평면이고 전류밀도가 균일하다면 전류는

$$I = JA$$

이다. 그림 7-18(c)는 자석에 의한 자장 분포를 보여준다. 전하는 양전하와 음전하로 분리할 수 있지만 자하(磁荷, magnetic charge)는 N극과 S극을 따로 분리할 수 없다. 따라서 자장은 자하에서 끝나지 않고 항상 닫힌곡선을 이루게 되며 이러한 이유로 닫힌곡면을 통과하는 자장의 유출량은 항상 0이 된다. 즉

$$\oiint_S \mathbf{H} \cdot d\mathbf{A} = 0 \quad \text{............(iii)}$$

이상의 세 식 (i), (ii), (iii)는 전자기학의 기본이 되는 성질이다.

스칼라함수의 면적분

방향이 주어지지 않는 곡면 위에서의 적분은 다음과 같다.

$$\iint_S F(\mathbf{r})dA = \iint_R F(u,v)|\mathbf{N}(u,v)|dudv \tag{52}$$

여기서 $\mathbf{N}(u, v)$는 식 (42)와 같지만 그 방향은 무시된다. 만일 $F(\mathbf{r})$이 곡면 S의 질량밀도일 때 식 (52)는 S의 총질량이 된다. 그리고 곡면 방정식이 양함수인 $z=f(x, y)$, $y=g(x, z)$ 및 $x=h(y, z)$로 주어지는 경우는 식 (52)는 다음과 같은 형태로 표현된다(식 (49) 참조).

$$\iint_S F(x,y,z)dA = \begin{cases} \iint_{R_{xy}} F(x,y,f(x,y))\sqrt{1+f_x^2+f_y^2}\,dxdy & (S: z=f(x,y)) \\ \iint_{R_{xz}} F(x,g(x,z),z)\sqrt{1+g_x^2+g_z^2}\,dxdz & (S: y=g(x,z)) \\ \iint_{y_{xz}} F(h(y,z),y,z)\sqrt{1+h_y^2+h_z^2}\,dydz & (S: x=h(y,z)) \end{cases} \tag{53}$$

위의 식에서 적분영역인 평면 R_{xy}, R_{xz}, R_{yz}는 곡면 S를 각각 xy 평면, xz 평면 및 yz 평면으로 정사영한 것이다. 특히 $F(\mathbf{r})=1$이면 식 (52), (53)은 S의 면적이 되며 이를 $A(S)$라 하면 다음과 같이 구할 수 있다.

$$A(S) = \iint_S dA = \iint_R |\mathbf{r}_u \times \mathbf{r}_v|dudv = \begin{cases} \iint_{R_{xy}} \sqrt{1+f_x^2+f_y^2}\,dxdy & (S: z=f(x,y)) \\ \iint_{R_{xz}} \sqrt{1+g_x^2+g_z^2}\,dxdz & (S: y=g(x,z)) \\ \iint_{R_{yz}} \sqrt{1+h_y^2+h_z^2}\,dydz & (S: x=h(y,z)) \end{cases} \tag{54}$$

예제 7-6 그림 7-19 곡면은 $x=0, x=2, z=4, z=8$로 둘러싸인 제 18분공간에 있는 원기둥면 $y=2x^2+1$이라 할 때 다음 면적분을 계산하라.

$$\iint_S xz^2 dA$$

그림 7-19

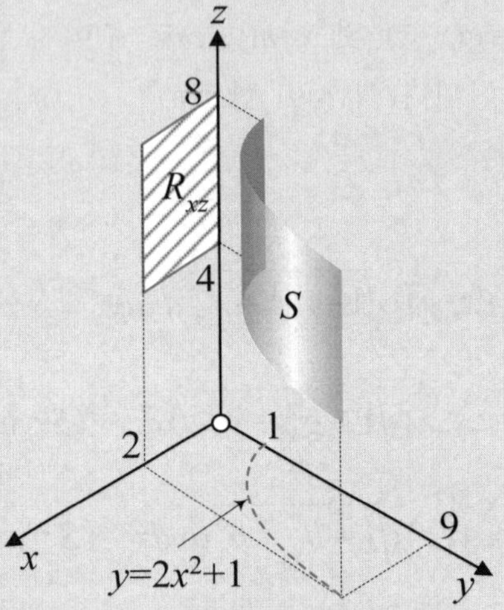

☞ 식 (54)에서 $g(x,z)=2x^2+1$이고

$$g_x = \frac{\partial g}{\partial x} = 4x, \quad g_z = 0$$

이므로 면적분은 다음과 같다.

$$\begin{aligned}
\iint_S xz^2 dA &= \iint_{R_{xz}} xz^2 \sqrt{1+g_x^2+g_z^2}\, dxdz \\
&= \int_0^2 \left[\int_4^8 xz^2 \sqrt{1+16x^2}\, dz \right] dx \\
&= \int_0^2 \left[\frac{z^3}{3} x\sqrt{1+16x^2} \right]_4^8 dx \\
&= \frac{448}{3} \int_0^2 x\sqrt{1+16x^2}\, dx \\
&= \frac{28}{9}(65^{3/2}-1)
\end{aligned}$$

예제 7-7 그림 7-20은 원환체(圓環體, torus)이며 매개변수 표현은 다음과 같다.

$$\mathbf{r}(u,v) = (a + b\cos v)\cos u\mathbf{i} + (a + b\cos v)\sin u\mathbf{j} + b\sin v\mathbf{k}$$
$$(0 < b < a,\ 0 \le u \le 2\pi,\ 0 \le v \le 2\pi)$$

표면적을 구하라.

그림 7-20

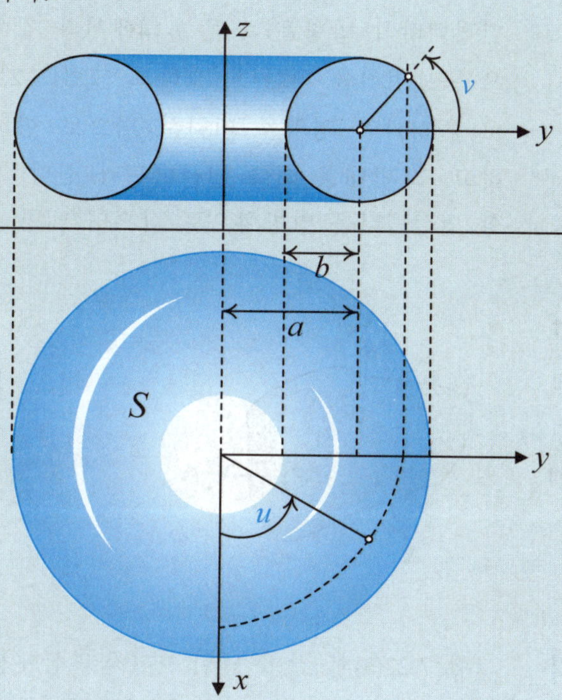

☞ 먼저 $\mathbf{r}_u$와 $\mathbf{r}_v$를 구하면

$$\begin{cases} \mathbf{r}_u = -(a + b\cos v)\sin u\mathbf{i} + (a + b\cos v)\cos u\mathbf{j} \\ \mathbf{r}_v = -b\sin v\cos u\mathbf{i} - b\sin v\sin u\mathbf{j} + b\cos v\mathbf{k} \end{cases}$$

$$\mathbf{r}_u \times \mathbf{r}_v = b(a + b\cos v)[\cos u\cos v\mathbf{i} + \sin u\cos v\mathbf{j} + \sin v\mathbf{k}]$$

따라서

$$\begin{aligned} |\mathbf{r}_u \times \mathbf{r}_v| &= b(a + b\cos v)|\cos u\cos v\mathbf{i} + \sin u\cos v\mathbf{j} + \sin v\mathbf{k}| \\ &= b(a + b\cos v) \end{aligned}$$

이므로 식 (54)로부터 원환체의 표면적은 다음과 같다

$$A(S) = \int_0^{2\pi}\int_0^{2\pi} b(a + b\cos v)dudv = 4\pi^2 ab$$

7.4 Gauss의 발산정리, Stokes의 정리

면적벡터의 방향은 그림 7-14에서와 같이 유향곡선의 방향과 연계해서는 오른손 법칙을 따른다. 그리고 그림 7-21과 같이 닫힌곡면의 경우 표면으로 둘러싸인 영역을 떠나서 밖으로 향하는 법선벡터를 **외향 법선벡터**라 하고 그 반대를 **내향 법선벡터**라 한다. 그리고 닫힌곡면의 면적벡터는 외향 법선벡터를 양방향으로 삼으며 내향 법선벡터를 음방향으로 삼는다.

그림 7-21 닫힌곡면의 면적벡터 (외향 법선벡터)

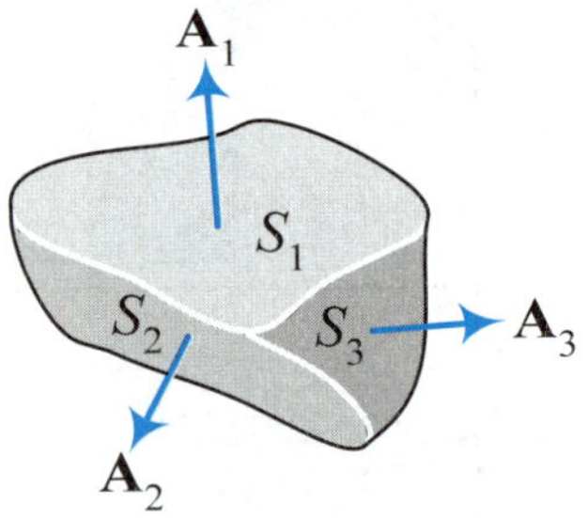

가우스의 발산정리

그림 7-22(a)와 같이 닫힌 미소곡면상에서 벡터장의 면적분에 대해 살펴보자. 미소곡면으로 둘러싸인 미소체적의 중심을 P라고 하고 P에서의 벡터장을 $\mathbf{F}(x, y, z)=F_1\mathbf{i}+F_2\mathbf{j}+F_3\mathbf{k}$라 한다. 물론 각 미소면적에서의 벡터장은 일정한 것으로 한다. 그림에서 각 면적벡터는 다음과 같음을 알 수 있다.

$$d\mathbf{A}_1 = dydz\mathbf{i},\quad d\mathbf{A}_2 = dxdz\mathbf{j},\quad d\mathbf{A}_3 = dxdy\mathbf{k} \tag{55}$$

따라서 면적벡터 $d\mathbf{A}_1$ 평면에 대해서는 F_1 성분만 유효하고 면적벡터 $d\mathbf{A}_2$ 및 $d\mathbf{A}_3$ 평면에 대해서는 각각 F_2 및 F_3 성분만 유효하다. 먼저 면적벡터 $d\mathbf{A}_1$ 평면은 P점으로부터 x축 방향으로 $dx/2$만큼 떨어져 있으므로 면적분은 다음과 같다.

$$\iint_{dA_1} \mathbf{F}\cdot d\mathbf{A}_1 = \left(F_1 + \frac{\partial F_1}{\partial x}\frac{dx}{2}\right)dydx \tag{56}$$

한편 면적벡터 $d\mathbf{A}_1$ 평면과 마주보는 면적벡터 $-d\mathbf{A}_1$ 평면은 P점으로부터

그림 7-22 가우스의 발산정리

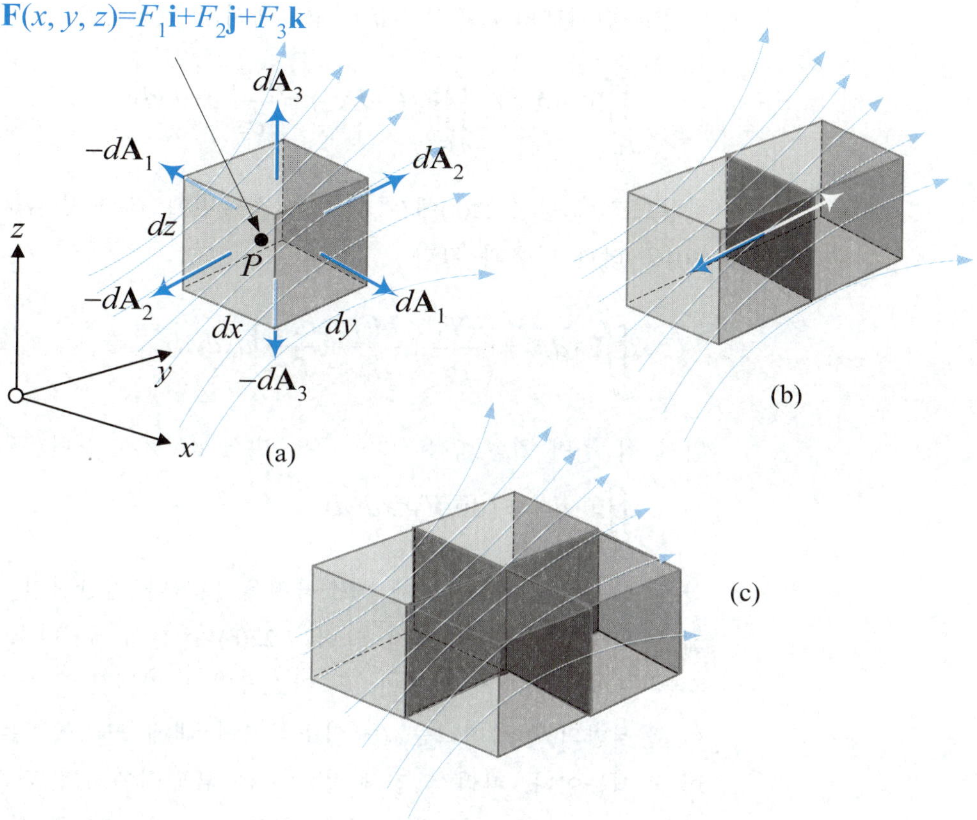

x축 방향으로 $-dx/2$만큼 떨어져 있으므로 면적분은 다음과 같다.

$$\iint_{-dA_1} \mathbf{F}\cdot(-d\mathbf{A}_1) = -\left(F_1 - \frac{\partial F_1}{\partial x}\frac{dx}{2}\right)dydx \tag{57}$$

따라서 yz 평면과 평행한 두 평면에서의 면적분은 위의 두 식을 더한

$$\iint_{dA_1} \mathbf{F}\cdot d\mathbf{A}_1 + \iint_{-dA_1} \mathbf{F}\cdot(-d\mathbf{A}_1) = \frac{\partial F_1}{\partial x}dxdydx \tag{58}$$

임을 알 수 있다. 이와 같은 과정을 면적벡터 $d\mathbf{A}_2$ 및 $-d\mathbf{A}_2$ 평면에 적용하면 이 두 평면에서의 면적분은 다음과 같다.

$$\iint_{dA_2} \mathbf{F}\cdot d\mathbf{A}_2 + \iint_{-dA_2} \mathbf{F}\cdot(-d\mathbf{A}_2) = \frac{\partial F_2}{\partial y}dxdydx \tag{59}$$

그리고 면적벡터 $d\mathbf{A}_3$ 및 $-d\mathbf{A}_3$ 평면에서의 면적분은

$$\iint_{dA_3} \mathbf{F}\cdot d\mathbf{A}_3 + \iint_{-dA_3} \mathbf{F}\cdot(-d\mathbf{A}_3) = \frac{\partial F_3}{\partial z}dxdydx \tag{60}$$

이상으로 그림 7-22(a)에서 닫힌 미소곡면에 대한 면적분은 식 (58), (59), (60)을 더한 다음과 같다.

$$\oiint_{dA} \mathbf{F}\cdot d\mathbf{A} = \left(\frac{\partial F_1}{\partial x} + \frac{\partial F_2}{\partial y} + \frac{\partial F_3}{\partial z}\right)dxdydx \tag{61}$$

위의 식 우변 괄호 안은 바로 $\mathbf{F}$의 발산 div $\mathbf{F}$과 같다. 따라서

$$\oiint_{dA} \mathbf{F}\cdot d\mathbf{A} = (\text{div}\mathbf{F})dxdydx \tag{62}$$

의 등식이 성립된다. 이제 미소곡면을 벗어나 일반적인 곡면으로 위의 관계를 확장시켜 보자. 먼저 그림 7-22(b)와 같이 구 미소곡면이 접촉된 경우는 경계면(검은색)에서의 구 미소곡면의 면적분은 상쇄된다. 그 이유는 이 경계면의 면적벡터는 두 미소곡면에 대해 크기는 같지만 방향이 반대이기 때문이다. 따라서 전체 면적분은 표면적에서의 면적분만 남게 된다. 한편 두 미소면적이 이루는 미소체적에 대한 발산은 각각의 발산을 합한 것과 같다. 이는 그림 7-22(c)와 같이 네 개의 미소곡면이 서로 접하는 경우에도 마찬가지이다. 이상으로 임의의 닫힌 곡면에 대해 다음의 관계를 도출할 수 있으며 이를 가우스의 발산 정리라 한다.

$$\oiint_{S} \mathbf{F}\cdot d\mathbf{A} = \iiint_{W} (\text{div}\mathbf{F})dxdydx \tag{63}$$

단 S는 닫힌 곡면이며 W는 곡면 S가 이루는 체적이고 $d\mathbf{A}$의 방향은 외향 법선벡터의 방향이다. 가우스의 발산정리의 의미는 다음과 같다: 식 (63)의 우변은 체적으로부터 빠져 나가는 유체의 총유출량(flux)이다. 그리고 밖으로 유출되는 유체는 반드시 체적의 표면을 통과해야 하며 이는 식 (63) 좌변의 면적분과 같다. 그리고 식 (63)의 좌변의 면적분을 매개변수법으로 구할 때 곡면 S의 법선벡터 $\mathbf{N}(u,v)$가 외향인지 내향인지 살펴보고 내향이면 $-\mathbf{N}(u,v)$를 면적벡터로 하여야 한다.

예제 7-8 그림 7-23과 같이 닫힌 곡면인 구와 원기둥이 각각 그림에 표시된 바와 같은 벡터장 **F** 내에 놓여 있다. 각각에 대해 가우스의 발산정리를 증명하라.

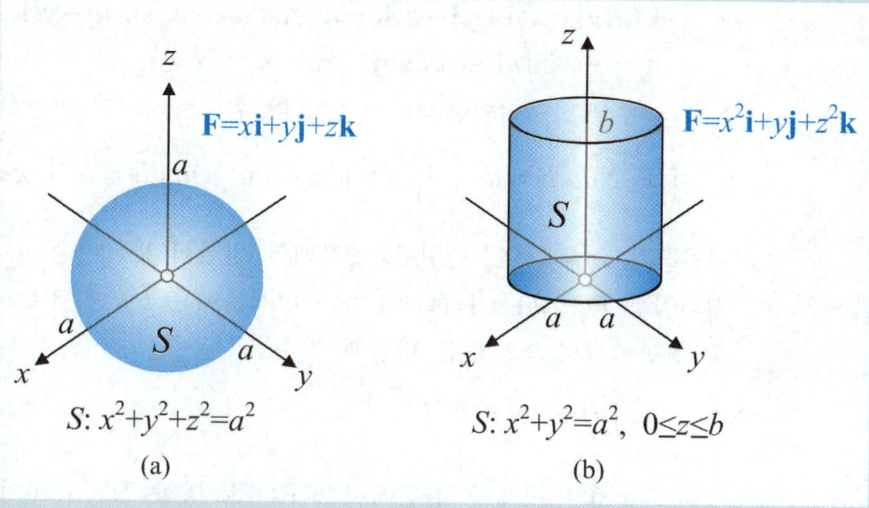

그림 7-23

☞ (a) 곡면 방정식을 매개변수로 표현하면(예제 7-4의 (a) 참조)

$$\mathbf{r}(u,v) = a\cos u\cos v\mathbf{i} + a\cos u\sin v\mathbf{j} + a\sin u\mathbf{k}$$

$$\mathbf{F}(u,v) = x\mathbf{i} + y\mathbf{j} + z\mathbf{k} = a\cos u\cos v\mathbf{i} + a\cos u\sin v\mathbf{j} + a\sin u\mathbf{k}$$

$$\begin{cases} \mathbf{r}_u = -a\sin u\cos v\mathbf{i} - a\sin u\sin v\mathbf{j} + a\cos u\mathbf{k} \\ \mathbf{r}_v = -a\cos u\sin v\mathbf{i} + a\cos u\cos v\mathbf{j} \end{cases}$$

$$\mathbf{N}(u,v) = \mathbf{r}_u \times \mathbf{r}_v = -a^2(\cos^2 u\cos v\mathbf{i} + \cos^2 u\sin v\mathbf{j} + \sin u\cos u\mathbf{k})$$

N이 외향 법선벡터인지 알아보자. 점 $(a,0,0)$은 $u=v=0$에 해당하며 이 점에서의 법선벡터는 $\mathbf{N}(0,0)=-a^2\mathbf{i}$이므로 내향 법선벡터이다. 따라서

$$\mathbf{F}\cdot(-\mathbf{N}) = a^3(\cos^3 u\cos^2 v + \cos^3 u\sin^2 v + \sin^2 u\cos u) = a^3\cos u$$

로부터 면적분을 구하면 다음과 같다.

$$\iint_R \mathbf{F}\cdot(-\mathbf{N})dudv = a^3\int_0^{2\pi}\int_{-\pi/2}^{\pi/2}\cos u\,dudv = 4\pi a^3$$

다음으로 div**F**=3이므로 체적분으로 구한 면적분은 다음과 같다.

$$\iiint_{x^2+y^2+z^2\le a^2} \mathrm{div}\mathbf{F}dxdydz = \iiint_{x^2+y^2+z^2\le a^2} 3dxdydz = 4\pi a^3$$

(b) 원주면의 곡면 방정식을 매개변수로 표현하면

$$\mathbf{r}(u,v) = a\cos u\mathbf{i} + a\sin u\mathbf{j} + v\mathbf{k} \quad (0 \le v \le b)$$

$$\mathbf{F}(u,v) = x^2\mathbf{i} + y\mathbf{j} + z^2\mathbf{k} = a^2\cos^2 u\mathbf{i} + a^2\sin u\mathbf{j} + v^2\mathbf{k}$$

$$\mathbf{r}_u = -a\sin u\mathbf{i} + a\cos u\mathbf{j}, \quad \mathbf{r}_v = \mathbf{k}, \quad \mathbf{N} = \mathbf{r}_u \times \mathbf{r}_v = a\cos u\mathbf{i} + a\sin u\mathbf{j}$$

N이 외향 법선벡터임을 알 수 있으며 원주면에서의 면적분은

$$\iint_R \mathbf{F}\cdot\mathbf{N}dudv = a^3\int_0^b\int_0^{2\pi}(\cos^3 u + \sin^2 u)dudv = a^3\int_0^b \pi dv = a^3 b\pi$$

다음으로 $z=b$에서의 원판은 면적벡터 방향이 **k** 방향이고 이 원판에서의 벡터장은 $\mathbf{F}(x,y,b)=x^2\mathbf{i}+y\mathbf{j}+b^2\mathbf{k}$이며 면적분에는 $b^2\mathbf{k}$만 유효하다. 따라서 위쪽 원판에서의 면적분은 다음과 같다.

$$\iint_{x^2+y^2\le a^2} b^2 dxdy = \pi a^2 b^2$$

그리고 $z=0$의 아래쪽 원판에서는 **F**의 **k** 방향 성분이 0이므로 면적분도 0이다. 따라서 전체 면적분은 다음과 같다.

$$\oiint_S \mathbf{F}\cdot d\mathbf{A} = a^3 b\pi + a^2 b^2\pi = \pi a^2 b(a+b)$$

다음으로 가우스의 발산정리를 이용하면

$$\mathrm{div}\mathbf{F} = 2x + 1 + 2z$$

이므로 체적분을 통한 면적분 계산은 다음과 같다.

$$\begin{aligned}
\oiint_S \mathbf{F}\cdot d\mathbf{A} &= \iiint_W \mathrm{div}\mathbf{F}dxdydz = \iint_{x^2+y^2\le a^2}\left[\int_0^b (2x+1+2z)dz\right]dxdy \\
&= \iint_{x^2+y^2\le a^2}(2bx + b + b^2)dxdy \\
&= \int_0^{2\pi}\left[\int_0^a (2br\cos\theta + b + b^2)rdr\right]d\theta \\
&= \int_0^{2\pi}\left(\frac{2b}{3}a^3\cos\theta + \frac{1}{2}(b+b^2)a^2\right)d\theta = \pi a^2 b(a+b)
\end{aligned}$$

응용 7-3 [가우스 법칙]

응용 7-2에서 설명한 바와 같이 그림 7-24에 가우스 법칙을 적용하면

$$\oiint_S \mathbf{E} \cdot d\mathbf{A} = \frac{Q}{\varepsilon}$$

이며 위의 식에 가우스의 발산정리를 적용하면 다음과 같다.

$$\oiint_S \mathbf{E} \cdot d\mathbf{A} = \iiint_W \mathrm{div}\mathbf{E} dV = \frac{Q}{\varepsilon}$$

그리고 공간 W에서 분포하는 총전하량 Q는 다음과 같이 전하밀도 ρ의 체적분과 같다.

$$Q = \iiint_W \rho dV$$

따라서 위의 두 식으로부터

$$\iiint_W \mathrm{div}\mathbf{E}\, dV = \frac{1}{\varepsilon} \iiint_W \rho\, dV$$

이므로 다음과 같은 중요한 관계식을 얻을 수 있다.

$$\boxed{\mathrm{div}\mathbf{E} = \frac{\rho}{\varepsilon}}$$

위의 식은 가우스 법칙(응용 7-2의 식 (i))의 미분형이다.

그림 7-24

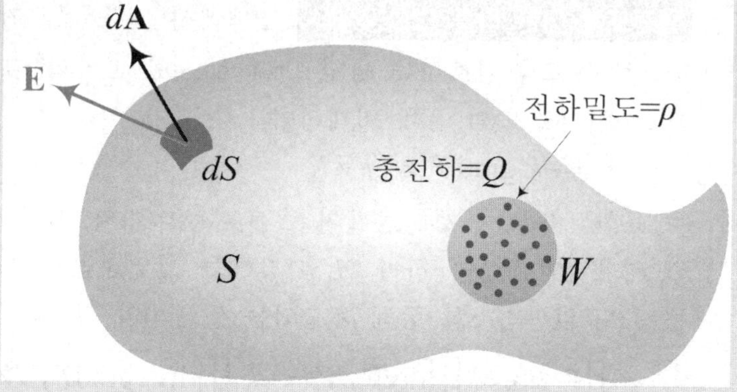

응용 7-4 **[라플라스 방정식]**

전위에 대한 라플라스 방정식 전장 $\mathbf{E}$는 보존벡터장이므로 $\mathbf{E}=\text{grad}\ f$를 만족하는 포텐셜 f가 존재한다(식 (32), (33) 참조). 전장에서의 포텐셜, 즉 전위 P는 다음으로부터 정의된다.

$$\mathbf{E} = -\text{grad}\ P = -\nabla P$$

한편 응용 7-3의 가우스 법칙 미분형으로부터 $\mathbf{E}$의 발산이

$$\text{div}\mathbf{E} = \nabla \cdot \mathbf{E} = \frac{\rho}{\varepsilon}$$

를 만족하므로 위의 두 식으로부터 전위 P에 관해

$$\nabla \cdot \mathbf{E} = -\nabla \cdot \nabla P = \frac{\rho}{\varepsilon}$$

의 식을 얻을 수 있다. 여기서 $\nabla\cdot\nabla=\nabla^2$인 라플라스 연산자이므로(6장의 식 (101)~(103) 참조) 위의 식은 직교좌표계에서

$$\nabla^2 P = \frac{\partial^2 P}{\partial x^2} + \frac{\partial^2 P}{\partial y^2} + \frac{\partial^2 P}{\partial z^2} = -\frac{\rho}{\varepsilon}$$

이며 이 식을 프와송 방정식이라 한다. 만일 P가 전하가 없는 공간($\rho=0$)에서의 전위라면

$$\boxed{\nabla^2 P = \frac{\partial^2 P}{\partial x^2} + \frac{\partial^2 P}{\partial y^2} + \frac{\partial^2 P}{\partial z^2} = 0}$$

이며 이를 라플라스 방정식이라 한다.

열전도에 대한 라플라스 방정식 물체에서 열은 온도가 높은 곳에서 낮은 곳으로(온도가 감소하는 방향으로) 흐른다. 따라서 열전도율 $\mathbf{F}$는 온도 T의 구배(기울기)의 음에 비례하여

$$\mathbf{F} = -k\ \text{grad}\ T = -k\nabla T$$

로 표현되며 상수 k는 물체의 열전도 계수이다. 물체의 영역을 W라 하고 그 경계곡면을 S라 하자. 만일 W에는 발열하는 곳도 없고 열을 흡수하는 곳도 없다면 S를 통해 유출되는 열은 0일 것이다. 즉

$$\oiint_S \mathbf{F} \cdot d\mathbf{A} = \iiint_W \text{div}\mathbf{F}\ dV = -k \iiint_W \text{div}\ (\text{grad}T)\ dV = 0$$

따라서 다음과 같은 결론을 얻을 수 있다.

$$\nabla^2 T = \frac{\partial^2 T}{\partial x^2} + \frac{\partial^2 T}{\partial y^2} + \frac{\partial^2 T}{\partial z^2} = 0$$

위의 식 역시 라플라스 방정식이며 이를 특히 열전도 방정식이라 한다. 라플라스 방정식의 해법에 대해서는 8 장에서 설명한다.

스토커 정리

가우스 발산정리는 면적분과 체적분은 상호 등가가 될 수 있음을 보인 것이다. 이외에도 선적분과 면적분의 관계도 상호 등가가 될 수 있음을 보인 것이 스토커(Stokes) 정리이다. 그림 7-25의 (a)는 xy 평면에 평행인 미소곡선 dC_1상에서 벡터장 $\mathbf{F}$의 선적분을 알아보는 것이다. 마찬가지로 그림 (b)는 xz 평면에 평행인 미소곡선 dC_2상에서의 선적분을, 그림 (c)는 yz 평면에 평행인 미소곡선 dC_3상에서의 선적분을 알아보기 위한 것이다. 그림 (a)에서 직선 $dx\mathbf{i}$와 $-dx\mathbf{i}$상에서의 선적분은 $\mathbf{F}$의 x축 성분 F_1만 유효하다. 먼저 직선 $dx\mathbf{i}$는 중심 P로부터 $-dy/2$만큼 떨어져 있으므로 $\mathbf{F}$의 x축 성분은

$$F_1 - \frac{\partial F_1}{\partial y}\frac{dy}{2} \quad (\text{직선 } dx\mathbf{i}\text{에서}) \tag{64}$$

이며 직선 $-dx\mathbf{i}$는 P로부터 $dy/2$만큼 떨어져 있으므로 $\mathbf{F}$의 x축 성분은

$$F_1 + \frac{\partial F_1}{\partial y}\frac{dy}{2} \quad (\text{직선 } -dx\mathbf{i}\text{에서}) \tag{65}$$

그림 7-25
스토커 정리

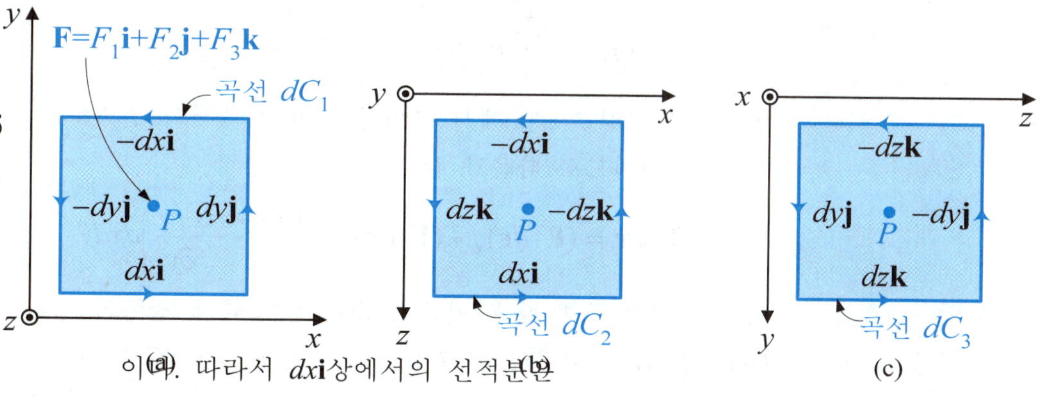

이다. 따라서 $dx\mathbf{i}$상에서의 선적분은

$$\mathbf{F}\cdot dx\mathbf{i}=\left(F_1-\frac{\partial F_1}{\partial y}\frac{dy}{2}\right)\mathbf{i}\cdot dx\mathbf{i}=\left(F_1-\frac{\partial F_1}{\partial y}\frac{dy}{2}\right)dx \tag{66}$$

이며 $-dx\mathbf{i}$상에서의 선적분은

$$\mathbf{F}\cdot(-dx\mathbf{i})=\left(F_1+\frac{\partial F_1}{\partial y}\frac{dy}{2}\right)\mathbf{i}\cdot(-dx\mathbf{i})=-\left(F_1+\frac{\partial F_1}{\partial y}\frac{dy}{2}\right)dx \tag{67}$$

따라서 이 두 성분을 합하면

$$(\mathbf{F}\cdot d\mathbf{r})_x=-\frac{\partial F_1}{\partial y}dxdy \tag{68}$$

이며 $(\mathbf{F}\cdot\mathbf{r})_x$는 x축 방향으로의 선적분을 의미한다. 다음으로 그림 7-25(a)에서 직선 $dy\mathbf{j}$와 $-dy\mathbf{j}$상에서의 선적분은 $\mathbf{F}$의 y축 성분 F_2만 유효하며 $dy\mathbf{j}$는 중심 P로부터 $dx/2$만큼 떨어져 있으므로 $\mathbf{F}$의 y축 성분은

$$F_2+\frac{\partial F_2}{\partial x}\frac{dx}{2}\quad(\text{직선 } dy\mathbf{j}\text{에서}) \tag{69}$$

이며 직선 $-dy\mathbf{j}$는 P로부터 $-dx/2$만큼 떨어져 있으므로 $\mathbf{F}$의 y축 성분은

$$F_2-\frac{\partial F_2}{\partial x}\frac{dx}{2}\quad(\text{직선 } -dy\mathbf{j}\text{에서}) \tag{70}$$

이다. 따라서 $dy\mathbf{j}$상에서의 선적분과 $-dy\mathbf{j}$상에서의 선적분은

$$\mathbf{F}\cdot dy\mathbf{j}=\left(F_2+\frac{\partial F_2}{\partial x}\frac{dx}{2}\right)\mathbf{j}\cdot dy\mathbf{j}=\left(F_2+\frac{\partial F_2}{\partial x}\frac{dx}{2}\right)dy \tag{71}$$

및

$$\mathbf{F}\cdot(-dy\mathbf{j})=\left(F_2-\frac{\partial F_2}{\partial x}\frac{dx}{2}\right)\mathbf{j}\cdot(-dy\mathbf{j})=-\left(F_2-\frac{\partial F_2}{\partial x}\frac{dx}{2}\right)dy \tag{72}$$

이므로 이 두 성분을 합하면 y축 방향으로의 선적분은 다음과 같다.

$$(\mathbf{F}\cdot d\mathbf{r})_y=\frac{\partial F_2}{\partial x}dxdy \tag{73}$$

이상으로 그림 7-25(a)에서 유향곡선 dC_1상에서의 선적분은 식 (68)과 (73)을 합한 것이므로 다음과 같다.

$$\oint_{dC_1}\mathbf{F}\cdot d\mathbf{r}=(\mathbf{F}\cdot d\mathbf{r})_x+(\mathbf{F}\cdot d\mathbf{r})_y=\left(\frac{\partial F_2}{\partial x}-\frac{\partial F_1}{\partial y}\right)dxdy \tag{74}$$

위의 식에서 우변 괄호 안은 $\nabla\times\mathbf{F}$의 z축, 즉 $\mathbf{k}$ 방향의 성분이다(6장의 식 (108) 참조). 그리고 그림 7-25(a)에서 유향곡선 dC_1이 둘러싼 면적의 면적

벡터를 $d\mathbf{A}_1$이라 하면 오른손 법칙에 의해

$$d\mathbf{A}_1 = dxdy\mathbf{k} \tag{75}$$

이다. 따라서 식 (74)의 우변은 $\nabla\times\mathbf{F}$와 $d\mathbf{A}_1$의 내적과 같으므로

$$\oint_{dC_1}\mathbf{F}\cdot d\mathbf{r} = (\text{curl}\mathbf{F})\cdot d\mathbf{A}_1 \quad \text{(그림 7-25(a))} \tag{76}$$

로 표현할 수 있다. 이상과 같은 과정을 그림 7-25(b)에 적용하면

$$\oint_{dC_2}\mathbf{F}\cdot d\mathbf{r} = (\text{curl}\mathbf{F})\cdot d\mathbf{A}_2 \quad \text{(그림 7-25(b))} \tag{77}$$

이며 면적벡터 $d\mathbf{A}_2$는 유향곡선 dC_2가 둘러싼 면적의 면적벡터로서

$$d\mathbf{A}_2 = dxdz\mathbf{j} \tag{78}$$

이다. 마찬가지로 그림 7-25(c)에서는

$$\oint_{dC_3}\mathbf{F}\cdot d\mathbf{r} = (\text{curl}\mathbf{F})\cdot d\mathbf{A}_3 \quad \text{(그림 7-25(c))} \tag{79}$$

이며 면적벡터 $d\mathbf{A}_3$는 유향곡선 dC_3가 둘러싼 면적의 면적벡터로서

$$d\mathbf{A}_3 = dydz\mathbf{i} \tag{80}$$

이다. 그림 7-25는 직사각형의 미소평면에 대한 것이지만 일반적인 형태의 미소평면에도 적용된다. 그리고 면적벡터가 $d\mathbf{A}$인 임의의 미소곡면이 3차원 공간에 임의로 배치될 때도 이 곡면은 xy 평면, xz 평면 및 yz 평면에 정사영한 미소평면 성분들의 합으로 설명할 수 있다. 따라서 면적벡터가 $d\mathbf{A}$인 미소곡면의 경계곡선 dC상의 선적분은 결국 식 (76), (77) 및 (79)의 합과 같으므로 다음과 같이 일반화할 수 있다.

$$\oint_{dC}\mathbf{F}\cdot d\mathbf{r} = (\text{curl}\mathbf{F})\cdot d\mathbf{A} \tag{81}$$

이제 미소면적을 떠나 그림 7-26과 같이 일반적인 곡면에 대해 식 (81)을 적용해 보자. 주어진 곡면을 그림과 같이 미소곡면으로 분할하면 인접한 두 미소곡면의 경계곡선은 두 미소곡선에 대해 방향만 서로 반대이다. 따라서 각 미소곡면에 식 (81)을 적용하면 경계곡선에서의 선적분은 서로 상쇄된다는 것을 알 수 있다. 즉 모든 미소곡면에서의 선적분(식 (81)의

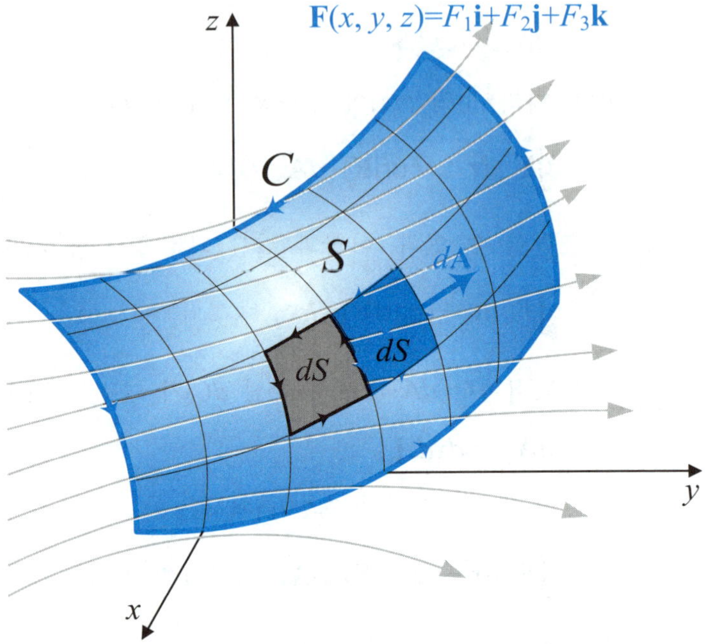

그림 7-26 일반적인 곡면에서의 스토커 정리

좌변)을 합하면 결국 곡면 S의 가장 바깥 경계의 유향곡선 C상에서의 선적분만 남게 된다. 반면에 각 미소곡면에서의 면적분(식 (81)의 우변)은 모두 더해지므로 다음과 같은 결과를 얻을 수 있으며 이를 스토커 정리라 한다.

$$\oint_C \mathbf{F}\cdot d\mathbf{r} = \iint_S (\mathrm{curl}\mathbf{F})\cdot d\mathbf{A} \qquad (82)$$

스토커 정리에서는 유향곡선 C의 방향과 닫힌곡면 S의 법선벡터 방향간의 관계를 유의해야 한다.

예제 7-9 그림 7-27의 각 경우에 대해 스토커 정리를 증명하라(C와 S의 방향에 유의).

☞ (a) 곡선 C를 매개변수로 표현하면

$$\begin{cases} \mathbf{r}(t) = x\mathbf{i}+y\mathbf{j}+z\mathbf{k} = \cos t\mathbf{i}+\sin t\mathbf{j} \quad (0 \le t \le 2\pi) \\ \mathbf{F}(t) = y\mathbf{i}+2xy\mathbf{j} = \sin t\mathbf{i}+\sin 2t\mathbf{j} \\ \mathbf{r}'(t) = -\sin t\mathbf{i}+\cos t\mathbf{j} \end{cases}$$

그림 7-27

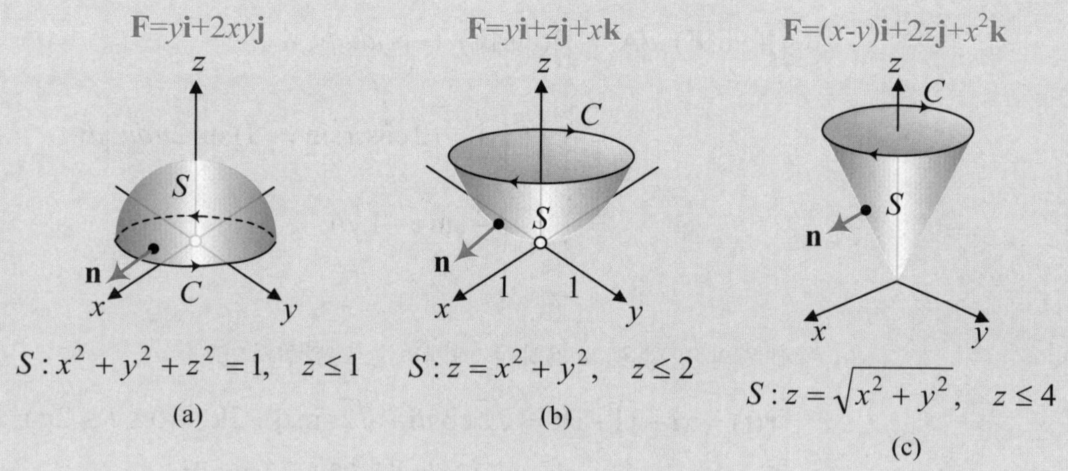

따라서 곡선 C상의 선적분은

$$\begin{aligned}\oint_C \mathbf{F}(t)\cdot\mathbf{r}'(t)dt &= \int_0^{2\pi}(\sin t\mathbf{i}+\sin 2t\mathbf{j})\cdot(-\sin t\mathbf{i}+\cos t\mathbf{j})dt \\ &= \int_0^{2\pi}(-\sin^2 t+\sin 2t\cos t)dt \\ &= \frac{1}{2}\int_0^{2\pi}(-1+\cos 2t+\sin t+\sin 3t)dt=-\pi\end{aligned}$$

다음으로 곡면을 매개변수로 표현하면

$$\mathbf{r}(u,v)=\cos u\cos v\mathbf{i}+\cos u\sin v\mathbf{j}+\sin u\mathbf{k}\quad (0\le u\le \pi/2)$$

$$\begin{cases}\mathbf{r}_u=-\sin u\cos v\mathbf{i}-\sin u\sin v\mathbf{j}+\cos u\mathbf{k}\\ \mathbf{r}_v=-\cos u\sin v\mathbf{i}+\cos u\cos v\mathbf{j}\\ \mathbf{N}=\mathbf{r}_u\times\mathbf{r}_v=-\cos^2 u\cos v\mathbf{i}-\cos^2 u\sin v\mathbf{j}-\sin u\cos u\mathbf{k}\end{cases}$$

N의 방향을 알아보자. 점 (1,0,0)은 $u=v=0$에 해당하며 이 점에서의 법선 벡터는 $\mathbf{N}(0,0)=-\mathbf{i}$이므로 **N**은 그림 7-27(a)의 **n**과 반대 방향임을 알 수 있다. 그리고 **F**의 발산은 다음과 같음을 알 수 있다.

$$\text{curl}\mathbf{F}=(2y-1)\mathbf{k}=(2\cos u\sin v-1)\mathbf{k}$$

이로부터

$$(\text{curl}\mathbf{F})\cdot(-\mathbf{N})=\frac{1}{2}(2\cos u\sin v-1)\sin 2u$$

이므로 면적분은 다음과 같다.

$$\iint_S (\text{curl}\mathbf{F})\cdot d\mathbf{A} = \iint_R (\text{curl}\mathbf{F})\cdot(-\mathbf{N})dudv$$
$$=\frac{1}{2}\int_0^{2\pi}\left[\int_0^{\pi/2}(2\cos u\sin v-1)\sin 2u du\right]dv$$
$$=\frac{1}{2}\int_0^{2\pi}\left(\frac{4}{3}\sin v-1\right)dv$$
$$=-\pi$$

(b) 곡선 C의 방향을 고려하여 매개변수로 표현하면

$$\begin{cases}\mathbf{r}(t)=x\mathbf{i}+y\mathbf{j}+z\mathbf{k}=\sqrt{2}\cos t\mathbf{i}-\sqrt{2}\sin t\mathbf{j}+2\mathbf{k} \quad (0\le t\le 2\pi)\\ \mathbf{F}(t)=y\mathbf{i}+z\mathbf{j}+x\mathbf{k}=-\sqrt{2}\sin t\mathbf{i}+2\mathbf{j}+\sqrt{2}\cos t\mathbf{k}\\ \mathbf{r}'(t)=-\sqrt{2}\sin t\mathbf{i}-\sqrt{2}\cos t\mathbf{j}\end{cases}$$

따라서 곡선 C상의 선적분은

$$\oint_C \mathbf{F}(t)\cdot\mathbf{r}'(t)dt=\int_0^{2\pi}(2\sin^2 t-2\sqrt{2}\cos t)dt=2\pi$$

다음으로 곡면을 매개변수로 표현하면

$$\mathbf{r}(u,v)=v\cos u\mathbf{i}+v\sin u\mathbf{j}+v^2\mathbf{k} \quad (0\le v\le\sqrt{2})$$

$$\begin{cases}\mathbf{r}_u=-v\sin u\mathbf{i}+v\cos u\mathbf{j}\\ \mathbf{r}_v=\cos u\mathbf{i}+\sin u\mathbf{j}+2v\mathbf{k}\\ \mathbf{N}=\mathbf{r}_u\times\mathbf{r}_v=2v^2\cos u\mathbf{i}+2v^2\sin u\mathbf{j}-v\mathbf{k}\end{cases}$$

N의 방향을 알아보자. 점 (1,0,1)은 u=0, v=1에 해당하며 이 점에서의 법선벡터는 **N**(0,1)=2**i**−**k**이므로 **N**은 그림 7-27(b)의 **n**과 같은 방향임을 알 수 있다. 그리고 **F**의 발산은 다음과 같다.

$$\text{curl}\mathbf{F}=-\mathbf{i}-\mathbf{j}-\mathbf{k}$$

따라서

$$(\text{curl}\mathbf{F})\cdot\mathbf{N}=-2v^2\cos u-2v^2\sin u+v$$

이므로 면적분은 다음과 같다.

$$\begin{aligned}\iint_S (\text{curl}\mathbf{F})\cdot d\mathbf{A} &= \iint_R (\text{curl}\mathbf{F})\cdot \mathbf{N}dudv\\ &= \int_0^{\sqrt{2}}\left[\int_0^{2\pi}(-2v^2\cos u - 2v^2\sin u + v)du\right]dv\\ &= \int_0^{\sqrt{2}} 2\pi v\, dv\\ &= 2\pi\end{aligned}$$

(c) 곡선 C의 방향을 고려하여 매개변수로 표현하면

$$\begin{cases}\mathbf{r}(t) = x\mathbf{i}+y\mathbf{j}+z\mathbf{k} = 4\cos t\mathbf{i} - 4\sin t\mathbf{j} + 4\mathbf{k} \quad (0\le t\le 2\pi)\\ \mathbf{F}(t) = (x-y)\mathbf{i} + 2z\mathbf{j} + x^2\mathbf{k} = 4(\cos t + \sin t)\mathbf{i} + 8\mathbf{j} + 16\cos^2 t\mathbf{k}\\ \mathbf{r}'(t) = -4\sin t\mathbf{i} - 4\cos t\mathbf{j}\end{cases}$$

따라서 곡선 C상의 선적분은 다음과 같다.

$$\begin{aligned}\oint_C \mathbf{F}(t)\cdot\mathbf{r}'(t)dt &= -16\int_0^{2\pi}(\sin t\cos t + \sin^2 t + 2\cos t)dt\\ &= -16\pi\end{aligned}$$

다음으로 곡면을 매개변수로 표현하면

$$\mathbf{r}(u,v) = v\cos u\mathbf{i} + v\sin u\mathbf{j} + v\mathbf{k} \quad (0\le v\le 4)$$

$$\begin{cases}\mathbf{r}_u = -v\sin u\mathbf{i} + v\cos u\mathbf{j}\\ \mathbf{r}_v = \cos u\mathbf{i} + \sin u\mathbf{j} + \mathbf{k}\\ \mathbf{N} = \mathbf{r}_u\times\mathbf{r}_v = v\cos u\mathbf{i} + v\sin u\mathbf{j} - v\mathbf{k}\end{cases}$$

N의 방향을 알아보자. 점 (1,0,1)은 u=0, v=1에 해당하며 이 점에서의 법선벡터는 **N**(0,1)=**i**−**k**이므로 **N**은 그림 7-27(c)의 **n**과 같은 방향임을 알 수 있다. 그리고 **F**의 발산은 다음과 같다.

$$\text{curl}\mathbf{F} = -2\mathbf{i} - 2x\mathbf{j} + \mathbf{k} = -2\mathbf{i} - 2v\cos u\mathbf{j} + \mathbf{k}$$

따라서

$$(\text{curl}\mathbf{F})\cdot\mathbf{N} = -2v\cos u - v^2\sin 2u - v$$

이므로 면적분은 다음과 같다.

$$\iint_S (\text{curl}\mathbf{F}) \cdot d\mathbf{A} = \iint_R (\text{curl}\mathbf{F}) \cdot \mathbf{N} du dv$$
$$= \int_0^4 \left[\int_0^{2\pi} (-2v\cos u - 2v^2 \sin 2u - v) du \right] dv$$
$$= \int_0^4 (-2\pi v)\, dv$$
$$= -16\pi$$

응용 7-5 [암페어 주회법칙/패러데이 법칙/맥스웰 방정식]

암페어 주회법칙 그림 7-28과 같이 전류가 흐르면 그 주위에는 자장이 형성된다. 이때 임의의 닫힌곡선을 따라 저장 **H**를 선적분한 결과는 그 닫힌곡선이 둘러싸고 있는 전류와 같으며 이를 암페어 주회법칙(Ampere's circuital law)라 하고 식으로는 다음과 같다.

$$\oint_C \mathbf{H} \cdot d\mathbf{r} = I$$

물론 닫힌곡선은 그림의 (a), (b), (c)와 같이 어떠한 형태도 상관없으며 전류의 방향과 자장의 방향은 그림에 표시된 바와 같이 오른손 법칙에 따른다. 전류 I의 밀도를 $\mathbf{J}$라 하면 응용 7-2의 식 (ii)로부터

$$\iint_S \mathbf{J} \cdot d\mathbf{A} = I$$

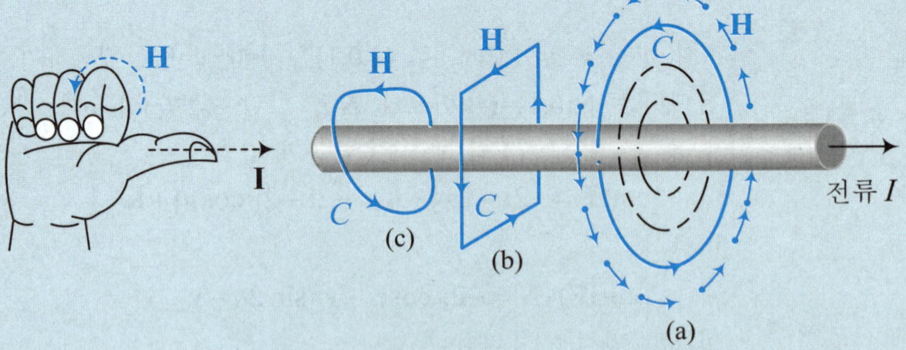

그림 7-28 암페어 주회법칙

앞의 두 식으로부터

$$\oint_C \mathbf{H}\cdot d\mathbf{r} = \iint_S \mathbf{J}\cdot d\mathbf{A}$$

이다. 위의 식 좌변은 스토커 정리에 의해

$$\oint_C \mathbf{H}\cdot d\mathbf{r} = \iint_S (\mathrm{curl}\mathbf{H})\cdot d\mathbf{A}$$

를 만족한다. 따라서 위의 두 식으로부터

$$\iint_S (\mathrm{curl}\mathbf{H})\cdot d\mathbf{A} = \iint_S \mathbf{J}\cdot d\mathbf{A}$$

이므로 다음과 같은 중요한 관계식을 얻을 수 있다. 이는 암페어 주회법칙의 미분형이다.

$$\boxed{\mathrm{curl}\mathbf{H} = \mathbf{J}} \quad \text{..........(i)}$$

패러데이 법칙 그림 7-29와 같이 임의의 닫힌곡선 C가 이루는 곡면 S를 자장이 통과할 때 곡선 C에 따라 전장이 유도되며 이 실험 법칙을 패러데이(Faraday) 법칙이라 한다. 이때의 기전력(전장의 선적분)은 면적 S를 통과하는 자장의 면적분의 시간 변화에 비례하므로

$$\oint_C \mathbf{E}\cdot d\mathbf{r} = -\mu\frac{\partial}{\partial t}\iint_S \mathbf{H}\cdot d\mathbf{A} = -\mu\iint_S \frac{\partial \mathbf{H}}{\partial t}\cdot d\mathbf{A}$$

로 표현된다. 단 비례상수 μ를 물체의 투자율(透磁率)이라 하며 적분 앞의 음의 부호는 렌쯔(Lentz) 법칙, 일명 청개구리 법칙에 따른 것이다. 위의 식 좌변에 스토커 정리를 적용하면 다음과 같다.

그림 7-29
패러데이 법칙

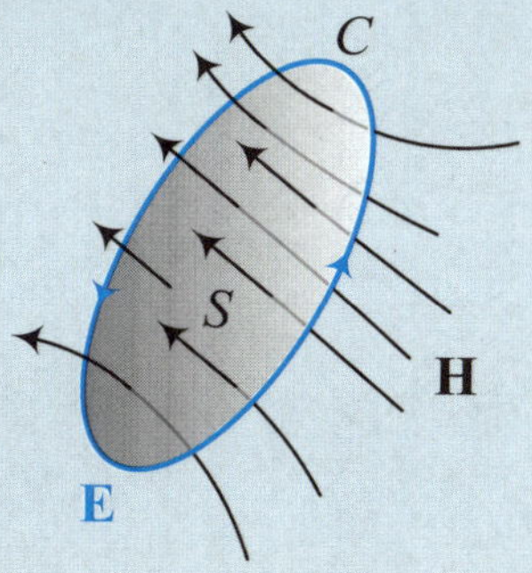

$$\oint_C \mathbf{E}\cdot d\mathbf{r} = \iint_S (\text{curl}\mathbf{E})\cdot d\mathbf{A} = -\mu \iint_S \frac{\partial \mathbf{H}}{\partial t}\cdot d\mathbf{A}$$

이로부터 다음과 같은 또 하나의 중요한 관계식을 얻을 수 있다.

$$\boxed{\text{curl}\mathbf{E} = -\mu \frac{\partial \mathbf{H}}{\partial t}} \quad \text{..........(ii)}$$

만일 자장이 시간에 따라 변하지 않으면 위의 식 우변은 0이 되며 전장 **E**는 보존벡터장이 된다. 한편 응용 7-2에서 닫힌곡면을 통과하는 자장의 유출량은 항상

$$\oiint_S \mathbf{H}\cdot d\mathbf{A} = 0$$

임을 설명하였다(응용 7-2의 그림 7-18(c) 및 식 (iii) 참조). 위의 식 우변에 가우스 발산정리를 적용하면

$$\oiint_S \mathbf{H}\cdot d\mathbf{A} = \iiint_W (\text{div}\mathbf{H})dV = 0$$

와 같다. 위의 식은 모든 닫힌 곡면에 대해 성립하므로 다음과 같은 결론을 내릴 수 있다.

$$\boxed{\text{div}\mathbf{H} = 0} \quad \text{..........(iii)}$$

끝으로 응용 7-3에서 설명한 가우스 법칙으로부터 전장 **E**의 발산은

$$\boxed{\text{div}\mathbf{E} = \frac{\rho}{\varepsilon}} \quad \text{..........(iv)}$$

이다. 이상의 식 (i)~(iv)를 종합하면 다음과 같은 네 가지 식을 얻을 수 있으며 이를 맥스웰(Maxwell) 방정식이라 한다.

$$\boxed{\begin{aligned} &\text{div}\mathbf{E} = \frac{\rho}{\varepsilon} \\ &\text{curl}\mathbf{E} = -\mu \frac{\partial \mathbf{H}}{\partial t} \\ &\text{div}\mathbf{H} = 0 \\ &\text{curl}\mathbf{H} = \mathbf{J} \end{aligned}} \quad \text{...........(v)}$$

맥스웰 방정식은 모든 전자기학 이론을 집대성한 것으로 매우 중요하다.

연습 문제

§7.1 다중적분

다음 이중적분의 적분영역을 설명하고 적분을 계산하라.

1. $\int_0^4 \int_0^2 (x^2 + y^2)dxdy$ **2.** $\int_0^3 \int_{-y}^{y} (x^2 + y^2)dxdy$ **3.** $\int_0^{\pi/3} \int_0^{y} (\sin y/y)dxdy$

4. $\int_0^2 \int_0^x \sinh(x+y)dydx$ **5.** $\int_1^5 \int_0^{x^2} (1+2x)e^{x+y}dydx$ **6.** $\int_0^1 \int_{x^2}^{x} (1-xy)dydx$

7. $\int_0^{\pi} \int_0^{\sin y} 4x\,dxdy$ **8.** $\int_0^{\pi/2} \int_0^{\cos x} 12y^2 \sin x\,dydx$ **9.** $\int_1^2 \int_{-y}^{y} e^x \cosh y\,dxdy$

극좌표를 이용하여 다음과 같은 적분영역 R 상에서 $f(x, y)$의 이중적분을 구하라.

10. $f = 2(x+y),\quad R: x^2 + y^2 \le a^2,\ x \ge 0$

11. $f = \cos(x^2 + y^2),\quad R: x^2 + y^2 \le \pi/2,\ x \ge 0$

12. $f = e^{-x^2-y^2},\quad R: b^2 \le x^2 + y^2 \le a^2\ (a > b)$

다음에서 영역 R 내의 질량밀도가 $f(x, y)$일 때 무게중심의 좌표 x_o, y_o를 구하라.

13. $f = xy,\quad R: 0 \le y \le x,\ 0 \le x \le 1$

14. $f = x + y,\quad R: x^2 \le y \le x,\ 0 \le x \le 1$

공간상에서 다음과 같은 영역의 체적을 구하라.

15. $z = x^2 + y^2$ 의 아래 부분과 xy 평면상의 세 점 (0, 0), (1, 0), (0, 1)을 꼭지점으로 하는 삼각형의 위 부분 영역

16. 평면 $z = 6x - y + 12$ 의 아래 부분과 xy 평면상의 (0, 0), (2, 0), (2, 4), (0, 4)를 꼭지점으로 하는 사각형의 위 부분 영역

§7.2 벡터함수의 선적분

다음에서 벡터장 **F**를 적분경로 C를 따라 선적분한 값을 구하라.

17. $\mathbf{F} = 3x\mathbf{i} - y^2\mathbf{j} + \mathbf{k},\quad C: \mathbf{r} = 2t\mathbf{i} + (1-t)\mathbf{j} + (t^2+2)\mathbf{k},\quad 1 \le t \le 3$

18. $\mathbf{F}=xy\mathbf{i}+(y-x)^2\mathbf{j}$, $C:\mathbf{r}=t\mathbf{i}+t^{-1}\mathbf{j}$, $1\le t\le 3$

19. $\mathbf{F}=-y\mathbf{i}+xy\mathbf{j}+x^2\mathbf{k}$, $C:\mathbf{r}=\mathbf{i}+(2t-1)\mathbf{j}+t\mathbf{k}$, $1\le t\le 4$

20. $\mathbf{F}=4\mathbf{i}-3x\mathbf{j}+z^2\mathbf{k}$, $C:\mathbf{r}=(t+1)\mathbf{i}+t\mathbf{j}+(3-2t)\mathbf{k}$, $0\le t\le 1$

21. $\mathbf{F}=-\cos x\mathbf{i}-2y^2\mathbf{k}$, $C:\mathbf{r}=\pi t\mathbf{i}+t\mathbf{j}+3t^2\mathbf{k}$, $0\le t\le 2$

22. $\mathbf{F}=x^2y\mathbf{i}+2xy^2\mathbf{j}$, $C:\mathbf{r}=2\cos t\mathbf{i}+2\sin t\mathbf{j}$, $0\le t\le \pi$

23. $\mathbf{F}=\mathbf{j}-3x\mathbf{k}$, $C:\mathbf{r}=(t^2+1)\mathbf{i}-t\mathbf{j}+(t+1)\mathbf{k}$, $2\le t\le 5$

24. $\mathbf{F}=\sin x\mathbf{i}+2z\mathbf{j}-\mathbf{k}$, $C:\mathbf{r}=\pi t\mathbf{i}+3t^2\mathbf{j}+4\mathbf{k}$, $0\le t\le 1$

25. $\mathbf{F}=z\mathbf{i}+x\mathbf{j}+y\mathbf{k}$, $C:\mathbf{r}=\cos t\mathbf{i}+\sin t\mathbf{j}+t\mathbf{k}$, $0\le t\le 2\pi$

26. $\mathbf{F}=2\cosh y\mathbf{i}-4z^2\mathbf{k}$, $C:\mathbf{r}=e^t\mathbf{i}+2t\mathbf{j}+\sqrt{t}\mathbf{k}$, $2\le t\le 4$

27. $\mathbf{F}=3\cos(x+y)\mathbf{i}-z\mathbf{j}+\mathbf{k}$, $C:\mathbf{r}=3t\mathbf{i}+3t\mathbf{j}+(t+2)\mathbf{k}$, $0\le t\le 3$

28. $\mathbf{F}=\frac{1}{4}xy^3\mathbf{i}+x^2y^{-1}\mathbf{j}-yz\ln y\mathbf{k}$, $C:\mathbf{r}=t\mathbf{i}+e^t\mathbf{j}+\cosh t\mathbf{k}$, $1\le t\le 3$

29. $\mathbf{F}=e^x\mathbf{i}+e^{4y/x}\mathbf{j}+e^{2z/y}\mathbf{k}$, $C:\mathbf{r}=t\mathbf{i}+t^2\mathbf{j}+t^3\mathbf{k}$, $0\le t\le 1$

다음 각 벡터장 $\mathbf{F}$가 보존벡터장인지 밝히고 보존벡터장이면 해당 포텐셜을 구하라.

30. $\mathbf{F}=e^x\mathbf{i}-e^z\mathbf{k}$

31. $\mathbf{F}=\mathbf{i}+(2yz+3y^2)\mathbf{j}+y^2\mathbf{k}$

32. $\mathbf{F}=\cos x\mathbf{i}-\cos y\mathbf{j}$

33. $\mathbf{F}=e^{-x}\mathbf{i}+e^{-y}\mathbf{j}+e^{-z}\mathbf{k}$

34. $\mathbf{F}=(e^z+ze^y)\mathbf{j}+(ye^z+e^y)\mathbf{k}$

35. $\mathbf{F}=(2x+1)e^z\mathbf{i}+(x^2+x)e^z\mathbf{k}$

36. $\mathbf{F}=(e^y+(z+1)e^x)\mathbf{i}+(x+1)e^y\mathbf{j}+e^x\mathbf{k}$

37. $\mathbf{F}=(\sin xy+xy\cos xy)(\mathbf{i}+\mathbf{j})$

38. $\mathbf{F}=\cosh 2z\mathbf{j}+(2y+1)\sinh 2z\mathbf{k}$

39. $\mathbf{F}=(e^{yz}+yze^{xz})\mathbf{i}+(e^{xz}+xze^{yz})\mathbf{j}+xy(e^{yz}+e^{xz})\mathbf{k}$

§7.3 벡터함수의 면적분

다음 곡면의 매개변수 방정식을 x, y, z의 함수로 표현하고 곡면의 법선벡터 $\mathbf{N}$을 구하라.

40. xy-**평면** $\mathbf{r}=u\mathbf{i}+v\mathbf{j}$

41. **극좌표로 나타낸** xy-**평면** $\mathbf{r}=u\cos v\mathbf{i}+u\sin v\mathbf{j}$

42. **타원형 원주** $\mathbf{r}=a\cos u\mathbf{i}+b\sin u\mathbf{j}+v\mathbf{k}$

43. **나선면** $\mathbf{r} = u\cos v\mathbf{i} + u\sin v\mathbf{j} + v\mathbf{k}$

44. **원추** $\mathbf{r} = u\cos v\mathbf{i} + u\sin v\mathbf{j} + cu\mathbf{k}$

45. **타원면** $\mathbf{r} = a\cos u\cos v\mathbf{i} + b\cos u\sin v\mathbf{j} + c\sin u\mathbf{k}$

46. **회전포물면** $\mathbf{r} = u\cos v\mathbf{i} + u\sin v\mathbf{j} + u^2\mathbf{k}$

47. **타원형포물면** $\mathbf{r} = au\cos v\mathbf{i} + bu\sin v\mathbf{j} + u^2\mathbf{k}$

48. **쌍곡선형포물면** $\mathbf{r} = au\cosh v\mathbf{i} + bu\sinh v\mathbf{j} + u^2\mathbf{k}$

49. **쌍곡면** $\mathbf{r} = a\sinh u\cos v\mathbf{i} + b\sinh u\sin v\mathbf{j} + c\cosh u\mathbf{k}$

50. **현수면** $\mathbf{r} = u\cos v\mathbf{i} + u\sin v\mathbf{j} + \cosh^{-1} u\mathbf{k}$

51. 곡면이 양함수 $z=f(x, y)$로 표현될 때 매개변수 표현식과 법선벡터는 다음과 같이 쓸 수 있음을 보여라($f_u=\partial f/\partial u, f_v=\partial f/\partial v$).

$$\mathbf{r}(u,v) = u\mathbf{i} + v\mathbf{j} + f(u,v)\mathbf{k}, \quad \mathbf{N} = -f_u\mathbf{i} - f_v\mathbf{j} + \mathbf{k}$$

그리고 $x=g(y,z)$로 표현될 때는 다음과 같음도 보여라($g_u=\partial g/\partial u, g_v=\partial g/\partial v$).

$$\mathbf{r}(u,v) = g(u,v)\mathbf{i} + u\mathbf{j} + v\mathbf{k}, \quad \mathbf{N} = \mathbf{i} - g_u\mathbf{j} - g_v\mathbf{k}$$

다음 곡면의 단위 법선벡터 $\mathbf{n}$을 구하라.

52. $2x + 3y - 4z = 5$

53. $x^2 + y^2 + z^2 = 1$

54. $4x^2 + 4y^2 - z^2 = 0$

55. $z = 3x^2 + 3y^2$

56. $z = x^2 - y^2$

57. $z = xy$

다음에서 곡면 S 상에서 벡터장 $\mathbf{F}$의 면적분을 구하라.

58. $\mathbf{F} = 2x\mathbf{i} + 2y\mathbf{j}, \quad S: z = 2x + 2y, \quad 0 \le x \le 2, \quad -2 \le y \le 2$

59. $\mathbf{F} = x^2\mathbf{i} + e^{-y}\mathbf{j} + \mathbf{k}, \quad S: z = 1 - x - y, \quad x \ge 0, \quad y \ge 0, \quad z \ge 0$

60. $\mathbf{F} = e^y\mathbf{i} - e^z\mathbf{j} + e^x\mathbf{k}, \quad S: x^2 + y^2 = 9, \quad x \ge 0, \quad y \ge 0, \quad 0 \le z \le 1$

61. $\mathbf{F} = \sinh yz\mathbf{i} + y^2\mathbf{k}, \quad S: y^2 + z^2 = 1, \quad -1 \le x \le 1, \quad z \ge 0$

62. $\mathbf{F} = \mathbf{i} + 2\mathbf{j} + 3\mathbf{k}, \quad S: z = 4(x^2 + y^2), \quad z \le 4$

63. $\mathbf{F} = x\mathbf{i} + y\mathbf{j} + z\mathbf{k}, \quad S: z = x - 3y, \quad 0 \le x \le 1, \quad 0 \le y \le 2$

64. $\mathbf{F} = z^3(\mathbf{i} - \mathbf{k}), \quad S: \mathbf{r} = u\cos v\mathbf{i} + u\sin v\mathbf{j} + u\mathbf{k}, \quad 0 \le u \le 5$

65. $\mathbf{F} = (x - y)\mathbf{i} + 6x\mathbf{j} - 3z\mathbf{k}, \quad S: x - 3y + 2z = 0, \quad 0 \le y \le 3, \quad 2 \le z \le 5$

66. $\mathbf{F} = y^3\mathbf{i} + x^3\mathbf{j} + z^3\mathbf{k}$, $S : x^2 + 4y^2 = 4$, $x \ge 0$, $y \ge 0$, $0 \le z \le b$

67. $\mathbf{F} = (x-z)\mathbf{i} + (y-x)\mathbf{j} + (z-y)\mathbf{k}$,

S: $\mathbf{r} = u\cos v\mathbf{i} + u\sin v\mathbf{j} + u\mathbf{k}$, $0 \le u \le 5$, $0 \le v \le \pi/2$

68. $\mathbf{F} = \mathbf{i} + x^2\mathbf{j} + xyz\mathbf{k}$, S: $z = xy$, $0 \le x \le y$, $0 \le y \le 1$

69. $\mathbf{F} = 2z\mathbf{i} + (x-y-z)\mathbf{k}$, S: $z = x^2 + y^2$, $z \le 6$

70. $\mathbf{F} = z\mathbf{i} - xz\mathbf{j} + y\mathbf{k}$, S: $x^2 + 9y^2 + 4z^2 = 36$, $x \ge 0$, $y \ge 0$, $z \ge 0$

71. $\mathbf{F} = 3yz\mathbf{i} + 8x\mathbf{j} - 2xyz\mathbf{k}$, S: $z = x^2 + y^2$, $z \le 1$

72. $\mathbf{F} = 2xy\mathbf{i} + x^2\mathbf{j}$, S: $\mathbf{r} = \cosh u\mathbf{i} + \sinh u\mathbf{j} + v\mathbf{k}$, $0 \le u \le 2$, $-1 \le v \le 1$

§7.4 Gauss의 발산정리, Stokes의 정리

다음에서 가우스의 발산정리를 이용하여 면적분 $\iint_S \mathbf{F}\cdot d\mathbf{A}$를 계산하라.

73. $\mathbf{F} = x^2\mathbf{i} + z^2\mathbf{k}$, S: $|x| \le 1$, $|y| \le 3$, $|z| \le 2$

74. $\mathbf{F} = e^x\mathbf{i} + ye^x\mathbf{j} + 3z\mathbf{k}$, S: $|x| \le 1$, $|y| \le 1$, $|z| \le 1$

75. $\mathbf{F} = \cos y\mathbf{i} + \sin x\mathbf{j} + \cos z\mathbf{k}$, S: $x^2 + y^2 \le a^2$, $-b \le z \le b$

76. $\mathbf{F} = 4x\mathbf{i} + x^2y\mathbf{j} - x^2z\mathbf{k}$, S: $x + y + 1 = 0$, $0 \le x \le 1$, $0 \le y \le 1$, $0 \le z \le 1$

77. $\mathbf{F} = 2x^2\mathbf{i} + \frac{1}{2}y^2\mathbf{j} - \cos\pi z\mathbf{k}$, S: $x + y + 1 = 0$, $0 \le x \le 1$, $0 \le y \le 1$, $0 \le z \le 1$

78. $\mathbf{F} = \sin^2 x\mathbf{i} - z(1 + \sin 2x)\mathbf{k}$, S: $x^2 + y^2 \le z$, $0 \le z \le \frac{1}{2}$

다음에서 스토커 정리를 이용하여 선적분 $\iint_C \mathbf{F}\cdot d\mathbf{r}$을 계산하라.

79. $\mathbf{F} = -3y\mathbf{i} + 2x\mathbf{j} + z\mathbf{k}$, C: $x^2 + y^2 = 4$, $z = 1$

80. $\mathbf{F} = -2z\mathbf{i} + x\mathbf{j} - x\mathbf{k}$, C: $x^2 + y^2 = 1$, $z = y + 1$

81. $\mathbf{F} = xyz\mathbf{k}$, C: $x + y + z = 1$의 경계선

82. $\mathbf{F} = y^3\mathbf{i} + x^3\mathbf{k}$, C: $x + y + z = 1$의 경계선

83. $\mathbf{F} = e^z\mathbf{i} + e^z\sin y\mathbf{j} - e^z\cos y\mathbf{k}$, C: $x = y^2$, $0 \le z \le 4$, $0 \le y \le 2$

84. $\mathbf{F} = y^2\mathbf{i} + z^2\mathbf{j} + x^2\mathbf{k}$, C: $x^2 + y^2 = z$, $y \ge 0$, $z \le 1$

8 특수한 미분방정식

3장에서는 계수가 상수인 고계 선형미분방정식에 대해서만 설명하였으며 해법이 복잡한 특수한 미분방정식을 8장에서 설명하고 있다. 특수한 미분방정식은 모든 분야에서 보편적으로 사용되는 것은 아니지만 특수한 분야에서 종종 등장하므로 개념적인 차원에서라도 이해시키고자 하였다. 이 장에서 설명하는 특수한 미분방정식은 오일러-코시 방정식, 르장드르 방정식 및 베셀 방정식이다. 특히 르장드르 방정식과 베셀 방정식은 멱급수 전개로 해를 구하기 때문에 설명 과정이 상당히 번거롭다. 따라서 개념을 설명하는 차원에서 그치기로 한다. 이 장의 내용은 다음과 같다.

- **8.1 계수내림법과 매개변수 변환법**
- **8.2 오일러-코시 방정식**
- **8.3 르장드르 방정식과 베셀 방정식**

8.1 계수내림법과 매개변수 변환법

3장에서는 상수계수의 고계 선형 미분방정식 풀이에 대해 알아보았다. 여기서는 상수계수가 아닌 미분방정식의 해법에 대해 알아본다.

계수내림법

2계 제차방정식(표준형)

$$y'' + a(x)y' + b(x)y = 0 \tag{1}$$

의 하나의 해 $y=y_1$이 알려져 있을 경우 또 하나의 해는 다음과 같이 구할 수 있으며 이를 계수내림법(reduction of order)이라 한다.

$$y_2(x) = y_1(x)\int \frac{e^{-A(x)}}{y_1^2(x)}dx, \quad A(x) = \int a(x)dx \tag{2}$$

식 (2)의 증명은 다음과 같다: 먼저 $y_2(x)=u(x)y_1(x)$로 가정하면 이를 식 (1)의 y에 대입하여 정리하면 다음과 같다.

$$y_2'' + ay_2' + by_2 = u\underbrace{[y_1'' + ay_1' + by_1]}_{0} + y_1u'' + (2y_1' + ay_1)u' = 0 \tag{3}$$

따라서

$$y_1u'' + (2y_1' + ay_1)u' = 0 \tag{4}$$

이므로 $U=u'$로 놓고 y_1으로 나누면

$$U' + \left(\frac{2y_1'}{y_1} + a\right)U = 0 \tag{5}$$

인 선형인 동시에 변수분리형 방정식을 얻을 수 있다. 따라서 변수를 분리한 다음 적분하면(적분상수는 0으로 한다)

$$\ln|U| = -2\ln|y_1| - \int adx \tag{6}$$

이므로 지수항을 취하면

$$U = \frac{e^{-\int a dx}}{y_1^2} \tag{7}$$

이다. 그리고 $U=u'$이므로 U를 적분하여 u를 구하면 $y_2=uy_1$는 식 (2)와 같아진다.

예제 8-1 다음 각 미분방정식에서 하나의 해 y_1이 문제와 같이 주어져 있다. 또 다른 해를 계수내림법으로 구하라.

(a) $y''-2by'+b^2y=0, \quad y_1=e^{bx}$

(b) $(x^2-x)y''-xy'+y=0, \quad y_1=x$

☞ (a) $A(x)=\int(-2b)dx=-2bx$

이므로

$$y_2(x)=y_1(x)\int\frac{e^{-A(x)}}{y_1^2(x)}dx=e^{bx}\int\frac{e^{2bx}}{e^{2bx}}dx=xe^{bx}$$

(b) 미분방정식을 표준형으로 고치면

$$y''-\frac{1}{x-1}y'+\frac{1}{x^2-x}y=0$$

이므로

$$A(x)=\int\left(-\frac{1}{x-1}\right)dx=-\ln|x-1|$$

$$e^{-A(x)}=e^{\ln|x-1|}=x-1$$

따라서

$$y_2(x)=y_1(x)\int\frac{e^{-A(x)}}{y_1^2(x)}dx=x\int\frac{x-1}{x^2}dx=x\left(\ln x+\frac{1}{x}\right)=x\ln x+1$$

매개변수 변환법

비제차 2계 선형 방정식(표준형)인

$$y'' + a(x)y' + b(x)y = f(x) \tag{8}$$

의 특수해는 $f(x)=0$으로 한 식 (1)의 제차방정식(이를 수반(associated)제차 방정식이라 한다)의 기본계로부터 구할 수 있다. 이 방법을 매개변수 변환법(method of variation of parameters)이라 하며 다음과 같다: 수반제차 방정식의 기본계를 $\{y_1, y_2\}$라 하면 식 (8)의 비제차방정식의 특수해 y_p는 다음과 같이 결정된다.

$$\begin{cases} y_p(x) = -y_1 \int \dfrac{y_2 f}{W} dx + y_2 \int \dfrac{y_1 f}{W} dx \\ W(y_1, y_2) = \begin{vmatrix} y_1 & y_2 \\ y_1' & y_2' \end{vmatrix} = y_1 y_2' - y_2 y_1' \end{cases} \tag{9}$$

여기서 $W(y_1, y_2)$를 Wronski 행렬 또는 간단히 Wronskian이라 부른다. 식 (9)의 증명은 다음과 같다: 식 (2)의 일반해는 기본계를 $\{y_1, y_2\}$로부터

$$y_c(x) = c_1 y_1(x) + c_2 y_2(x)$$

이며 c_1, c_2는 상수이다. 이에 비해 매개변수 변환법에서는 상수 c_1과 c_2를 x의 함수인 $u(x)$와 $v(x)$로 바꾸어 식 (1)의 특수해 y_p로 하는 것이다. 즉

$$y_p(x) = u(x)y_1(x) + v(x)y_2(x) \tag{10}$$

이며 y_p의 도함수는 다음과 같다.

$$y_p' = u' y_1 + u y_1' + v' y_2 + v y_2' \tag{11}$$

위의 식 (10)은 두 함수 u와 v를 포함하고 있지만 y_p가 식 (8)을 만족하기 위해서는 u와 v에 대한 하나의 조건만 부여된다. 따라서 u와 v에 대한 또 다른 조건을 임의로 정할 수 있을 것이며 이를 다음과 같이 정한다.

$$u' y_1 + v' y_2 = 0 \tag{12}$$

위의 조건을 택한 이유는 식 (11)의 y_p'의 형태가

$$y_p' = u y_1' + v y_2' \tag{13}$$

로 단순해지기 때문이다. 그 결과 식 (13)으로부터

$$y_p'' = u'\,y_1' + uy_1'' + v'\,y_2' + vy_2'' \tag{14}$$

이다. 이상으로 식 (10, (13) 및 (14)를 식 (8)에 대입하고 u와 v를 포함하는 항을 모아 정리하면 다음과 같음을 알 수 있다.

$$u(\underbrace{y_1'' + ay_1' + by_1}_{0}) + v(\underbrace{y_2'' + ay_2' + by_2}_{0}) + u'\,y_1' + v'\,y_2' = f \tag{15}$$

따라서 $u'y_1'+v'y_2'=f$이며 이를 식 (12)와 연립하면 다음의 2원 1차 연립방정식을 얻을 수 있다.

$$\begin{cases} u'\,y_1' + v'\,y_2' = f \\ u'\,y_1 + v'\,y_2 = 0 \end{cases} \tag{16}$$

위의 식은 행렬 방정식으로 표현하면

$$\begin{bmatrix} y_1' & y_2' \\ y_1 & y_2 \end{bmatrix} \begin{bmatrix} u' \\ v' \end{bmatrix} = \begin{bmatrix} f \\ 0 \end{bmatrix} \tag{17}$$

이므로

$$u' = -\frac{y_2 f}{W}, \quad v' = \frac{y_1 f}{W} \tag{18}$$

이며 $W(y_1, y_2)$는 식 (9)에서 주어진 바와 같다. 끝으로 위의 두 식을 적분하면 u와 v를 구할 수 있으며 그 결과 식 (10)에 의해 특수해 y_p는 식 (9)와 같이 정해진다.

예제 8-2 구간 $-\pi/2 \le x \le \pi/2$에서 다음 미분방정식의 특수해와 일반해를 구하라.

$$y'' + y = \tan x$$

☞ 수반제차 방정식의 특성방정식과 근이

$$s^2 + 1 = 0 \quad \rightarrow \quad s = i, -i$$

이므로 보조해는 다음과 같다.

$$y_c = c_1 \cos x + c_2 \sin x$$

그리고 특수해는

$$y_p = u(x)\cos x + v(x)\sin x$$

로 하고 Wronskian을 구하면

$$W(\cos x, \sin x) = \begin{vmatrix} \cos x & \sin x \\ -\sin x & \cos x \end{vmatrix} = \cos^2 x + \sin^2 x = 1$$

따라서 $f(x)=\tan x$이므로

$$u = -\int \sin x \tan x\,dx = -\int \frac{\sin^2 x}{\cos x}dx = \int \frac{\cos^2 x - 1}{\cos x}dx$$
$$= \sin x - \ln(\sec x + \tan x)$$
$$v = \int \cos x \tan x\,dx = \int \sin x\,dx = -\cos x$$

이로부터 특수해는

$$y_p = [\sin x - \ln(\sec x + \tan x)]\cos x - \cos x \sin x$$
$$= -\cos x \ln(\sec x + \tan x)$$

이므로 일반해는 다음과 같다.

$$\boxed{y = y_c + y_p = c_1 \cos x + c_2 \sin x - \cos x \ln(\sec x + \tan x)}$$

8.2 오일러-코시 방정식

다음의 미분방정식

$$x^2 y'' + axy' + by = 0 \tag{19}$$

을 오일러-코시(Euler-Cauchy) 방정식이라 하며(a, b는 상수) 그 해는

$$y = x^m \tag{20}$$

로 가정하여 대수적으로 풀 수 있다. 즉 식 (20)을 식 (19)에 대입하면

$$x^2 m(m-1)x^{m-2} + axmx^{m-1} + bx^m = 0 \tag{21}$$

이므로 $x \neq 0$이면 x^m을 소거하면 다음과 같은 특성방정식을 얻을 수 있다.

$$m^2 + (a-1)m + b = 0 \tag{22}$$

위의 특성방정식 근의 서로 다른 실근이거나 중근 또는 공액복소근인 경우에 따라 식 (19)의 일반해는 각각 다음과 같이 정해진다.

서로 다른 실근 특성방정식의 근 m_1과 m_2가 서로 다르면 일반해는 다음과 같다(c_1, c_2는 상수).

$$y = c_1 x^{m_1} + c_2 x^{m_2} \tag{23}$$

중근 특성방정식의 근이 중근인 $m=(1-a)/2$이면 일반해는 다음과 같다(c_1, c_2는 상수).

$$y = (c_1 + c_2 \ln x)x^{(1-a)/2} \tag{24}$$

식 (24)의 증명은 다음과 같다: 먼저 첫 번째 해를

$$y_1 = x^{(1-a)/2} \tag{25}$$

로 한다. 그리고 두 번째 해는 $y_2(x)=u(x)y_1(x)$으로 치환하고 이를 식 (19)의 y에 대입하여 정리하면 다음과 같음을 알 수 있다.

$$u''x^2 y_1 + u' x(2xy_1' + ay_1) + u\underbrace{(x^2 y_1'' + axy_1' + by_1)}_{0} = 0 \tag{26}$$

위의 식 마지막 괄호는 y_1이 식 (19)의 해이므로 0이 된다. 그리고 첫 번째 괄호에 식 (25)를 적용하면 다음과 같다.

$$2xy_1' + ay_1 = (1-a)x^{(1-a)/2} + ax^{(1-a)/2} = x^{(1-a)/2} = y_1 \tag{27}$$

따라서 식 (26)은 $(u''x^2+u'x)y_1=0$으로 정리되므로 y_1으로 나눈 다음 변수를 분리하면 다음과 같다.

$$\frac{u''}{u'} = -\frac{1}{x} \quad \rightarrow \quad \ln|u'| = -\ln x \tag{28}$$

즉 $u'=1/x$이므로 구하고자 하는 u는 적분에 의해

$$u = \ln x \tag{29}$$

이며

$$y_2 = x^{(1-a)/2} \ln x \tag{30}$$

이다. 따라서 일반해는 y_1과 y_2의 선형합인 식 (24)로 주어진다. 식 (24)는 상수계수 선형 미분방정식에서 특성방정식의 근이 중근일 경우 'x-곱하기'를 수행하듯이 '$\ln x$-곱하기'를 수행한다. 따라서 고계의 오일러-코시 방정식에서 보조방정식이 중복도가 k인 중근 m을 갖는다면 '$\ln x$-곱하기'를 k–1번 수행하여 다음과 같이 일반해를 구할 수 있다.

$$y = [c_0 + c_1 \ln x + c_2 (\ln x)^2 + \cdots + c_{k-1} (\ln x)^{k-1}] x^m \tag{31}$$

공액복소근 특성방정식의 근이 공액복소수 $m_1=\alpha+i\beta$, $m_2=\alpha-i\beta$이면 반해는 다음과 같다(α, β는 실수).

$$y = x^{\alpha} [c_1 \cos(\beta \ln x) + c_2 \sin(\beta \ln x)] \tag{32}$$

식 (32)는 오일러 공식으로 증명된다. 즉 $x^{\alpha \pm i\beta} = x^{\alpha} x^{\pm i\beta}$에서

$$x^{\pm i\beta} = e^{\pm i\beta \ln x} = \cos(\beta \ln x) \pm i \sin(\beta \ln x) \tag{33}$$

이기 때문이다.

예제 8-3 다음 각 미분방정식의 일반해를 구하라.

(a) $x^2 y'' - 2.5xy' - 2y = 0$ (b) $x^2 y'' - 3xy' + 4y = 0$

(c) $x^2 y'' + 7xy' + 13y = 0$ (d) $x^3 y''' + 5x^2 y'' + 7xy' + 8y = 0$

☞ (a) 특성방정식과 근이

$$m^2 - 3.5m - 2 = 0 \quad \rightarrow \quad m = -0.5,\ 4$$

이므로 일반해는 다음과 같다.

$$\boxed{y = \frac{c_1}{\sqrt{x}} + c_2 x^4}$$

(b) 특성방정식과 근이

$$m^2 - 4m + 4 = 0 \quad \rightarrow \quad m = 2,\ 2$$

인 중근이므로 일반해는 다음과 같다.

$$\boxed{y = (c_1 + c_2 \ln x)x^2}$$

(c) 특성방정식과 근이

$$m^2 + 6m + 13 = 0 \quad \rightarrow \quad m = -3 \pm i2$$

인 공액복소근이므로 일반해는 다음과 같다.

$$\boxed{y = x^3[c_1 \cos(2\ln x) + c_2 \sin(2\ln x)]}$$

(d) 주어진 방정식에 $y=x^m$을 대입하면

$$x^3 m(m-1)(m-2)x^{m-3} + 5x^2 m(m-1)x^{m-2} + 7xmx^{m-1} + 8x^m = 0$$

이므로 특성방정식과 근은 다음과 같다.

$$m(m-1)(m-2) + 5m(m-1) + 7m + 8 = 0$$
$$\rightarrow m^3 + 2m^2 + 4m + 8 = 0$$
$$\rightarrow m = -2,\ i2,\ -i2$$

따라서 일반해는 다음과 같다.

$$\boxed{y = c_1 x^{-2} + c_2 \cos(2\ln x) + c_3 \sin(2\ln x)}$$

비제차 오일러-코시 방정식인

$$x^2 y'' + axy' + by = f(x) \tag{34}$$

의 특수해도 식 (9)의 매개변수 변환법으로 구할 수 있다.

예제 8-4 다음 비제차 오일러-코시 방정식의 일반해를 구하라.

$$x^2y''-3xy'+3y=x^2e^x$$

☞ 주어진 방정식의 수반제차 방정식의 특성방정식이

$$m^2-4m+3=(m-1)(m-3)=0$$

이므로 근은

$$m=1,3$$

이다. 따라서 보조해는 다음과 같다.

$$y_c=c_1x+c_2x^3$$

특수해를 매개변수 변환법으로 구하기 위해 주어진 방정식을 표준형으로 고치면

$$y''-\frac{3}{x}y'+\frac{3}{x^2}y=e^x$$

이므로 비제차함수는

$$f(x)=e^x$$

이며 특수해는

$$y_p=u(x)x+v(x)x^3$$

이다. Wronskian을 구하면

$$W(x,x^3)=\begin{vmatrix} x & x^3 \\ 1 & 3x^2 \end{vmatrix}=3x^3+x^3=4x^3$$

$$\begin{aligned} y_p(x)&=-x\int\frac{x^3e^x}{x^3}dx+x^3\int\frac{xe^x}{x^3}dx \\ &=-x\int e^x dx+x^3\int\frac{e^x}{x^2}dx \\ &=x^2(1+x\ln|x|)e^x \end{aligned}$$

8.3 르장드르 방정식과 베셀 방정식

멱급수 해법 해를 간단히 구하기 어려운 변수계수 미분방정식은 멱급수 해법을 이용하여 해를 구한다. 멱급수 해법은 해를 표현하기가 번거로울 뿐이지 그 개념은 아주 간단하고 자연스러운 것이다. 즉 주어진 미분방정식

$$y'' + a(x)y' + b(x)y = 0$$

에 대해 주어진 모든 x의 함수를 x의 멱인 멱급수로 표현한다(1.3 절 참조). 그 결과 해를 멱급수 형태인

$$y = \sum_{m=0}^{\infty} a_m x^m = a_0 + a_1 x + a_2 x^2 + a_3 x^3 + \cdots \tag{35}$$

라 가정하고 위의 급수를 항별로 미분하여 얻은 다음의 급수들을 주어진 미분방정식에 대입한다.

$$\begin{cases} y' = \sum_{m=1}^{\infty} m a_m x^{m-1} = a_1 + 2a_2 x + 3a_3 x^2 + \cdots \\ y'' = \sum_{m=2}^{\infty} m(m-1) a_m x^{m-2} = 2a_2 + 3 \cdot 2a_3 x + 4 \cdot 3a_4 x^2 + \cdots \end{cases} \tag{36}$$

다음으로 x의 멱이 같은 항끼리 모아 순서대로 나열한 다음 x의 멱이 있는 각 항의 계수의 합이 0이 되도록 상수 a_m들을 정해나가는 것이다.

예제 8-5 다음 미분방정식의 해를 멱급수 해법으로 구하라.

$$y' - y = 0$$

☞ 식 (35)와 (36)의 첫 번째 식을 주어진 미분방정식에 대입하면

$$(a_1 + 2a_2 x + 3a_3 x^2 + \cdots) - (a_0 + a_1 x + a_2 x^2 + \cdots) = 0$$

이고 x의 멱이 같은 항들을 모아 정리하면

$$(a_1 - a_0) + (2a_2 - a_1)x + (3a_3 - a_2)x^2 + \cdots = 0$$

을 얻는다. x의 멱이 같은 항들의 계수를 0으로 놓으면

$$a_1 = a_0, \quad 2a_2 = a_1, \quad 3a_3 = a_2, \quad \cdots$$

위의 방정식을 풀면 임의의 상수인 a_0로써 $a_1, a_2, a_3, \ldots$를 다음과 같이 표현할 수 있다.

$$a_1 = a_0, \quad a_2 = \frac{a_1}{2} = \frac{a_0}{2!}, \quad a_3 = \frac{a_2}{3} = \frac{a_0}{3!}, \quad \cdots$$

따라서 일반해는 다음과 같이 얻을 수 있다.

$$\boxed{y = a_0\left(1 + x + \frac{x^2}{2!} + \frac{x^3}{3!} + \cdots\right) = a_0 e^x}$$

르장드르 방정식

다음의 방정식

$$(1-x^2)y'' - 2xy' + n(n+1)y = 0 \tag{37}$$

를 르장드르 방정식이라 하고 그 해를 르장드르 함수라 한다. 르장드르 함수는 새로운 특수함수이다. 식 (37)에서 매개변수 n은 일반적으로 실수이지만 실제 응용에서는 정수인 경우가 많다. 이 방정식은 지구의 중력 포텐셜, 대전원판의 정전위, 닫힌 회로에서 전류의 자기유도 등의 물리학적 문제에서 많이 등장한다. 식 (37)의 해를 멱급수인

$$y = \sum_{m=0}^{\infty} a_m x^m \tag{38}$$

로 하고 식 (36)을 식 (37)에 대입하여 $k=n(n+1)$로 하면

$$(1-x^2)\sum_{m=2}^{\infty} m(m-1)a_m x^{m-2} - 2x\sum_{m=1}^{\infty} m a_m x^{m-1} + k\sum_{m=1}^{\infty} a_m x^m = 0 \tag{39}$$

을 얻는다. 위의 식에서 x의 멱이 같은 항끼리 모아 x의 멱이 있는 각 항

의 계수의 합이 0이 되도록 상수 a_m들을 정해나가면 된다. 그러나 이 과정이 번거롭고 또한 단순한 계수 비교 차원이므로 생략하고 그 결과만 소개하면 다음과 같다.

$$a_{s+2} = -\frac{(n-s)(n+s+1)}{(s+2)(s+1)} a_s \quad (s = 0, 1, \cdots) \tag{40}$$

물론 n은 식 (37)의 매개변수 n이며 위와 같은 유형의 식을 점화식 또는 순환식이라 한다. 식 (40)을 a_s에 대해 풀면

$$a_s = -\frac{(s+2)(s+1)}{(n-s)(n+s+1)} a_{s+2} \quad (s \le n-2) \tag{41}$$

이며 없어지지 않는 모든 계수들은 가장 높은 멱의 계수 a_n으로 표시할 수 있다. 계수 a_n은 임의의 상수이며 $n=0$일 때 보통 $a_n=1$로 택하고 $n\ge1$에 대해서는 다음과 같이 택한다.

$$a_n = \frac{(2n)!}{2^n (n!)^2} = \frac{1\cdot3\cdot5\cdots(2n-1)}{n!} \quad (n = 1, 2, \cdots) \tag{42}$$

위의 식과 같이 택하는 이유는 $x=1$에서 1이 되기 때문이다. 그 결과 식 (41)과 (42)로부터 a_{n-2}는 다음과 같이 구할 수 있다.

$$\begin{aligned} a_{n-2} &= \frac{n(n-1)}{2(2n-1)} a_n = \frac{n(n-1)(2n)!}{2(2n-1)2^n (n!)^2} \\ &= \frac{n(n-1)2n(2n-1)(2n-2)!}{2(2n-1)2^n n(n-1)!n(n-1)(n-2)!} \\ &= \frac{(2n-2)!}{2^n (n-1)!(n-2)!} \end{aligned} \tag{43}$$

이와 같은 방법으로 a_{n-4}, a_{n-6}의 순서로 진행하면 일반적으로 $n-2m\ge0$일 때는 계수 a_{n-2m}은 다음과 같다.

$$a_{n-2m} = (-1)^m \frac{(2n-2m)!}{2^n m!(n-m)!(n-2m)!} \tag{44}$$

식 (44)를 계수로 하는 다항식을 n차 르장드르 다항식이라 부르며 $P_n(x)$로 표시한다. 즉 $P_n(x)$는 다음과 같다.

$$P_n(x) = \sum_{m=0}^{M} (-1)^m \frac{(2n-2m)!}{2^n m!(n-m)!(n-2m)!} x^{n-2m} \tag{45}$$

단 식 (45)에서 $M=n/2$ 또는 $M=(n-1)/2$이며 $n=0, 1, 2, 3, 4, 5$에 대한 르장드르 함수의 예는 다음과 같다(그림 8-1).

$$P_0(x)=1, \qquad P_1(x)=x,$$
$$P_2(x)=\tfrac{1}{2}(3x^2-1), \qquad P_3(x)=\tfrac{1}{2}(5x^3-3x),$$
$$P_4(x)=\tfrac{1}{8}(35x^4-30x^2+3), \qquad P_5(x)=\tfrac{1}{8}(63x^5-70x^3+15x)$$

그림 8-1
르장드르 다항식의 예

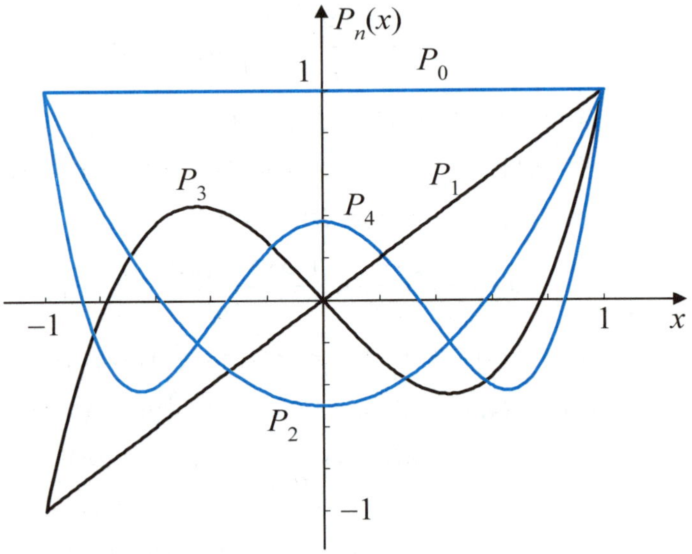

르장드르 다항식은 또한 다음과 같은 형태로 표현할 수 있으며 이를 로드리게스(Rodrigues) 공식이라 한다.

$$P_n(x)=\frac{1}{2^n n!}\frac{d^n}{dx^n}(x^2-1)^n \quad (n=0,1,2\cdots) \tag{46}$$

위의 공식을 증명하기 위해 (x^2-1)을 연차적으로 미분하면

$$\frac{d}{dx}(x^2-1)=2x=2P_1(x)$$
$$\frac{d^2}{dx^2}(x^2-1)^2=4(3x^2-1)=8P_2(x)=2^2\cdot 2!P_2(x)$$
$$\frac{d^3}{dx^3}(x^2-1)^3=24(5x^3-3x)=48P_2(x)=2^3\cdot 3!P_3(x)$$
$$\vdots$$

이므로 다음과 같이 귀납법적으로 증명할 수 있다.

$$\frac{d^n}{dx^n}(x^2-1)^n = 2^n \cdot n! P_n(x) \tag{47}$$

따라서 식 (47)로부터 식 (46)이 증명된다.

베셀 방정식

물리적으로나 공학적으로 자주 등장하는 또 하나의 특수 미분방정식이

$$x^2y'' + xy' + (x^2 - \nu^2)y = 0 \tag{48}$$

의 베셀(Bessel)방정식이며 ν는 음이 아닌 실수이다. 베셀 방정식의 해는 식 (38)과 같은 급수해로 표현되며 그 중 하나가

$$J_\nu(x) = \sum_{m=0}^{\infty} \frac{(-1)^m}{m!(m+\nu)!}\left(\frac{x}{2}\right)^{2m+\nu} \tag{49}$$

인 ν차 제1종 베셀함수이다. 베셀방정식은 2계이므로 식 (49)의 해 외에 또 하나의 해가 필요하다. 먼저 ν가 정수가 아니면 ν 대신 $-\nu$를 대입하면

$$J_{-\nu}(x) = \sum_{m=0}^{\infty} \frac{(-1)^m}{m!(m-\nu)!}\left(\frac{x}{2}\right)^{2m-\nu} \tag{50}$$

이므로 명백히 $J_{-\nu}(x) \neq J_\nu(x)$이다. 따라서 ν가 정수가 아니면 $J_{-\nu}(x)$는 $J_\nu(x)$와 1차 독립이므로 베셀방정식의 일반해는 다음과 같다.

$$y = c_1 J_\nu(x) + c_2 J_{-\nu}(x) \tag{51}$$

그러나 $\nu=n$으로 정수일 경우는 n차 제1종 베셀함수

$$J_n(x) = \sum_{m=0}^{\infty} \frac{(-1)^m}{m!(m+n)!}\left(\frac{x}{2}\right)^{2m+n} \tag{52}$$

에서 $J_{-n}(x)$는 $J_n(x)$와 더 이상 독립적이 아니다. 이는 다음과 같이 증명할 수 있다.

$$J_{-n}(x) = \sum_{m=0}^{\infty} \frac{(-1)^m}{m!(m-n)!}\left(\frac{x}{2}\right)^{2m-n} \tag{53}$$

에서 $(m-n)!$은 $m-n$이 음의 정수이면 무한대가 되므로(1장의 식 (42) 참조) 대응하는 계수는

$$\frac{(-1)^m}{m!(m-n)!} \to 0$$

이 된다. 따라서 식 (53)의 무한급수는 $m=n$부터 시작하게 되므로 다음과 같다($s=m-n$).

$$\begin{aligned} J_{-n}(x) &= \sum_{m=n}^{\infty} \frac{(-1)^m}{m!(m-n)!}\left(\frac{x}{2}\right)^{2m-n} \\ &= \sum_{s=0}^{\infty} \frac{(-1)^{s+n}}{(s+n)!s!}\left(\frac{x}{2}\right)^{2s+n} \\ &= (-1)^n \sum_{s=0}^{\infty} \frac{(-1)^s}{s!(s+n)!}\left(\frac{x}{2}\right)^{2s+n} \\ &= (-1)^n J_n(x) \end{aligned} \tag{54}$$

즉 $J_{-n}(x)=(-1)^n J_n(x)$이므로 1차 종속이다. 따라서 베셀방정식의 일반해 중 하나는 따로 구해야 하며 이는 다음과 같이 주어진다.

$$\left.\begin{aligned} Y_\nu(x) &= \frac{J_\nu(x)\cos\nu x - J_{-\nu}(x)}{\sin\nu\pi} \\ Y_n(x) &= \lim_{\nu\to n} Y_\nu(x) \end{aligned}\right\} \tag{55}$$

위의 식에서 $Y_\nu(x)$를 ν차 제2종 베셀함수 또는 Neumann 함수라 한다. 함수 $Y_\nu(x)$는 $J_\nu(x)$와 1차독립이므로 정수를 포함한 모든 ν의 값에 대해 베셀방정식의 일반해는 다음과 같다.

$$y = c_1 J_\nu(x) + c_2 Y_\nu(x) \tag{56}$$

물론 ν가 정수가 아닐 경우는 식 (51)도 일반해가 된다. 그림 8-2는 제1종 베셀함수와 제2종 베셀함수의 형태를 예로 보여주고 있다. 그림에서 보는 바와 같이 제1종 베셀함수는 모든 x에 대해 수렴하지만 제2종 베셀함수는 $x=0$에서 무한대로 발산하는 성질이 있다.

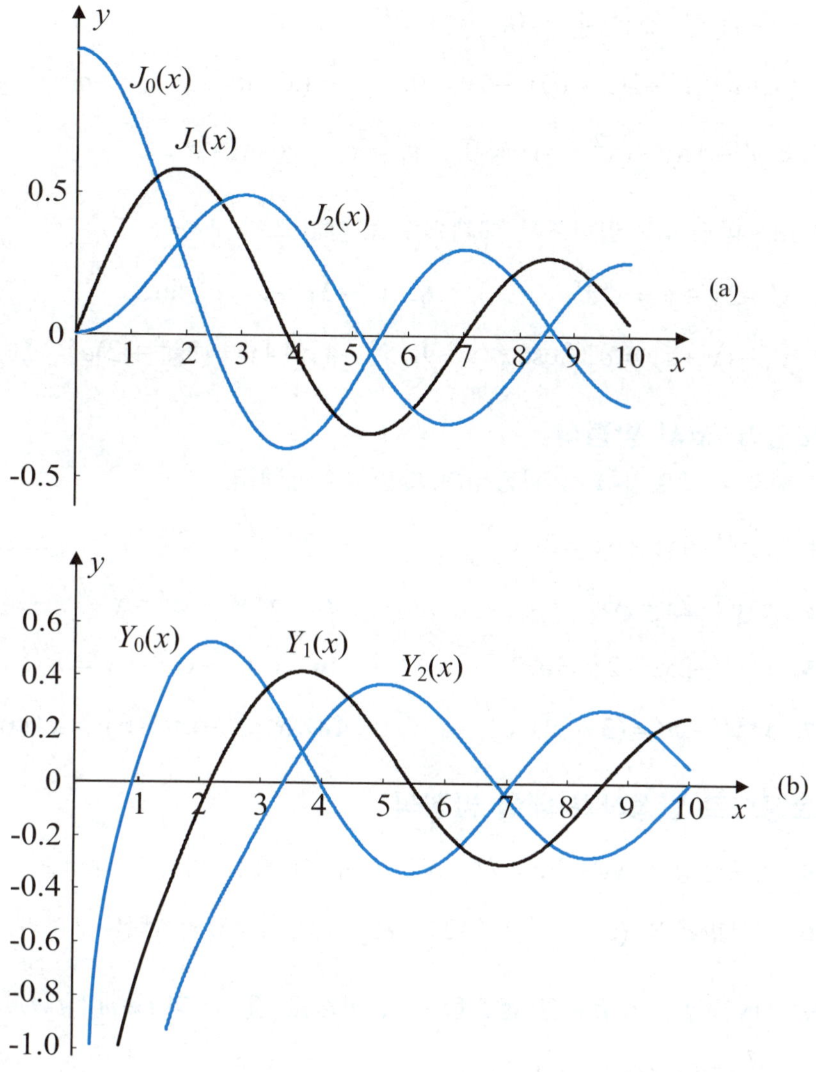

그림 8-2
(a) 제1종 베셀함수
(b) 제2종 베셀함수

연습 문제

§8.1 계수내림법과 매개변수 변환법

다음 미분방정식에서 주어진 y_1이 하나의 해임을 보이고 또 다른 해를 구하라(a, b는 상수).

1. $(x+a)^2 y'' - 2(x+a)y' + 2y = 0, \quad y_1 = x + a$

2. $(x-1)y''-2xy'+4y=0, \quad y_1 = e^{2x}$

3. $(x+a)^2 y''-2(x+a)y'-4y=0, \quad y_1=(x+a)^{-1}, \quad x \neq -a$

4. $x^2y''+\frac{1}{2}xy'-(x^2-\frac{1}{4})y=0, \quad y_1 = x^{-1/2}\cos x, \quad x>0$

다음 미분방정식의 일반해를 매개변수 변환법으로 구하라.

5. $y''-2y'+y=x^2e^x$

6. $y''-2y'+y=e^x \sin x$

7. $y''+y=\sec x$

8. $y''-4y'+5y=e^{-2x}\csc x$

9. $y''-4y'+4y=(3x^2+2)e^x$

10. $y''+16y=\sec 4x$

§8.2 오일러-코시 방정식

다음 비제차 오일러-코시 방정식의 일반해를 구하라.

11. $x^2y''-4xy'+6y=30x^{-3}$

12. $x^2y''-2xy'+2y=x^3\sin x$

13. $x^2y''-2y=3x^2$

14. $x^2y''-xy'=x^3e^x$

15. $x^2y''-2xy'+2y=6x^4$

16. $x^2y''+xy'-\frac{1}{4}y=x^{5/2}$

17. $x^2y''-xy'=(3+x)x^3e^x$

18. $x^2y''-4xy'+6y=x^4\cos x$

§8.3 르장드르 방정식과 베셀 방정식

19. 미분방정식 $xy'-Ny=N$ (N은 상수)의 해를 멱급수 해법으로 구하라.

20. 미분방정식 $(a^2-x^2)y''-2xy'+6y=0, \ a\neq 0$의 해를 구하라.

다음은 베셀함수의 유용한 성질들이다. 이들을 증명하라($(\nu+m)!=(\nu+m)(\nu+m-1)!$을 이용).

21. $\dfrac{d}{dx}[x^{\nu}J_{\nu}(x)]=x^{\nu}J_{\nu-1}(x)$

22. $\dfrac{d}{dx}[x^{-\nu}J_{\nu}(x)]=-x^{-\nu}J_{\nu+1}(x)$

23. $J_{\nu-1}(x)+J_{\nu+1}(x)=\dfrac{2\nu}{x}J_{\nu}(x)$ (문제 21과 22의 미분을 수행할 것)

24. $J_{\nu-1}(x)-J_{\nu+1}(x)=2J_{\nu}'(x)$ (문제 21과 22의 미분을 수행할 것)

9 편미분방정식

9장에서는 편미분방정식의 기본적인 해법과 대표적인 편미분방정식인 열전도방정식과 파동방정식의 해법에 대해 설명한다. 편미분방정식의 가장 고전적인 방법이 변수분리법에 대해 설명하고 아울러 라플라스 변환과 푸리에 변환을 이용한 해법도 설명하며 이 장의 내용은 다음과 같다.

- ♣ **9.1 기본 개념**
- ♣ **9.2 열전도방정식**
- ♣ **9.3 파동방정식**

9.1 기본 개념

일반적인 물리계는 시간과 공간 두 변수의 함수인 경우가 많다. 이와 같이 독립변수가 두 개 이상인 함수의 편도함수를 하나 이상 포함하고 있는 방정식을 편미분방정식(partial differential equation)이라 한다. 이에 비해 하나의 변수로만 된 상미분방정식(ordinary differential equation)은 이미 공부한 바와 같다. 그리고 편미분방정식에서 가장 높은 도함수의 계수(階數)를 이 방정식의 계수라 하며 앞으로 편도함수의 기호를 단순화하기 위해 첨자를 이용해 다음과 같이 병기하기로 한다.

$$u_x = \frac{\partial u}{\partial x},\quad u_y = \frac{\partial u}{\partial y},\quad u_{xx} = \frac{\partial^2 u}{\partial x^2},\quad u_{yy} = \frac{\partial^2 u}{\partial y^2},\quad u_{xy} = \frac{\partial^2 u}{\partial x \partial y} \cdots$$

상미분과 마찬가지로 편미분방정식에서도 종속변수(독립변수의 함수) 및 그 편도함수에 관해 1차이면 이 방정식을 선형이라 한다. 잘 알려진 2계 선형 편미분방정식의 예는 다음과 같다.

$$\frac{\partial u}{\partial t} = c^2 \frac{\partial^2 u}{\partial x^2} \qquad \text{(1차원 열전도 방정식)}$$

$$\frac{\partial^2 u}{\partial t^2} = c^2 \frac{\partial^2 u}{\partial x^2} \qquad \text{(1차원 파동 방정식)}$$

$$\frac{\partial^2 u}{\partial x^2} + \frac{\partial^2 u}{\partial y^2} = 0 \qquad \text{(1차원 라플라스 방정식)}$$

편미분방정식은 독립변수가 두 종류 이상이므로 각 독립변수들에 대한 경계조건(boundary condition)이 따로 필요하다. 특히 독립변수가 시간좌표 t일 때는 t에 대한 조건을 초기조건(initial condition)으로 부른다. 어떤 편미분방정식은 상미분 형태로 주어져 쉽게 적분되는 경우가 있으며 다음의 예를 보도록 한다.

예제 9-1 다음 각 편미분방정식의 해를 구하라.

$$\text{(a)}\ u_{xy} = \frac{\partial^2 u}{\partial x \partial y} = 0 \quad \text{(b)}\ u_{xx} = u \quad \text{(c)}\ u_{xy} = -u_x$$

☞ (a) $u_x=p$로 하면 주어진 편미분방정식은 $p_y=0$으로 되며 이를 적분하면

$$\int p_y dy = \int \frac{\partial p}{\partial y} dy = \int 0 dy$$

따라서

$$p = u_x = f(x)$$

이며 $f(x)$는 y에 대한 부정적분에서 적분상수와 같다. 그리고 p를 다시 x에 관해 적분하면

$$u = \int f(x)dx + G(y) = F(x) + G(y)$$

이며 $F(x)$와 $G(y)$는 임의의 함수이며 무수한 해가 존재한다.

(b) 변수 y에 대한 도함수가 없으므로

$$u'' = u$$

의 상미분방정식과 같다. 즉 $u=Ae^x+Be^{-x}$로 얻을 수 있으며 A와 B는 x에 대해 상수와 같다. 따라서 A와 B는 y의 함수가 될 수 있으므로

$$u(x,y) = A(y)e^x + B(y)e^{-x}$$

로 주어지며 A와 B가 임의의 함수이므로 무수한 해가 존재하게 된다.

(c) $u_x=p$로 두면

$$p_y = -p \quad \rightarrow \quad \frac{p_y}{p} = -1$$

이므로 양변을 적분하면

$$\ln p = -y + c(x) \quad \rightarrow \quad p = f(x)e^{-y}$$

그리고 $p=u_x$이므로 위의 식 양변을 x에 관해 적분하면

$$u(x,y) = e^{-y}\int f(x)dx + G(y) = F(x)e^{-y} + G(y)$$

이며 $F(x)$와 $G(y)$는 임의의 함수이며 무수한 해가 존재한다.

만일 u_1과 u_2가 어떤 영역에서 하나의 선형 제차편미분방정식의 해라고 하면 이 두 해의 선형합인

$$c_1 u_1 + c_2 u_2$$

역시 해가 되며 c_1, c_2는 상수이다(중첩의 원리).

변수분리법

편미분방정식을 푸는데 가장 오래 전부터 사용된 유력한 방법이 변수분리법이다. 예를 들어 2변수 함수 x, y의 2계 편미분방정식의 해를 $u(x, y)$라 할 때 $u(x, y)$를 x만의 함수 $X(x)$와 y만의 함수 $Y(y)$의 곱의 형식인

$$u(x,y) = X(x) + Y(y) \tag{1}$$

로 취하여 주어진 문제의 특수해를 구하는 방법이 변수분리법이다. 이 방법의 장점은 식 (1)에 의해

$$\frac{\partial u}{\partial x} = X'Y, \qquad \frac{\partial u}{\partial y} = XY'$$

$$\frac{\partial^2 u}{\partial x^2} = X''Y, \quad \frac{\partial^2 u}{\partial y^2} = XY''$$

로 되기 때문에 주어진 하나의 편미분방정식이 $X(x)$와 $Y(y)$ 각각에 대한 두 개의 상미분방정식으로 변형되게 된다. 예를 들어 $u(x, y)$에 대한 다음과 같은 2계 편미분방정식을 보자.

$$\frac{\partial^2 u}{\partial x^2} = a\frac{\partial u}{\partial y} \tag{2}$$

식 (1)과 같이 $u(x, y)=X(x)Y(y)$로 하면 식 (2)는

$$X''Y = aXY' \tag{3}$$

로 되며 양변을 aXY로 나누어 변수분리하면 다음과 같다.

$$\frac{X''}{aX} = \frac{Y'}{Y} \tag{4}$$

위 방정식의 좌변은 x만의 함수이며 y만 변할 때는 변하지 않으며, 또한 우변은 y만의 함수이므로 x만 변할 때는 변하지 않는다. 따라서 식 (4)의 양변이 모두 상수일 때, 즉

$$\frac{X''}{aX} = \frac{Y'}{Y} = k \tag{5}$$

일 때 한해서만 같아질 수 있다. 그 결과 식 (5)로부터 다음의 두 상미분 방정식을 얻을 수 있게 된다.

$$\begin{cases} X'' + akX = 0 \\ Y' - kY = 0 \end{cases} \tag{6}$$

다만 위의 식에서 상수 k는 **분리상수**라 하며 임의대로 무한히 정할 수 있으므로 식 (6)의 각 방정식의 해를 $X_n(x)$, $Y_n(y)$라 하면 이들은 무한히 많을 수 있다. 따라서 구하고자 하는 해는 중첩 원리에 의해

$$u(x, y) = \sum_{n=1}^{\infty} a_n X_n(x) Y_n(y) \tag{7}$$

로 주어지며 상수계수 a_n은 주어진 경계조건 및 초기조건에 의해 정한다.

9.2 열전도방정식

물체에서의 열전도방정식에 대해서는 7장의 응용 7-4에서 잠깐 언급한 적이 있으며 여기서는 좀 더 자세히 알아보도록 한다. 그림 9-1과 같이 길이가 L인 가는 원형막대의 단면적을 A라 하고 구간 $[0, L]$은 x축과 일치한다고 할 때 다음과 같은 가정을 세우기로 한다.

그림 9-1

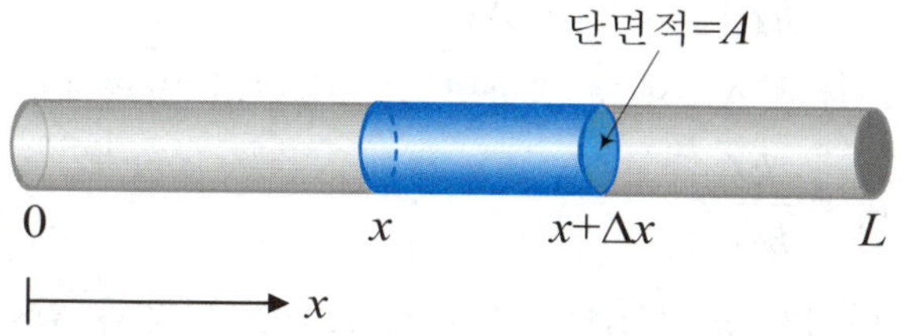

- 막대 내부의 열은 x축 방향으로만 흐른다.
- 막대 측면은 절연되어 표면으로부터의 열손실은 없다.
- 막대 내부에서 생성되는 열은 없다.
- 막대의 질량밀도 ρ는 균일하다.
- 막대 재료의 비열 h와 열전도 계수 k는 일정하다.

막대의 온도분포 u는 공간 변수 x와 시간변수 t의 함수 $u(x, t)$로 한다. 질량이 m인 요소에서의 열량 H는 다음과 같다.

$$H(x,t) = hmu(x,t) \tag{8}$$

그리고 그림 9-1에서 단면 A를 지나는 열전도율 $H_t = \partial H/\partial t$는 다음과 같이 단면의 넓이 A와 온도 $u(x, t)$의 x에 관한 구배, 즉 편도함수 u_x에 비례한다(음의 부호는 열이 온도가 감소하는 방향으로 흐르기 때문이다).

$$H_t(x,t) = -kAu_x(x,t) \tag{9}$$

그림 9-1에서 구간 $[x, x+\Delta x]$ 사이의 막대 질량 m은 $m=\rho(A\Delta x)$이므로 식 (8)에 의해 그 내부 열량이

$$H(x,t) = h(\rho A\Delta x)u(x,t) \tag{10}$$

이므로 이로부터 열전도율은 다음과 같다.

$$H_t(x,t) = h(\rho A\Delta x)u_t(x,t) \tag{11}$$

그리고 열이 x축으로만 흐르므로 구간 $[x, x+\Delta x]$ 안에서의 열전도율이

$$\begin{aligned} H_t(x,t) &= -kAu_x(x,t) - [-kAu_x(x+\Delta x,t)] \\ &= kA[u_x(x+\Delta x,t) - u_x(x,t)] \end{aligned} \tag{12}$$

로 주어진다. 따라서 위의 두 식으로부터

$$u_t = \frac{k}{h\rho}\left[\frac{u_x(x+\Delta x,t) - u_x(x,t)}{\Delta x}\right] \tag{13}$$

이므로 극한 $\Delta x \to 0$을 취하면 편도함수의 정의로부터

$$u_t = \frac{k}{h\rho}u_{xx} \tag{14}$$

이다. 여기서 $c^2 = k/h\rho$라 하면 식 (14)는 다음과 같이 주어지며 이를 1차원 열전도방정식 또는 확산방정식(diffusion equation)이라 한다.

$$\frac{\partial u}{\partial t}=c^2\frac{\partial^2 u}{\partial x^2} \qquad (15)$$

위의 편미분방정식의 해는 무수히 많을 수 있으므로 x에 대한 경계조건과 t에 대한 초기조건에 의해 크게 영향을 받는다. 식 (15)는 t에 대한 편도함수가 1계이므로 하나의 초기조건 $u(x,\ 0)=f(x)$만 있으면 된다. 반면에 x에 대한 편도함수는 2계이므로 두 경계조건 $u(0,\ t)$, $u(L,\ t)$이 필요하다(그림 9-1의 경우). 이제 식 (15)의 해를 구하는 법을 알아보자.

변수분리법 (푸리에 급수)

그림 9-1은 x축 길이가 유한한 경우이다. 그러나 x축이 0에서 무한대에 이르는 반무한 경우와 $-\infty$에서 ∞에 이르는 무한 경우도 있다. 여기서는 x축 길이가 유한하고 양끝이 단열된 다음 조건에서 식 (15)의 해를 구한다.

$$\begin{cases}\dfrac{\partial u}{\partial t}=c^2\dfrac{\partial^2 u}{\partial x^2} \quad (0\le x\le L,\ 0\le t\le\infty)\\ \text{경계조건}:\ u(0,t)=0,\quad u(L,t)=0\\ \text{초기조건}:\ u(x,0)=f(x)\end{cases} \qquad (16)$$

첫 번째 단계 변수분리법에 의해 주어진 편미분방정식을 두 개의 상미분방정식으로 바꾼다. 즉 $u(x,\ t)=X(x)T(t)$로 하여 주어진 편미분방정식에 대입하면

$$X(x)T'(t)=c^2X''(x)T(t) \qquad (17)$$

가 얻어지며 양변을 $c^2X(x)T(t)$로 나누면 다음과 같이 변수가 분리된다.

$$\frac{T'(t)}{c^2T(t)}=\frac{X''(x)}{X(x)} \qquad (18)$$

따라서 양변 모두 임의의 상수 k가 되어야 하므로 다음 두 상미분방정식을 얻을 수 있다.

$$\begin{cases}T'(t)-kc^2T(t)=0\\ X''(x)-kX=0\end{cases} \qquad (19)$$

분리상수 k는 부호가 중요하다. 즉 위의 식에서 $T(t)$의 상미분방정식의 특성방정식과 특성근이

$$s - kc^2 = 0 \quad \rightarrow \quad s = kc^2 \tag{20}$$

이며 $X(x)$의 상미분방정식의 특성방정식과 특성근은

$$s^2 - k = 0 \quad \rightarrow \quad s = \pm\sqrt{k} \tag{21}$$

이다. 따라서 k가 양수이면 시간이 지남에 따라 $X(x)$와 $T(t)$의 해는 무한대로 증가하므로 불가하다. 따라서 분리상수 k는 음수여야 하므로 $k=-\lambda^2$으로 놓는다. 새로운 분리상수 $-\lambda^2$에 의해 식 (19)는 다음과 같다.

$$\begin{cases} T'(t) + \lambda^2 c^2 T(t) = 0 \\ X''(x) + \lambda^2 X = 0 \end{cases} \tag{22}$$

위의 식에서 $T(t)$와 $X(x)$의 각 일반해는 다음과 같음을 알 수 있다.

$$\begin{cases} T(t) = Ce^{-\lambda^2 c^2 t} \\ X(x) = A\sin\lambda x + B\cos\lambda x \end{cases} \tag{23}$$

따라서 곱의 해 $u(x, t)=X(x)T(t)$는 다음과 같다(상수 C는 A, B에 포함).

$$u(x,t) = e^{-\lambda^2 c^2 t}(A\sin\lambda x + B\cos\lambda x) \tag{24}$$

위의 해에서 상수 λ는 임의이므로 가능한 해는 무한 개이다.

두 번째 단계 경계조건을 이용하여 합당한 해들을 선택한다. 식 (16)에 주어진 경계조건 $u(0, t)=0, u(L, t)=0$을 식 (24)에 대입하면

$$\begin{cases} u(0,t) = Be^{-\lambda^2 c^2 t} = 0 \quad \rightarrow \quad B = 0 \\ u(L,t) = Ae^{-\lambda^2 c^2 t}\sin\lambda L = 0 \quad \rightarrow \quad \sin\lambda L = 0 \end{cases} \tag{25}$$

따라서 위의 두 번째 조건 $\sin\lambda L=0$에 의해

$$\lambda = \pm\frac{\pi}{L}, \pm\frac{2\pi}{L}, \pm\frac{3\pi}{L}\cdots \quad \rightarrow \quad \lambda_n = \pm\frac{n\pi}{L}(n = 1, 2, 3, \cdots) \tag{26}$$

로 택해야 한다. 따라서 중첩원리에 의해 식 (24)는 다음과 같이 표현된다(λ_{-n}은 본질적으로 λ_n과 같으므로 $n<0$인 경우는 제외하였다).

$$u(x,t)=\sum_{n=1}^{\infty}A_n e^{-\lambda_n^2c^2t}\sin\lambda_n x \qquad \left(\lambda_n=\frac{n\pi}{L}\right) \tag{27}$$

세 번째 단계 식 (16)의 초기조건 $u(x, 0)=f(x)$을 식 (27)에 대입하면

$$f(x)=\sum_{n=1}^{\infty}A_n\sin\lambda_n x \tag{28}$$

이며 이로부터 주어진 함수 $f(x)$로부터 계수 A_n을 구하여야 한다. 함수 $f(x)$는 $0\le x\le L$ 사이에서 정의되는 유한한 함수이며 이를 기함수 형태로 주기화시키면 식 (28)과 같이 사인만의 급수로 전개할 수 있다(5장의 표 5-1 참조). 즉 계수 A_n은 기함수 형태가 되도록 주기화한 $f(x)$의 푸리에 계수이다. 따라서 5장의 식 (19)에서 T 대신 $2L$을 대입하면 계수 A_n은

$$A_n=\frac{2}{L}\int_0^L f(x)\sin\lambda_n x\,dx \tag{29}$$

로 주어진다. 이상으로 식 (27)과 (29)를 결합하면 식 (16)에 대한 해는 다음과 같다.

$$\begin{cases} u(x,t)=\sum_{n=1}^{\infty}A_n e^{-\lambda_n^2c^2t}\sin\lambda_n x \quad (\lambda_n=n\pi/L) \\ A_n=\dfrac{2}{L}\int_0^L f(x)\sin\lambda_n x dx \end{cases} \tag{30}$$

예제 9-2 식 (30)에서 초기조건 $f(x)$가 다음과 같을 때 온도분포 $u(x, t)$를 구하라.

$$f(x)=a_1\sin\left(\frac{\pi}{L}x\right)+a_2\sin\left(\frac{2\pi}{L}x\right)$$

☞ 함수 $f(x)$가 기함수이므로 식 (28)의 푸리에 급수로 전개하면

$$A_1=a_1,\quad A_2=a_2,\quad A_3=A_4=\cdots=0$$

이므로 간단히 다음과 같다.

$$u(x,t)=a_1e^{-\lambda_1^2c^2t}\sin\lambda_1 x+a_2e^{-\lambda_2^2c^2t}\sin\lambda_2 x \qquad \left(\lambda_n=\frac{n\pi}{L}\right)$$

라플라스 변환에 의한 해법

편미분방정식의 계수가 상수이거나 변수계수일 때도 변수 하나만의 함수일 때는 라플라스 변환을 이용할 수 있다. 라플라스 변환은 적분 구간이 0에서 무한대 사이이다. 따라서 편미분방정식에서 0에서 무한대 사이에서 정의되는 변수에 대해 라플라스 변환을 취하면 유리하다. 대부분의 경우 시간은 $0 \le t \le \infty$에서 정의되므로 t에 대해 라플라스 변환을 취하는 것이 편리하다. 2변수 함수에서 하나의 변수에 대해 라플라스 변환을 취할 때 나머지 변수는 상수로 간주하면 된다. 즉 2변수 함수 $u(x, t)$의 t를 변환변수로 하여 $U(x, s)=\mathcal{L}[u(x, t)]$라 하면 편도함수 u_t, u_{tt}, u_x, u_{xx}의 라플라스 변환은 다음과 같다.

$$\left.\begin{aligned}
\mathcal{L}\left[\frac{\partial u}{\partial t}\right] &= \int_0^\infty \frac{\partial u}{\partial t} e^{-st} dt = sU(x,s) - u(x,0) \\
\mathcal{L}\left[\frac{\partial^2 u}{\partial t^2}\right] &= \int_0^\infty \frac{\partial^2 u}{\partial t^2} e^{-st} dt = s^2 U(x,s) - su(x,0) - u_t(x,0) \\
\mathcal{L}\left[\frac{\partial u}{\partial x}\right] &= \int_0^\infty \frac{\partial u}{\partial x} e^{-st} dt = \frac{\partial}{\partial x}\int_0^\infty u e^{-st} dt = \frac{\partial}{\partial x} U(x,s) \\
\mathcal{L}\left[\frac{\partial^2 u}{\partial x^2}\right] &= \int_0^\infty \frac{\partial^2 u}{\partial x^2} e^{-st} dt = \frac{\partial^2}{\partial x^2}\int_0^\infty u e^{-st} dt = \frac{\partial^2}{\partial x^2} U(x,s)
\end{aligned}\right\} \quad \textbf{(31)}$$

만일 t 대신 x를 변환변수로 하여 $U(s, t)=\mathcal{L}[u(x, t)]$라 다음과 같다.

$$\left.\begin{aligned}
\mathcal{L}\left[\frac{\partial u}{\partial x}\right] &= sU(s\ t) - u(0,t) \\
\mathcal{L}\left[\frac{\partial^2 u}{\partial x^2}\right] &= s^2 U(s,t) - su(0,t) - u_x(0,t) \\
\mathcal{L}\left[\frac{\partial u}{\partial t}\right] &= \frac{\partial}{\partial t} U(s,t) \\
\mathcal{L}\left[\frac{\partial^2 u}{\partial t^2}\right] &= \frac{\partial^2}{\partial t^2} U(s,t)
\end{aligned}\right\} \quad \textbf{(32)}$$

위의 두 식에서 t가 변환변수일 때는 초기조건이 $u(x, 0)$, $u_t(x, 0)$이고 x가 변환변수일 때는 경계조건이 $u(0, t)$, $u_x(0, t)$이다. 그리고 라플라스 변환을 이용하면 모든 경계조건과 초기조건들이 함께 포함되므로 계산상의 수고를 들 수 있다. 라플라스 변환을 이용하여 편미분방정식을 풀 때 다음과 같이 정의되는 오차함수 erf(x)와 상보오차함수 erfc(x)를 자주 만난다.

$$\left.\begin{aligned} \operatorname{erf}(x) &= \frac{2}{\sqrt{\pi}}\int_0^x e^{-u^2}\,du \\ \operatorname{erfc}(x) &= 1-\operatorname{erf}(x) = \frac{2}{\sqrt{\pi}}\int_x^\infty e^{-u^2}\,du \end{aligned}\right\} \tag{33}$$

식 (33)의 두 번째 식은 미적분학에서

$$\int_0^\infty e^{-u^2}\,du = \frac{\sqrt{\pi}}{2} \tag{34}$$

이므로 erf(∞)=1이기 때문이다(그림 9-2). 오차함수는 디지털 통신에서 잡음에 의해 2진 부호(bit)를 오판할 확률을 구하는데도 필수적으로 사용된다. 그리고 표 9-1도 편미분방정식을 라플라스 변환으로 푸는데 유용하게 사용된다.

그림 9-2

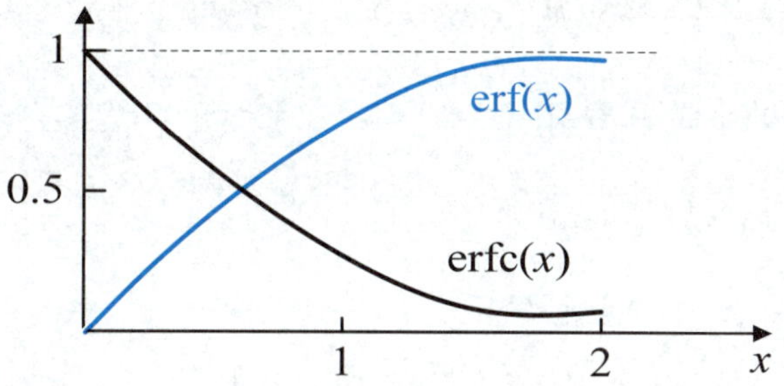

표 9-1

$f(t),\ a>0$	$F(s)$
1. $\dfrac{1}{\sqrt{\pi t^3}}\exp(-a^{2/4t})$	$\dfrac{e^{-a\sqrt{s}}}{\sqrt{s}}$
2. $\dfrac{a}{2\sqrt{\pi t^3}}\exp(-a^{2/4t})$	$e^{-a\sqrt{s}}$
3. $\operatorname{erfc}\left(\dfrac{a}{2\sqrt{t}}\right)$	$\dfrac{e^{-a\sqrt{s}}}{s}$

예제 9-3 다음 편미분방정식을 라플라스 변환을 이용해 풀어라.

$$\frac{\partial w}{\partial x}+x\frac{\partial w}{\partial t}=0,\quad w(x,0)=0,\ w(0,t)=e^{-t}\qquad (0\le t\le\infty)$$

☞ 변수 t를 변환변수로 하면

$$\mathcal{L}\left[\frac{\partial w}{\partial x}\right]+x\mathcal{L}\left[\frac{\partial w}{\partial t}\right]=0$$

로부터 식 (31)에 의해

$$\frac{\partial}{\partial x}W(x,s)+x(sW(x,s)-w(x,0))=0$$

$$\rightarrow\frac{\partial W(x,s)}{\partial x}+xsW(x,s)=0$$

위의 식은 변수 s에 관한 도함수가 없으므로 x를 독립변수로 하는 상미분방정식과 같으므로(s를 상수로 본다)

$$\frac{dW(x,s)}{dx}+xsW(x,s)=0$$

이며 일반해는 다음과 같다.

$$W(x,s)=A(s)e^{-sx^2/2}$$

다음으로 초기조건에 의해

$$W(0,s)=\mathcal{L}[w(0,t)]=\mathcal{L}[e^{-t}]=\frac{1}{s+1}$$

이므로 위의 두 식으로부터

$$A(s)=\frac{1}{s+1}$$

이므로 일반해는

$$W(x,s)=\frac{1}{s+1}e^{-sx^2/2}$$

따라서 $w(x,t)$는 라플라스 변환의 이동정리(4장의 식 (57))에 의해

$$\boxed{w(x,s)=\mathcal{L}^{-1}\left[\frac{1}{s+1}e^{-sx^2/2}\right]=e^{-(t-x^2/2)}u(t-x^2/2)}$$

로 주어지며 $u(t)$는 계단함수이다.

그림 9-1에서 x축의 길이 L이 무한한 반무한한 경우 다음 조건에서 편미분방정식의 해를 구해보자.

$$\begin{cases} \dfrac{\partial u}{\partial t} = c^2 \dfrac{\partial^2 u}{\partial x^2} \quad (0 \le x \le \infty,\ 0 \le t \le \infty) \\ \text{경계조건}: u(0,t) = T_o, \quad u(\infty,t) = 0 \\ \text{초기조건}: u(x,0) = 0 \end{cases} \tag{35}$$

첫 번째 단계 주어진 편미분방정식의 양변에서 변환변수 t에 관해 라플라스 변환을 취하면

$$sU(x,s) - u(x,0) = c^2 \frac{\partial^2 U(x,s)}{\partial x^2} \tag{36}$$

이다. 초기조건이 $u(x, 0)=0$이므로

$$sU(x,s) = c^2 \frac{\partial^2 U(x,s)}{\partial x^2} \tag{37}$$

이며 s에 관한 도함수가 포함되지 않아 x의 상미분방정식과 같으므로

$$c^2 \frac{d^2 U(x,s)}{dx^2} = sU(x,s) \tag{38}$$

따라서 일반해는

$$U(x,s) = A(s)e^{x\sqrt{s}/c} + B(s)e^{-x\sqrt{s}/c} \tag{39}$$

두 번째 단계 경계조건 $u(0, t)=T_o$ 및 $u(\infty, t)=0$의 라플라스 변환이

$$\begin{cases} U(0,s) = \mathfrak{L}[u(0,t)] = \dfrac{T_o}{s} \\ U(\infty,s) = \mathfrak{L}[u(\infty,t)] = 0 \end{cases} \tag{40}$$

이므로 식 (39)에 대입하면 $A(s), B(s)$는 다음과 같다.

$$\begin{cases} U(\infty,s) = A(s)e^{\infty} + B(s)e^{-\infty} = A(s)e^{\infty} = 0 \to A(s) = 0 \\ U(0,s) = B(s) = \dfrac{T_o}{s} \end{cases} \tag{41}$$

따라서 식 (39)의 일반해는

$$U(x,s) = \frac{T_o}{s} e^{-x\sqrt{s}/c} \tag{42}$$

세 번째 단계 식 (42)의 역변환은 표 9-1의 3의 변환쌍에서 $a=x/c$로 대치하면 다음과 같이 구할 수 있다.

$$u(x,t)=\mathcal{L}^{-1}[U(x,s)]=T_o\operatorname{erfc}\left(\frac{x/c}{2\sqrt{t}}\right) \tag{43}$$

푸리에 변환에 의한 해법

푸리에 변환에 의한 해법도 라플라스 변환의 경우와 절차는 같지만 푸리에 변환은 변환변수의 구간이 $(-\infty, \infty)$에서 정의되는 함수에 적용된다.

그림 9-1에서 x축이 $(-\infty, \infty)$에서 정의될 경우 다음 조건에서 편미분방정식의 해를 구해보자.

$$\begin{cases}\dfrac{\partial u}{\partial t}=c^2\dfrac{\partial^2 u}{\partial x^2} \quad (-\infty\le x\le\infty,\ 0\le t\le\infty)\\ \text{초기조건}: u(x,0)=f(x) \quad (-\infty\le x\le\infty)\end{cases} \tag{44}$$

첫 번째 단계 주어진 방정식에서 변환변수 x에 관해 푸리에 변환을 취하면, 즉 푸리에 변환의 적분식에서 적분변수를 x로 하면

$$\mathcal{F}\left[\frac{\partial u}{\partial t}\right]=\mathcal{F}\left[c^2\frac{\partial^2 u}{\partial x^2}\right] \tag{45}$$

에서 t는 푸리에 변환에 대해 상수와 같으므로

$$\frac{\partial U(\omega,t)}{\partial t}=-c^2\omega^2U(\omega,t) \tag{46}$$

이다. 위의 식에는 ω에 관한 도함수가 없으므로 다음과 같이 t에 대한 상미분방정식과 같다(ω는 상수로 취급).

$$\frac{dU(\omega,t)}{dt}+c^2\omega^2U(\omega,t)=0 \tag{47}$$

두 번째 단계 위의 식 (48)에 대한 일반해는

$$U(\omega,t)=A(\omega)e^{-c^2\omega^2t} \tag{48}$$

이다. 여기서 초기조건 $u(x,0)$의 푸리에 변환인

$$U(\omega,0)=\mathcal{F}[u(x,0)]=\mathcal{F}[f(x)]=F(\omega) \tag{49}$$

를 식 (48)에 대입하면

$$U(\omega,0) = A(\omega) = F(\omega) \tag{50}$$

이므로 일반해는 다음과 같다.

$$U(\omega,t) = F(\omega)e^{-c^2\omega^2 t} \tag{51}$$

세 번째 단계 식 (51)의 역변환은 푸리에 변환의 컨벌류션 정리(5장의 식 (99))에 의해 다음과 같이 표현된다.

$$u(x,t) = \mathfrak{F}^{-1}[F(\omega)] * \mathfrak{F}^{-1}[e^{-c^2\omega^2 t}] = f(x) * \mathfrak{F}^{-1}[e^{-c^2\omega^2 t}] \tag{52}$$

여기서 연산자 $\mathfrak{F}^{-1}$에 대해 t는 상수와 같으며 다음의 변환쌍

$$\boxed{e^{-a^2x^2} \overset{\mathfrak{F}}{\longleftrightarrow} \frac{\sqrt{\pi}}{a} e^{-\omega^2/4a^2}} \tag{53}$$

을 이용하면

$$g(x) = \mathfrak{F}^{-1}[e^{-c^2\omega^2 t}] = \frac{1}{2c\sqrt{\pi t}} e^{-x^2/4c^2 t} \tag{54}$$

따라서 $u(x, t)$는 다음과 같은 컨벌류션 적분으로 표현된다.

$$u(x,t) = f(x) * g(x) = \frac{1}{2c\sqrt{\pi t}} \int_{-\infty}^{\infty} f(\lambda) e^{-(x-\lambda)^2/4c^2 t} d\lambda \tag{55}$$

9.3 파동방정식

탄성현의 진동

또 하나의 대표적인 편미분방정식이 파동방정식이다. 그림 9-3과 같이 x축 상의 두 점 $x=0$과 $x=L$ 사이에서 팽팽하게 메긴 길이 L의 현(弦, string)을 생각해 보자. 현의 각 점은 xy 평면상에서 x축의 수직 방향으로만 운동하는 것으로 하며 $x>0$에 대한 임의의 점의 수직변위를 $u(x, t)$라 한다. 현은 질량밀도가 균일하며 변위 $u(x, t)$는 현의 길이에 비해 작다고 가정한다. 그리고 장력은 현의 각 점에서 접선 방향으로 작용하며 현에 작용

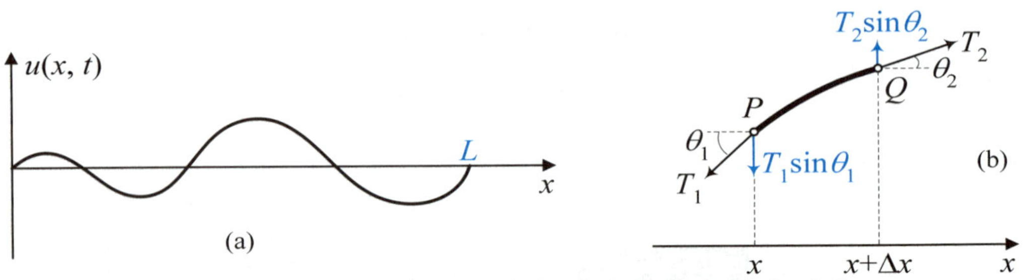

그림 9-3 고정된 시간 t에서 위치에 따른 현의 변위

하는 중력에 비해 매우 크다고 가정한다. 나아가 현은 수평으로 운동하지 않는다고 가정하였으므로 현의 각 점에서 장력의 수평 성분은 일정해야 하며 현에 작용하는 다른 외부 힘은 없는 것으로 한다. 그림 9-3에서 수평장력이 일정하다는 조건으로부터

$$T_1 \cos\theta_1 = T_2 \cos\theta_2 = T = \text{상수} \tag{56}$$

그리고 수직방향으로는 미소부분인 점 x와 $x+\Delta x$ 사이에 $T_2\sin\theta_2 - T_1\sin\theta_1$의 수직장력(힘)이 작용하며 음의 부호는 점 P에서의 수직장력이 아래로 향하기 때문이다. 뉴톤의 제2법칙으로 말미암아 수직장력은 미소부분인 점 x와 $x+\Delta x$ 사이의 중간 점에서 질량 $\rho\Delta x$에 가속도 $\partial^2 u/\partial t^2$을 곱한 것과 같다. 따라서

$$T_2 \sin\theta_2 - T_1 \sin\theta_1 = \rho\Delta x \frac{\partial^2 u}{\partial t^2} \tag{57}$$

를 만족하며 위 식의 양변을 식 (56)의 $T_1\cos\theta_1 = T_2\cos\theta_2 = T$로 나누면 다음의 관계식을 얻을 수 있다.

$$\frac{T_2 \sin\theta_2}{T_2 \cos\theta_2} - \frac{T_1 \sin\theta_1}{T_1 \cos\theta_1} = \tan\theta_2 - \tan\theta_1 = \frac{\rho\Delta x}{T}\frac{\partial^2 u}{\partial t^2} \tag{58}$$

여기서 $\tan\theta_1$과 $\tan\theta_2$는 각각 점 x와 $x+\Delta x$에서의 곡선의 기울기, 즉

$$\tan\theta_1 = \left(\frac{\partial u}{\partial x}\right)_x, \quad \tan\theta_2 = \left(\frac{\partial u}{\partial x}\right)_{x+\Delta x}$$

이며 편도함수를 사용한 것은 변위 $u(x, t)$는 t에도 의존하기 때문이다. 위의 관계를 이용하기 위해 식 (58)을 Δx로 나누면

$$\frac{1}{\Delta x}\left[\left(\frac{\partial u}{\partial x}\right)_{x+\Delta x}-\left(\frac{\partial u}{\partial x}\right)_{x}\right]=\frac{\rho}{T}\frac{\partial^2 u}{\partial t^2} \tag{59}$$

이므로 Δx를 0에 수렴시키면 다음의 편미분방정식을 얻게 된다.

$$\frac{\partial^2 u}{\partial t^2}=c^2\frac{\partial^2 u}{\partial x^2}\quad\left(c^2=\frac{T}{\rho}\right) \tag{60}$$

위의 식을 1차원 파동방정식이라 하고 탄성현의 운동을 나타낸다.

전자기파의 전파(傳播)

현대 무선통신의 뿌리인 전자기파(電磁氣波, electromagnetic waves) 역시 파동 운동의 대표적인 예이다. 전자기파는 전자기학의 결정체인 맥스웰(Maxwell) 방정식으로부터 유도된다. 맥스웰 방정식은 7장의 응용 7-5에서 간략하게 소개한 바 있으며 이를 연산자 ∇로써 표현하면 다음과 같다.

$$\begin{cases}\nabla\cdot\mathbf{E}=\dfrac{\rho}{\varepsilon}, & \nabla\times\mathbf{E}=-\mu\dfrac{\partial\mathbf{H}}{\partial t}\\ \nabla\cdot\mathbf{H}=0, & \nabla\times\mathbf{H}=\mathbf{J}\end{cases} \tag{61}$$

그러나 위의 네 번째 식은 실제로 다음과 같이 수정이 가해져야 한다.

$$\nabla\times\mathbf{H}=\mathbf{J}+\varepsilon\frac{\partial\mathbf{E}}{\partial t} \tag{62}$$

위의 식은 유도된 식이 아니고 수학적인 모순이 배제되도록 고쳐진 식에 불과하다. 그러나 다른 모든 결과들과 부합될 뿐 아니라 옳지 않다고 증명된 적이 없으므로 그대로 사용하고 있는 것이다. 따라서 실제 맥스웰 방정식은 다음과 같다.

$$\begin{cases}\nabla\cdot\mathbf{E}=\dfrac{\rho}{\varepsilon}\\ \nabla\times\mathbf{E}=-\mu\dfrac{\partial\mathbf{H}}{\partial t}\\ \nabla\cdot\mathbf{H}=0\\ \nabla\times\mathbf{H}=\mathbf{J}+\varepsilon\dfrac{\partial\mathbf{E}}{\partial t}\end{cases} \tag{63}$$

자유 공간에서의 전자기파의 운동을 살펴보기 위해 전하밀도 ρ와 전류밀도 $\mathbf{J}$를 모두 0으로 한다. 그러면 식 (63)의 맥스웰 방정식은 다음과 같이 간단해진다.

$$\begin{cases} \nabla\cdot\mathbf{E}=0, & \nabla\times\mathbf{E}=-\mu\dfrac{\partial\mathbf{H}}{\partial t} \\ \nabla\cdot\mathbf{H}=0, & \nabla\times\mathbf{H}=\varepsilon\dfrac{\partial\mathbf{E}}{\partial t} \end{cases} \tag{64}$$

먼저 $\nabla\times\mathbf{E}$에 curl을 취하면

$$\nabla\times(\nabla\times\mathbf{E})=\nabla\times\left(-\mu\frac{\partial\mathbf{H}}{\partial t}\right)=-\mu\frac{\partial}{\partial t}(\nabla\times\mathbf{H}) \tag{65}$$

이며 두 번째에서 세 번째 등식으로 넘어가는 이유는 curl은 공간변수에만 관계하고 $\partial/\partial t$는 시간변수에만 관계하므로 적용순서와 상관없기 때문이다. 그리고 식 (64)의 $\nabla\times\mathbf{H}$에 대한 식을 식 (65)의 우변에 적용하면 다음과 같다.

$$\nabla\times(\nabla\times\mathbf{E})=-\mu\varepsilon\frac{\partial}{\partial t}\left(\frac{\partial\mathbf{E}}{\partial t}\right)=-\mu\varepsilon\frac{\partial^2\mathbf{E}}{\partial t^2} \tag{66}$$

여기서 연산자 ∇은 임의의 벡터함수 $\mathbf{F}$에 대해 항상 다음을 만족한다.

$$\nabla\times(\nabla\times\mathbf{F})=\nabla(\nabla\cdot\mathbf{F})-(\nabla\cdot\nabla)\mathbf{F}=\nabla(\nabla\cdot\mathbf{F})-\nabla^2\mathbf{F} \tag{67}$$

따라서 이를 식 (66)의 우변에 적용하면서 식 (64)의 $\nabla\cdot\mathbf{E}=0$를 이용하면 다음과 같은 중요한 식을 얻을 수 있다.

$$\nabla^2\mathbf{E}=\mu\varepsilon\frac{\partial^2\mathbf{E}}{\partial t^2} \tag{68a}$$

위의 관계는 자장 $\mathbf{H}$에 대해서도 마찬가지로 성립하며

$$\nabla^2\mathbf{H}=\mu\varepsilon\frac{\partial^2\mathbf{H}}{\partial t^2} \tag{68b}$$

이다. 위의 두 식이 전자기파(간단히 電波)의 전파(傳播)에 대한 유명한 파동방정식이다. 라플라스 연산자 ∇^2은 직교좌표계에서

$$\nabla^2=\frac{\partial^2}{\partial x^2}+\frac{\partial^2}{\partial y^2}+\frac{\partial^2}{\partial z^2}$$

이므로(6장의 식 (101)) 식 (68a)는 다음과 같이 표현된다.

$$\frac{\partial^2 \mathbf{E}}{\partial t^2} = c^2\left(\frac{\partial^2 \mathbf{E}}{\partial x^2} + \frac{\partial^2 \mathbf{E}}{\partial y^2} + \frac{\partial^2 \mathbf{E}}{\partial z^2}\right) \qquad \left(c^2 = \frac{1}{\mu\varepsilon}\right) \tag{69}$$

여기서 전파가 xy 평면상에 x축 한 방향으로만 전파된다고 하고 z축으로의 자장의 세기를 $E(x, t)$라 하면 식 (69)는 다음과 같다.

$$\frac{\partial^2 E}{\partial t^2} = c^2 \frac{\partial^2 E}{\partial x^2} \qquad \left(c^2 = \frac{1}{\mu\varepsilon}\right) \tag{70}$$

이는 식 (60)과 같은 1차원 파동방정식이며 c는 실제로 빛속도 3×10^8 m이다. 식 (60)의 파동방정식은 변수 x뿐 아니라 t에 대한 편도함수도 2계이므로 초기조건도 다음과 같이 두 개가 필요하다.

$$u(x,0) = f(x) \quad \text{및} \quad \left.\frac{\partial u(x,t)}{\partial t}\right|_{t=0} = u_t(x,0) = g(x) \tag{71}$$

여기서 $f(x)$는 초기변위를, $g(x)$는 초기속도를 나타내게 된다. 이제 파동방정식의 해법에 대해 알아보기로 하며 그 원리는 열전도방정식의 경우와 같다.

변수분리법 (푸리에 급수)

그림 9-3에서 탄성현의 길이가 L로 유한한 경우 다음의 경계조건과 초기조건에서 파동방정식의 해를 구해보자.

$$\begin{cases} \dfrac{\partial^2 u}{\partial t^2} = c^2 \dfrac{\partial^2 u}{\partial x^2} \quad (0 \le x \le L,\ 0 \le t \le \infty) \\ \text{경계조건}: u(0,t) = 0, \quad u(L,t) = 0 \\ \text{초기조건}: u(x,0) = f(x), \quad u_t(x,0) = g(x) \end{cases} \tag{72}$$

첫 번째 단계 변수분리법에 의해 $u(x, t)=X(x)T(t)$로 하여 주어진 편미분방정식에 대입하면

$$X(x)T''(t) = c^2 X''(x)T(t) \tag{73}$$

이며 양변을 $c^2X(x)T(t)$로 나누면

$$\frac{T''(t)}{c^2 T(t)} = \frac{X''(x)}{X(x)} \tag{74}$$

따라서 양변 모두 임의의 상수 k가 되어야 한다. 분리상수 k의 부호는 열

전도방정식에서 설명한 바와 같이 음수여야 하므로 $k=-\lambda^2$으로 놓으면 새로운 분리상수 $-\lambda^2$에 의해 다음의 두 상미분방정식을 얻을 수 있다.

$$\begin{cases} T''(t)+\lambda^2c^2T(t)=0 \\ X''(x)+\lambda^2X=0 \end{cases} \tag{75}$$

위의 식에서 $T(t)$와 $X(x)$의 각 일반해가

$$\begin{cases} T(t)=A\sin(c\lambda t)+B\cos(c\lambda t) \\ X(x)=C\sin\lambda x+D\cos\lambda x \end{cases} \tag{76}$$

이므로 곱의 해 $u(x,t)=X(x)T(t)$는 다음과 같다.

$$u(x,t)=[A\sin(c\lambda t)+B\cos(c\lambda t)][C\sin\lambda x+D\cos\lambda x] \tag{77}$$

두 번째 단계 경계조건을 이용하여 합당한 해들을 선택한다. 식 (72)에 주어진 경계조건 $u(0,t)=0$, $u(L,t)=0$을 식 (77)에 대입하면

$$\begin{cases} u(0,t)=D[A\sin(c\lambda t)+B\cos(c\lambda t)]=0 \\ \qquad\to\quad D=0 \\ u(L,t)=C\sin\lambda L[A\sin(c\lambda t)+B\cos(c\lambda t)]=0 \\ \qquad\to\quad \sin\lambda L=0 \end{cases} \tag{78}$$

위의 두 번째 조건 $\sin\lambda L=0$에 의해 λ는 다음과 같이 고조파 관계가 되도록 선택된다.

$$\lambda=\pm\frac{\pi}{L},\pm\frac{2\pi}{L},\pm\frac{3\pi}{L}\cdots \quad\to\quad \lambda_n=\pm\frac{n\pi}{L}(n=1,2,3,\cdots) \tag{79}$$

따라서 중첩원리에 의해 식 (79)는 다음과 같이 표현된다.

$$u(x,t)=\sum_{n=1}^{\infty}\sin\lambda_n x[A_n\sin c\lambda_n t+B_n\cos c\lambda_n t] \quad \left(\lambda_n=\frac{n\pi}{L}\right) \tag{80}$$

단 상수 C는 A_n과 B_n에 각각 포함시켰다.

세 번째 단계 식 (72)의 초기조건 $u(x,0)=f(x)$ 및 $u_t(x,0)=g(x)$를 식 (80)에 대입하면 다음과 같다.

$$\begin{cases} f(x) = \displaystyle\sum_{n=1}^{\infty} B_n \sin \lambda_n x \\ g(x) = \displaystyle\sum_{n=1}^{\infty} cA_n \lambda_n \sin \lambda_n x \end{cases} \tag{81}$$

여기서 고조파의 직교성인

$$\begin{aligned} \int_0^L \sin \lambda_n x \sin \lambda_m x \, dx &= \int_0^L \sin\left(\frac{n\pi x}{L}\right) \sin\left(\frac{m\pi x}{L}\right) dx \\ &= \begin{cases} 0 & (n \neq m) \\ L/2 & (n = m) \end{cases} \end{aligned} \tag{82}$$

을 이용하면 계수 A_n과 B_n은 각각 다음과 같이 구해진다.

$$\begin{cases} A_n = \dfrac{2}{cn\pi} \displaystyle\int_0^L g(x) \sin \lambda_n x \, dx \\ B_n = \dfrac{2}{L} \displaystyle\int_0^L f(x) \sin \lambda_n x \, dx \end{cases} \tag{83}$$

이상으로 식 (80)의 해는 다음과 같다.

$$\boxed{\begin{aligned} & u(x,t) = \sum_{n=1}^{\infty} \sin \lambda_n x [A_n \sin c\lambda_n t + B_n \cos c\lambda_n t] \\ & \begin{cases} A_n = \dfrac{2}{cn\pi} \displaystyle\int_0^L g(x) \sin \lambda_n x \, dx \\ B_n = \dfrac{2}{L} \displaystyle\int_0^L f(x) \sin \lambda_n x \, dx \end{cases} \\ & \left(\lambda_n = \frac{n\pi}{L}\right) \end{aligned}} \tag{84}$$

식 (84)의 의미를 알아보기 위해 초기속도를 $g(x)=0$으로 하면

$$u(x,t) = \sum_{n=1}^{\infty} B_n \sin \lambda_n x \cos c\lambda_n t \tag{85}$$

이며 삼각함수 정리에 의해 다음과 같은 형태로 표현됨을 알 수 있다.

$$u(x,t) = \frac{1}{2} \sum_{n=1}^{\infty} B_n \sin \lambda_n (x - ct) + \frac{1}{2} \sum_{n=1}^{\infty} B_n \sin \lambda_n (x + ct) \tag{86}$$

위의 두 급수는 식 (81)의 첫 번째 식에 의해 다음과 같이 표현된다.

$$u(x,t)=\frac{1}{2}[f^*(x-ct)+f^*(x+ct)] \tag{87}$$

여기서 $f^*(x)$는 그림 9-4와 같이 $f(x)$를 주기 $2L$의 기함수가 되도록 확장한 것이다. 이제 식 (87)의 물리적 의미를 살펴보자. 함수 $f^*(x-ct)$는 그림 9-5와 같이 $f^*(x)$를 x축을 따라 오른쪽으로 ct만큼 이동시킨 것이므로($c>0$) t가 증가함에 따라 오른쪽으로 이동하는 진행파(traveling wave)가 된다. 마찬가지로 $f^*(x+ct)$는 $f^*(x)$가 왼쪽으로 이동하는 진행파이며 $u(x, t)$는 이 두 진행파의 중첩이다.

그림 9-4

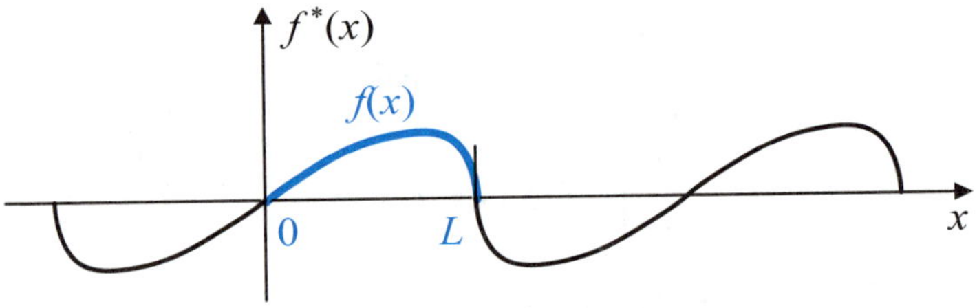

그림 9-5

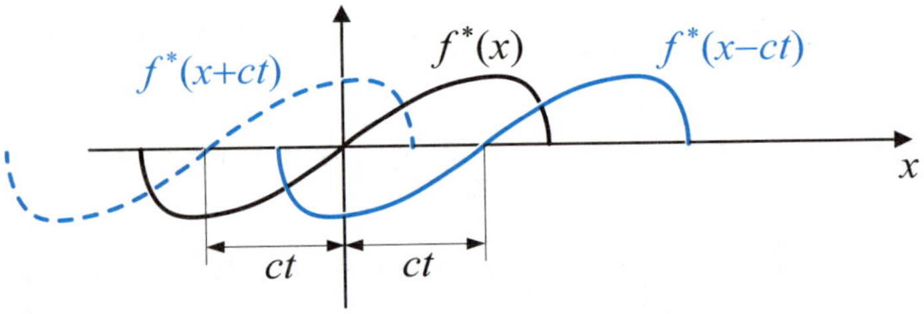

예제 9-4 그림 9-3(a)에서 현의 초기속도는 $g(x)=0$이며 초기변위 $f(x)$는 다음과 같을 때 파동방정식의 해를 구하라.

$$f(x)=\begin{cases} x & (0\le x\le L/2) \\ L-x & (L/2\le x\le L) \end{cases}$$

☞ 파동방정식의 해는 $g(x)=0$이므로 식 (84)로부터 다음과 같다.

$$\begin{cases} u(x,t) = \sum_{n=1}^{\infty} B_n \sin \lambda_n x \cos c\lambda_n t \\ B_n = \dfrac{2}{L}\int_0^L f(x)\sin \lambda_n x dx \end{cases} \qquad \left(\lambda_n = \frac{n\pi}{L}\right)$$

계수 B_n은 다음과 같이 구해진다.

$$\begin{aligned} B_n &= \frac{2}{L}\int_0^{L/2} x\sin \lambda_n x\, dx + \frac{2}{L}\int_{L/2}^{L} (L-x)\sin \lambda_n x\, dx \\ &= \frac{2}{L}\left[x\left(\frac{-\cos \lambda_n x}{\lambda_n}\right) - \left(\frac{-\sin \lambda_n x}{\lambda_n^2}\right)\right]_0^{L/2} \\ &\quad + \frac{2}{L}\left[(L-x)\left(\frac{-\cos \lambda_n x}{\lambda_n}\right) - \left(\frac{\sin \lambda_n x}{\lambda_n^2}\right)\right]_{L/2}^{L} \\ &= \frac{4L}{\pi^2}\frac{\sin(n\pi/2)}{n^2} \end{aligned}$$

따라서 최종해는 다음과 같다.

$$u(x,t) = \frac{4L}{\pi^2}\left(\frac{1}{1^2}\cos\frac{\pi c}{L}t\sin\frac{\pi}{L}x - \frac{1}{3^2}\cos\frac{3\pi c}{L}t\sin\frac{3\pi}{L}x + \cdots\right)$$

그림 9-6은 $ct=L/4$ 간격으로 $u(x, t)$를 그린 것이다.

그림 9-6

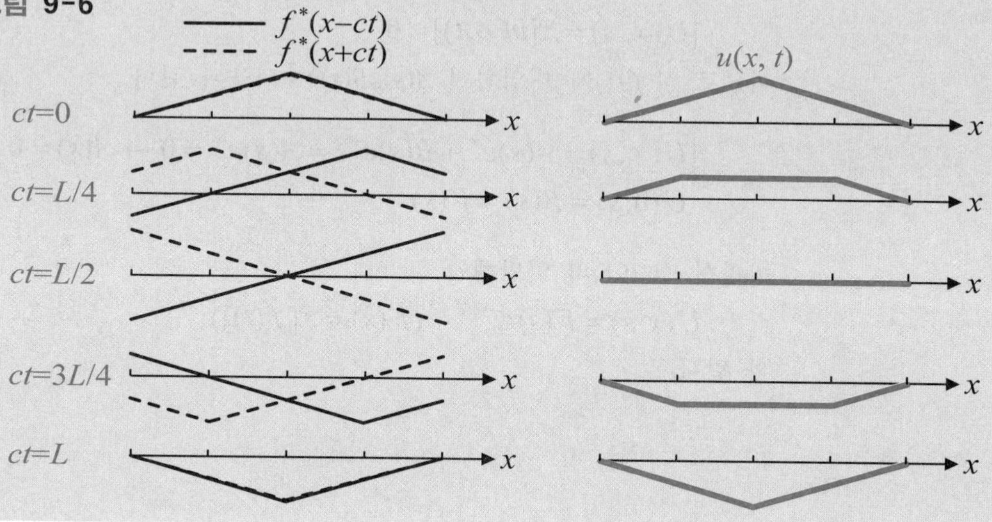

라플라스 변환에 의한 해법

그림 9-3에서 x축의 길이 L이 무한한 반무한한 현의 경우 다음 조건에서 진동변위 $u(x, t)$를 라플라스 변환으로 구해보자.

$$\begin{cases} \dfrac{\partial^2 u}{\partial t^2} = c^2 \dfrac{\partial^2 u}{\partial x^2} \quad (0 \le x \le \infty,\ 0 \le t \le \infty) \\ \text{경계조건}: u(0,t) = f(t), \quad u(\infty,t) = 0 \\ \text{초기조건}: u(x,0) = 0, \quad u_t(x,0) = 0 \end{cases} \tag{88}$$

첫 번째 단계 주어진 편미분방정식의 양변에서 변환변수 t에 관해 라플라스 변환을 취하면

$$s^2 U(x,s) - su(x,0) - u_t(x,0) = c^2 \frac{\partial^2 U(x,s)}{\partial x^2} \tag{89}$$

이다. 초기조건이 모두 0이며 식 (89)는 s에 관한 도함수가 포함되지 않아 x에 대한 상미분방정식과 같으므로

$$\frac{d^2 U(x,s)}{dx^2} - \frac{s^2}{c^2} U(x,s) = 0 \tag{90}$$

따라서 일반해는

$$U(x,s) = A(s)e^{sx/c} + B(s)e^{-sx/c} \tag{91}$$

두 번째 단계 경계조건 $u(0, t)=f(t)$ 및 $u(\infty, t)=0$의 라플라스 변환이

$$\begin{cases} U(0,s) = \mathcal{L}[u(0,t)] = F(s) \\ U(\infty,s) = \mathcal{L}[u(\infty,t)] = 0 \end{cases} \tag{92}$$

이므로 식 (91)에 대입하면 $A(s), B(s)$는 다음과 같다.

$$\begin{cases} U(\infty,s) = A(s)e^{\infty} + B(s)e^{-\infty} = A(s)e^{\infty} = 0 \rightarrow A(s) = 0 \\ U(0,s) = B(s) = F(s) \end{cases} \tag{93}$$

따라서 식 (91)의 일반해는

$$U(x,s) = F(s)e^{-sx/c} \quad (F(s) = \mathcal{L}[f(t)]) \tag{94}$$

와 같다.

세 번째 단계 식 (93)의 역변환은 라플라스 변환의 이동 정리에 의해

$$\begin{aligned} u(x,t) &= \mathcal{L}^{-1}[U(x,s)] = \mathcal{L}^{-1}[F(s)e^{-sx/c}] \\ &= f(t-x/c)u(t-x/c) \end{aligned} \tag{95}$$

이며 $u(t)$는 계단함수이다. 여기서 $f(t-x/c)$는 속도 c로써 x축의 오른쪽 방향으로 진행하는 단일파이며 길이가 유한한 현과는 달리 왼쪽으로 진행하는 파, 즉 반사파는 없다. 그림 9-7은 $f(t)=\sin t$, $0\le t\le 2\pi$를 예로 든 진행파이다.

그림 9-7

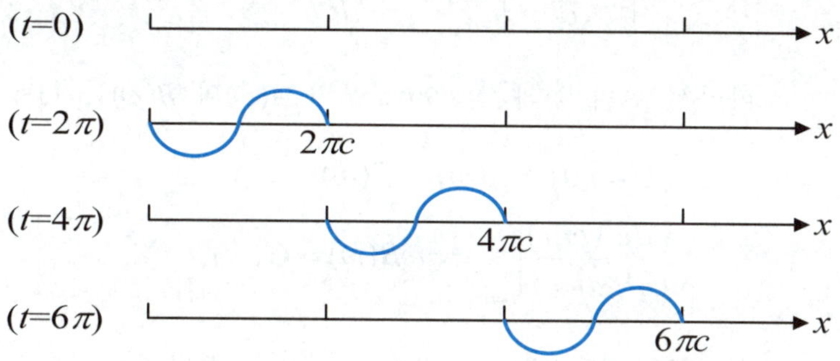

푸리에 변환에 의한 해법

그림 9-3에서 현이 x축의 $-\infty$에서 ∞ 사이에 걸쳐 무한한 현의 경우 다음 조건에서 진동변위 $u(x, t)$를 푸리에 변환으로 구해보자.

$$\begin{cases} \dfrac{\partial^2 u}{\partial t^2} = c^2 \dfrac{\partial^2 u}{\partial x^2} \quad (-\infty \le x \le \infty,\ 0 \le t \le \infty) \\ \text{초기조건}:\ u(x,0) = f(x), \quad u_t(x,0) = g(x) \end{cases} \tag{96}$$

첫 번째 단계 주어진 방정식에서 변환변수 x에 관해 푸리에 변환을 취하면 다음과 같다.

$$\begin{cases} \mathcal{F}\left[\dfrac{\partial^2 u}{\partial t^2}\right] = \dfrac{d^2 u}{dt^2} U(\omega,t) \\ \mathcal{F}\left[c^2 \dfrac{\partial^2 u}{\partial x^2}\right] = -c^2\omega^2 U(\omega,t) \end{cases} \tag{97}$$

따라서

$$\frac{d^2U(\omega,t)}{dt^2}+c^2\omega^2U(\omega,t)=0 \tag{98}$$

위의 식에 대한 일반해는 다음과 같다.

$$U(\omega,t)=A(\omega)\cos c\omega t+B(\omega)\sin c\omega t \tag{99}$$

두 번째 단계 초기조건의 푸리에 변환은 다음과 같다.

$$\begin{cases}\mathfrak{F}[u(x,0)]=U(\omega,0)=\mathfrak{F}[f(x)]=F(\omega)\\ \mathfrak{F}\left[\left.\dfrac{\partial u(x,t)}{\partial t}\right|_{t=0}\right]=\left.\dfrac{dU(\omega,t)}{dt}\right|_{t=0}=\mathfrak{F}[g(x)]=G(\omega)\end{cases} \tag{100}$$

따라서 위의 식과 식 (99)로부터 $A(\omega)$와 $B(\omega)$는 다음과 같이 구해진다.

$$\begin{cases}U(\omega,0)=A(\omega)=F(\omega)\\ \left.\dfrac{dU(\omega,t)}{dt}\right|_{t=0}=c\omega B(\omega)=G(\omega)\end{cases} \tag{101}$$

이로부터 식 (99)의 일반해는 다음과 같다.

$$U(\omega,t)=F(\omega)\cos c\omega t+\frac{1}{c\omega}G(\omega)\sin c\omega t \tag{102}$$

세 번째 단계 식 (102)의 역변환은 푸리에 변환의 이동 정리(5장의 식 (84))와 적분 정리(5장의 식 (92))에 의해 다음과 같이 구할 수 있다. 먼저 식 (102)의 우변 첫 번째 항의 역변환은 다음과 같다.

$$\begin{aligned}\mathfrak{F}^{-1}[F(\omega)\cos c\omega t]&=\frac{1}{2}\mathfrak{F}^{-1}[F(\omega)e^{ic\omega t}+F(\omega)e^{-ic\omega t}]\\&=\frac{1}{2}[f(x+ct)+f(x-ct)]\end{aligned} \tag{103}$$

다음으로 식 (101) 우변 두 번째 항에서 적분 정리에 의해

$$\mathfrak{F}^{-1}\left[\frac{G(\omega)}{\omega}\right]=i\int_{-\infty}^{x}g(\lambda)d\lambda=i\mathcal{G}(x) \tag{104}$$

단

$$\mathcal{G}(x) = \int_{-\infty}^{x} g(\lambda)d\lambda \tag{105}$$

이다. 따라서 식 (101) 우변 두 번째 항의 역변환은 다음과 같다.

$$\begin{aligned}\mathcal{F}^{-1}\left[\frac{1}{c\omega}G(\omega)\sin c\omega t\right] &= \frac{1}{2ci}[i\mathcal{G}(x+ct) - i\mathcal{G}(x-ct)] \\ &= \frac{1}{2c}[\mathcal{G}(x+ct) - \mathcal{G}(x-ct)]\end{aligned} \tag{106}$$

이상으로 식 (103), (105) 및 (106)으로부터 식 (96)의 해는 다음과 같다.

$$\begin{cases} u(x,t) = \dfrac{1}{2}\left[f(x+ct) + \dfrac{1}{c}\mathcal{G}(x+ct)\right] \\ \qquad\qquad + \dfrac{1}{2}\left[f(x-ct) - \dfrac{1}{c}\mathcal{G}(x-ct)\right] \\ \mathcal{G}(x) = \displaystyle\int_{-\infty}^{x} g(\lambda)d\lambda \end{cases} \tag{107}$$

연습 문제

§9.1 기본 개념

다음 방정식의 해 $u(x, y)$를 구하라.

1. $u_x = u$ **2.** $u_{xx} = 0$ **3.** $u_y + 2yu = 0$ **4.** $u_x = 2xyu$

5. $u_{xy} = u_x$ **6.** $u_{yy} = u_y$ **7.** $u_{xx} + 4u = 0$ **8.** $u_{xxy} + u_y = 0$

변수분리법으로 다음 방정식의 해 $u(x, y)$를 구하라.

9. $u_x - u_y = 0$ **10.** $u_x + u_y = (x-y)u$ **11.** $xu_x - yu_y = 0$

12. $yu_x - xu_y = 0$ **13.** $u_x - yu_y = 0$ **14.** $u_{xy} - u = 0$

15. $u_{xx} + u_{yy} = 0$ **16.** $xu_{xy} + 2yu = 0$ **17.** $x^2u_{xy} + 3y^2u = 0$

§9.2 열전도방정식

식 (16)에서 초기조건 $f(x)$가 다음과 같을 때 $u(x, t)$를 구하라. 단 $L=\pi, c=1$로 한다.

18. $f(x) = \sin x$ **19.** $f(x) = x(\pi - x)$

20. $f(x) = \begin{cases} x & ,0 \le x \le 0.5\pi \\ 0 & ,0.5\pi \le x \le \pi \end{cases}$ **21.** $f(x) = \begin{cases} x & ,0 \le x \le 0.5\pi \\ \pi - x & ,0.5\pi \le x \le \pi \end{cases}$

22. 다음 편미분방정식을 생각해 보자(경계조건에 유의할 것).

$$\begin{cases} \dfrac{\partial u}{\partial t} = c^2 \dfrac{\partial^2 u}{\partial x^2} \quad (0 \le x \le L,\ 0 \le t \le \infty) \\ \text{경계조건}: u_x(0,t) = 0, \quad u_x(L,t) = 0 \\ \text{초기조건}: u(x,0) = f(x) \end{cases}$$

이 방정식의 해를 변수분리법으로 구하면 다음과 같음을 보여라.

$$\begin{cases} u(x,t) = A_0 + \displaystyle\sum_{n=1}^{\infty} A_n e^{-\lambda_n^2 c^2 t} \cos \lambda_n x \qquad \left(\lambda_n = \dfrac{n\pi}{L}\right) \\ A_0 = \dfrac{1}{L}\displaystyle\int_0^L f(x)dx, \quad A_n = \dfrac{2}{L}\displaystyle\int_0^L f(x)\cos\lambda_n x\, dx \quad (n = 1, 2, \cdots) \end{cases}$$

23. 다음 편미분방정식의 해를 라플라스 변환을 이용하여 구하라(T_o는 상수).

$$\begin{cases} \dfrac{\partial u}{\partial t} = c^2 \dfrac{\partial^2 u}{\partial x^2} \quad (0 \le x \le \infty,\ 0 \le t \le \infty) \\ \text{경계조건}: u(0,t) = 0, \quad u_x(0,t) = 0 \\ \text{초기조건}: u(x,0) = T_o \quad (0 \le x \le \infty) \end{cases}$$

24. 다음 편미분방정식의 해를 푸리에 변환을 이용하여 구하라.

$$\begin{cases} \dfrac{\partial u}{\partial t} = c^2 \dfrac{\partial^2 u}{\partial x^2} \quad (-\infty \le x \le \infty,\ 0 \le t \le \infty) \\ \text{초기조건}: u(x,0) = f(x) = e^{-x^2} \quad (-\infty \le x \le \infty) \end{cases}$$

§ 9.3 파동방정식

식 (72)에서 초기속도 $g(x)$와 초기변위 $f(x)$가 다음과 같을 때 변위 $u(x,\ t)$를 구하라. 단 $L=\pi$, $c=1$로 한다.

25. $f(x) = k\sin x, \quad g(x) = 0$

26. $f(x) = k(\sin x - \sin 2x), \quad g(x) = 0$

27. $f(x) = 0, \quad g(x) = k\sin 2x$

28. $f(x) = k\sin x, \quad g(x) = -2k\sin x$

라플라스 변환을 이용하여 다음의 해를 구하라.

29. $$\begin{cases} \dfrac{\partial^2 u}{\partial t^2} = c^2 \dfrac{\partial^2 u}{\partial x^2} \quad (0 \le x \le \infty,\ 0 \le t \le \infty) \\ \text{경계조건}: u(0,t) = 0, \quad u(\infty,t) = 0 \quad (t \ge 0) \\ \text{초기조건}: u(x,0) = e^{-x}, \quad u_t(x,0) = 0 \quad (x \ge 0) \end{cases}$$

30. $$\begin{cases} \dfrac{\partial^2 u}{\partial t^2} = c^2 \dfrac{\partial^2 u}{\partial x^2} - a \quad (0 \le x \le \infty,\ 0 \le t \le \infty) \quad (\text{단 } a\text{는 상수}) \\ \text{경계조건}: u(0,t) = 0, \quad u_x(\infty,t) = 0 \quad (t \ge 0) \\ \text{초기조건}: u(x,0) = 0, \quad u_t(x,0) = 0 \quad (x \ge 0) \end{cases}$$

부록

삼각함수 정리

$\sin(-x) = -\sin x$

$\cos(-x) = \cos x$

$\sin(x + \pi/2) = \cos x$

$\cos(x - \pi/2) = \sin x$

$\sin(x + \pi) = -\sin x$

$\cos(x + \pi) = -\cos x$

$\sin(x + y) = \sin x \cos y + \cos x \sin y$

$\cos(x + y) = \cos x \cos y - \sin x \sin y$

$\sin x \sin y = \frac{1}{2}[\cos(x - y) - \cos(x + y)]$

$\cos x \cos y = \frac{1}{2}[\cos(x - y) + \cos(x + y)]$

$\sin x \cos y = \frac{1}{2}[\sin(x - y) + \sin(x + y)]$

$\sin 2x = 2 \sin x \cos x$

$\cos 2x = \cos^2 x - \sin^2 x$

$\tan 2x = \dfrac{2 \tan x}{1 - \tan^2 x}$

$\sin^2 x = \frac{1}{2}(1 - \cos 2x)$

$\cos^2 x = \frac{1}{2}(1 + \cos 2x)$

$\sin^2 x + \cos^2 x = 1$

$1 + \tan^2 x = \sec^2 x$

$1 + \cot^2 x = \csc^2 x$

$\sin 3x = 3 \sin x - 4 \sin^3 x$

$\cos 3x = -3 \cos x + 4 \cos^3 x$

도함수

$(x^n)' = nx^{n-1}$

$(e^x)' = e^x$

$(a^x)' = a^x \ln a$

$(\sin x)' = \cos x$

$(\cos x)' = -\sin x$

$(\tan x)' = \sec^2 x$

$(\cot x)' = -\csc^2 x$

$(\sinh x)' = \cosh x$

$(\cosh x)' = \sinh x$

$(\ln x)' = \dfrac{1}{x}$

$(\log_a x)' = \dfrac{\log_a e}{x}$

$(\sin^{-1})' = \dfrac{1}{\sqrt{1 - x^2}}$

$(\cos^{-1})' = -\dfrac{1}{\sqrt{1 - x^2}}$

$(\tan^{-1})' = \dfrac{1}{1 + x^2}$

$(\cot^{-1})' = -\dfrac{1}{1 + x^2}$

부정적분 (적분상수는 생략)

$$\int x^n\,dx = \frac{x^{n+1}}{n+1}$$

$$\int \frac{1}{x}\,dx = \ln|x|$$

$$\int \sin x\,dx = -\cos x$$

$$\int \cos x\,dx = \sin x$$

$$\int \tan x\,dx = -\ln|\cos x|$$

$$\int \cot x\,dx = \ln|\sin x|$$

$$\int \sec x\,dx = \ln|\sec x + \tan x|$$

$$\int \csc x\,dx = \ln|\csc x - \cot x|$$

$$\int \sin^2 x\,dx = \tfrac{1}{2}x - \tfrac{1}{4}\sin 2x$$

$$\int \cos^2 x\,dx = \tfrac{1}{2}x + \tfrac{1}{4}\sin 2x$$

$$\int \tan^2 x\,dx = \tan x - x$$

$$\int \cot^2 x\,dx = -\cot x - x$$

$$\int \ln x\,dx = x\ln x - x - x$$

$$\int e^{ax}\sin bx\,dx = \frac{e^{ax}}{a^2+b^2}(a\sin bx - b\cos bx)$$

$$\int e^{ax}\cos bx\,dx = \frac{e^{ax}}{a^2+b^2}(a\cos bx + b\sin bx)$$

$$\int \left[\frac{\sin ax}{x}\right]^2 dx = a\int \frac{\sin 2ax}{x}\,dx - \frac{\sin^2 ax}{x}$$

$$\int \frac{1}{x^2-a^2}\,dx = \frac{1}{2a}\ln\left|\frac{x-a}{x+a}\right|$$

$$\int \frac{1}{x^2+a^2}\,dx = \frac{1}{a}\tan^{-1}\frac{x}{a}$$

$$\int \frac{1}{\sqrt{a^2-x^2}}\,dx = \sin^{-1}\frac{x}{a}$$

$$\int \frac{1}{\sqrt{x^2+a^2}}\,dx = \sinh^{-1}\frac{x}{a}$$

$$\int \frac{1}{\sqrt{x^2-a^2}}\,dx = \cosh^{-1}\frac{x}{a}$$

$$\int \sqrt{x^2\pm a^2}\,dx = \tfrac{1}{2}x\sqrt{x^2\pm a^2} \pm \tfrac{1}{2}a^2\ln\left|x+\sqrt{x^2\pm a^2}\right|$$

$$\int \sqrt{a^2-x^2}\,dx = \tfrac{1}{2}\left(x\sqrt{a^2-x^2} + a^2\sin^{-1}\frac{x}{a}\right)$$

$$\int \frac{dx}{a^2+b^2x^2} = \frac{1}{ab}\tan^{-1}\left(\frac{bx}{a}\right)$$

$$\int \frac{x^2}{a^2+b^2x^2}\,dx = \frac{x}{b^2} - \frac{a}{b^3}\tan^{-1}\left(\frac{bx}{a}\right)$$

$$\int \frac{dx}{(a^2+b^2x^2)^2} = \frac{x}{2a^2(a^2+b^2x^2)} + \frac{1}{2a^3b}\tan^{-1}\left(\frac{bx}{a}\right)$$

$$\int \frac{x^2}{(a^2+b^2x^2)^2}\,dx = \frac{-x}{2b^2(a^2+b^2x^2)} + \frac{1}{2ab^3}\tan^{-1}\left(\frac{bx}{a}\right)$$

$$\int \frac{dx}{(a^2+b^2x^2)^3} = \frac{x}{2a^2(a^2+b^2x^2)^2} + \frac{3x}{8a^4(a^2+b^2x^2)} + \frac{3}{8a^5b}\tan^{-1}\left(\frac{bx}{a}\right)$$

연습 문제의 답

1장

1. $\dfrac{1}{\sqrt{1-x^2}}$

2. $-\dfrac{1}{\sqrt{1-x^2}}$

3. $\dfrac{1}{x\sqrt{x^2-1}}$

4. $-\dfrac{1}{x\sqrt{x^2-1}}$

5. $-\dfrac{1}{x^2+1}$

6. $\dfrac{1}{\sqrt{x^2+1}}$

7. $\dfrac{1}{\sqrt{1-x^2}}$

8. $\dfrac{1}{1-x^2}$

9. $\frac{1}{2}x^2\ln x-\frac{1}{4}x^2$

10. $\frac{1}{2}e^x(x\cos x+x\sin x-\sin x)$

11. $\frac{1}{2}e^x(x\sin x-x\cos x+\cos x)$

12. $\frac{1}{12}(x-b)^3(3x-4a+b)$

18. $T^n e^{aT}$

19. $[x^2e^x-2xe^x+2e^x-2]u(x)$

20. $117\cos(2t+65°)$

21. $\dfrac{4}{x-2}+\dfrac{3}{x+1}$

22. $-\dfrac{1}{x}+\dfrac{2}{x+1}+\dfrac{3}{x-1}$

23. $10+\dfrac{2.5}{x+1}-\dfrac{62.5}{x+5}$

24. $\dfrac{1.5}{x}-\dfrac{2}{x+1}+\dfrac{0.5}{x+2}$

25. $\dfrac{0.5}{x}-\dfrac{1}{x+1}+\dfrac{1.5}{x+2}$

26. $-\dfrac{4.5}{(x+1.5)^2}+\dfrac{3}{x+1.5}$

27. $-\dfrac{1}{(x+5)^2}+\dfrac{1}{x+5}$

28. $\dfrac{2}{(x-2)^3}+\dfrac{1}{(x-2)^2}$

29. $\dfrac{7}{(x+1)^3}-\dfrac{14}{(x+1)^2}+\dfrac{7}{x+1}$

30. $-\dfrac{12}{(x+2)^4}+\dfrac{2}{(x+2)^3}+\dfrac{1}{x+2}$

2장

1. Ke^{-x^2}

2. $x^2+\frac{3}{2}y^2=c$

3. $Ke^{1/x}$

4. $-\dfrac{1}{x^4+c}$

5. Kx

6. $-\dfrac{1}{\frac{1}{2}x^2+x+c}$

7. Ke^x-1

8. $\tan(\frac{1}{2}x^2+x+c)$

9. $\sin^{-1}(Ke^{-\cos x})$

10. $\cot y+e^x+c=0$

11. $-\dfrac{1}{\sin x+c}$

12. $y=\tan^{-1}(e^x+c)$

13. $\dfrac{y-1}{y+1}=K\dfrac{x+1}{x-1}$

14. $\sqrt{y+1}-\sqrt{x+1}+K=0$

15. $K\sqrt{\dfrac{x+1}{x-1}}-1$

16. $(y-1)e^{y}=x\sin x+\cos x+c$

17. $y^2-y^3[(x+1)e^{x}-c]+3=0$

18. $\dfrac{1}{\tan^{-1}e^{x}-c}$

19. $\ln\left(\dfrac{-1}{\frac{1}{3}x^3-e^{-1}}\right)$

20. $y+\sqrt{y^2+1}-(1+\sqrt{2})e^{\sin x}=0$

21. $\dfrac{1}{(x+3)e^{-x}-4}$

22. $-\dfrac{1}{\sqrt{x^2+1}+1}$

23. $-e^{-y}+\ln(e^{-y}+1)=\ln\left(\dfrac{4}{1+\cos x}\right)-1$

24. $\frac{1}{2}x\sqrt{x^2+4}$

25. $y^2-2xy-x^2=c$

26. $x^3-3x^2y=c$

27. $-\dfrac{x}{\ln|cx|}$

28. $x^2+y^2=ce^{-2\tan^{-1}(y/x)}$

29. $x^2+y^2=c$

30. $x^2-2cx-cy=0$

31. $x=ce^{-\cos(y/x)}$

32. $x=ce^{\frac{1}{4}[\cos(2y/x)+(2y/x)\sin(2y/x)]}$

33. $x=ce^{\sin(y/x)}$

34. $(x+y)^2=cxe^{y/x}$

36. $x^2+2xy-y^2=c$

37. $x^2+y^2=ce^{-2\tan^{-1}(x/y)}$

39. $-x+\tan x$

40. $-x+\sin^{-1}(ce^{x})$

41. $\frac{1}{2}x^2+\frac{1}{2}y^2-xy+x-2y=c$

42. $4x+2y+\ln(x+2y-1)^2=c$

43. $\sin(x-c)+3$

44. $\dfrac{c(x-1)e^{2x}+x+1}{1+ce^{2x}}$

45. $\sin(x^2y^2)=ce^{x}$

46. $\ln(-x+ce^{x})$

47. cx^{-1} **48.** $c\tan^{-1}(cx)+c^{*}$

49. cx^{-1} **50.** $x^2+y^2=c$

51. $x+y-xy=c$

52. $x^3+y^3-3ayx=c$

53. $y(e^{x}+e^{y})=c$

54. $xy^2+e^{x}\sin y=c$

55. $x^2y^2-3x+4y=c$

56. $\sin 2x\sin 2y=c$

57. $y^3x+y^2\sin x-\frac{1}{2}x^2=c$

58. $-\ln|\cos x| + \cos x \cos y = c$

59. $-y^2 \cos x - x^2 y - \frac{1}{2}x^2 + y^{-1} = c$

60. $\sinh x \cos y = c$

61. $\frac{5}{2}$ **62.** 1 **63.** $x^2 y = c$

64. $\frac{1}{2}x^2 + xy + \ln|x| = c$

65. $e^{-1/y}(x+1) = c$ **66.** $x - \dfrac{y^2}{x} = c$

67. $x^2 + y^2 e^{-x} = c$ **68.** $e^x \sin \pi y = c$

69. $3y \sin^{\frac{1}{3}} x = c$ **70.** $xye^x = c$

71. $-5e^{-x} - e^{-y} = c$ **72.** $K \cosh^{-1} x$

73. $\dfrac{c}{bx^{a/b}}$ **74.** $x^2 e^y + xy = c$

75. $2y^2 + xy - 2y + \ln|x| = c$

76. $xy^2 + \frac{1}{3}y^3 - y = c$

77. $x - \dfrac{y^2}{2x} + \dfrac{1}{x} + y = c$

78. $\frac{1}{3}x^3 + \frac{1}{2}x^2 + xy^2 = c$

79. $2x^2 y + xy^2 = c$

80. $(2x^2 y - 2y^2 - 2y)e^{2x} = c$

81. Ke^{-x^2} **82.** $K \sin x$

83. $Kx^{-2} + 3x$ **84.** $K \sin x - 1$

85. $(K + e^{x^2})x^{-2}$ **86.** $K\sqrt{x^2 - 1}$

87. $(K + e^x)x^2$ **88.** $(K + \cosh x)x^{-2}$

89. $Ke^{x^2/2} - 1$ **90.** $(K - 5e^{\cos x})\csc x$

91. $(K + x)e^{-\sin x}$

92. $Ke^{2x} - 2x - 1$

93. $(Ke^{x^{-2}} + \frac{1}{2})x^3$

94. $Kx^{-1} + \frac{1}{4}x^3 + x^2 - x$

95. $x^2 + (K-2)x - 2K$

96. $4(1 - e^{-x^4/4})$

97. $2e^{-x^2} + 1$

98. $3xe^x$

99. $\frac{1}{2}(1 + x^2)e^{-x^3}$

101. $y^{-4} = Ke^{-4x} - x + \frac{1}{4}$

102. $\dfrac{1}{-x^2 \ln x + x^2 + Kx}$

103. $y^{-3} = Ke^{3x^2} + \frac{1}{2}$

104. $y^{-3} = Ke^x - 2x - 1$

105. $\dfrac{1}{Kx + 1}$

106. $\dfrac{x}{K + \ln x}$

107. $\dfrac{1}{Ke^x + \sin x}$

108. $y^{-3} = Ke^{3x} + x + \frac{1}{3}$

109. $\dfrac{1}{Kx^{-1/2} - \frac{10}{7}x^3}$

111. $2 + \dfrac{1}{Ke^{-3x} - \frac{1}{3}}$

112. $\dfrac{2K+\frac{1}{2}x^4}{x(K-\frac{1}{4}x^4)}$ **113.** $\dfrac{\frac{1}{2}x^2-Kx^2e^{-x^2}}{Ke^{-x^2}+\frac{1}{2}}$

114. $-e^{-x}+\dfrac{1}{Ke^{-x}-1}$ **115.** $1-e^{-x}$

116. $e^{-2x}+e^{-x}$ **117.** $(x-1)e^{-3x}$

118. $\frac{1}{2}e^{4x}+\frac{1}{4}x^2-2x-\frac{1}{2}$

119. $10^{-4}(1-e^{-1000t})$ **120.** $10e^{-5t}$

121. $We^{-Dt/J}$ **122.** $\varpi=Ve^{-Kt/D}$

3장

1. $y=(K_1+K_2x)e^{-5x}$

2. $K_1+K_2e^{-4x}$

3. $K_1e^{-0.5x}+K_2e^{-1.5x}$

4. $K_1+K_2e^{-x}+K_3e^{x}$

5. $K_1e^{-\sqrt{2}x}+K_2e^{\sqrt{2}x}+K_3\cos\sqrt{2}x+K_4\sin\sqrt{2}x$

6. $K_1e^{-x}+K_2e^{x}+K_3e^{-2x}+K_4e^{2x}$

7. $K_1\cos x+K_2\sin x+3x^2-6$

8. $K_1e^{-x}+K_2e^{2x}-\frac{1}{2}e^{x}-\frac{1}{2}x+\frac{1}{4}$

9. $(K_1+K_2x)e^{-2x}+0.56\cosh x-0.44\sinh x$

10. $e^{-x}+e^{2x}+xe^{2x}$

11. $(1-x)e^{-x}+2\sin x$

12. $0.806e^{-2x}-0.63e^{-3x}+\frac{1}{6}x^2-\frac{5}{18}x-\frac{19}{108}$

13. $-e^{-x}+\frac{1}{2}e^{-2x}+\frac{1}{2}$

14. $\frac{1}{2}e^{-3x}+\frac{1}{2}e^{-4x}+\frac{1}{2}e^{-2x}$

15. $\frac{1}{16}e^{-3x}+\frac{2}{16}e^{3x}+(\frac{1}{8}x^2-\frac{1}{16}x-\frac{3}{64})e^{x}$

16. $e^{-x}(1+\sin x-\cos x)$

17. $e^{-x}+xe^{-x}+\frac{1}{2}x^2e^{-x}$

18. $0.3e^{-x}-0.15e^{-2x}-0.15\cos 2x-0.05\sin 2x$

19. $-\frac{2}{9}e^{-3x}-\frac{8}{27}xe^{-3x}+\frac{1}{9}x^2-\frac{10}{27}x+\frac{2}{9}$

20. $-e^{-x}(0.2\cos 2x+0.15\sin 2x)$
$+0.2\cos x+0.1\sin x$

21. $-2e^{2x}+xe^{2x}+\frac{1}{2}x^2e^{2x}$

22. $-0.5e^{x}\sin x$

23. $\dfrac{2x^3}{3}-\dfrac{24x^2}{9}+\dfrac{156x}{27}-\dfrac{480}{81}-0.4\cos x+0.2\sin x$

24. $\frac{1}{9}xe^{3x}$ **25.** $-\frac{1}{3}\sin 2x$

26. $-0.1e^{x}(\sin x+\cos x)$

27. $-\frac{1}{39}(2\cos 2x+3\sin 2x)$

28. $(\frac{1}{12}x^3-\frac{1}{16}x^2+\frac{1}{32}x-\frac{1}{128})e^{2x}$

29. $-\frac{1}{65}(8\cos 2x-\sin 2x)e^{x}$

30. $\ln|\tan(x/2)|-\cos x\ln|\sin x|+x\sin x$

31. $\frac{1}{12}e^{2x}-0.505x+0.2475$

32. $-\ln|\cos x|+\sin x\ln\left|\dfrac{\pi}{4}+\dfrac{x}{2}\right|-1$

33. $-0.07e^{3x}+0.1xe^{3x}$

34. $0.0825x^4+0.44x^3+1.44x^2+2.96x+2.99$

35. $(0.06+0.1x)e^{-2x}$

36. $-\frac{1}{4}e^{-3x}$

37. $0.75e^{-2x} - x(e^{-x} + e^{-2x})$

38. $\frac{1}{27}(x-1)$

39. $\frac{1}{6}x^3e^{-x}$

40. $0.1e^x(\cos x + \sin x)$

41. $-\frac{1}{300}(8\cos 2x - 6\sin 2x)$

42. $\begin{cases} y_1 = K_1e^{-2.56x} + K_2e^{1.56x}, \\ y_2 = K_3e^{-2.56x} + K_4e^{1.56x} \end{cases}$

43. $\begin{cases} y_1 = K_1e^{-3x} + K_2e^{-x} + \frac{2}{3}x - \frac{2}{9}, \\ y_2 = K_3e^{-3x} + K_4e^{-x} + \frac{1}{3}x + \frac{2}{9} \end{cases}$

44.

$$\begin{cases} y_1 = K_1e^{-5.04x} + K_2e^{-1.74x} + K_3e^{-0.39x} + K_4e^{1.17x}, \\ y_2 = K_5e^{-5.04x} + K_6e^{-1.74x} + K_7e^{-0.39x} + K_8e^{1.17x} \end{cases}$$

45. $\begin{cases} y_1 = K_1e^{-x} + K_2\cos x + K_3\sin x, \\ y_2 = K_4e^{-x} + K_5\cos x + K_6\sin x \end{cases}$

46.

$$\begin{cases} y_1 = K_1 + e^{-1.5x}(K_2\cos 0.87x + K_3\sin 0.87x), \\ y_2 = K_4 + e^{-1.5x}(K_5\cos 0.87x + K_6\sin 0.87x) \end{cases}$$

47.

$$\begin{cases} y_1 = K_1 + K_2\cos x + K_3\sin x + 1.33e^{3x}, \\ y_2 = K_4 + K_5\cos x + K_6\sin x - 0.267e^{3x} \end{cases}$$

48. $\begin{cases} h(t) = [2e^{-t} - e^{-2t}]u(t) \\ s(t) = [1.5 - 2e^{-t} + 0.5e^{-2t}]u(t) \end{cases}$

49. $h(t) = te^{-5t}u(t), \quad s(t) = \frac{1}{2}t^2e^{-5t}u(t)$

50.

$$\begin{cases} h(t) = 2e^{-2t}\sin 3tu(t) \\ s(t) = [0.4615 + 0.55e^{-2t}\cos(3t + 146°)]u(t) \end{cases}$$

51. $\cos 3x$ **52.** $-\cos x$

53. $0.1\sin(2x - 143°)$ **54.** $0.35\cos x$

55. $0.885\sin(x + 8°)$

56. $2.12\sin(2x + 45°)$

57. $0.1\cos x$ **58.** $\cos(2x - 113°)$

4장

1. $\dfrac{7s+25}{s^2+11s+10}$

2. $\dfrac{(\cos\theta)s - (\sin\theta)\omega}{s^2+\omega^2}$

3. $\dfrac{(\sin\theta)s + (\cos\theta)\omega}{s^2+\omega^2}$

4. $\dfrac{2s+4}{s^2+4s+8}$

5. $\dfrac{2s^2+4\omega^2}{s^3+4\omega^2 s}$

6. $\dfrac{s^2-2\omega s+4\omega^2}{s^3+4\omega^2 s}$

7. $\dfrac{s^2-2a^2}{s^3-4a^2 s}$

8. $\dfrac{2a^2}{s^3 - 4a^2 s}$

9. $\dfrac{b^2 s^2 + 2abs + 2a^2}{s^3}$

10. $\dfrac{1-2s}{2s}\sqrt{\dfrac{\pi}{s}}$

11. $\dfrac{7.5}{4s^3}\sqrt{\dfrac{\pi}{s}}$

12. $1 + \dfrac{1}{2s}\sqrt{\dfrac{\pi}{s}}$

13. $\dfrac{(5e^{-10} + 2e^{-1})s + (5e^{-10} + 20e^{-1})}{s^2 + 11s + 10} e^{-s}$

14. $\dfrac{e^{-(s+2)}}{(s+2)^2}$

15. $\dfrac{s^3 + s^2 + \omega^2 s - \omega^2}{(s^2 + \omega^2)^2} e^{-s}$

16. $\dfrac{(\cos\omega)s^2 - (2\omega\sin\omega)s - \omega^2\cos\omega}{(s^2 + \omega^2)^2} e^{-s}$

17. $\dfrac{2s(s^4 - 2\omega^2 s^2 - 3\omega^4)}{(s^2 + \omega^2)^4}$

18. $\dfrac{2\omega(3s^4 + 2\omega^2 s^2 - \omega^4)}{(s^2 + \omega^2)^4}$

19. $\dfrac{2(s+1)[s^4 + 4s^3 + 2s^2 - 4s - 9]}{(s^2 + 2s + 2)^4}$

20. $\dfrac{2}{s^3 + 3s^2 + 7s + 5}$

21. $\dfrac{6}{(s+1)^4}$

22. $\dfrac{2}{s^3} - \left[\dfrac{2}{s^3} + \dfrac{2}{s^2} + \dfrac{1}{s}\right] e^{-s}$

23. $\dfrac{1 + e^{-\pi s}}{s^2 + 1}$

24. $\dfrac{e^{-as} - e^{-bs}}{s}$

25. $\dfrac{e^{-s}}{s}$

26. $\dfrac{1 - (s+1)e^{-s}}{s^2}$

27. $\dfrac{e^{-s}[1 - (s+1)e^{-s}]}{s^2}$

28. $-\dfrac{as + a^2 + \omega^2}{(s+a)^2 + \omega^2}$

29. $\dfrac{s^3 - \omega^2 s}{(s^2 + \omega^2)^2}$

30. $\dfrac{2s^2 + 2as}{(s^2 + 2as + a^2 + \omega^2)^2}$

31. $\dfrac{\pi}{2} - \tan^{-1}\left(\dfrac{s}{\omega}\right)$

32. $\ln\sqrt{\dfrac{s+a}{s-a}}$

33. $\dfrac{\pi}{2}s - s\tan^{-1}\left(\dfrac{s}{\omega}\right) - \omega$

34. $\frac{1}{s}\ln\sqrt{\frac{s+a}{s-a}}$

35. $\frac{s^2+2as+a^2-\omega^2}{s(s^2+2as+a^2+\omega^2)^2}$

36. $\frac{2s+2a}{s(s^2+2as+a^2+\omega^2)^2}$

37. $\frac{2}{s^5}$

38. $\frac{1}{s^2+(a+b)s+ab}$

39. $\frac{1}{s^2-a^2}$

40. $\frac{1}{s^3+as^2}$

41. $\frac{\omega s}{(s^2+\omega^2)^2}$

42. $\frac{1-e^{-s}}{s^3}$

43. $-\delta(t)$

44. $2e^{-2t}$

45. $2e^{-t}-2e^{-2t}$

46. $4e^{2t}+3e^{-t}$

47. $-1+2e^{-t}+3e^{t}$

48. $10\delta(t)+2.5e^{-t}-62.5e^{-5t}$

49. $1.5-2e^{-t}+0.5e^{-2t}$

50. $0.5-e^{-t}+1.5e^{-2t}$

51. te^{-t}

52. $-4.5te^{-1.5t}+3e^{-1.5t}$

53. $-te^{-5t}+e^{-5t}$

54. $2te^{2t}+e^{2t}$

55. $6te^{t}-4e^{t}$

56. $3.5t^2e^{-t}-14te^{-t}+7e^{-t}$

57. $-2t^3e^{-2t}+t^2e^{-2t}+e^{-2t}$

58. $e^{2t}\cos t$

59. $e^{-2t}\sin t$

60. $e^{-3t}\cos t-3e^{-3t}\sin t$

61. $\left[a\cos\omega t-\left(\frac{b-ac}{\omega}\right)\sin\omega t\right]e^{-ct}$

62. $3\sin t$

63. $2.582e^{-1.25t}\sin 0.968t$

64. $e^{-2t}(\cos 3t-\frac{8}{3}\sin 3t)$

65. $4\cos t-4\cos 2t$

66.

$0.146e^{-2t}\cos(4t+118.2°)+0.451e^{-t}\cos(t-81.2°)$

67. $0.5e^{-t}(\sin t-t\cos t)u(t)$

68.

$0.84e^{-t}\cos(2t+26.6°)-1.677te^{-t}\cos(2t-63.4°)$

69. $1.5\sin t+3.8t\cos(t-113.2°)$

70. $3.536\sin\sqrt{2}t+5t\cos\sqrt{2}t$

71. $e^{-(t-1)}u(t-1)$

72. $u(t)-u(t-1)$

73. $[u(t)-u(t-2)]e^{-t}$

74. $0.5(1+e^{-2(t-1)})u(t-1)$

75. $(-e^{-(t-1)}+2e^{-2(t-1)})u(t-1)$

76. $e^{-2(t-3)}\cos(2t-6)u(t-3)$

77. $u(t-1)-u(t-2)$

78. $0.5\sin 2t[u(t)-u(t-2)]$

79. $0.25(2t+1-e^{-2t})$

80. $\frac{4}{3}te^{-t}+\frac{2}{9}e^{-t}-\frac{2}{9}e^{-4t}$

81. $\frac{9}{14}e^{-3t}+\frac{5}{14}e^{4t}$

82. $\frac{4}{17}+0.24e^{-t}\cos(4t+166°)$

83. $-0.014+\frac{2}{17}t+0.22e^{-t}\cos(4t-86.5°)$

84. $\frac{1}{t}(e^{-bt}-e^{-at})$ **85.** $\frac{1}{t}(e^{t}-1)$

86. $2e^{t}+\frac{2}{t}(e^{t}-\cos t)$ **87.** $\frac{2}{t}(1-\cos\omega t)$

88. $-\frac{1}{t}\sin\omega t$ **89.** $-\frac{1}{t}e^{-t}\sin t$

90. $f(0)=10,\quad f(\infty)=0$

91. $f(0)=2,\quad f(\infty)=0$

92. $f(0)=0,\quad f(\infty)=0$

93. $f(0)=10,\quad f(\infty)=0$

94. $f(0)=3,\quad f(\infty)=0$

95. $f(0)=1,\quad f(\infty)=0$

96. $tu(t)-(t-1)u(t-1)$

97. $0.5(1-e^{-t}\cos t+e^{-t}\sin t)$

98. $0.5(3-e^{-2(t-1)})u(t-1)$

99. $0.25(e^{2t}-2t-1)$

100. $\frac{a}{b^2-a^2}(\cos at-\cos bt)$

101. $\frac{1}{6}(-e^{-3t}+\cos 3t+\sin 3t)$ **102.** e^{-2t}

103. $te^{-2t}+3e^{-2t}$

104. $\frac{1}{4}(-3+2e^{-2t}+5e^{4t})$

105. $\frac{3}{500}(13te^{-3t}-e^{-3t}+e^{-16t})$

106. $0.5(1-2e^{-t}+e^{-2t})$

107. $0.5(e^{-2t}-e^{-4t})$

108. $t+1$

109. $0.5t^2+t+1$

110. $0.5+0.708e^{-t}\cos(t+135°)$

111. $1-e^{-t}$

112. $0.4e^{-t}-0.25e^{-2t}+0.158\cos(2t+162°)$

113. $0.4+0.5e^{-t}\cos(2t-143°)$

114. $-1.5+0.5e^{-2t}$

115. $\sqrt{2}\sin\sqrt{2}t$

116. $0.5e^{t}+0.5e^{-t}$

117. $-1.17e^{-1.618t}+e^{-t}+0.17e^{0.618t}$

118. $0.5(e^{-2t}-2e^{-t}+1)$

119. $\sin t$ **120.** $0.5t\sin t$

121. $-\frac{1}{2}e^{-3t}+\frac{1}{3}e^{-2t}+\frac{1}{6}e^{t}$

122. $0.077e^{-3t}+0.2e^{t}+0.277\cos(2t-176.8°)$

123. $-\frac{1}{3}-\frac{1}{6}e^{-3t}+\frac{1}{2}e^{t}$

5장

1. $a_n=\begin{cases}\frac{2}{(\pi n)^2} & (n=\text{홀수})\\ 0 & (n=\text{짝수})\end{cases}$

$b_n=\begin{cases}-\frac{2}{\pi n} & (n=\text{홀수})\\ 0 & (n=\text{짝수})\end{cases}$

2. $a_n=\begin{cases}\frac{4}{n^2} & (n=\text{홀수})\\ 0 & (n=\text{짝수})\end{cases}$

$$b_n = \begin{cases} -\dfrac{\pi}{n} + \dfrac{4}{\pi n^3} & (n = \text{홀수}) \\ \dfrac{\pi}{n} & (n = \text{짝수}) \end{cases}$$

3. $a_n = \begin{cases} \dfrac{4}{\pi n^2} & (n = \text{홀수}) \\ 0 & (n = \text{짝수}) \end{cases}$

4. $a_n = \begin{cases} \dfrac{1}{2\pi(n^2 - 0.25)} & (n = \text{홀수}) \\ -\dfrac{1}{2\pi(n^2 - 0.25)} & (n = \text{짝수}) \end{cases}$

$$b_n = \begin{cases} \dfrac{n}{\pi(n^2 - 0.25)} + \dfrac{2}{\pi n} & (n = \text{홀수}) \\ \dfrac{n}{\pi(n^2 - 0.25)} & (n = \text{짝수}) \end{cases}$$

5. $a_n = \begin{cases} \dfrac{4}{\pi n^2} & (n = \text{홀수}) \\ 0 & (n = \text{짝수}) \end{cases}$

$$b_n = \begin{cases} \dfrac{2}{n} & (n = \text{홀수}) \\ 0 & (n = \text{짝수}) \end{cases}$$

6. $a_n = \begin{cases} 0 & (n = \text{홀수}) \\ -\dfrac{2}{\pi(n^2 - 1)} & (n = \text{짝수}) \end{cases}$

$$b_n = \begin{cases} 0.5 & (n = 1) \\ 0 & (n \neq 1) \end{cases}$$

7. $a_n = \begin{cases} -\dfrac{4}{\pi n^2} & (n = \text{홀수}) \\ 0 & (n = \text{짝수}) \end{cases}$

$$b_n = \begin{cases} \dfrac{2}{n} & (n = \text{홀수}) \\ 0 & (n = \text{짝수}) \end{cases}$$

8.

$$a_n = \begin{cases} \dfrac{1}{2\pi}, & n = 1 \\ \dfrac{1}{\pi n} + \dfrac{1}{\pi(n-1)}, & n = 3, 7, 11, \cdots (\text{홀수}) \\ \dfrac{1}{\pi n} - \dfrac{1}{\pi(n+1)}, & n = 5, 9, 13, \cdots (\text{홀수}) \\ \dfrac{1}{\pi n} - \dfrac{1}{\pi(n^2 - 1)}, & n = \text{짝수} \end{cases}$$

$$b_n = \begin{cases} \dfrac{1}{\pi n} - \dfrac{3}{4}, & n = 1 \\ \dfrac{1}{\pi n}, & n = \text{홀수}(n \neq 1) \\ \dfrac{1}{\pi n} - \dfrac{n}{\pi(n^2 - 1)}, & n = 2, 6, 10, \cdots (\text{짝수}) \\ \dfrac{1}{\pi n} + \dfrac{n}{\pi(n^2 - 1)}, & n = 4, 8, 12, \cdots (\text{짝수}) \end{cases}$$

9. $a_n = \begin{cases} 0 & (n = \text{홀수}) \\ -\dfrac{2}{\pi(n^2 - 1)} & (n = \text{짝수}) \end{cases}$

10. $b_n = \begin{cases} -\dfrac{2(-1)^{\frac{n-1}{2}}}{\pi n^2} & (n = \text{홀수}) \\ -\dfrac{(-1)^{n/2}}{n} & (n = \text{짝수}) \end{cases}$

11. $c_n = i\dfrac{2\pi T}{4\pi^2 n}$ **12.** $c_n = -i\dfrac{2\pi T}{4\pi^2 n}$

13. $c_n = \dfrac{1-e^{-a}}{i2\pi n + a}$

14. $c_n = \begin{cases} -\dfrac{T}{\pi^2 n^2} & (n = \text{홀수}) \\ 0 & (n = \text{짝수}) \end{cases}$

15. $c_n == \begin{cases} \dfrac{i2n+1}{\pi(1-4n^2)} & (n = \text{홀수}) \\ \dfrac{-i2n+1}{\pi(1-4n^2)} & (n = \text{짝수}) \end{cases}$

16. $c_n = \begin{cases} \dfrac{i4n}{\pi(1-4n^2)} & (n = \text{홀수}) \\ \dfrac{-i4n}{\pi(1-4n^2)} & (n = \text{짝수}) \end{cases}$

17. $c_{-1} = -\dfrac{1}{i4} + \dfrac{\sqrt{3}}{4}, \quad c_1 = \dfrac{1}{i4} + \dfrac{\sqrt{3}}{4}$

18. $c_{-1} = \dfrac{1}{2} - \dfrac{1}{i2}, \quad c_1 = \dfrac{1}{2} + \dfrac{1}{i2}$

19. $c_{-3} = -\dfrac{1}{i4}, \quad c_{-1} = \dfrac{1}{i4}, \quad c_1 = -\dfrac{1}{i4}, \quad c_3 = \dfrac{1}{i4}$

20. $c_n = \dfrac{2}{\pi(1-4n^2)}$

21. $c_{-3} = \dfrac{1}{8}, \quad c_{-1} = \dfrac{3}{8}, \quad c_1 = -\dfrac{3}{8}, \quad c_3 = \dfrac{1}{8}$

22. $\dfrac{10}{3+i\omega}$ **23.** $\dfrac{2a}{a^2+\omega^2}$

24. $100\text{Sa}(5\omega)$ **25.** $1000\text{Sa}^2(5\omega)$

26. $\pi\delta(\omega) + 0.5\pi[\delta(\omega+2\omega_o) + \delta(\omega-2\omega_o)]$

27. $\dfrac{\pi}{a}e^{-a|\omega|}$ **28.** $\dfrac{a+i\omega}{(a+i\omega)^2+b^2}$

29. $\dfrac{1}{(a+i\omega)^2}$

30. $\left(\dfrac{1}{i\omega} + \pi\delta(\omega)\right)(1-e^{-i\omega})$

31. $\dfrac{1-e^{-2(i\omega+1)}}{a+i\omega}$ **32.** $\dfrac{1-2a-2i\omega}{(a+i\omega)^2}e^{-6}e^{-i2\omega}$

33. $-\sin\omega\left[\dfrac{2\pi}{i(\omega^2-\pi^2)} + \pi\delta(\omega-\pi) - \pi\delta(\omega+\pi)\right]$

34. $-i\sin\omega\left[\dfrac{2\omega}{i(\omega^2-\pi^2)} + \pi\delta(\omega-\pi) + \pi\delta(\omega+\pi)\right]$

35. $-\dfrac{3(a+i\omega)^2+b^2}{[(a+i\omega)^2+b^2]^2}$

36. $-\dfrac{b}{(a-i\omega)^2+b^2}$ **37.** $\dfrac{2}{(a+i\omega)^3}$

38. $\dfrac{\omega^2 + j8\omega + 8}{-2\omega^2 + i16\omega + 24}$

39. $\dfrac{\omega^2 + i8\omega + 8}{-2\omega^2 + i16\omega + 24}e^{-i\omega/2}$

40. $\dfrac{\omega^2 + 2\omega(1+i2) + (3+i4)}{-\omega^2 - 2\omega(1-i2) + (2+i4)}$

41. $\dfrac{i\omega^3 - i4\omega^2 + i2\omega}{-\omega^2 + i4\omega + 3}$

42.

$$\frac{1}{2}\left[\frac{(\omega-\pi)^2 + i4(\omega-\pi) + 2}{-(\omega-\pi)^2 + i4(\omega-\pi) + 3} + \frac{(\omega+\pi)^2 + i4(\omega+\pi) + 2}{-(\omega+\pi)^2 + i4(\omega+\pi) + 3}\right]$$

43. $\dfrac{\omega^2 + i4\omega + 2}{-\omega^2 + i4\omega + 3}e^{-i2\omega}$

44. $\left(\dfrac{\omega^2+i4\omega+2}{-\omega^2+i4\omega+3}\right)^2$

45. $\dfrac{\omega^2+i4\omega+2}{-i\omega^3-4\omega^2+i3\omega}+\dfrac{2}{3}\pi\delta(\omega)$

46. $\delta(t)+u(t)-\frac{1}{2}$ 47. $te^{-t}u(t)$

48. $10\delta(t)-90e^{-10t}u(t)$ 49. $\frac{1}{2}t^2e^{-t}u(t)$

50. $\Pi(\omega/2)$ 51. $i\delta(\omega-1)-i\delta(\omega+1)$

52. $\Pi(\omega/2)e^{i\omega t}$ 53. $\frac{1}{2}\Pi(\omega/4)e^{-i\omega/2}$

54. $-\delta(\omega-1)-\delta(\omega+1)-2\Pi(\omega/2)e^{i\omega}$

55. $i\omega\Pi(\omega/2)$

56. $-\Pi(\omega/2)-\delta(\omega-1)-\delta(\omega+1)$

57. $\Pi[\omega/2+1]$

58. $0.5\Pi(\omega/2-1)+0.5\Pi(\omega/2+1)$

59. $i\delta(\omega+1)-i\delta(\omega+3)$

60. $-i0.5\Pi(\omega/2-1)+i0.5\Pi(\omega/2+1)$

61. $0.5e^{-i\omega}\Pi(\omega/2)+0.25e^{-i(\omega+2)}\Pi(\omega/2-1)+0.25e^{-i(\omega-2)}\Pi(\omega/2+1)$

62. $\dfrac{\omega t\cos\omega t-\sin\omega t}{\pi t^2}$

63. $\dfrac{1}{\pi t}$ 64. $\dfrac{a/\pi}{a^2+t^2}$

65. $\dfrac{1}{\pi}\Pi(t/2\pi)\cos 10t$

66. $\dfrac{1}{4\pi}\Pi[(t+1)/2\pi]+\dfrac{1}{4\pi}\Pi[(t-1)/2\pi]$

70. $2(e^{-t}-e^{-2t})u(t)$

71. $[-\frac{4}{3}e^{-2t}+2e^{-t}]u(t)+\frac{2}{3}e^{t}u(-t)$

72. $2te^{-2t}u(t)$

73. $(-4te^{-2t}+2e^{-2t})u(t)$

74. $(e^{-t}-2e^{-2t}+e^{-3t})u(t)$

75. $(2e^{-3t}-e^{-2t})u(t)$

76. $(e^{-2t}-e^{-3t})u(t)$

77. $(-te^{-2t}+2e^{-2t}-2e^{-3t})u(t)$

78. $e^{-3t}u(t)$

6장

1. $[2, 2, 1]$, 3 2. $[-3, 0, 2]$, $\sqrt{13}$

3. $[6, 4, -2]$, $2\sqrt{14}$ 4. $[0, 0, 0]$, 0

5. $[-3, 4, 0]$, 5

6. $[a, b, c]$, $\sqrt{a^2+b^2+c^2}$

7. $[3, 0, 0]$ 8. $[8, -1, -7]$

9. 3 10. 4.1815

11. $[-30, 10, -20]$ 12. 6

13. -21 14. -4

16. $\frac{1}{\sqrt{6}}[2, 1, -1]$ 17. $c=-2$

18. 90° 19. 101°

20. 70.9° 21. 52.9°

22. 1 23. 0

24. 8 25. 32

26. $\mathbf{a}\times\mathbf{b}=[2, -4, 2]$, $\mathbf{b}\times\mathbf{a}=[-2, 4, -2]$

27. $\mathbf{a}\times\mathbf{c}=[-7, 14, -7]$, $|\mathbf{a}\times\mathbf{c}|=17.146$

28. 0　29. 0　30. 0　31. 0

32. 1　33. 1　34. 0　35. 0

36. 0　37. 0

38. $[-4, -2, 0]$　39. $[3, -9, 0]$

40. $[-2, -1, 8]$　41. $[-6, 0, -2]$

42. 9　43. 8　44. 13

45. 9　46. 11.71　47. $\sqrt{84}$

48. 11.02　49. 9.354

50. $3x-2y+4z=0$　51. $4x+z=5$

52. $x+y+z=2$　53. $5x+3y-7z=4$

54. 6　55. 8　56. 9　57. 8

58. $\frac{1}{6}$　59. $\frac{7}{6}$　60. $\frac{1}{6}$　61. $\frac{7}{3}$

62. $\mathbf{r}(t)=t\mathbf{i}+\mathbf{j}+\mathbf{k}$

63. $\mathbf{r}(t)=(1+2t)\mathbf{i}+(-1+3t)\mathbf{j}+(2+t)\mathbf{k}$

64. $\mathbf{r}(t)=3(1-t)\mathbf{i}+t\mathbf{j}-(1+2t)\mathbf{k}$

65. $\mathbf{r}(t)=3(1+t)\mathbf{i}+(3+5t)\mathbf{j}+(1-t)\mathbf{k}$

66. $\mathbf{r}(t)=t\mathbf{i}+2t\mathbf{j}+3t\mathbf{k}$

67. $\mathbf{r}(t)=\mathbf{i}+3\mathbf{j}+2(1-2t)\mathbf{k}$

68. $\mathbf{r}(t)=(3+t)\mathbf{i}-(1+3t)\mathbf{j}+(5-t)\mathbf{k}$

69. $\mathbf{r}(t)=9(1-t)\mathbf{i}+3\mathbf{j}+(8+2t)\mathbf{k}$

70. $\mathbf{r}(t)=t\mathbf{i}+at\mathbf{j}+c\mathbf{k}$

71. $\mathbf{r}(t)=t\mathbf{i}+at\mathbf{j}+bt\mathbf{k}$

72. $\mathbf{r}(t)=(c-2t)\mathbf{i}+t\mathbf{j}+t\mathbf{k}$

73. $\mathbf{r}(t)=t\mathbf{i}+(2-t)\mathbf{j}+2(t-1)\mathbf{k}$

74. $z=xy$

75. $a^2x^2+(z-a)^2=a^2,\quad y=0$

76. $\dfrac{x^2}{a^2}-\dfrac{y^2}{b^2}=1,\quad z=0$

77. $\mathbf{r}(t)=(a+\cos t)\mathbf{i}+(b+\sin t)\mathbf{j}+3\mathbf{k}$

78. $\mathbf{r}(t)=\mathbf{i}+(t-a)\mathbf{j}+(1/t+a)\mathbf{k}$

79. $\mathbf{r}(t)=3\cos t\mathbf{i}+5\sin t\mathbf{j}+\mathbf{k}$

80. $\mathbf{r}(t)=3\cosh t\mathbf{i}+5\sinh t\mathbf{j}$

81. $\begin{cases}\mathbf{u}=(1+4t^2)^{-1/2}(\mathbf{j}+2t\mathbf{k})\\ L:(1+w)\mathbf{j}+(1+2w)\mathbf{k}\end{cases}$

82. $\begin{cases}\mathbf{u}=-\sin t\mathbf{i}+\cos t\mathbf{j}\\ L:\frac{1}{\sqrt{2}}(1-w)\mathbf{i}+\frac{1}{\sqrt{2}}(1+w)\mathbf{j}\end{cases}$

83. $\begin{cases}\mathbf{u}=(1+9t^4)^{-1/2}(\mathbf{i}+3t^2\mathbf{j})\\ L:(2+w)\mathbf{i}+(8+12w)\mathbf{j}\end{cases}$

84. $\begin{cases}\mathbf{u}=\frac{1}{\sqrt{2}}(-\sin t\mathbf{i}+\cos t\mathbf{j}+\mathbf{k})\\ L:\ (1+w)\mathbf{j}+(\pi/2+w)\mathbf{k}\end{cases}$

85. $\begin{cases}\mathbf{u}=(1+4t^2+9t^4)^{-1/2}(\mathbf{i}+2t\mathbf{j}+3t^2\mathbf{k})\\ L:\ (1+w)\mathbf{i}+(1+2w)\mathbf{j}+(1+3w)\mathbf{k}\end{cases}$

86. $\begin{cases}\mathbf{u}=(\cosh 2t)^{-1/2}(\sinh t\mathbf{i}+\cosh t\mathbf{j})\\ L:\ (5+4w)\mathbf{i}+(4+5w)\mathbf{j}\end{cases}$

87. 1.175　88. $2\pi\sqrt{a^2+b^2}$

89. 9.073　90. $0.75a$

91. $\mathbf{v}=2t\mathbf{i},\quad a_t=2,\quad a_n=0,\quad 1/\rho=0$

92. $\mathbf{v}=3t^2\mathbf{i}+4t\mathbf{j}-3t^2\mathbf{k}$

$$a_t=\frac{36t^2+16}{\sqrt{18t^2+16}},\quad a_n=\frac{12\sqrt{2}t}{\sqrt{18t^2+16}},$$

$$\frac{1}{\rho}=\frac{12\sqrt{2}}{18t^2+16}$$

93. $\mathbf{v} = \mathbf{i} - t^{-2}\mathbf{j}$

$$a_t = \frac{-2}{t^3\sqrt{t^4+1}}, \quad a_n = \frac{2}{t\sqrt{t^4+1}}$$

$$\frac{1}{\rho} = \frac{2}{(t+t^{-3})\sqrt{t^4+1}}$$

94. $\mathbf{v} = -2\sin 2t\mathbf{i} + 2\cos 2t\mathbf{j} + \mathbf{k}$

$a_t = 0, \quad a_n = 4\sqrt{5}, \quad 1/\rho = \frac{4}{\sqrt{5}}$

95. $\mathbf{v} = e^t\mathbf{i} - e^{-t}\mathbf{j}$

$a_t = \sqrt{2}\cosh^{-1/2} 2t \sinh 2t,$

$a_n = \sqrt{2}\cosh^{-1/2} 2t, \quad 1/\rho = \frac{1}{\sqrt{2}}\cosh^{-3/2} t$

96. $\mathbf{v} = \cos t\mathbf{j}$

$a_t = -\sin t, \quad a_n = 0, \quad 1/\rho = 0$

97. $-e^y \sin x\mathbf{i} + e^y \cos x\mathbf{j}$

98. $6x\mathbf{i} + 4y\mathbf{j} + 2z\mathbf{k}$ **99.** $\dfrac{x\mathbf{i} + z\mathbf{k}}{x^2+z^2}$

100. $-\sin x \cosh y\mathbf{i} + \cos x \sinh y\mathbf{j}$

101. $\dfrac{x\mathbf{i} + y\mathbf{j} + z\mathbf{k}}{\sqrt{x^2+y^2+z^2}}$

102. $(y+z)\mathbf{i} + (x+z)\mathbf{j} + (x+y)\mathbf{k}$

103. $\dfrac{-2xz\mathbf{i} - 2yz\mathbf{j} + (x^2+y^2)\mathbf{k}}{(x^2+y^2)^2}$

104.
$e^{x^2-y^2}[2z(x\cos 2x - \sin 2x)\mathbf{i} - (2zy\cos 2x)\mathbf{j} + \cos 2x\mathbf{k})]$

105. $\dfrac{2x(y^2-z^2)\mathbf{i} - 2y(x^2-z^2)\mathbf{j} + 2z(x^2-y^2)\mathbf{k}}{(x^2-z^2)^2}$

106. $\frac{1}{\sqrt{17}}(4\mathbf{i} - \mathbf{j})$ **107.** $-\frac{1}{\sqrt{6}}(\mathbf{i} + 2\mathbf{j} - 2\mathbf{k})$

108. $\frac{1}{5}(3\mathbf{i} + 4\mathbf{j})$ **109.** $\frac{1}{7}(2\mathbf{i} - \sqrt{3}\mathbf{j})$

110. $\frac{1}{\sqrt{14}}(2\mathbf{i} + 3\mathbf{j} + \mathbf{k})$

111. $\frac{1}{5\sqrt{2}}(3\mathbf{i} + 4\mathbf{j} - 5\mathbf{k})$ **112.** $\frac{20}{\sqrt{14}}$

113. $-\frac{36.95}{\sqrt{13}}$ **114.** $\frac{7}{3}$

115. 3 **116.** 0

117. $2x^2z$ **118.** $2(xy + yz + zx)$

119. $-ye^{-xy} - ze^{-yz} - xe^{-zx}$

120. $-(x+y+1)\sin xy$

121. $6x\mathbf{i} + 2\mathbf{j}$ **122.** $2\mathbf{i} + 2\mathbf{j} + 8\mathbf{k}$

123. $(x-1)e^{-x}\mathbf{i} + (y-1)e^{-y}\mathbf{j} + (z-1)e^{-z}\mathbf{k}$

124. $-2\mathbf{j} - \mathbf{k}$ **125.** $\mathbf{i} + \mathbf{j} + \mathbf{k}$

126. $-\cos x\mathbf{j} + \sin y\mathbf{k}$

127. $2y\mathbf{i} + 2z\mathbf{j} + 2x\mathbf{k}$

128. $(z^2x - y^2z)\mathbf{i} + (x^2y - z^2y)\mathbf{j} + (y^2z - x^2z)\mathbf{k}$

129. $-e^{-xyz}[x(z-y)\mathbf{i} + y(x-z)\mathbf{j} + z(y-x)\mathbf{k}]$

7장

1. $0 \le x \le 2,\ 0 \le y \le 4$: 직사각형, $\frac{160}{3}$

2. $0 \le y \le 3,\ -y \le x \le y$: 직각삼각형, 54

3. $0 \le x \le y,\ 0 \le y \le \pi/3$: 직각삼각형, 0.5

4. $0 \le y \le x,\ 0 \le x \le 2$: 직각삼각형,

$0.5\sinh 4 - \sinh 2$

5. $0 \le y \le x^2,\ 1 \le x \le 5$: 찌그러진 사변형,

$e^{30} - 9e^5 - e^2 + e$

6. $x^2 \le y \le x,\ 0 \le x \le 1$: 직선과 곡선으로 둘러싸인 평면, $\frac{1}{8}$

7. $0 \le x \le \sin y,\ 0 \le y \le \pi$: 직선과 곡선으로 둘러싸인 평면, π

8. $0 \le y \le \cos x,\ 0 \le x \le \pi/2$: 직선과 곡선으로 둘러싸인 평면, 1

9. $-y \le x \le y,\ 1 \le y \le 2$: 직각삼각형, $0.5(\cosh 2 - \cosh 1)$

10. $\frac{4}{3}a^3$ **11.** 0.5π **12.** $\pi(e^{-b^2} - e^{-a^2})$

13. $x_o = \frac{8}{10}$, $y_o = \frac{8}{15}$

14. $x_o = 0.611$, $y_o = 0.516$

15. $\frac{1}{6}$ **16.** 35 **17.** 49.33

18. $\frac{406}{81}$ **19.** 27 **20.** -155

21. -48 **22.** 2π **23.** -129

24. 26 **25.** 3π

26. $\frac{1}{3}e^4 - \frac{1}{3}e^2 + e^{-2} - e^{-4} - 4$

27. $\frac{3}{2}\sin 18 - \frac{57}{2}$

28. $-e^{-3} + \frac{1}{2}e^{-1} + \frac{26}{3}$

29. $\frac{11}{8}e^{12} + \frac{39}{4}e^6 + e^3 - \frac{13}{8}$

30. 보존벡터장, $f = e^x - e^z$

31. 보존벡터장, $f = x + y^2 z + y^3$

32. 보존벡터장, $f = \sin x - \sin y$

33. 보존벡터장, $f = -(e^{-x} + e^{-y} + e^{-z})$

34. 보존벡터장, $f = ye^z + ze^y$

35. 보존벡터장, $f = (x^2 + x)e^z$

36. 보존벡터장,

$f = xe^y + (z+1)e^x + e^y = (x+1)e^y + (z+1)e^x$

37. 보존벡터장이 아님

38. 보존벡터장, $f = y\cosh 2z + \frac{1}{2}\cosh 2z$

39. 보존벡터장, $f = xe^{yz} + ye^{xz}$

40. $\mathbf{N} = \mathbf{k}$

41. $x^2 + y^2 = u^2$: $\mathbf{N} = u\mathbf{k}$

42. $\dfrac{x^2}{a^2} + \dfrac{y^2}{b^2} = 1$: $\mathbf{N} = u\mathbf{k}$

43. $x^2 + y^2 = u^2$: $\mathbf{N} = \sin v\mathbf{i} - \cos v\mathbf{j} + u\mathbf{k}$

44. $z = c\sqrt{x^2 + y^2}$:

$\mathbf{N} = -cu\cos v\mathbf{i} - cu\sin v\mathbf{j} + u\mathbf{k}$

45. $\dfrac{x^2}{a^2} + \dfrac{y^2}{b^2} + \dfrac{z^2}{c^2} = 1$:

$\mathbf{N} = -bc\cos^2 u\cos v\mathbf{i} - ac\cos^2 u\sin v\mathbf{j} - ab\sin u\cos u\mathbf{k}$

46. $z = x^2 + y^2$:

$\mathbf{N} = -2u^2\cos v\mathbf{i} - 2u^2\sin v\mathbf{j} + u\mathbf{k}$

47. $z = \dfrac{x^2}{a^2} + \dfrac{y^2}{b^2}$:

$\mathbf{N} = -2bu^2\cos v\mathbf{i} - 2au^2\sin v\mathbf{j} + abu\mathbf{k}$

48. $z = \dfrac{x^2}{a^2} + \dfrac{y^2}{b^2}$:

$\mathbf{N} = -2bu^2\cosh v\mathbf{i} + 2au^2\sinh v\mathbf{j} + abu\mathbf{k}$

49. $\dfrac{x^2}{a^2}+\dfrac{y^2}{b^2}-\dfrac{z^2}{c^2}=-1:$

$\mathbf{N}=-bc\sinh^2 u\cos v\mathbf{i}-ac\sinh^2 u\sin v\mathbf{j}$
$+ab\cosh u\sinh u\mathbf{k}$

50. $z=\cosh^{-1}\sqrt{x^2+y^2}:$

$\mathbf{N}=-\dfrac{u}{\sqrt{u^2-1}}\cos v\mathbf{i}-\dfrac{u}{\sqrt{u^2-1}}\sin v\mathbf{j}+u\mathbf{k}$

52. $\frac{1}{\sqrt{29}}(2\mathbf{i}+3\mathbf{j}-4\mathbf{k})$

53. $\dfrac{x\mathbf{i}+y\mathbf{j}+z\mathbf{k}}{\sqrt{x^2+y^2+z^2}}$

54. $\dfrac{4x\mathbf{i}+4y\mathbf{j}-z\mathbf{k}}{\sqrt{16x^2+16y^2+z^2}}$

55. $\dfrac{-6x\mathbf{i}-6y\mathbf{j}+\mathbf{k}}{\sqrt{36x^2+36y^2+1}}$

56. $\dfrac{-2x\mathbf{i}+2y\mathbf{j}+\mathbf{k}}{\sqrt{4x^2+4y^2+1}}$

57. $\dfrac{-y\mathbf{i}-x\mathbf{j}+\mathbf{k}}{\sqrt{x^2+y^2+1}}$ **58.** -32

59. $\frac{7}{12}-e^{-1}$ **60.** e^3-3e+2 **61.** $\frac{4}{3}$

62. 3π **63.** 0 **64.** -1250π

65. 6804 **66.** $\frac{17}{4}b$ **67.** $\frac{125}{6}$

68. $-\frac{59}{180}$ **69.** 18π **70.** $-\frac{53}{2}$

71. 0 **72.** $2\sinh(2)$ **73.** 0

74. $8(e-e^{-1})+24$ **75.** 0 **76.** $\frac{2}{3}$

77. $\frac{17}{24}-\frac{2}{\pi^2}$ **78.** $-\frac{\pi}{8}$ **79.** 20π

80. 2π **81.** $\frac{4}{9}$ **82.** $-\frac{5}{4}$

83. $4(1-e^4)$ **84.** $-\frac{4}{3}$

8장

1. $x(x+a)$ **2.** $-\frac{1}{4}(2x^2-2x+1)$

3. $\frac{1}{5}(x+a)^4$ **4.** $x^{\frac{1}{2}}-x^{-\frac{1}{2}}\sqrt{1-x^2}\cos x$

5. $(c_1+c_2x+\frac{1}{12}x^4)e^x$

6. $(c_1+c_2x-\sin x)e^x$

7. $c_1\cos x+c_2\sin x+x\sin x+\cos x\ln|\cos x|$

8. $e^{-2x}(c_1\cos x+c_2\sin x-x\cos x+\sin x\ln|\sin x|)$

9. $e^{2x}(c_1+c_2x)+e^x(3x^2+12x+20)$

10. $c_1\cos 4x+c_2\sin 4x+\frac{1}{4}x\sin 4x$
$+\frac{1}{16}\cos 4x\ln|\cos 4x|$

11. $c_1x^2+c_2x^3+x^{-3}$

12. $c_1x+c_2x^2-x\sin x$

13. $c_1x^{-1}+c_2x^2+x^2\ln|x|-\frac{1}{3}x^2$

14. $c_1+c_2x^2+(x-1)e^x$

15. $c_1x+c_2x^2+x^4$

16. $(c_1+c_2\ln x)x^{1/2}+\frac{1}{4}x^{5/2}$

17. $c_1+c_2x^2+x^2e^x$

18. $c_1x^2 + c_2x^3 - x^2\cos x$

19. $y = -1 + a_N x^N$

20. $y = c_1 P_2(x/a)$

9장

1. $u = f(y)e^x$

2. $u = xf(y) + g(y)$

3. $u = f(x)e^{-y^2}$

4. $u = f(y)e^{x^2 y}$

5. $u = F(x)e^{-y} + G(y)$

6. $u = A(x) + B(x)e^y$

7. $u = A(y)\cos 2x + B(y)\sin 2x$

8. $u = F(y)e^{-x} + G(y)e^x + H(y)$

9. $u = Ce^{kx}e^{ky}$

10. $u = Ce^{\frac{1}{2}x^2 + kx}e^{\frac{1}{2}y^2 + ky}$

11. $u = C(xy)^k$

12. $u = Ce^{\frac{1}{2}k(x^2+y^2)}$

13. $u = Ce^{kx}y^k$

14. $u = Ce^{kx}e^{y/k}$

15. $u = (C_1e^{\sqrt{k}x} + C_2e^{-\sqrt{k}x})\cos\sqrt{k}y$
$\quad + (D_1e^{\sqrt{k}x} + D_2e^{-\sqrt{k}x})\sin\sqrt{k}y$

16. $u = Cx^k e^{-y^2/k}$

17. $u = Ce^{-k/x}e^{-y^3/k}$

18. $e^{-t}\sin x$

19. $\frac{4}{\pi}\left[e^{-t}\sin x + \frac{1}{3^3}e^{-3t}\sin 3x + \frac{1}{5^3}e^{-5t}\sin 5x + \cdots\right]$

20. $A_1 = \frac{2}{\pi},\quad A_2 = \frac{1}{2},\quad A_3 = -\frac{2}{\pi 3^2},$
$A_4 = -\frac{1}{4},\quad A_5 = \frac{2}{\pi 5^2}\quad \cdots$

21. $e^{-2t}\sin 2x - \frac{1}{2}e^{-4t}\sin 4x + \frac{1}{3}e^{-6t}\sin 6x - \frac{1}{4}e^{-8t}\sin 8x \cdots$

23. $\frac{T_o}{2}\left[\operatorname{erfc}\left(\frac{x/c}{2\sqrt{t}}\right) + \operatorname{erfc}\left(\frac{-x/c}{2\sqrt{t}}\right)\right] + T_o$

24. $\frac{1}{\sqrt{4c^2t+1}}e^{-\frac{x^2}{4c^2t+1}}$

25. $k\sin x\cos t$

26. $k(\sin x\cos t - \sin 2x\cos 2t)$

27. $0.5k\sin 2x\sin 2t$

28. $k\sin x(\cos t - 2\sin t)$

29. $\cos(ct - x)u(t - x/c) - e^{-x}\cos ct\,u(t)$

30. $0.5a[(t - x/c)^2 u(t - x/c) - t^2 u(t)]$

찾아보기

ㄱ

가속도벡터 228
각속도 58
가우스 법칙 277, 287
가우스의 발산정리 282
감마함수 9
감쇄고유주파수 78
강제응답 147
강제함수(비제차항 참조)
거듭제곱 함수 120
겹계승 8
경계조건 322
계단응답 102
계단함수 13, 120, 185
계수(係數) 29
계수(階數) 29
계수내림법 304
계수함수 29
계승(factorial) 8
계승함수 9
고유응답 147
고조파 160
고유주파수 78
과제동 79
곡률 228
곡률반지름 228
곡면 222
곡면법선벡터 222, 232
곡선 220
곡선접선벡터 222
공명 82
공액대칭 186
공액복소수 16
공진 79
관성 58
관성모멘트 254
구배 231
구심가속도 229
구좌표계 258
구형함수 179, 181
극관성모멘트 254
극점 136
극좌표 17
기계계 57, 81
기본계 71
기본벡터 209
기본주기 160
기본주파수 160
기함수 163
깁스(Gibbs) 현상 170

ㄴ

나브라(nabla) 232
내적 210
내향 법선벡터 282
뉴톤 법칙 54, 242
뉴톤의 냉각법칙 62
능동소자 53

ㄷ

다변수함수 4
단위벡터 209
단위 접선벡터 226
단위 주법선벡터 228
닫힌곡면 270
닫힌곡선 260
대역폭 182
대칭함수 163
델(del) 232
도함수 2
동차형 미분방정식 30
등위면 231
디락 델타함수(충격함수 참조)

ㄹ

라플라스 방정식 288
라플라스 변환 118
라플라스 연산자 239
램프함수 16
로드리게스 공식 316
Wronskian 306
르장드르 다항식 315
르장드르 방정식 314

ㅁ

마찰 57, 58
매개변수 변환법 306
매개변수 표현법 219
매끄러운 곡선 260
맥놀이 82
맥로린(Maclaurin) 급수
맥스웰 방정식 298, 337
멱급수 해법 313
면적벡터 216, 270
면적분 269, 279
면적소 252
모멘트 벡터 216
무게중심 254
미분 2, 126, 130, 188, 224
미분방정식 28, 143
미분연산자 85, 92
미분연산자법 86
미정계수법 49, 74

ㅂ

발산 238
방전 56
방향도함수 235
법선가속도 229
법선벡터 211
베셀 방정식 317
벡터 208
벡터장 224
벡터함수 224
변수분리법 324, 327, 339
변수분리형 미분방정식 30
변조 188, 202
병진기계계 57
보조해 42, 43, 47
보존벡터장 263
복소수 16
복소지수함수 17, 183
부분분수 전개 22
부분적분 5
부족제동 79
분리상수 325
불연속함수 13
비선형 29
비압축성 241
비제차방정식 29
비제차함수(비제차항 참조)
비제차항 29
비틀림 스프링 58
비회전벡터장 245

ㅅ

사상공간 118
사슬법칙 5
삼각 푸리에급수 160, 162
삼각파함수 179
삼중적분 256
삼각함수 121
상미분방정식 28
상보오차함수 331
상사회로 58
상수계수 선형미분방정식 44
쌍대성 129, 179
선적분 259, 267
선형 29
선형성 124, 187
선형 연립미분방정식 95
속도벡터 228
솔레노이드적 239
수동소자 53
수반제차방정식 306
스칼라 208
스칼라곱 210
스칼라 삼중적 218
스칼라장 231
스칼라 점함수 231
스칼라함수 231
스토커 정리 289
스프링계수 58
시간응답 102
시간척도 변화 126

시간폭 182
시그넘(signum) 함수 183
시불변시스템 107
시점 260
시정수 103
실수부 16

ㅇ

암페어 주회법칙 296
야코비안(Jacobian) 255
양함수 220
에너지 스펙트럼 192
x-곱하기 52, 72
역라플라스 변환 118, 136
역푸리에 변환 178
역함수 2
연속방정식 241
열린곡선 260
열전도방정식 289, 325
영-상태 응답 147
영-입력 응답 147
영점 136
오른손 법칙 215
오일러 공식 17
오일러-코시 방정식 308
오차함수 331
옴(Ohm) 53
완전미분방정식 35
완전응답 147
완전해 43
외적 215
외향 법선벡터 282
용수철 57
용출점 240
우함수 163
원 221
원나선 221
원뿔 223
원심가속도 229
원통좌표계 258
원환체(torus) 281
유량(flux) 269
유선(streamline) 269
유수(residue) 23
유체계 61
유출량 240
유출량 적분 270, 277
유향곡선 260
위상 스펙트럼 177
위상응답 113, 199
위치벡터 209
음함수 220
응답 52
2계 상수계수 선형미분방정식 70
이동 정리 125, 187
이중적분 252
2차 시스템 78
인덕턴스 53
인덕터 53
1계 상수계수 선형미분방정식 46

1계 선형미분방정식 42
일반해 30, 43
일적분 266
1차 종속 71
1차 독립 71
임계제동 79
입력 52

ㅈ

자유진동 79
저역통과 필터 200
저항 53
제동비 78
제동 형태 78
제2종 베셀함수 317
제1종 베셀함수 318
적분 127, 132, 189
적분인자 39
전기계 53, 79
전달함수 84
전력 스펙트럼 177
전류 법칙 54
전류원 53
전미분방정식 28
전압 법칙 54
전압원 53
전자기파 337
접선가속도 229
접평면 222, 233
정사영 213
제차방정식 29
종속변수 2
종점 260
주파수응답 111, 199
중첩원리 71, 107
지수 푸리에급수 170
지수함수 120, 184
지시 52
직교벡터 210
직교성 161
직교좌표 16
직교함수군 161
진행파 342
질량 57
질량중심 267

ㅊ

차단주파수 200
차수 29
척도변화 130, 188
체적소 256
초기조건 30, 322
초기치 정리 128
최종치 정리 128
출력 52
충격응답 102
충격함수 13, 119, 180
충전 56

ㅋ

커패시터 53
커패시턴스 54
컨벌류션(convolution) 106, 190
컨벌류션 정리 127
쿨롱의 법칙 242
크기 스펙트럼 176
크기응답 113, 199
키르히호프 법칙 54

ㅌ

타원 221
타원곡면 223
탄성현 335
테일러(Taylor) 급수 11
토크(torque) 58
특성근 47
특성방정식 47, 70
특수해 30, 43, 48

ㅍ

파동방정식 335
파스발 정리 175, 191
패러데이 법칙 297
페이저(phasor) 19, 112
편각 18
편도함수 4
편미분 4
편미분방정식 28, 322
포텐셜 263
표본화함수 174, 180
표준형 78
푸리에 계수 160
푸리에 급수 160
푸리에 변환 177
프와송 방정식 288
필터 200

ㅎ

함수공간 118
해 28
해밀톤 연산자 232
허수부 16
Heaviside 급수 22
헨리(Henry) 53
회전 243
회전기계계 58
회전벡터장 244
흡입점 240

저자약력

신윤기

- 서울대학교 공과대학 전자공학과 졸업
- 서울대학교 공과대학 전자공학과 석사
- 서울대학교 공과대학 전자공학과 박사
- 前)부산대학교 전자공학과 교수
- 現)대진대학교 전자공학과 교수

공학수학

2015년 1월 20일 초판 인쇄

2015년 1월 25일 인쇄 발행

저　자	신윤기
발 행 인	송기수
발 행 처	**도서출판 GS인터비전**
편 집 처	**도서출판 GS인터비전**
인　쇄	**토탈프로세스**
등록번호	제 313-2011-120 호
I S B N	979-11-5576-050-5(93530)

주　소	서울 마포구 토정로 222 한국출판협동조합 B동 207호
전　화	02-976-7898, 02-3272-7898
팩　스	02-6468-7898
홈페이지	gsintervision.co.kr
E-Mail	gsinter7@gmail.com

정가　25,000원